Green Papers of Chongming World-Class Eco-Island 2020

崇明世界级生态岛绿皮书 2020

◎ 孙斌栋　主编

科学出版社

北　京

内 容 简 介

崇明世界级生态岛建设是上海卓越全球城市战略、长三角一体化乃至国家生态文明战略中的重要组成部分。在过去20年中，崇明生态岛建设取得了重要进展，提供的经验具有推广价值。但距离世界级生态岛标准还有提升空间，生态基础还需夯实，生产动力有待增强，生活空间亟待改善。崇明生态岛建设不仅要为国家生态文明战略提供示范，为"绿水青山就是金山银山"实践提供案例，还要立足于提高百姓福祉、改善民生。本书从生产、生活、生态三个维度出发，系统地对崇明发展进行了诊断，提出了崇明世界级生态岛建设的指导思想、发展思路和措施建议。

本书可供地理、生态、资源与环境等领域的科研工作者和关注地区发展的政府决策人员参考。

图书在版编目（CIP）数据

崇明世界级生态岛绿皮书 . 2020 / 孙斌栋主编 . —北京：科学出版社，2020.9

ISBN 978-7-03-066128-9

Ⅰ . ①崇… Ⅱ . ①孙… Ⅲ . ①崇明岛－生态环境建设－研究报告－2020 Ⅳ . ① X321.251.4

中国版本图书馆 CIP 数据核字（2020）第 175004 号

责任编辑：杨婵娟 / 责任校对：韩 杨
责任印制：徐晓晨 / 封面设计：有道文化

科学出版社 出版

北京东黄城根北街 16 号
邮政编码：100717
http://www.sciencep.com

北京建宏印刷有限公司 印刷
科学出版社发行 各地新华书店经销

*

2020 年 9 月第 一 版 开本：720×1000 B5
2021 年 3 月第二次印刷 印张：29
字数：520 000
定价：238.00元
（如有印装质量问题，我社负责调换）

崇明世界级生态岛绿皮书
指导委员会

主任 丁平兴

委员（以姓氏笔画为序）

丁平兴　丁振新　宁越敏　达良俊　刘士林

刘　敏　孙斌栋　吴纪华　何　青　陈小勇

陈建民　赵常青　唐剑武

崇明世界级生态岛绿皮书 2020
编委会

主编 孙斌栋

成员（以姓氏笔画为序）

王列辉　车　越　邓　泓　申　悦　刘士林

朱建荣　孙斌栋　杨世伦　吴纪华　何　丹

汪明峰　张维阳　陈建民　周立旻　姜允芳

崔　璨　葛建忠　戴志军

序

党的十八大以来，以习近平总书记为核心的党中央，结合现实国情与历史趋势，将生态文明建设放到了治国理政的突出位置，提出了"保护生态环境就是保护生产力，改善生态环境就是发展生产力"的发展战略。党的十九大更是将"坚持人与自然和谐共生"列为新时代坚持和发展中国特色社会主义的基本方略。生态文明建设以来，习近平总书记关于"绿色青山就是金山银山"的科学论断深入人心，生态发展的制度体系建设扎实推进，绿色发展模式不断创新，生态建设的"中国道路"与"中国方案"稳步形成，一幅"美丽中国"的画卷正徐徐展开。

在长江门户、东海之滨，坐落着我国最大的河口冲积岛，也是我国生态文明建设的重要窗口——上海崇明岛。崇明岛拥有全国最大的平原人工森林，长江口规模最大的河口型潮汐滩涂湿地；全年空气质量优良率超过 86%，森林覆盖率近 24%；是全球重要候鸟迁徙通道的关键节点，也是中华鲟等洄游型鱼类的重要栖息地，被联合国环境规划署誉为"太平洋西岸难得的净土"。优良的自然生态本底使崇明被赋予了建设世界级生态岛的使命。经过 20 多年来的发展，崇明生态岛建设通过明确高位目标、坚持对标一流、优化空间布局、凝聚各方智慧、推进区域合作、蓄力生态创新，已经积累了丰富的经验，独特的"崇明模式"和"崇明经验"正在形成。

作为新中国成立后组建的第一所社会主义师范大学，华东师范大学正行进在建设世界一流大学新征程中，她一直秉承服务国家和地方发展，强化科研助力发展的办学方针，与崇明岛开展合作尤其是崇明生态建设的合作。师大人对崇明生态建设的守护可以上溯到 20 世纪 50 年代，师大 400 余位师生就开展了崇明自然地理与经济地理调查。60 年代，师大学者对崇明南门港沿线冲刷现象进行深入研究并提出整治方案，对崇明南门港口保护起到重要作用。90 年代，华东师范大学著名学者陈吉余院士根据长江口水文、地貌特征和相关研究成果，明确提出青草沙水库选址方案，最终让上海人民喝上了干净的长江水。半个世纪以来，华东师范大学对崇明生态建设开展的研究工作从未间断；崇明也一直是学校地理学、生态学等相关学科开展教学活动和社会实践的重要平台。新世纪以来，华东师范大学与崇明岛在科技创新、生态建设、产学研转化、教育提升、人才交流等方面进行了深度合作。为助力崇明生态岛建设，学校作为牵头单位，协同复旦大学、上海交通大学和崇明区人民政府共同发起设立了崇明生态研究院，搭建起了校地合作的新桥梁。崇明生态研究院也成为上海第一所为服务世界级生态岛建设而落户崇明的实体科研机构，对崇明生态岛建设注入源源不断的科技动能。与此同时，华东师范大学正在实施"教育+""生态+""健康+""智能+""国际+"的"幸福之花"五大行动计划以精准对接国家战略，崇明势必成为推进"生态+"发展战略的主战场，崇明生态研究院也将成为华东师范大学服务全国生态文明建设的先锋队。

为系统摸清崇明生态岛建设的基础、发展现状，进一步展望未来发展，华东师范大学携手复旦大学和上海交通大学，组织多学科力量，在上海高校 IV 类高峰学科项目资助下，从生产、生活、生态三个维度，从水、土、气、生等多个生态视角，系统地对崇明发展进行了深入研究。本书是这一研究课题的优秀答卷，是三校科研力量和崇明区人民政府共同孕育出的"生态+"建设的硕果，也希冀成为助力崇明世界级生态岛建设的重要参考。

本书的出版也必将为崇明生态文明高端智库进一步凝练未来研究方向提供明确指引；为崇明生态研究院"立足崇明，服务上海"的建设方向提供宝贵参考；为华东师范大学和崇明人民政府的合作深化增添新的纽带！是为序。

梅兵

华东师范大学党委书记

2020 年 7 月

前　言

　　党的十八大报告指出，建设中国特色社会主义，总布局是五位一体，即全面推进经济建设、政治建设、文化建设、社会建设、生态文明建设。习近平总书记在十八届中共中央政治局第一次集体学习中进一步指出，党的十八大把生态文明建设纳入中国特色社会主义事业总体布局，使生态文明建设的战略地位更加明确，有利于把生态文明建设融入经济建设、政治建设、文化建设、社会建设各方面和全过程。生态文明建设的重要性贯穿于习近平总书记重要思想的始终。2013年5月24日，习近平总书记在主持中共中央政治局第六次集体学习时指出："生态环境保护是功在当代、利在千秋的事业"，"决不能以牺牲环境为代价去换取一时的经济增长"。这是对生态文明重要性的鲜明阐释。生态保护并不是为了保护而保护，而应以提升人民的满意度和幸福感为最终目标。2017年，党的十九大报告明确"新时代我国社会主要矛盾是人民日益增长的美好生活需要和不平衡不充分的发展之间的矛盾"，"必须坚持以人民为中心的发展思想，不断促进人的全面发展、全体人民共同富裕"。最重要的是，要坚持把绿水青山转化成金山银山，实现生态、生产、生活协同共生。2013年9月7日，习近平在哈萨克斯坦纳扎尔巴耶夫大学发表演讲后回答学生提问时说，"中国明确把生态环境保护摆在更加突出的位置。我们既要绿水青山，也要金山银山。宁要绿水青山，不要金山银山，而且绿水青山就是金山银山。"

　　习近平新时代中国特色社会主义思想，尤其是关于生态文明建设的一系列真知灼见和以人民为中心的发展思想为崇明世界级生态岛建设指明了方向。基于突出的生态本底价值，崇明世界级生态岛建设成为上海卓越的全球城市、长三角一体化乃至国家生态文明战略中的重要组成部分。在过去20年中，崇明生态岛建设经历了从上海战略框架到长三角战略框架再到国家战略框架的三个阶段，在各级政府努力下，取得了重要进展。崇明生态建设提供的经验具有重要的示范引领价值，但距离世界级生态岛要求还存在不小的提升空间。进入新时代，崇明世界级生态岛建设如何推进成为亟待研究的重大命题。

为了推进崇明世界级生态岛建设，由华东师范大学联合复旦大学、上海交通大学的地理、生态、资源与环境专业的专家学者，于 2017 年成立了崇明生态研究院。在上海高校Ⅳ类高峰学科项目资助下，历时四年，对崇明生态岛建设进行了系统研究。本书是对这一项目成果的阶段性总结，也是第一部针对崇明世界级生态岛建设的学术著作。

本书基于科学研究，为崇明世界级生态岛建设提供决策咨询建议。崇明世界级生态岛建设不仅要为国家生态文明战略提供示范，为绿水青山就是金山银山实践提供案例，更要立足于提高百姓福祉民生，实现生态、生产、生活协调发展。

在本书的写作过程中，得到了崇明区政府及各职能部门的大力支持，得到了华东师范大学校领导的关心，也得到了以丁平兴教授为首的指导委员会成员及陈家宽教授等专家的指点，在此一并致谢。本书的研究和写作还得到国家社会科学基金重大项目（项目编号：17ZDA068、18ZDA105）支持。

本书各章执笔人是：孙斌栋、李琬、张婷麟、张维阳、王天厚（第一章），孙斌栋、郑涛（第二章），杨世伦、黄远光（第三章），车越、周天舒、何国富（第四章），邓泓、李德志（第五章），陈建民、张艳（第六章），吴纪华、鞠瑞亭、马俊、聂明、王玉国、赵斌、王放、贺强（第七章），吴纪华、马志军、聂明、鞠瑞亭、赵斌、傅萃长、李博、袁琳（第八章），戴志军、朱建荣、葛建忠、谢卫明（第九章），刘敏、周立旻（第十章），姜允芳、江世丹、黄静、武雅芝、丁冬琳（第十一章），刘士林、王晓静、苏晓静、张维阳、谈佳洁、毕晓航、常如瑜、盛蓉、张懿玮（第十二章），孙斌栋、韩帅帅（第十三章），崔璨、王一凡、吴晓黎（第十四章），汪明峰、张英浩、周媛（第十五章），王列辉、张楠翌（第十六章），申悦、李亮（第十七章），孙斌栋、尹春、姚夏劼（第十八章），何丹、殷清眉（第十九章）。

孙斌栋

2020 年 6 月

目　　录

第一章

崇明世界级生态岛绿皮书总报告

1.1 崇明世界级生态岛建设的重大意义

崇明岛位于世界第三大河流长江的入海口，是世界上最大的河口冲积岛之一，也是我国第三大岛。作为长江生态廊道与沿海大通道交汇的重要节点，崇明区是上海的重要生态屏障和战略发展空间。优良的生态本底为崇明区建设成为世界级生态岛奠定了坚实的基础，对全国生态文明建设具有重大的标杆和示范意义。

崇明世界级生态岛的建设有利于世界生物多样性的保护。生物多样性是人类赖以生存和持续发展的物质基础。李克强总理对 2020 年"国际生物多样性日"宣传活动做出重要批示，强调大力实施生物多样性保护重大工程，进一步增强全社会生物多样性保护意识。① 由于特有的地理位置，崇明区拥有长江口规模最大、发育最完善的河口型潮汐滩涂湿地，建设崇明世界级生态岛在维持盐沼植物、土壤动物、鱼类及鸟类等生物多样性方面发挥着重要功能。崇明区湿地富含营养物质的滩涂底泥，养育了大量的盐沼植物、底栖动物；崇明区所在的长江入海口是多种鱼类周年性溯河和降河洄游的必经通道，尤其是洄游性鱼类到达产卵场进行繁殖的重要通道，分布有众多经济鱼类和名贵稀有鱼类，如中华鲟作为地球上最古老的脊椎动物，距今有一亿四千万年的历史，现为国家一级保护动物，因其价

---

① 参见 http://www.xinhuanet.com/politics/leaders/2020-05/20/c_1126010880.htm。

值珍贵被誉为"水中大熊猫";此外,崇明位于全球 9 条主要候鸟迁徙通道中受威胁程度最高的东亚－澳大利西亚候鸟迁飞路线的中间位置,是候鸟迁徙的重要通道和中转站,有记录的鸟类约 300 种,其中 5 种是国家一级保护动物,35 种是国家二级保护动物,历史上曾经达到每年近 100 万只次迁徙水鸟在此越冬,或在春秋迁徙季节在此停留,补充能量。崇明东滩因此于 2002 年被正式列入国际重要湿地名录,以崇明区湿地为重要依托的上海湿地也被世界自然基金会(World Wide Fund for Nature, World Wildlife Fund, WWF)列为具有国际意义的生态敏感区和全球生物多样性保护的 238 个热点地区之一。

崇明世界级生态岛的建设有利于为长江经济带大保护提供"晴雨表"和"监测器"。崇明的生态环境敏感,受长江上游水环境和长江三角洲(简称长三角)周边生态环境影响大,其生态环境的变化直接反映长江经济带和长三角环境保护的成效。针对长江流域生态环境问题,2016 年的《长江经济带发展规划纲要》提出要将生态环境放在长江经济带发展的首位,长江经济带成为"共抓大保护,不搞大开发"的关键示范区;2018 年崇明也成为国内首个获批开展长江经济带绿色发展示范的地区。

崇明世界级生态岛的建设有利于打造长三角城市群的"中央公园"与"绿色一体化"示范窗口。长三角城市群作为世界级城市群需要一个功能丰富的"中央公园",辐射整个长三角城市群。与此同时,2019 年发布的《长江三角洲区域一体化发展规划纲要》支持长三角区域一体化发展并将其升级为国家战略,明确提出要建设生态绿色一体化发展示范区,而推进长江口绿色协作发展则是推进长三角绿色一体化发展的重要示范窗口之一。

目前崇明环境质量明显优于长三角平均水平,且开发强度远低于长三角城市群国土开发强度水平,有着打造"中央公园"的突出的生态环境优势。2018 年崇明空气质量优良率超过 86%,而上海、浙江、江苏、安徽的空气质量优良率分别为 81.1%、85.3%、67.9% 和 71%。截至 2019 年底,崇明规划建设用地规模不超过 265km²,开发强度控制线约为 10.6%,崇明世界级生态岛的建设有利于增加长三角生态空间面积,提升生态功能和保障能力。此外,崇明与南通地区在水系治理、垃圾分类、环境整治、防汛抗台等方面具有协作发展的重要现实需求,也是"东平－海永－启隆"跨行政区合作推进绿色一体化的试验田。

崇明世界级生态岛的建设有利于为上海市提供重要生态屏障和建设"生态之城"的核心支撑。在《上海市城市总体规划(2017—2035 年)》中,将上海明确定位为"卓越的全球城市"和"更具活力的创新之城、更加绿色的生态之城和更富魅力的幸福之城"。崇明世界级生态岛建成后最有条件成为上海市的生态屏障和"后花园"。具体表现为，崇明本岛湿地与农田生态系统占比均超 30%，为上海提供了约 40% 的生态资源和 50% 的生态服务功能；崇明全岛森林覆盖率、地表水环境功能区达标率、环境空气质量指数代表的空气优良率均为上海全市最高。

1.2 崇明世界级生态岛建设取得的成就

自生态岛建设目标确立以来，经过近 20 年的努力探索，崇明在生态环境保护、生态产业发展和基础设施建设方面都取得一定成就，并形成了独具特色的中国生态建设的崇明经验。

1.2.1 建设阶段

崇明生态岛的规划建设主要分为三个阶段，即上海战略框架阶段（2001～2005 年）、长三角战略框架阶段（2006～2015 年）和国家战略框架阶段（2016 年至今）。

在上海战略框架阶段（2001～2005 年），崇明生态岛建设正式规划启动。2001 年国务院正式批准《上海市城市总体规划（1999 年—2020 年）》，明确将崇明岛建设为生态岛，上海 21 世纪的战略发展空间；2005 年上海市政府批准《崇明三岛总体规划（崇明县区域总体规划）2005—2020 年》，明确提出建设现代化生态岛区的总体目标及相应规划。以具有法律法规性质的市县两级规划为标志，崇明建设生态岛的战略定位和发展框架基本确立。

在长三角战略框架阶段（2006～2015 年），崇明生态岛开始全面建设。2007 年习近平总书记调研崇明岛，明确指出崇明建设生态岛是国家战略的重要组成部分，并特别强调崇明岛对长三角发展具有重要意义，崇明生态建设在战略定位和战略空间两方面实现了重大突破。2010 年，上海市政府印发《崇明生态岛建设纲要（2010—2020 年）》，明确崇明岛生态建设的目标、指导方针及框架形态，为崇明生态建设进一步服务国家生态战略提供了平台支撑。

在国家战略框架阶段（2016 年至今），崇明生态岛建设逐步成为国家战略的重要组成部分。2016 年，中共中央政治局审议通过《长江经济带发展规划纲要》，将生态环境放在长江经济带发展的首位，提出"共抓大保护，不搞大开发"。同年，崇明正式撤县设区。随后，上海市人民政府发布《崇明世界级生态岛发展"十三五"规划》，自此崇明从生态岛跨越进入世界级生态岛建设阶段。2018 年，习近平在武汉召开的推动长江经济带发展座谈会上，就长江经济带建设发表讲话，要在"全面做好长江生态环境保护修复工作"基础上，"正确把握生态环境保护和经济发展的关系，探索协同推进生态优先和绿色发展新路子"。同年，国务院正式批准《上海市城市总体规划（2017—2035 年）》，明确提出建设崇明世界级生态岛。2019 年，中共中央、国务院发布《长江三角洲区域一体化发展规划纲要》，提出"加强环巢湖地区、崇明岛生态建设"，崇明生态岛建设正式成为国家战略的重要组成部分，为在新时代高水平服务国家生态文明战略创造了有利条件。

1.2.2　建设成就

（1）生态保护成效显著。

崇明的水体、土壤、空气等环境质量持续优化。2019 年崇明饮用水水源地水质较为稳定，3 个备选水源地基本达到Ⅲ类水标准；土壤环境质量优于上海市平均水平；全区空气质量优良率超过 86%。2017 年，迁徙和过境的候鸟数是上年的两倍，形成了"西滩湿地保护与开发双赢模式实践区"和"东滩湿地生态保育与修复示范区"。

在农村环境整治方面，已经实现"三个全覆盖"：一是农村生活污水处理全覆盖，将农村生活污水处理的出水水质从"二级"提升至"一级 A"；二是生活垃圾分类减量全覆盖，建成运行村级湿垃圾处理点和镇级湿垃圾集中处理站多座，已实现生活垃圾分类减量全面覆盖，收运处理设施自成体系，减量利用自我消纳；三是农林废弃物资源化利用全覆盖，2019 年，将原有的两个村级试点打造为以规模化蔬菜基地为支撑并辐射四周农村的废弃物处理点，并建立村级全覆盖运营机制，拓展废弃物综合利用发展模式。此外，崇明还加大农村水环境治理，深化"河长制""湖长制"，加强水岸联动综合治理；推进绿化造林和生态廊道建设，提高森林覆盖率。

2014 年，在上海崇明生态岛国际论坛上，联合国环境规划署（United Nations Environment Programme，UNEP）发布的《崇明生态岛国际评估报告》指出："崇明岛生态建设的核心价值反映了联合国环境规划署的绿色经济理念，对中国乃至全世界发展中国家探索区域转型的生态发展模式具有重要借鉴意义，联合国环境规划署将把崇明生态岛建设作为典型案例,编入其绿色经济教材。"这表明崇明生态岛经过多年的探索和努力,在自然生态、人居生态、产业生态方面正在形成具有国际领先水平和广泛借鉴意义的发展模式。

(2)生态产业日趋成熟。

经过多年努力,崇明生态农业取得长足进步。2019 年,崇明种植业累计绿色认证面积 214.7km² 左右,绿色食品认证率达 80% 以上。2018 年,成功推出 1 万亩①"两无化"大米区域公共品牌,并实施订单销售。独具创意的"三场一社一龙头"建设有序展开,其中"三场"是家庭农场、博士农场、开心农场,"一社一龙头"是指农民专业合作社和农业龙头企业。2018 年,崇明全区共申请和备案家庭农场 525 家,11 家家庭农场获评市级示范家庭农场;12 家开心农场取得立项审批;博士农场 10 家[1]。它们已经成为引领崇明绿色农业发展的主力军。

崇明生态旅游业也取得不错成绩。2018 年,崇明积极创建国家全域旅游示范区和国家级旅游业改革创新先行区,东滩湿地公园、长兴岛郊野公园获评国家 4A 级旅游景区,仙桥生态村获评国家 3A 级旅游景区。2019 年全年接待游客 691.5 万人次,同比增长 8.9%;实现旅游直接收入 14.65 亿元,同比增长 10.2%。同时,以文化创意、健康养老、运动休闲等为首的新兴产业在崇明迅速崛起。

(3)基础设施日趋完善。

在交通设施方面,崇明已形成较为完善的路网体系,具体以 G40 沪陕高速、陈海公路为主线,县道、乡村公路为支撑,运输体系格局逐渐转变为以陆上交通为主、水上运输为辅。公路建设方面,高速公路经过辖区的有 G40 沪陕高速,连接上海中心城区与江苏,辖区内骨干道路为市管一级公路陈海公路,横贯崇明岛东西。2018 年以崇明生态大道为代表的 4 条区级公路新改建工程已开工。《崇明统计年鉴 2020》显示,截至 2019 年,区域内已建成各级公路约 2955.8km②,其中县道 500.9km、乡道 2050.6km、村道 404.3km,行政村通硬化路率达 100%。

在公共文化基础设施方面,图书馆、美术馆、博物馆等文化休闲场馆功能不断提升。2019 年推进 7 个社区文化活动分中心新改建工程;崇明影剧院、陈家镇影剧院等场馆完成新改建并投入运行。

在公共体育基础设施方面,2019 年新建市民健身步道 15km,益智健身点

---

①　1 亩≈666.7m²。

②　伴随着崇明城市化进程,部分三、四级公路变成城市道路,崇明 2019 年公路总长度较 2018 年有所减少。

30 个、足球场 2 片，更新 120 个市民健身路径（传统健身点），改建 10 片灯光球场。

教育资源不断完善，2018 年，全区共有中小学、幼儿园、职校和特殊教育学校 123 所。其中，高中 7 所，初中 30 所，小学 29 所，幼儿园 41 所，中专职校 3 所。2019 年，引进教师 250 人，其中研究生学历 41 人，占总数的 16.4%，本科学历 203 人，占总数的 81.2%；8 所中小学、幼儿园被评为上海市家庭教育示范校。截至 2019 年，已有 17 所中小幼学校评为上海市家庭教育示范校、20 所学校评为崇明区家庭教育示范校。

在医疗服务基础设施方面，崇明深化公立医院改革，稳步推进医联体试点工作。截至 2018 年底，崇明共有各级各类医疗机构 348 家，其中三级乙等综合医院 1 家。2018 年，3 家市级医院组织专家 411 人次下乡开展义诊活动 30 余次，服务群众 6215 人次。"三中心"平稳运行，心电诊断中心完成 10.9 万人次、检验诊断中心完成 17.7 万人次、放射诊断中心完成 4.1 万人次，让老百姓在家门口享受三级医院诊断服务。同时，深化社区卫生服务综合改革，在绿华、城桥、建设、新河、横沙这 5 家社区的 54 个村卫生室开展运行机制改革试点。

1.2.3 成功经验

迄今，崇明生态岛的建设通过明确高位目标、坚持对标一流、优化空间布局、凝聚各方智慧、推进区域合作、蓄力生态创新，已经积累了丰富的经验，形成独特的"崇明模式"。

（1）明确高位目标：推进更高站位的世界级生态岛建设。

主动从上海市、长三角、长江经济带、全国乃至全球的高度，把握世界级生态岛建设战略定位的目标要求。以生态岛建设为出发点，努力守住生态安全底线，为上海市发展守住战略空间、筑牢绿色安全屏障，为长三角城市群和长江经济带大保护当好标杆和典范，为全国"绿水青山就是金山银山"的生态文明建设提供"崇明案例"，为保护全球生物多样性贡献"中国智慧"。

（2）坚持对标一流：建立一流的世界级生态岛指标体系。

对标世界一流水平，构建了一套具有崇明特色的世界级生态岛建设指标体系，维护自然生态系统的结构与功能。在明确建设的核心指标后，对指标完成情况开展阶段性评估，客观评估规划进展和成效，提出进一步改进规划实施的措施建议，把评估成果转化为推动区域经济社会发展的具体思路和举措，持续推动崇明世界级生态岛建设。崇明生态岛建设决策的严格执行和生态指标体系的创立[2]，虽然短期会对经济增速产生负面影响，但从长期看，生态系统的保护必将为崇明岛生态经济发展和持续增长提供保障。

（3）优化空间布局：构建大都市城郊融合型的生态岛模式。

崇明依靠上海大都市周边的优势区位，积累了大都市城郊融合型的生态岛建设模式经验。为大都市提供生态保障功能的同时，也借力生态产业发展，实现经济发展和生态保护的双赢。

为了给大都市提供生态保障功能，生态空间实行最严格的管控措施，严禁一切不符合主体功能定位的开发活动。生产空间上，借助大都市周边的区位优势，积极发展集体验、休闲、科普等功能于一体的"开心农场"新型农旅；与城区园区合作，反哺崇明本地经济发展。生活空间上，推进国际都市后花园建设，聚焦都市休闲旅游特点，打造全域田园综合体的特色小镇；吸引国际赛事，打造体育特色小镇；实行农民集中安置居住，推动"生态惠民保险"，提升居民幸福感和获得感。

（4）凝聚各方智慧：形成"政府＋企业＋智库"的多方参与机制。

上海市政府、崇明区政府高度重视崇明生态岛建设，将崇明世界级生态岛建设纳入市政府目标考核系统，专门成立崇明生态岛建设协调小组、崇明生态岛建设推进工作领导小组。同时，中国中车股份有限公司、上海电气集团股份有限公司、北控水务（中国）投资有限公司、光明食品（集团）有限公司等企业积极担负企业责任，深度参与生态岛建设。本市各高校和科研机构在人才、资源、技术等各方面也给予崇明大力支持，如华东师范大学牵头沪上高校专门成立了崇明生态研究院，为崇明世界级生态岛建设出谋划策。

（5）推进区域合作：实现环境共治共享。

在长三角一体化发展国家战略指导下，崇明积极推进"东平－海永－启隆"跨行政区城镇圈协同规划，与海门、启东合作成立长江口生态环境保护检察协作机制，形成全链条式的司法制度创新。同时，与南通地区在水系治理、垃圾分类、环境整治、防汛抗台、交通互联等方面也加强了交流合作。

（6）深耕生态创新：提供可复制可推广的经验。

崇明是全国最早推进农村地区"定时定点"和"撤桶计划"地区，当地利用"互联网＋大环卫"的智慧环卫管理平台，实现对垃圾分类各环节的动态智能管理。这些举措不仅很好地解决了垃圾回收处理问题，为生态岛建设提供了保障，也为上海市乃至于全国推广垃圾分类回收和分类处理提供了先行示范。

循环经济是崇明生态岛建设的重大措施。2017 年，崇明发布"十三五"循环经济发展规划，在"东西南北中"五大特色循环经济区域重点布局了农业、海洋装备、智慧岛数据产业、固体废物处置、风力发电等特定产业。崇明通过生态建设助力乡村振兴，将种植、畜养相结合，基本形成了新农村循环经济体系。崇明的循环经济还体现在绿色能源利用、出行方式变革、低碳生活观念推广等多个方面，大力助推城乡一体化绿色发展。

在环境保护方面，崇明引进高铁污水处理延伸技术，使农村生活污水就地处理、达标排放，并形成自主创新的生活湿垃圾处理领先技术，做到湿垃圾不出镇。此外，形成以崇明能源互联网项目为代表的"互联网＋"智慧能源实施方案，还形成陈家镇生态示范楼工程建设的生态示范经验及节能技术体系。

此外，崇明还为生态岛建设提供了丰富的制度创新模式，如在东滩和西滩湿地生态保育等方面形成湿地保护、监测和修复综合集成技术体系，在制度上探索建立"河道警长制"，成立"环境资源审判庭"。

1.3 崇明世界级生态岛建设面临的挑战

经过几十年的建设和发展，特别是 2016 年崇明撤县设区之后，崇明的经济增长和民生建设都进入快车道，在生态、生产和生活方面均取得明显的成效。但是在世界级生态岛的建设过程中，崇明仍面临诸多现实挑战。崇明的生态环境依然存在改善的空间，但更突出的问题是人民生产和生活的严重滞后，尤其表现在经济落后、人口流失、交通设施匮乏、民生基础设施短缺，整体上生产、生活与生态空间不协调。

1.3.1 生态空间挑战：生态空间仍需优化，世界级生态示范效应尚需增强

（1）水体环境保护任重道远，河湖生态健康目标尚未实现。

崇明当前主要修复了骨干河道，但仍然有大量镇（乡）管河道、村级河道、村沟宅河亟待恢复，地表水质提高仍有不小空间。农业生产、畜牧养殖是崇明的重要经济产业，但同时也会带来污染。当前全区已积极控制农业面源污染，但由于农业总体规模大，因此在点源污染逐渐得到有效控制的背景下，仍需进一步加

强面源污染控制力度。近年来崇明水环境改善仍然处在消除劣Ⅴ类、提升常规理化指标的阶段，河湖还未达到生态健康目标，亟须从生态系统角度综合开展水生态系统修复工作。此外，崇明岛的淡水资源本质上取决于能否从长江取水及长江河口盐水入侵的程度，因而，枯季长江河口盐水入侵对崇明岛淡水资源安全带来的威胁需要关注。

（2）土壤盐碱化问题普遍，污染风险依然存在。

作为冲积岛屿，崇明成陆历史和垦殖利用时间较短，土壤盐化偏碱，有机质含量低，总体养分较缺乏。崇明农田土壤总体环境质量良好，绝大部分重金属含量远低于《土壤环境质量 农用地土壤污染风险管控标准（试行）》（GB15618—2018）中相应的风险筛选值。但由于重金属会随着农业生产和城市化进程逐年积累，因此仍需引起重视。农田土壤的系统化管理也需要加强，以防止土壤退化。

（3）大气质量仍需改善，周边区域和船舶污染是主要原因。

崇明位于长三角乃至中国大陆的下风向端，其本地污染物的排放量在长三角区域总量中的占比不足 0.5%，其空气质量的优劣很大程度上取决于区域大气污染的状况。此外，船舶污染源（沿海船，内陆船，港区集卡和港作机械）等也对崇明地区的 $PM_{2.5}$ 和 NO_x 等有着重大影响。

（4）开发活动叠加生物入侵，使生物多样性面临挑战。

历史上多次围垦使得滩涂面积不断缩小，直接干扰和破坏了鸟类等生物的栖息地和觅食地；捕捞、放牧及收割芦苇等行为，也给鸟类生存和湿地生境造成了巨大的压力；另外，农村居民点布局分散，带来的环境污染也呈"满天星"式分布，不利于环境的规模化治理。崇明是上海市渔业生产的重点区，历史上存在的过度捕捞导致崇明渔业再生能力受到限制，如中华绒螯蟹、鳗鱼、刀鱼等优质水产资源数量急剧下降，甚至导致一些重要经济鱼类的局域性灭绝。

岛屿生态系统对外来物种入侵的抵抗力较弱，因此通常是最容易遭受生物入侵的生态系统类型之一 [3]。由于有意引种、贸易、交通等因素，以及崇明岛距离大陆的空间距离较近，加之紧邻的上海中心城区与江苏南通又是我国生物入侵最严重的区域之一 [4]，崇明岛面临的生物入侵形势十分严峻。2021 年将在崇明举行的第十届中国花卉博览会（简称花博会）将从不同地区大规模输入活体植物、木质包装品及种植介质，新生物入侵风险不可忽视。

（5）生态安全风险逐渐显现，防控机制亟待加强。

随着生物多样性保育工作的迅速推进，崇明鸟类栖息地得到优化，野生鸟类种群数量有了大幅度的提高。但从生态安全的角度出发，野生动物所携带的人畜共患病传染的风险在增加，特别是禽流感病毒。根据前期的监测，崇明的迁徙鸟类携带了高致病禽流感（H5N8、H5N2）、低致病禽流感（H7N7、H9N2、H6N2、H4N2、H6N8）病毒，为崇明的野生动物疫源疫病监控提出了严峻的挑战。目前，市区两级的野生动物主管部门在崇东和崇西两地建立了野生动物疫源疫病监测站点，这些站点主要是监测鸟类数量和异常死亡事件、并为监测提供鸟类肛咽拭样及粪便。而病原体检测和疫病预警工作是在上海野生动物疫源疫病监控平台完成。由于崇明区内缺乏相应的实验条件，病毒样本运输和处理存在着一定的风险。

（6）滩涂侵蚀后退风险渐增，海平面和风暴潮灾害加剧。

崇明岛滩涂湿地减少主要有两个原因。首先，由于流域人类活动和自然过程的共同影响，今后几十年长江入海泥沙通量将仍然保持下降趋势[5]。其次，在全球变暖的背景下，长江口海平面上升，长江口的风浪有增强趋势。在此背景下，未来环崇明岛的海岸滩涂湿地面积很可能长期处于总体上平衡或略有减少的状态。

在全球变暖的背景下，海平面的上升不仅直接使得抵御台风灾害的第一道屏障——环岛滩涂更容易出现侵蚀局面，而且也增加了风暴潮的频率和强度，进而放大风暴潮侵袭崇明岛风险。崇明现有部分岸段防御能力偏低，有待提高防御标准，只有庙港村、城桥镇及新村乡等堤高超过 8m，大部分海塘堤高低于 7.5m，在堡镇附近还有部分位置是低于 6m。与此同时，崇明海塘主要是土质大堤和混凝土护坡相结合，海塘结构工程强度不足，一旦遭遇风暴潮或台风作用，海塘很可能发生溃堤。

（7）监测体系有待完善，监测技术亟待提高，预警能力明显不足。

上海高校Ⅳ类高峰学科项目华东师范大学调查组研究了济州岛、爱德华王子岛、宫古岛等几个代表性的世界级生态岛发现，这些世界级生态岛的水质自动监测站点基本要达到每平方千米 1～2 个的水平。而长江河口及外延海域水面和水下尚未有监测网覆盖，且崇明三岛仅有 12 个水环境自动监测站（崇明三岛陆地总面积约 1413km²），新型污染物（如纳米颗粒物）等未纳入监测范围，遥感观测技术在应用中缺失，生态环境监测信息平台在数据集成分析、共享、模拟及预测、预警能力等多个方面均存在明显不足。

（8）绿色空间连通程度不高，整体网络效应尚需增强。

被称为绿色基础设施的绿色空间中，生态林地规模不足；绿色空间系统尚未连通成网，其中，蓝绿廊道建设和网络连通程度需进一步提高，农田林网有待整合，建成区仍然存在孤立的绿色斑块，导致不能发挥绿色空间最大化的生态环境改善效应；文化资源分布零散，未与生态资源整合形成复合多功能空间体系。

1.3.2　生产空间挑战：经济发展动力不足，生态经济引领作用有待加强

受交通区位制约，崇明企业生产成本高，产业不成体系，发展活力不足，生态优势尚未转化为发展优势。

（1）经济发展动力不足，政府财力受限。

崇明制造业中只有长兴岛海洋装备制造"一业独大"，园区发展多以中小企业和个别大企业简单集聚为主，上下游产业布局缺失，难以形成耦合度较高的完整产业链。受交通区位、人才技术相对匮乏等因素制约，中小企业和新兴产业发展动力不足。崇明财力在很大程度上依赖于生态转移支付和注册企业税收收入。

（2）生态农业能级不高，乡村文旅有较大提升空间。

新兴"生态化"农业模式在崇明不断出现与发展，如竖新镇春润水产养殖专业合作社"稻虾鳖"和三星镇瀛西果蔬专业合作社"稻鳝"共生产业链等模式，但整体而言，崇明农业发展的能级和层级都不高，传统优势农产品柑橘、老白酒、清水蟹、白山羊等未能形成高知名度的企业品牌，农业总产值从 2013 年的 61.05 亿元下降到了 2018 年的 58.80 亿元，增长动力不足。此外，乡村文旅活动还不够丰富，缺少文化及创意使得经营方式呈现同质性。同时，乡村的整体景观缺乏吸引力，难以与开发建设中的旅游产业形成联动，无法达成设想目标。

（3）就业岗位匮乏，就业培训需要加强。

产业发展不足导致本地就业岗位严重匮乏，大量青壮年劳动力外流，本地人口结构持续老龄化，这直接影响本地区创业活力与活动。就业培训和受教育程度是影响就业问题的关键因素。2019 年 8 月上海高校Ⅳ类高峰学科项目华东师范大学调查组对崇明进行的抽样调查数据显示，81% 的男性和 52.8% 的女性"未就业"人员均表示没有受过就业培训；61.9% 的男性和 52.8% 的女性"未就业"人员学历均在初中及初中以下。

（4）研发和教育机构缺乏，人才支撑不足。

对纽约长岛等几个著名世界级生态岛的分析发现，它们不仅拥有优良的生态环境，而且都具有一定数量的科研单位和高校。好的生态环境是吸引研发和教育机构及人才的优势，而研发机构和人才进驻成为世界级生态岛的主要环境维护力

量。崇明目前研发和教育机构十分匮乏，尤其是生态人才极度短缺，世界级生态岛建设缺乏科技和人才支撑。

1.3.3 生活空间挑战：生活空间品质不高，居民获得感、幸福感仍需提高

（1）城镇化水平不高，居住环境品质有待改善。

2017 年崇明区城镇化水平为 40.51%，远低于全国平均水平。上海高校Ⅳ类高峰学科项目华东师范大学调查组走访调研发现有近 82.45% 的受访者表示不愿意转化为非农业人口，其中，66.34% 的人认为非农业户口没有吸引力；36.63% 的人不想放弃宅基地而拒绝转化为非农业人口；35.15% 的受访者表示不愿意放弃农用土地。崇明老龄化程度超过了联合国设定标准，进入深度老年化社会。2018 年 60 岁以上老年人口比例为 36.37%，相较于 2017 年上涨了 1.17 个百分点。老年人口抚养比为 64.88%，社会抚养负担不断加重。崇明人口空间布局不够集约，村庄布点较为分散。农村地区的生活居住基础设施配套不足，公共文化设施欠缺，居住空间品质有待提升。

（2）对外交通便捷度依然不够，岛内公交服务水平不高。

上海中心城区至崇明区的交通出行已经从"节日堵"逐步向"周末堵"蔓延，严重阻碍了居民出行。这主要是由于崇明区与上海中心城区天然分隔，仅有公路 G40 沪陕高速和水路两种交通设施联系，加之崇明区是上海中心城区居民周末出行或周边一日游的重要生态旅游集聚地。周末或节假日，崇明区的车流和人流显著增加。随着城际铁路相继通车，上海周边地区（如张家港、常熟、太仓、湖州、南通等地）将迅速融入上海 1 小时交通圈，然而崇明区的对外交通体系建设进展缓慢。据上海高校Ⅳ类高峰学科项目华东师范大学调查组 2019 年的走访调查统计，62% 的崇明区居民反映其前往上海中心城区所花时间在 100 分钟以上。交通时间太长及费用高被崇明区居民认为是其前往上海中心城区面临的主要问题。2021 年崇明区将举办第十届花博会，伴随着五一小长假及周末等节假日客流高峰的来临，崇明客流量预期会有较大增长，这对崇明区的进出岛交通是个严峻的考验。

崇明区内公交配置低于上海全市水平，区内有公交线路 63 条，公交车辆拥有率 5.8 标台/万人，低于上海全市平均水平。崇明区的公交运营模式是以短途公路运输形式为主导的郊区公交，线路平均长度在 30km 以上，导致行车准点率

和行车间隔难以保证，造成乘车不便，降低了公交出行的吸引力[6]。造成这种现象的原因主要是居住相对分散，公交服务跟不上，居民普遍使用更加方便的电瓶车或摩托车出行。

（3）优质义务教育资源不足，优质生源和师资流失。

义务教育资源可以满足学生就近上学需求，总体上优质学校少，且多集中在城桥镇和堡镇，大量生源尤其是优质生源流失岛外。由于上海中心城区更丰厚的薪酬待遇、更优质的生活条件和更充足的就业机会，高学历的医疗人才和优秀教师也更倾向于选择前往上海中心城区工作。

（4）优质医疗资源匮乏，居民健康问题值得关注。

上海 30 多家大型三级甲等医院主要集中在市中心，而包括崇明在内的郊区则缺乏优质医疗资源，居民就医方便程度有待提高。2016 年崇明《慢性非传染性疾病综合防控示范区慢性病及其危险因素监测报告》显示，2013 年崇明成年居民超重率和肥胖率分别为 36.98% 和 14.41%。上海高校Ⅳ类高峰学科项目华东师范大学调查组 2019 年的调查数据则表明，崇明成年居民的超重率和肥胖率分别为43.89% 和 10.82%，超重率较 2013 年提高，肥胖率较 2013 年略有降低，但统计上仍显著高于全国平均水平、全国乡村地区平均水平和上海中心城区平均水平。基于 2019 年的调查数据，崇明居民中心性肥胖比率（11.41%）同样显著高于全国平均水平和全国乡村地区平均水平。

（5）乡村风貌特色不突出，村落建设水准有待提高。

崇明整体乡村建筑风貌缺乏足够吸引力，没有突出其江南韵味和海岛特色。村民建房选址随意、房屋建设布局较为零乱，村庄道路两旁植物种植杂乱，村落景观环境有待提升美化，与生态岛优美宜居环境的定位有差距。崇明乡村基础设施建设还不充分，资金统筹不足，风貌管控存在难度。

1.4　崇明世界级生态岛建设的指导思想、发展理念和发展目标

进入新时代，崇明世界级生态岛建设正迎来重大机遇。既有国家生态文明建设、长江流域大保护、长三角一体化的国家战略红利，也迎来南通新机场建设、轨道交通建设、第十届花博会举行等地方发展利好。与此同时，党的十九届四中

全会提出了推进国家治理体系和治理能力现代化的重大决定，客观上要求崇明世界级生态岛建设要把制度建设和治理建设放在重要位置。2020 年以来的新冠肺炎疫情再次提出了关注人民健康和安全的迫切要求。在新形势下，抓住机遇，迎接挑战，加快推进崇明世界级生态岛建设，正逢其时。

1.4.1　指导思想

党的十八大报告指出，建设中国特色社会主义，总布局是五位一体，即全面推进经济建设、政治建设、文化建设、社会建设、生态文明建设。习近平总书记在十八届中共中央政治局第一次集体学习中进一步指出："党的十八大把生态文明建设纳入中国特色社会主义事业总体布局，使生态文明建设的战略地位更加明确，有利于把生态文明建设融入经济建设、政治建设、文化建设、社会建设各方面和全过程。"[1] 习近平新时代中国特色社会主义思想，尤其是关于生态文明建设的一系列真知灼见和以人民为中心的发展思想是崇明世界级生态岛建设的指导思想。

首先，坚持生态优先的理念。党的十八大首次把"美丽中国"作为生态文明建设的宏伟目标，把生态文明建设摆上了中国特色社会主义"五位一体"总体布局的战略位置。生态文明建设的重要性贯穿于习近平总书记重要思想的始终，2013 年 5 月 24 日，习近平在主持中共中央政治局第六次集体学习时指出："生态环境保护是功在当代、利在千秋的事业。"[2] 这是对生态文明重要性的鲜明阐释。2014 年 11 月 10 日，习近平在 APEC 欢迎宴会上致辞时表示："希望北京乃至全中国都能够蓝天常在，青山常在，绿水常在，让孩子们都生活在良好的生态环境之中，这也是中国梦中很重要的内容。"[3] 因此，生态优先已经成为一种贯穿于经济社会的发展过程中的政治理念，也是实现中华文明伟大复兴和中国梦的重要先决条件。

其次，坚持以提升人民的满意度和幸福感为最终目标。2017 年，党的十九大

---

① 习近平 . 紧紧围绕坚持和发展中国特色社会主义 学习宣传贯彻党的十八大精神——在十八届中共中央政治局第一次集体学习时的讲话 . http://politics.people.com.cn/n/2015/0310/c1001-26666629.html?winzoom=1 [2020-06-11].

② 中国共产党新闻网 . 习近平谈治国理政 . http://cpc.people.com.cn/xuexi/n/2015/0720/c397563-27331980.html [2020-08-16].

③ 新华网 . 十八大以来习近平 60 多次谈生态文明 . http://politics.people.com.cn/n/2015/0310/c1001-26666629.html?winzoom=1 [2020-06-11].

报告中提出:"新时代我国社会主要矛盾是人民日益增长的美好生活需要和不平衡不充分的发展之间的矛盾","必须坚持以人民为中心的发展思想,不断促进人的全面发展、全体人民共同富裕"。① 因此,以人民为中心的经济发展是当今也是未来很长一段时间最重要的国家工作。生态保护不能简单地为了保护而保护,其最终目标是人民生活质量的改善和人民的幸福感的提高。

再次,坚持把绿水青山转化成金山银山,实现生态、生产、生活协同共生。生态优先和生产、生活发展并不矛盾。2013 年 9 月 7 日,习近平在哈萨克斯坦纳扎尔巴耶夫大学发表演讲后回答学生提问时说:"中国明确把生态环境保护摆在更加突出的位置。我们既要绿水青山,也要金山银山。宁要绿水青山,不要金山银山,而且绿水青山就是金山银山。我们绝不能以牺牲生态环境为代价换取经济的一时发展。我们提出了建设生态文明、建设美丽中国的战略任务,给子孙留下天蓝、地绿、水净的美好家园。"② 习总书记的回答传达了两个重要信号:第一,生态保护十分重要,生产发展不能以生态为代价。生产发展的前提和基础就是绿水青山,金山银山象征的生产发展离不开绿水青山。第二,绿水青山可以转化成金山银山,实现生态、生产、生活协调发展。良好的生态环境是生产和生活品质提升的基本内涵,环境友好型的生产活动并不会危害生态环境。例如,生态农业,作为一个农业生态经济复合系统,将发展大田种植与林、牧、副、渔业,发展大农业与第二、第三产业结合起来,利用传统农业精华和现代科技成果,通过人工设计生态工程,协调发展与环境之间、资源利用与保护之间的矛盾,形成生态上与经济上两个良性循环,实现经济、生态、社会三大效益的统一。方兴未艾的科创产业和创意产业,具有技术密集型和知识密集型的特征,在发展过程中对生态环境造成的破坏相对较少,甚至还能合理利用生态资源并产生经济效益。通过合理的产业转型与规划,在生态保护和优先的前提下,生产和生活也能够得到增长和提升,实现"三生"空间的协调发展。

最后,生态建设要以制度建设和治理建设为保障。党的十九届四中全会强调了治理体系和治理能力现代化的重要性。生态建设实施最终要落实到执行层面,需要现代化治理体系支撑。治理能力跟不上,再好的理念都实现不了。而治理体系的完善离不开制度支持,因而崇明世界级生态岛建设方案确定后,要把制

---

① 中国共产党新闻网 . 习近平:决胜全面建成小康社会 夺取新时代中国特色社会主义伟大胜利——在中国共产党第十九次全国代表大会上的报告 . http://www.12371.cn/2017/10/27/ARTI1509103656574313.shtml[2020-08-16].

② 杜尚泽,丁伟,黄文帝 . 弘扬人民友谊 共同建设 "丝绸之路经济带" ——习近平在哈萨克斯坦纳扎尔巴耶夫大学发表重要演讲 . http://data.people.com.cn/rmrb/20130908/1[2020-06-11].

度建设放在突出位置上，避免走形式、走过场，切实推进崇明世界级生态岛建设
进程。

1.4.2 发展理念

以习近平总书记的生态文明思想为指导，贯彻创新、协调、绿色、开放、共享五大发展理念，崇明世界级生态岛的具体发展理念是，夯实生态优势，打造世界级的生态环境；服务国家战略，引领生态文明建设，昭显"绿水青山就是金山银山"示范效应；服务民生，实现生产、生活、生态协调发展。

在生态优先基础上，实现生态、生产、生活协调共生，是崇明的现实选择，也是崇明服务国家生态文明建设的必然选择。不搞经济发展肯定是生态的，但这不符合崇明的现实。崇明不是一个自然保护区，而是生态良好的人居环境，同时具有生产功能和生活功能。不搞经济发展，很容易实现生态目标，但没有积极意义。

生态、生产、生活三者协调共生关系主要表现为：生态空间是自然基础，任何经济活动都要建立在生态不受破坏的基础之上；生产空间是发展动力，合理充足的就业岗位和丰富多样的商品是居民生产和生活的保障、也能够大大增加地区的活力；生活空间是根本目的，一切对于生态的保护、工业的发展、基础设施建设等活动都是为了提升人民的生活满意度和幸福感。在"绿水青山就是金山银山"的时代号召下，践行"生态+"发展战略，构筑生产 – 生活 – 生态三位一体、互促互进的生态岛发展格局（图 1-1）。

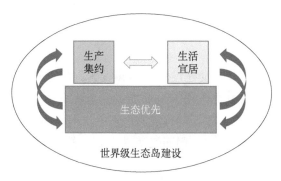

图 1-1 崇明世界级生态岛生态、生产、生活协调共生关系示意

为了落实"绿水青山就是金山银山"和生产、生活、生态协调发展的理念，

崇明的功能定位为依托生态环境优势，集聚高端技术人才，打造以现代生物技术、生态技术、农业技术、清洁技术和循环技术研发为核心的研发教育高地；利用丰富多样的自然生态资源，发展现代生态农业和乡村旅游业，建设高品质的休闲健康基地。

1.4.3　发展目标

崇明世界级生态岛是崇明和上海各项规划确定的崇明发展目标。其中，《崇明世界级生态岛发展"十三五"规划》中要求，崇明要建设成为上海重要的生态屏障和21世纪实现更高水平、更高质量绿色发展的重要示范基地，长三角城市群和长江经济带生态环境大保护的标杆和典范，未来要努力建成具有国内外引领示范效应、社会力量多方位共同参与等开放性特征，具备生态环境和谐优美、资源集约节约利用、经济社会协调可持续发展等综合性特点的世界级生态岛。《上海市崇明区总体规划暨土地利用总体规划（2017—2035）》提出，至2035年，把崇明区基本建设成为在生态环境、资源利用、经济社会发展、人居品质等方面具有全球引领示范作用的世界级生态岛。《上海市生态空间专项规划（2018—2035）》进一步把崇明世界级生态岛定位为四大片重点生态区域之一和生态文明示范区。

崇明世界级生态岛建设要与联合国可持续发展目标相契合。继联合国千年发展目标之后，联合国可持续发展峰会推出2030年可持续发展议程，设立了涵盖消除贫困、良好健康与福祉、优质教育、体面工作与经济增长、缩小差距、可持续城市和社区、负责任的消费和生产等17个具体的发展目标。崇明世界级生态岛建设与生态－生产－生活空间协调发展，是解决联合国所关注的社会、经济和环境三个维度协调发展问题，探索可持续发展道路的中国尝试。崇明世界级生态岛建设需进一步对标17个具体发展指标，增强优势，补足短板，树立联合国2030可持续发展议程的全方位示范基地与全球标杆[7]。

崇明世界级生态岛应以智能发展为驱动内核。2020年《政府工作报告》明确指出要加强以人工智能、云计算、区块链等为代表的新型基础设施建设，发展新一代信息网络。崇明生态岛发展应将国家发展新一代信息技术产业和建设智慧城市的战略需求转化为内核动力，依托良好的生态优势和相关产业发展基础，培育建设成为有国际竞争力和行业影响力的智慧产业基地，建成以生态－文化－数据产业协同为依托的智慧城市示范基地，使生态岛建设与智慧岛建设并驾齐驱，互为助力。

崇明世界级生态岛这一最终发展目标的实现依赖于阶段性目标的支撑。要积极申请创办国家生态文明试验区，成为承担国家生态文明体制改革创新试验的综合性试验平台，从国家战略框架的组成部分上升为国家战略本身，体现国家生态文明建设的最高水平，打造全国范围内的"绿水青山就是金山银山"的标杆，这是当前国家生态文明建设最急需的，也最有挑战性。

1.5　崇明世界级生态岛建设的战略与对策

为建设世界级生态岛，崇明亟须打造生态－生产－生活协调的空间关系。以崇明世界级生态岛目标为指引，在借鉴相关理论及国际成功经验的基础上，提出崇明世界级生态岛建设的战略与对策。

1.5.1　生态空间体系化：坚持"生态立岛"，打造世界级生态示范岛

要以建设国家生态文明示范区为抓手，厚植生态优势、夯实生态基础。要构建包含水体、土壤、大气、生物多样化、防灾等在内的生态保护体系，实现全方位无死角的环境监控，严格防控环境污染；同时，打造点线面结合的立体化绿色基础设施体系，创建郊野公园，以达到增加绿色空间的目标。

（1）深化水体环境污染治理与生态修复，建设河湖生态系统。

打造与世界级生态岛匹配的河湖生态系统，致力于实现水源地安全、水环境清洁、水生态健康，建设与世界级生态岛相匹配的河湖生态系统。为此，以水系规划与水生态健康为抓手，强化顶层设计；以水生态健康调查评估为途径，完善基础数据库；深化河湖污染治理与生态修复，创新村沟宅河治理模式；关注新兴污染物风险，提升河湖生态系统服务功能；完善水环境监测预警手段，推进智慧水务建设；健全河湖长效管理机制，营造江南水乡文化氛围。在以上对策基础上，从技术、平台、管理三方面分别进行重点项示范，推进水环境治理与保护。

（2）全面改良土壤质量，对污染土壤进行生态修复。

土壤质量是崇明生态农业得以发展的前提和保障。首先，全面系统地评估土

壤质量现状,分别对不同类型的土壤开展系统监测、评价和问题诊断。其次,根据不同土壤的主要问题,分类保护、修复和改良。对长期种植的成熟耕地,以保护土壤环境和保障高品质的农产品为目标制定分类管理和保护的措施;对盐渍化明显的设施农业土壤,以减低盐分和改良土质为保护和修复目标;对新生的农业储备用地开展绿色改良,促进生态农业的长期可持续发展。再次,农田土壤的保护还需要从源头上控制农药的使用,构建田-水-林-草-花的复合生态网络,促进鸟类、蛙类、中性昆虫栖息地恢复,通过提高生物多样性改善土壤生态。要大力推进不施化学肥料、不用化学农药的"两无化"农业生产方式,加强农业生产的全程监管和指导,不断满足大众对有机农产品的需求。最后,2021 年在崇明召开的花博会可能有大量的外来植物、客土的带入,会从多方面影响崇明岛农田生态安全和土壤保护,要做好管理预案。

(3)加强大气污染区域联防联控,提高崇明大气质量。

首先,长三角其他区域的整体减排是崇明空气质量改善的关键,长三角一体化为区域层面上推行大气污染物减排提供了契机。未来崇明空气质量提高的防控重点就是减少区域过境交通的氮氧化物。其次,中小工业点源的排放也是关注重点,尤其需要注意挥发性有机物的排放。最后,需要持续提高本地机动车排放标准、控制农业秸秆的生物质燃烧、管控畜禽养殖的氨气排放。

(4)强化生物多样化保护的制度建设,提高社会认识程度。

将生物多样性保护作为生态岛建设的核心任务,以生物多样性保护水平作为评价生态岛建设质量的关键指标。为此,要加强生物多样性保护制度落实,通过建立生物多样性的监测评估机制、责任主体制和政策激励机制,完善生物多样性保护配套方案和执行机制。要积极建设更高级别的生物多样性保护统筹机构和保护地管理体系,将其列入中国黄(渤)海候鸟栖息地(第二期)世界自然遗产提名地,争取将长江口湿地或崇明全岛纳入上海规划建设长江口国家公园的整体方案中。要进一步加强生物多样化保护方面的人力、物力、财力的投入与保障,并加大生物多样化的科学研究和科普教育力度,提高全社会对生物多样化重要性的认识。

(5)加强自然保护区建设,强化生物多样性保护的空间载体。

探索并建立湿地生态保护专项补助资金政策,加大对保护区的财政倾斜,加强保护区的能力建设。进一步加强滩涂湿地生态系统和鸟类多样性保护,调动地方政府和保护区周边居民支持和参与生态保护的积极性。探索并制定栖息地管理规程,为实现"鸟类天堂和鸟类自然博物馆"的目标提供科学保障,为全球生态修复工程提供新理论、新方法和新模式。

（6）加强生态安全建设，防范野生动物疫源疫病。

根据《中华人民共和国动物防疫法》和《上海市动物防疫条例》，崇明区需加强野生动物疫源疫病监控力度，具体措施包括：扩大崇明区的野生动物疫源疫病的监控范围，提高监测的时效性，培训和提升相关人员的监控能力，建立崇明的野生动物疫源疫病监测技术平台，制定有效的野生动物疫源疫病监控对策和条例，将野生动物疫源疫病监控纳入崇明生态和公共安全的重要领域。

（7）建设长期观测基地，完善生态环境观测网络。

按照国家级示范自然保护区建设要求，以保护区新一轮基础设施建设为契机，建设长江河口湿地生态系统长期观测研究基地。深入研究高强度人类活动与全球环境变化共同作用下长江河口湿地生态系统结构和功能的动态及规律，为保护区生态健康维持和生态风险防范提供决策依据。进一步，对现有所有观测站点的空间分布进行全面梳理与评估，圈定综合监测薄弱区域与人－生态环境冲突热点区域，确定相关区域的综合监测站点补缺方案。依托现有站点，根据世界级生态岛环境指标体系和生态环境预警、预测功能的需求，对现有站点进行功能提升，通过加装传感器、传输设备等方法，实现一站多能目标。强化遥感动态监测，发展智慧决策系统，构建崇明岛全天候监测体系。

（8）构建网络化绿色基础设施，创造绿色健康的人居环境。

兼顾生态、生产、生活三大空间，建设绿色基础设施网络，形成"一带一轴两片一环多廊道"的空间布局。整合以各名胜古迹、节日赛事为主的文化旅游资源和以河流廊道、公园为主的生态资源，形成生态与文化特质相得益彰的绿色基础设施网络；合理地设置河流绿带宽度、树种，构建河流廊道安全格局；将农业景观、特色片区渗透到社区绿色基础设施，构建复合生态网络；将社区绿色基础设施与社区其他交通、出行等网络结合，构成以人为本，多功能复合的网络。

1.5.2 生产空间绿色化：稳步推行"生态 +"，树立"绿水青山就是金山银山"的全国性标杆

既要利用丰富多样的自然生态资源发展现代生态农业、乡村生态旅游业和休闲健康产业，又要依托优越的生态环境，吸引高端人才，聚焦知识创新经济，发展以生物技术、生态技术、农业技术、清洁技术和循环技术为核心的研发教育和

相关绿色产业。

（1）化生态资源优势为产业优势，培育生态农产品的知名品牌。

根据崇明各乡镇自身的产业基础和比较优势，重点培育具有乡镇特色的产业，打造"一镇一业""一村一品"的产业格局。崇明优越的生态环境为其生态农业的发展提供了必要条件。提升品牌优势，打造以"崇明"为地域标识的绿色农产品品牌。打造文化IP，通过自创IP和聚合IP两条路径把具有鲜明地域特色的文化元素突出出来。

（2）加快发展乡村休闲旅游业，突出健康、养生资源优势。

促进旅游与养老、会展、医疗、体育等相关产业的融合发展，结合崇明河、田、路、宅、林等特色要素，每个村配置5项核心功能（1处主题市集、1处有机农场、1组民宿集群、1个主题活动、1个自然教育基地），提升乡村地区的活力与功能，加快主题庄园、开心农场等项目建设。分季节打造崇明薰衣草节、自行车嘉年华、森林旅游节、冬季观鸟节等品牌旅游节庆活动，发挥地方民俗特色节庆活动的品牌效应。

（3）聚焦绿色生态新技术，引进高新技术企业。

基于打造世界级生态岛的目标，崇明要恪守中央"共抓大保护、不搞大开发"的要求，积极应用新技术，发展生物产业等新兴技术产业，为崇明农业发展、环境保护与治理等提供科技支持与保障。积极引入有潜力的高新技术研发企业，形成具有全球影响力的产业集群。

（4）以海洋装备制造业为动力源，引领高端制造业发展。

利用崇明长兴海洋装备制造的优势，重点增强高端装备自主可控能力、智能制造能力、基础配套能力和服务增值能力，助力高端装备制造业成为崇明辅助上海进军全球科技创新中心的主战场。

（5）优化营商环境，吸引高素质人才。

瞄准最高标准、最高水平，打造国际一流的营商环境，降低企业商务成本，给中小企业营造更大的发展空间。依托生态宜居优势和日益改善的基础设施及人居环境，吸引海内外高端人才入住。重点发展具有国际视野的特色高等教育和技术职业教育，培养与崇明重点发展的高新技术产业、休闲健康产业、生态农业相关的专业化人才。

（6）重视创业孵化服务，打造长三角创业高地。

以高校和科研院所为主阵地，致力于打造具有地方特色的创业精神内涵和创业文化底蕴，不断强化崇明的"创新创业软实力"。借力5G技术打造新一代的数字化众创空间，充分挖掘和释放互联网的无限潜能。政府对创业企业提供金融支持，强化就业和创业教育，完善创业信息政策与法规。

1.5.3 生活空间宜居化：加大"生态惠民"，塑造崇明魅力生态人居环境

把生态优势转化为高品质生活优势，塑造人人向往的宜居之地；建设基础教育、医疗卫生、公共服务完备，衣食住行方便高质，健康、幸福的生活空间；营造具有江南韵味的海岛特色村镇、田园康养的美丽乡村。

（1）引导农民集中居住，推进农业人口市民化。

完成农业转移人口的城镇化，提高农业转移人口素质和职业技能，确保农业转移人口"有事可做""有业可就"。落实自愿有偿退出宅基地制度，探索"宅基地换房"等农村资产置换为城镇住房的机制，采用集中建房置换和资金补贴的方法鼓励退出宅基地。

（2）进一步改善对外交通，保障重大事件期间交通疏解。

依托北沿江高铁和南通新机场建设，加快上马西线通道。建议崇明未来交通以时速 160～200km 的市域快轨为主，并以大站车、普通车交替运行模式，缩短运行时间，打破其在区域交通中日趋边缘化的态势。制定引导性的交通需求管理政策，从源头上减少小汽车入岛交通需求。

对于花博会等大型活动或展会期间的交通疏解，建议借鉴往届花博会及上海世博会交通组织的成功案例。首先，采取管控手段，合理组织车客流。通过截流和分流两种交通组织模式，应对花博会交通。在活动或展会周边划定交通管控区范围实行分区管理。充分利用水上通道，在轮渡附近开辟大型停车场，车辆旅客均可先乘坐轮渡上岛，后坐专线前往花博会。这样即可在入岛前对路面的车、客流实施分流。其次，新建高速通道，连通崇启大桥至崇西。可以在沪苏收费站附近新建高速通道，连接崇西，并与西线接轨；也可以在沪苏收费站的货车收费通道或高速拐点处新建高速出口匝道，将崇启大桥方向的参加活动或展会车辆引入北沿公路或附近的公共换乘（P+R）停车场。

（3）优化岛内交通，打造特色绿色交通。

首先，构建"枢纽-节点"公共客运枢纽体系。建议以陈家镇等中心镇为枢纽，重点完善公共服务与交通设施配置，突出公共交通对城镇发展的引导作用，通过客流量在枢纽间轴线运输上的高度集聚，扩大轴线运输规模经济效应。其

次，在路径建设层面，推动岛内东西向的交通道路及横沙通道建设，对现有交通干线进行优化（如增加车道数），提高道路的通行能力；调控平交路口数量和横向联系，提高通行效率，采用信号灯、立体过街及隔离设施，改善慢行环境，减少车行干扰等。再次，大力推进绿色交通建设。建设环岛城际列车，远期崇明主干线可采用节能环保的快速公交，支线以公共汽车为主，并全部使用纯电动、零排放的新能源汽车，全岛（包括入岛）只能使用新能源汽车。统筹规划共享汽车、电动车的分时租赁专用网点和停车位，布设在以交通枢纽和旅游景点为核心的人流聚集地附近。

（4）协同推进优质教育，吸引高校和研发机构入驻。

以崇明生态研究院为起点，积极开展生态、医疗、健康等科研活动，吸引人才和研发机构入驻。加强与国内外高层次学校合作办学，加快高等学校崇明校区建设，引入优质品牌基础教育集团开办分校。加强师资队伍建设，提高教师薪资与福利，吸引优秀师资力量。完善教育人才培养、管理与流动制度，建立健全长效机制。强化小学与中学间的衔接，较为稳定地吸收优质生源。结合世界级生态岛建设，突出办学的生态特色。

（5）提高医疗服务设施等级，打造世界级健康岛。

积极引入三甲医院合作办医，邀请合作办医单位专家定期坐诊，重视医疗人才的引进。加强东部地区医疗服务配置，引导民营医疗机构正规化经营。发展医养结合，将医疗与健康、疗养产业融合发展。针对新冠肺炎疫情反映出来的人民对健康和安全的迫切要求，强化崇明公共卫生防疫设施建设。

成为世界级生态岛必须拥有世界级生活水准，满足崇明居民的健康需求，适应未来引进高素质人才对健康的高要求。建设世界级健康岛的路径包括：打造"政府－社区－学校－企业"全方位的健康宣传和管理网络，有力推动居民健康素养的提高；营造"儿童－青少年－成人－老年"全年龄段居民的健身氛围，提高民众的接受度与参与度；以体育小镇为试点，推进"乡镇－街道－设施"全域性的健康建成环境建设。

（6）提升村镇居住环境品质，打造具有江南韵味的特色海岛。

延续"沙、河、漖、港"的水网格局，"沿路沿河、局部集聚"的乡村格局，见缝补绿，实现"屋在林中"；进行桥梁美化和标识强化，提升村落辨识度；优化乡村街道界面，增补乡野休闲步道，提升街道空间活力；协调建筑尺度、形式和色彩。建设花田、花溪、花村、花宅、景观廊道，其中景观廊道建设根据乡镇主导特色树种，按照"一镇一树种，一镇一方案"的原则，围绕骨干道路和河道及次干河道两侧区域，成片、成带建设生态廊道，形成崇明区多元化种植景观。

1.6　服务国家发展，贡献崇明智慧

1.6.1　为国家生态文明建设和乡村振兴提供示范

（1）示范于国家生态文明建设。

崇明致力建设成为以绿色、人文、智能和可持续为特征的自然生态优美、人居生态和谐、生态经济发达、文化魅力独特的世界级生态岛，为国家生态文明建设提供示范引领作用。崇明在垃圾分类、循环经济、环境保护、生态保育、制度创新等方面先行先试、创新了一些做法，总结了一批经验，可示范其他同类区域和城市生态文明建设。在生态环境方面，通过湿地保护、监测和修复技术的综合应用，进行西滩和东滩湿地生态保育、修复与开发，分别建设了"西滩湿地保护与开发双赢模式实践区"和"东滩湿地生态保育与修复示范区"；在农村垃圾分类和污水处理技术方面形成了一系列自主创新的领先处理技术，并提出了"河道警长制"等创新制度，为国内外湿地保护和环境治理工作提供示范。在生态人居方面，形成了农民集中居住的"7080"模式，总结了集成建筑节能、资源循环和智能化调控的陈家镇生态示范楼工程建设等生态示范实践经验及集成技术体系。在生态经济方面，形成了以崇明能源互联网项目为代表的"互联网＋"智慧能源实施方案，推进生产方式向数字化、网络化和智能化转变，为国内产业升级和能源管理提供参考。在生态文化方面，打造"生态、海岛、乡村"三位一体的"生态文化功能区"，为国内同类地区生态文化建设提供借鉴。此外，崇明着力打造横沙生态先行示范区，试点先行为崇明世界级生态岛建设探索一条最符合崇明实际的生态、生产、生活协调发展之路。

（2）示范于乡村振兴。

崇明把实施乡村振兴战略与建设世界级生态岛紧密结合、有机统一，走出了一条生态经济发展的新路，为全国实施乡村振兴战略提供了崇明样本。崇明妥善处理生态保护和乡村振兴的关系，平衡当地老百姓安居乐业和生态保护的关系，解决城乡发展不协调、农村内部发展不均衡的问题，在都市现代绿色农业发展、农旅结合新模式、美丽乡村建设等方面走出一条特色之路。首先，整合农业、旅游、生态等资源优势，采取"田宅路统筹、农林水联动、区域化推进"的思路，打造"开心农场""都市休闲精品游"等农旅结合新模式，引领带动国家乡村振兴战略深入推进。其次，崇明定位于现代都市的绿色农产品供应基地，扶持了一批农业龙头企业、博士农场、家庭农场和农民专业合作社等，创造了全链条绿色农产品生产新模式。再次，聚焦农林废弃物资源化利用和以生态创新服务乡村振兴，构建农林废弃物循环利用的全域农业生态系统大循环模式和生态鱼塘与种养结合的新农村循环经济体系，示范全国农业生态系统建设和全国美丽乡村建设。最后，推进生态化、智能化、科技化的田园综合体建设，推广崇明"互联网＋"新型职业农民培育行动计划，聚力社会力量盘活农村资源，带动农民增收致富。

1.6.2　为长江经济带大保护和长三角绿色一体化提供引领

（1）引领长江经济带大保护。

作为全国首批长江经济带绿色发展示范区和长江大保护的下游防线，崇明具有通江达海的先天区位优势、整体生态定位的政策优势、优良水土气生条件的生态优势，以及十余年生态发展的工作基础优势，肩负着带动长江经济带绿色发展的重任。崇明世界级生态岛建设对于整个长江流域的环境保护意义重大，不仅是因为长江口的生态保护是长江流域大保护的重要组成部分，而且作为流域末端，长江口的环境状况直接体现了长江流域的生态健康水平。鉴于崇明在长江口的龙头位置和在生态环境综合监测方面的经验，崇明生态建设将带动流域生态安全屏障和生物多样性保护体系的建立，崇明生态环境监测系统建设将推动长江流域跨区域综合环境监测系统的建立。

（2）引领长三角绿色一体化。

崇明位于长三角的桥头堡，与周边南通等地构成的长江口区域协作组团受到生态环境协作共建和区域一体化发展的双重目标约束，在生态环境修复、交通互联互通、城镇圈共建发展等方面，先行先试，发挥自身独特优势，推动了长三角核心区域的一体化发展。首先，崇明与南通在生态方面通力合作，以修复长江口生态环境为主要目标，通过建立跨区域环境污染联防联治机制，带动环长江口区域整体生态功能和生态服务保障能力提升，引领绿色生态长江一体化建设。其次，崇明与南通在交通方面互联互通，激活江苏沿江同上海、浙北联动发展，完善长三角交通路网格局。再次，崇明与南通推动"东平－海永－启隆跨行政区域城镇圈"的共同建设，通过实施建筑高度、建筑风貌及人口规模管控，创新做实区域合作机制，引领长三角破解区域协同发展难题。

1.6.3 为上海卓越全球城市和国际航运中心建设提供支撑

（1）支撑上海全球城市建设。

崇明拥有众多河口生态资源、美丽乡村等田园风光，以及体育康养等发展基础要素，可为支撑上海全球城市建设提供重要战略留白和生态保育空间，承担增强居民宜居度与幸福感的后花园和运动休闲基地职能。崇明致力于建设以特色路线、特色产品、特色文化为特色的智能化、小尺度、舒适型田园生活模式，建设成为服务上海市民度假游和工作休闲游的高品质休闲产业发展基地。另外，崇明借助良好的生态环境和体育设施基础，融合体育、康养、旅游等多元发展形态，建设体育特色小镇和康养产业基地，努力建设全球城市康养旅游和运动休闲新模式，助力支撑上海全球城市建设。

（2）支撑上海航运中心建设。

崇明长兴岛海洋装备产业基地作为国际海洋装备绿色制造的主要板块及生态制造示范区，正致力于打造世界领先的集总装集成、系统模块、核心配套、生产服务等为一体的海工装备制造基地，理应成为上海"全球航运中心"建设最有力的助推器。一方面，通过长兴岛海洋装备制造业的高端化、绿色化发展助力"上海制造"品牌建设。长兴岛海洋装备制造业正聚焦发展新一代智能制造（智造）、信息技术等产业，拉动传统产业升级，在航运制造业和海洋装备等方面形成了一批面向未来的关键技术，积累了领先优势，从基础产业环节链条支撑了上海航运中心建设。另一方面，借助海洋制造业龙头企业的竞争优势，助力上海"全球辐射能级"提升。崇明有世界最大的港口机械供应商上海振华重工（集团）股份有限公司，有中国船舶工业的排头兵江南造船厂，在海洋装备领域展露的"中国制造"的全球辐射能力，助力提升了上海"航运中心"的国际化能级。

（执笔人：孙斌栋、李琬、张婷麟、张维阳、王天厚）

参 考 文 献

[1] 上海市崇明区统计局.2018 年崇明区国民经济和社会发展统计公报.上海.

[2] 顾惠明，杨兴，汪丹，等.从生态立岛到建设世界级生态岛.上海党史与党建，2018,（11）：32-35.

[3] Bellard C，Rysman J，Leroy B，et al. A global picture of biological invasion threat on islands.

Nature Ecology and Evolution，2017，1（12）：1862-1869.

［4］张晴柔，蒋赏，鞠瑞亭，等．上海市外来入侵物种．生物多样性，2013，21（06）：732-737.

［5］Yang S L，Milliman J D，Xu K H，et al. Downstream sedimentary and geomorphic impacts of the Three Gorges Dam on the Yangtze River. Earth-Science Reviews，2014，138：469-486.

［6］陆磊，李彬，黄鸣．上海郊区新城公共交通发展战略研究——以崇明新城为例．上海城市规划，2008，（05）：55-58.

［7］Fang J，Liu M，Liu W，et al. Piloting a capital-based approach for characterizing and evaluating drivers of island sustainability—An application in Chongming Island. Journal of Cleaner Production，2020，261：121-123.

第二章

崇明社会经济概况与发展沿革

2.1 基本概况

2.1.1 地理条件与区位特征

上海市崇明区，陆域总面积约 1413km²，主要由崇明岛、长兴岛、横沙岛及环绕在周围的浅滩、沙洲组成，滩涂资源丰富。崇明地处北亚热带季风地区，四季分明，气候温和湿润，日照充足，雨水充沛，年平均气温 16.5℃。从区位特征来看，崇明西接长江，东濒东海，南与上海市浦东新区、宝山区、嘉定区及江苏省太仓市隔江相望，北与江苏省海门市、启东市相隔，地理空间相对独立。作为长江经济带和 21 世纪海上丝绸之路经济带的交汇点，崇明水运优势明显，沿长江西上可达内陆 11 省市，沿海向北向南分至环渤海与珠三角经济圈，具有良好的发展前景。

崇明岛是崇明区所辖最大的岛屿，地处长江入海口，位于中国海岸线中点，地理方位东经 121°09′30″ 至 121°54′00″，北纬 31°27′00″ 至 31°51′15″。崇明岛全岛面积 1269.1km²，东西长 80km，南北宽 13～18km，是世界最大的河口冲积岛，也是仅次于台湾岛、海南岛的中国第三大岛。全岛三面环江，一面临海，素有"长江门户""东海瀛洲"之称。岛上地势平坦，无山冈丘陵，西北部和中部稍高，西南部和东部略低，90% 以上的土地标高（以吴淞标高 0m 为参照）在 3.21～4.20m。

长兴岛位于吴淞口外长江口南支水道，东邻横沙岛，北伴崇明岛。全岛面积 89.5km²，岛呈带状，东西长 26.8km，南北宽 2～4km。南沿有深水岸线近 20km，一般水深 12～16m，最深处 22m，可停靠 30 万 t 级轮船。

横沙岛位于长江口南支东端，三面临江，一面临海。西靠长兴岛，北与崇明岛遥相呼应，南与浦东新区隔江相望。岛呈海螺形，南北长约 12km，东西宽约 8km，平均海拔 2.8m。全岛总面积 54.4km²，其中可耕地面积 26.8km²，尚有滩涂资源 "0m" 以上约 20 万亩、"−5m" 以上约 67 万亩。周边岸线 30 余 km，其中南端约有 2km 深水岸线，水深约 12m。

2.1.2　行政区划变迁

历史上，长江口北岸的发育模式是一代代沙洲群向北并岸，形成新的江口北部岸线。明代宣德年间，巡抚周忱奏定狼山以南、宝山以北，西起福山，东讫余山，其中水面都是崇明县境域，即所谓"以涨补坍"，使崇明县常屹立于江海之间。然而，因江口沙洲涨坍多涉及各地域疆界，故历年因争界引起的纠纷多有发生。崇明各沙洲坍涨不定，治城经历六建五迁，才得以稳定。

五代十国时期，杨吴与钱氏吴越在长江口一带争战，吴国主杨溥于天祚三年（937 年）在西沙设立崇明镇，辖于静海都镇遏使（今南通市），崇明沙洲始有建置。南唐时期，崇明镇划归静海制置院（今南通）管辖。显德五年（958 年），后周军队攻下南唐在江北的所有领地，暂时废除崇明镇建置。北宋初，恢复崇明镇建置，归通州海门县管辖。到了元至元十四年（1277 年），崇明镇升为州，隶属扬州路。首任崇明知州薛文虎，在姚刘沙天赐盐场提督所旧址建立州城，改崇明镇为西沙巡检司，仅存的道安村改为道安乡。元至正十二年（1352 年），旧城坍没，州城迁至原址北 15 里处。元末战乱，崇明州"地坍户减，版籍脱离"，人口减少大半。

明洪武二年（1369 年），崇明降州为县，仍隶扬州路。洪武八年（1375 年），改隶苏州府。洪武年间，崇明人口随农业经济发展逐渐恢复，明代成为崇明县农业、棉纺织业的大发展时期。清顺治十六年（1659 年），郑成功率领水师进攻崇明县城（今城桥镇），被总兵梁化凤带领崇明县军民顽强击退。雍正二年（1724

年），崇明县专隶于太仓州。雍正十三年（1735 年），拨十二沙（山前、永兴、扁担、大年、小年、万盛、龙珠、三角、丁家、藤盘、杨桩、汤家）隶通州。乾隆三十三年（1768 年），割十一沙（半洋、富民、太平、乌桂、复兴、大洪、戏台、永年、大安、小安、日盛）属海门厅，崇明西北地大为缩小。光绪初年，与宝山县争崇宝沙，被判中分为界，而崇明县东南地境又缩小。

近代以来，崇明行政区划变迁频繁。1911 年，沪军都督派遣民军赶走崇明镇台，建立民国崇明县政府，隶属于江苏省管辖。1914 年，崇明县隶属沪海道管辖。1926 年 9 月，陆铁强、俞甫才建立崇明县最早的中共党组织。1927 年，崇明县又划归江苏省；1928 年，崇明县外沙 10 个乡划出另建江苏省启东县；1933年，崇明县隶属于江苏省第七区；1934 年，隶属于江苏省第四区（南通）；1939 年，崇明特别区公署隶属上海特别市（汪伪政权）。1945 年抗战胜利后，崇明县再次隶属江苏省管辖；1946 年，隶属江苏省松江专区；1949 年，隶属江苏省南通专员公署。1949 年 2 月，蒋介石钦点萧政之出任崇明县县长，成为民国政府在崇明的最后一任县长，任职 4 个月，1949 年 6 月随桂永清兵舰败退台湾。1949 年 6 月 2 日崇明县解放，隶属江苏南通专区。1958 年 12 月 1 日，崇明县改隶上海市。

长兴岛成陆于清咸丰年间（1851～1861 年），至今 170 年左右。横沙岛形成于清光绪年间（1875～1908 年），有 145 年左右历史。2005 年 5 月 18 日，经上海市人民政府报请国务院批准，原属上海市宝山区的长兴、横沙两个乡级行政区域，整建置划入崇明县。2009 年 11 月 18 日，长兴撤乡建镇。2016 年 3 月 26 日，上海市委、市政府召开市委书记专题会议，研究部署崇明撤县设区工作，之后向国务院正式上报请示件；6 月，国务院批复同意；2016 年 7 月 22 日，上海市委、市政府召开"崇明撤县设区"工作大会，改崇明县为崇明区。

截至 2018 年底，崇明区下辖 16 个镇、2 个乡（图 2-1），包括城桥镇、堡镇、新河镇、庙镇、竖新镇、向化镇、三星镇、港沿镇、中兴镇、陈家镇、绿华镇、港西镇、建设镇、新海镇、东平镇、长兴镇、新村乡、横沙乡。其中，区委、区政府所在地城桥镇为政治、经济和文化中心。

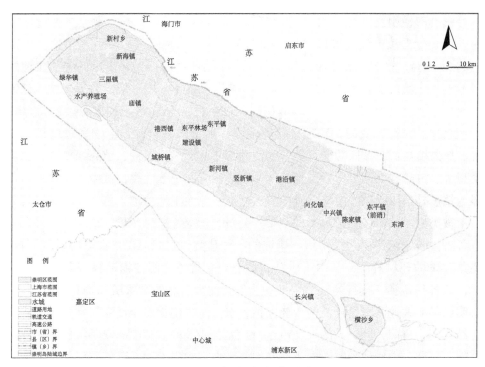

图 2-1　崇明区规划范围图

资料来源:《上海市崇明区总体规划暨土地利用总体规划（2017—2035）》

2.1.3　自然资源与生态环境

　　崇明地处长江入海口，崇明岛、长兴岛、横沙岛均受沿海潮汐影响，属平原感潮河网地区，周围潮汐属非正规浅海半日潮型，流向基本为往复流。崇明区内河道纵横交织，错综复杂，水系发达，过境雨量丰沛。根据上海市水务局公布的《2018 上海市河道（湖泊）报告》显示，崇明区内现有河道数量 15 901 条段，河道总长度 9032.08km，河网密度高达 7.62km/km²，均位列上海市第一。其中，市管河道 2 条段，长 180.68km；区管河道 28 条段，共计 357.40km；镇（乡）管河道 703 条段，共计 1728.07km；村级泯沟 15 168 条段，共计 6765.93km。

　　崇明区土壤有水稻土、潮土和盐土 3 个土类，以及 8 个土属、35 个土种。土壤耕作层厚度一般在 3～5 寸[①]。3 个土类呈东西伸展、南北排列的条带状分布。水稻土主要分布在三星镇、庙镇、港西镇、城桥镇等镇及新河镇、堡镇、陈家

---

　① 　1 寸≈3.33cm。

镇等镇沿南横引河一线以南地区，占全区集体耕地的 49.87%；潮土主要分布在建设镇、港沿镇等镇及堡镇、陈家镇等镇沿南横引河一线以北，占全区集体耕地的 39.99%；盐土主要分布在西北至东北部沿江沿海一带，占全区集体耕地的 10.14%。土壤表层质地多轻壤、中壤，并常有深度不一的砂层，按表层质地分为黄泥（土）、僵黄泥（土）、黄夹砂（土）、砂夹黄（土）、砂土和滨海盐土。

此外，江海之交的特殊地理位置使得崇明岛滩涂资源、生物资源也比较丰富。岛内植被资源按照功能可划分为江防海防林、湿地植被、道路绿化带、庭院景观林、游憩林、大田作物及经济林、水源涵养林等七大类，其中江防海防林及湿地植被是崇明岛植被生态系统的关键组成，滩涂湿地植被也是崇明岛具有特色的植被类型。其中，除了遍布的芦苇、关草、丝草等高生产量的植物资源外，还有各种生长于河旁路边、田坎、岸坡的各种草类，它们不仅是畜禽的天然饲料，还是宝贵的药材资源，其中可供药用的有百余种。崇明岛内动物资源也较为丰富，如各种鱼类、爬行类、无脊椎动物等。作为著名的国家级鸟类自然保护区，崇明已是亚太地区水鸟迁徙的重要通道，也是多种生物周年性溯河和降河洄游的必经通道。目前，已记录的鸟类有 18 目 54 科 265 种，其中国家一级保护动物有白鹤、黑鹳、中华秋沙鸭、白头鹤、遗鸥及白尾海雕 6 种，国家二级保护动物有小天鹅、黑脸琵鹭等 32 种；列入《中国濒危动物红皮书》的鸟类 20 种；列入中日、中澳政府间候鸟及其栖息地保护协定的鸟类分别为 156 种和 54 种，每年在崇明东滩过境中转和越冬的水鸟总量逾百万只。

依据《2019 上海市崇明区生态环境状况公报》，崇明区 2018 年环境空气质量优良天数为 314 天，优良率超 86.0%，为历史优；细颗粒物平均浓度为 36μg/m³，较 2017 年下降 4μg/m³；26 个国考、市考断面达标率为 100%，饮用水水源地水质较为稳定，3 个备用饮用水源地基本达到Ⅲ类水标准；土壤环境质量优于上海市平均水平；区域环境噪声达到标准要求；辐射环境质量总体良好，环境安全风险平稳受控。

2.2　经济与社会发展状况

2.2.1　经济发展

近十年来，崇明区经济发展呈现总体平稳、稳中有进、稳中向好的良好态势，全区增加值和第三产业增加值保持稳定上升（图 2-2）。全区增加值由 2009 年的

123.8 亿元上升至 2018 年的 352.2 亿元，年均增长率达 12.32%，第三产业增加值由 2009 年的 60.7 亿元增长至 2018 年的 227.8 亿元，年均增长率高达 15.83%。在 2019 年上海市崇明区政府工作报告中，2018 年崇明区完成增加值 352.2 亿元，比上年增长 13.2%。其中，第一产业完成增加值 27.9 亿元，增长 4.1%；第二产业完成增加值 96.5 亿元，增长 9.3%；第三产业对全区经济总量的拉动作用明显增强，完成增加值 227.8 亿元，增长 16.2%。在增加值的三次产业构成中，第一、第二、第三产业的比由 2017 年的 8.6∶28.4∶63.0 调整为 7.9∶27.4∶64.7。

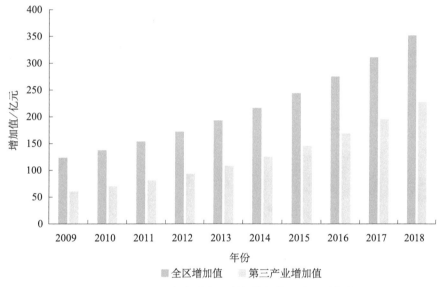

图 2-2　2009～2018 年崇明全区增加值与第三产业增加值状况

数据来源：上海市崇明区统计局内部资料

2018 年，崇明区级地方一般公共预算收入 83.8 亿元，比上年增长 25%。财政支出结构持续优化，主要集中在农林水事务、社会保障和就业、交通运输、教育、城乡社区事务支出等民生领域。同年，全区实现税收 260.5 亿元，比上年增长 30.2%。从主要税种看，增值税 133.9 亿元，增长 28.2%；个人所得税 72.3 亿元，增长 62.7%；企业所得税 37.4 亿元，增长 2.9%。从产业看，第一产业 0.3 亿元，增长 2.6%；第二产业 56.4 亿元，增长 17%；第三产业 203.8 亿元，增长 34.4%。

此外，崇明居民收入持续保持增长态势。2018 年，全区全体居民人均可支配收入 36 647 元，比上年增长 9.4%。其中，农村居民人均可支配收入 25 474 元，增长 9.9%。

2.2.2 人口变化

崇明区近十年（2009～2018 年）来人口变化呈"U"形趋势（图 2-3），2016 年之前崇明区户籍人口不断减少，2008～2016 年均减少 4.0‰，2016 年之后户籍人口又有所增加，2016～2018 年均增加 5.6‰。截至 2018 年末，全区共有户籍人口 678 631 人，比上年增加 2756 人。全年户籍人口出生 3122 人，出生率 4.62‰；死亡 6666 人，死亡率 9.86‰；人口自然增长率为 −5.24‰。崇明区内人口以汉族为主，另有蒙古族、回族、满族、壮族、白族、彝族、朝鲜族、维吾尔族、布依族、哈尼族、土家族、藏族等少数民族。

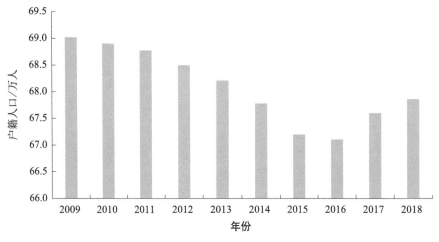

图 2-3　2009～2018 年崇明区户籍人口变化状况

数据来源：2009～2018 年的《崇明区国民经济和社会发展统计公报》

2.2.3 主导产业

海洋装备业一直是崇明区的主导产业，其占工业总产值的比重一直在 50% 以上（图 2-4）。由于海洋装备业外向型特征明显，其对全区经济的下拉作用也十分突出。2009～2011 年海洋装备业的产值上升幅度较大，年均增长率在 32.9%。但 2012 年后在国内外复杂多变经济形势的影响下，崇明工业经济下行压力较大，尤其是国际航运贸易环境不景气导致崇明海洋装备业产值产生较大下滑。2015 年，崇明工业生产运行起伏较大，增长幅度经历由"降"转"增"的过程，全年工业生产总值小幅增长，但海洋装备业产值仍有小幅度下降。至 2015 年，海洋装备业实现工业总产值 255.3 亿元，比上年增长 14.4%。2016 年，全区海洋装备业总产值 257.0 亿元，比上年增长 0.6%，海洋装备业占全区工业总产值比重达 68.1%。但部分船舶企业积极调整产品结构，提升产品科技含量。例如，上海振华重工（集团）股份有限公司的集装箱起重机多年稳居全球市场占用率第一位，产品进入 70 多个国家和地区；江南长兴重工有限责任公司由原来的散货轮、油船为主向万箱集装箱、集滚船和 LNG 等高技术船舶发展；江南造船（集团）有限责任公司成功开发了具有国际先进水平的 VLGC 船型，填补了国内空白；上海船厂船舶有限公司交付了国际领先的十二缆物探船等。2016 年之后，崇明区海洋装备业的产值实现正增长，但增长幅度较小。

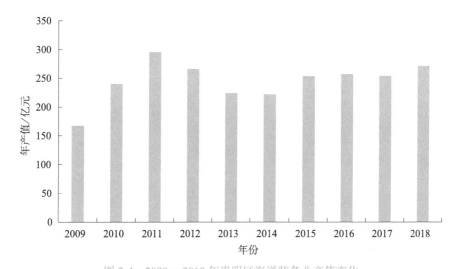

图 2-4　2009～2018 年崇明区海洋装备业产值变化

数据来源：2009～2018 年的《崇明区国民经济和社会发展统计公报》

2.2.4　就业结构

依据《崇明县第二次经济普查主要数据公报（第二号）》，2008 年末，全县共有工业企业法人单位 1994 个，从业人员 90 805 人，从业人员比 2004 年末第一次经济普查时增长 3.8%。从业人员中，制造业占比 97.6%，电力、燃气及水的生产和供应业占比 2.4%。在工业行业大类中，通用设备制造业、交通运输设备制造业、纺织业从业人员居前三位，分别占 29.0%、14.3% 和 12.8%。第三产业单位数比 2004 年末第一次经济普查时增加了 129 个，增长率为 4.5%，从业人员 52 886 人，比 2004 年末增加 2984 人，增长率为 6.0%。其中，交通运输、仓储和邮政业的从业人员为 5841 人，批发和零售业从业人员为 7699 人，住宿和餐饮从业人员为 2492 人，房地产业从业人员为 1507 人，其他第三产业从业人员为 35 347 人。

在《崇明县第三次经济普查主要数据公报》中，2013 年末，崇明共有从事第二产业和第三产业活动的法人单位 8127 个，比 2008 年末增加 2859 个，增长 54.3%。第二产业和第三产业法人单位从业人员 22.1 万人，比 2008 年末增加 6.1 万人，增长 38.1%。在法人单位从业人员中，位居前三位的行业是：工业 88 964 人，占 40.3%；建筑业 30 341 人，占 13.7%；租赁和商务服务业 28 766 人，占 13.0%（图 2-5）。

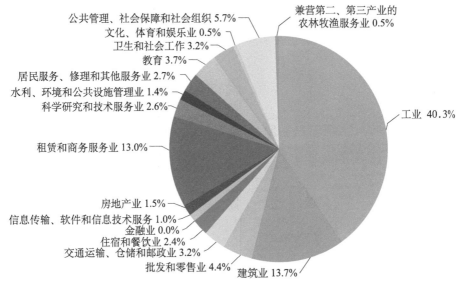

图 2-5 崇明区第三次经济普查第二、第三产业人口就业分布情况

数据来源：《崇明县第三次经济普查主要数据公报》

综合以上分析，崇明在第二次经济普查中第二产业法人单位从业人员在全部从业人员中占据绝对优势地位，但第三产业法人单位从业人员不断增加。到了第三次经济普查，崇明第二产业法人单位占比 29.5%，比 2008 年末下降了 9 个百分点；第三产业占比 70.5%，提高了 9 个百分点。第二产业法人单位从业人员占全部法人单位从业人员的 54.1%，比 2008 年末下降了 12.8 个百分点；第三产业法人单位从业人员占 45.9%，提高了 12.8 个百分点。虽然崇明第二产业的就业人数

仍过半，但是第三产业就业人数大幅度上升，且第三产业的法人单位远超第二产业，崇明就业结构得到较大升级。

2.2.5　住房品质

中华人民共和国成立以来，崇明农村住房条件不断提升。初期，崇明农村建房规模一般较小，且以翻建为主，很少占用集体耕地，房屋多为传统砖木结构，少量应用水泥预制构件。1958年，崇明建立农村建房审批制度，加强对建房用地的管理。1962年，全县农户共有房屋316 788间，人均居住面积不满14m²。随后10年间，人口增加9.7万，但房屋仅增加52 609间。到了20世纪70年代，农村提倡兴建居民点。1973～1979年，农村新增房屋108 646间。到了1979年，人均居住面积提升至20m²。在此期间，建房特点是小改大、草改瓦，一般集中建于河旁路侧。这也导致占用集体耕地建房的情况日渐增多，每建百间屋用地5亩，其中耕地占85%。改革开放以来，随着经济的高速发展，崇明农村开始新建以砖混结构为主的两三层楼房，部分民居高达四层，人均居住面积上升至25m²。

新世纪以来，随着农村经济的进一步发展，村民的收入不断增加，对住房品质的要求也不断提升，一些追求个性的家庭别墅大量涌现。这些别墅风格多样，造型美观，建材以钢筋混凝土为主，十分牢固。此外，这些农村家庭别墅大都独门独院，拥有面积不等的绿地、院落，并配有车库和厢房。

近10年来，崇明房地产投资也经历了较大的波动过程（图2-6）。2009～2011年，崇明房地产投资呈上升趋势，尤其是2011年全区完成房地产投资64.1亿元，比上年增长97.8%。但到了2012年，政府对房地产调控力度加大，当年投资降为38.2亿元，比上年下降40.4%。至2015年，崇明房地产投资涨幅显著，比上年增长61.2%。随后，崇明房地产投资持续向好，力度不断加大，城乡居民居住环境有了明显的改善，绿地曼哈顿、绿地新都会、江海名都、红安名人会所、亚通水岸景苑、威尼斯公馆、育麟名邸、揽海滨江生态国际社区、金茂滨江休闲运动居住区、陈家镇配套商品房六至十八期等项目相继建成。如今，崇明住房发展正朝着"打造健康、舒适、节能、环保的居住环境，促进崇明社会和谐发展"的目标迈进。

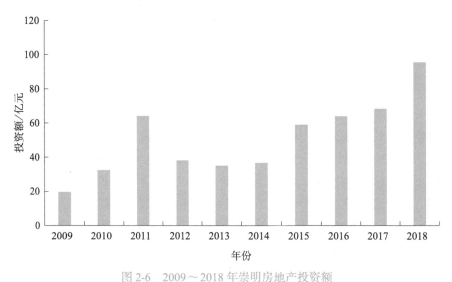

图 2-6　2009～2018 年崇明房地产投资额

数据来源：2009～2018 年的《崇明区国民经济和社会发展统计公报》

2.2.6　交通设施

崇明四面环水，与岛外往来悉凭舟船。据《崇明县志·交通》记载，崇明早在元代就和北方有海运贸易，明万历年间设有官渡、民渡。1896 年（清光绪二十二年），崇沪间始辟客轮航线。1927 年岛内首办汽车客运。1929 年兴筑公路后，汽车运输渐兴。1937 年，崇明共有大小汽车 30 辆，以客运为主。

1949 年 9 月，南门港恢复客运。1951 年始筑县道支线。1954 和 1958 年改建、拓宽陈海公路。1956 年成立运输合作社和汽车运输公司。1958 年南横引河及配套支流开挖后，内河通航。同年，各公社成立运输站，开始兴筑乡镇公路。1962年农场兴办运输。1964 年后，企事业单位先后办起运输队。1967 年，北沿公路筑成通车。1975 年长江运输船舶基本实现运输机械化。改革开放以来，随着城乡经济的发展，崇明交通事业更为兴旺发达，崇明岛内形成了拥有五大客运码头和十大货运港口的密集型水上交通网络，昔日的小舢板逐渐过渡到机帆船、双体客轮乃至气垫船。

为进一步解决固定轮渡易受天气影响而使得崇明人出岛困难问题，从 20 世纪末开始，上海市政府启动了长江大桥建设规划。2009 年 10 月底，当时世界上规模最大的桥隧结合工程——上海长江隧桥建成通车，崇明、长兴两岛与上海实现陆路连通，崇明人行至上海市中心的时间大大缩短。2011年12月，南起于上海崇明陈家镇、北止于启东汇龙镇的崇启长江大桥通车，大大拉近崇明与启东距离。2012年8月，连接上海市区—崇明—南通市的G40沪陕高速全线贯通。至此，崇明对外往来通勤时间极大缩短。

近年来，崇明区交通基础设施建设实现新突破。2018年，建设公路和北沿公路先期开工段已基本完成道路主体工程建设，建设公路和北沿公路其余标段、崇明生态大道新建工程和环岛景观道一期工程已全面开工建设。长兴公交停车保养场基本完成主体结构建设，城桥嵊山路公交停车场、堡镇过渡性停车场交付使用。此外，崇明不断优化公交线网，延伸城桥3路、调整南同专线线路走向，开通4条岛内线路公交及3条岛内-岛外e乘巴士公交，积极推动绿色综合交通体系建设，完成128辆纯电动公交车和24辆插电式混合动力公交车采购并投入运营，完成150个公共充电桩的建设任务，基本实现本岛区域内新能源公交车全覆盖。在轨道交通和水上运输方面，国家发展和改革委员会批复同意轨交崇明线列入上海市轨道交通三期规划。崇明积极推进新建快速车客渡船舶项目，2艘快速车客渡船投入南门—石洞口航线试运营。2018年，水上客流量达424.88万人次，陆上客流量达3324.9万人次，内河货物吞吐量达402.2万t。

2.3　发展阶段与历史沿革

2.3.1　1995年之前：农业岛

历史上崇明工业基础薄弱，岛内居民多以第一产业为生。中华人民共和国成立后至20世纪80年代，通过大规模围垦兴建农场林场，八大国有农场在此期间初步建成，开展规模化农业生产。1981年秋，崇明开展农业资源调查和农业区划工作，将全县划为4个综合农业区，即：西部和南部商品粮、油、棉、药材、香料区，东部和北部商品棉、油、粮、渔业、大白菜区，北部沿江商品棉、油、粮、渔业、副业区，绿华瓜、果、菜、药材、香料区。1984年，经过农村产业结构调整，全县农村劳动力354 924人，其中从事种植业的占58.95%，从事乡村工业的占26.48%，从事林、牧、副、渔业及其他劳动的占14.57%。80年代至90年代中期，伴随大量社队企业的兴起，崇明进入乡镇企业蓬勃发展期，乡镇企业数量在高峰期达到1700余家，小型家电产品驰名内外。

因此在 1995 年之前，崇明在市政府"农副产品原料生产和加工基地"的定位下，重点发展城桥镇，建设八大农场，以产业发展为导向建设"农业岛"。在此期间，崇明尚未编制全岛层面的总体规划，主要以自下而上编制乡镇总体规划引导建设发展。

2.3.2 1995 ~ 2015 年：生态岛

1995 年，是"八五"计划的最后一年，也是崇明实现新三年奋斗目标的第一年。1995 年后，作为上海绿化覆盖率最高地区，崇明开启建设"旅游岛"工程，加强岛上生态环境保护力度。随后十年中，崇明探索了生态发展建设"生态岛"的路径。上海市政府在《上海市城市总体规划（1999 年—2020 年）》中正式提出建设崇明生态岛的设想，将其作为 21 世纪上海可持续发展的重要战略空间，给其设定生态涵养及粮食生产的职能定位。2000 年版的《上海市崇明县县域结构规划（2000—2020）》提出将崇明建成"具有上海国际大都市远郊特色、面向 21 世纪的生态型海岛"，提出包括自由贸易、中转航运、出口加工、生态农业、海岛旅游等功能导向。2003 年版的《崇明岛岛域概念规划》提出"绿岛"愿景，依据生态资源特色将全岛划分为三条横向空间带，奠定了崇明生态岛空间格局。

2005 年，《崇明三岛总体规划（崇明县区域总体规划）2005—2020 年》编制完成，并于 3 月 27 日得到上海市政府批复，成为崇明现行法定总体规划。该规划要求崇明围绕建设现代化生态岛区的总目标，大力实施科教兴县主战略，坚持三岛功能、产业、人口、基础设施联动，分别建设综合生态岛、海洋装备岛和生态休闲岛，依托科技创新，推行循环经济，发展生态产业，努力把崇明建成环境和谐优美、资源集约利用、经济社会协调发展的现代化生态岛区。崇明向现代化生态岛区的建设主要体现在六个方面：①森林花园岛，形成以长江口湿地保护区、国际候鸟保护区、平原森林、河口水系为主体的生态涵养功能；②生态人居岛，形成布局合理、环境幽雅、交通便捷、文化先进的生态居住功能；③休闲度假岛，形成以休闲度假、运动娱乐、疗养、培训、会展为主体的生态旅游功能；④绿色食品岛，形成以有机农产品、特色种养业和绿色食品加工业为主体的生态农业功能；⑤海洋装备岛，形成以现代船舶制造和港机制造为主体的海洋经济功能；⑥科技研创岛，形成以总部办公、科技研发、国际教育、咨询论坛为主体的知识经济功能。

至 2010 年，上海市又发布了《崇明生态岛建设纲要（2010—2020 年）》，初步提出"世界级生态岛"的终极目标。该纲要以科学的指标评价体系为指导，大力推进资源、环境、产业、基础设施和社会服务等领域的协调发展，把生态保护和环境建设放在更加突出的位置，加强项目建设、措施管理和政策配套，力争到2020年形成崇明现代化生态岛建设的初步框架。但该纲要核心内容仍围绕生态建设行动展开，缺乏高标准、高要求的战略思路。

2.3.3　2016年之后：世界级生态岛

2016年，经国务院批准，崇明撤县设区。在新的历史起点，为贯彻落实国家和上海"十三五"规划，以更高标准、更开阔视野、更高水平和质量推进崇明生态岛建设，《崇明世界级生态岛发展"十三五"规划》出台。该规划指出崇明作为最为珍贵、不可替代、面向未来的生态战略空间，是上海重要的生态屏障和21世纪实现更高水平、更高质量绿色发展的重要示范基地，是长三角城市群和长江经济带生态环境大保护的标杆和典范，未来要努力建成具有国内外引领示范效应、社会力量多方位共同参与等开放性特征，具备生态环境和谐优美、资源集约节约利用、经济社会协调可持续发展等综合性特点的世界级生态岛。其建设主要指标包括：到2020年，形成现代化生态岛基本框架。生态环境建设取得显著成效，水体、植被、土壤、大气等生态环境要素品质不断提升，森林覆盖率达到30%，自然湿地保有率达到43%，地表水环境功能区达标率力争达到95%左右，城镇污水处理率达到95%，农村生活污水处理率达到100%。生态人居更加和谐，常住人口规模控制在70万人左右，建设用地总量负增长，基础设施更加完善，基本公共服务水平明显提高。生态发展水平明显提升，生态环境与农业、旅游、商贸、体育、文化、健康等产业融合发展，绿色食品认证率达到90%，居民人均可支配收入比2010年翻一番以上。

崇明世界级生态岛建设意义深远，作为上海市最核心的生态空间，崇明拥有得天独厚的资源禀赋与区位优势，它的成功建设不仅有力支撑上海建设成为全球城市，也有利于探索生态化岛屿型地区的发展规律，给世界提供一种人与自然和谐共处的生活典范。

（执笔人：孙斌栋、郑涛）

第三章

崇明岛的形成、演变和未来趋势

    崇明岛是近 1400 年来长江入海口泥沙逐渐堆积的产物，也是世界上最大的河口冲积岛之一，为世界级生态岛建设奠定了重要基础。20 世纪 50 年代之前，崇明岛呈现南岸冲刷、北岸淤涨的自然态势，岛上行政中心几度北迁。后来，岛上修筑了坚固的丁坝－海堤护岸工程，有效阻止了南岸的蚀退。近 60 年来，因多次滩涂湿地围垦，崇明岛海堤以内的陆地面积增大了一倍多。20 世纪 70 年代以来，在流域大量建坝和水土保持工程影响下，长江入海泥沙通量下降了 3/4，崇明岛四周的滩涂湿地自然淤涨趋于停止。在今后的几十年中，长江入海泥沙通量还将进一步下降。加之海平面加速上升的影响，长江口自然滩涂湿地可能减少。鉴于海岸滩涂湿地独特的生态服务功能和消能护岸功能，不宜再对崇明岛四周的滩涂湿地实施围垦。滩涂湿地保护应该成为崇明世界级生态岛建设的重要内容之一。滩涂湿地的利用除了着眼于其生态服务功能和消能护岸功能外，还可开设观光休闲旅游和科普教育项目。鉴于崇明岛海岸湿地现状及今后淤－蚀转型演变趋势，建议加强环崇明岛"绿色堤防"建设，既发挥其消能护岸功能，也为崇明生态岛建设增添绿色景观。

3.1　崇明岛雏形的形成

    长江是世界第三大河，崇明岛是长江的门户。与地球上的大多数岛屿由基岩或基岩为主组成不同，崇明岛是由冲积物组成的冲积岛。它是我国第三大岛，也是世界上最大的河口冲积岛之一。崇明岛形成和扩大的基本原理是泥沙在河口的堆积。

地球上最近一次冰期的鼎盛期（即最寒冷的那段时间）结束在距今约 1.5 万年。在距今 1.5 万年时，气候开始转暖，导致冰川融化和海平面上升。距今 1.5 万年时的海平面比现在低 130～150m。现在的东海、黄海当时是陆地，当时的海岸线在日本列岛附近。也就是说，现在中国大陆和日本之间的海域在冰期时可能是连片的陆地，当时的长江口在其现在位置以东数百千米。

距今 6000～7000 年前，海平面上升达到现在位置附近。当时的长江口是一个开口向东的大喇叭口，其顶点在现在的扬州附近，口门的北界在现江苏的如东以北，口门的南界在现上海的金山区一带，面积达数万平方千米（图 3-1）。

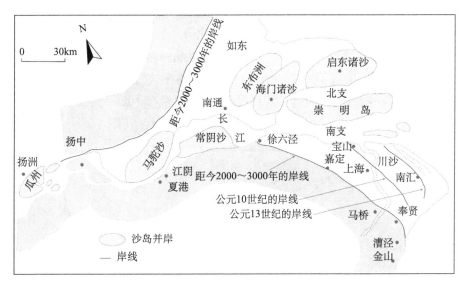

图 3-1　近两千年长江河口的历史变迁（据文献［2］修改）

注：图中"瓜州""马驼沙""常阴沙""东布洲""海门诸沙""启东诸沙"为古地名

在距今 6000～7000 年至 2000～3000 年的 4000 年左右时间里，长江流域人类垦殖能力低，地表基本上都呈原始状态，水土流失轻，河流泥沙通量小，加之前期海平面迅速上升以后河床基面调整，长江中下游河道发生淤积。因此，当时河流搬运到长江口的泥沙较少，河口淤积缓慢，岸线推进速率低[1]。

距今 2000～3000 年以来，长江流域人口迅速增长，地表垦殖增强，长江泥沙通量增大，加之中下游河床淤积减弱，进入长江口落淤的泥沙增多，三角洲淤涨加快。长江三角洲的淤积扩大其主要特点不是"地毯式"展开,而是通过一个个河口沙洲的出露—移动—并岸来实现[2]。

携带泥沙的长江之水进入开阔的河口,因水面展宽,流速降低,导致泥沙落淤,形成隆起的水下沙体。长江河口是显著潮汐河口。地球自转效应导致落潮向海水流向南偏,涨潮向陆水流向北偏。于是,在河口中央区域形成弱流区,泥沙在弱流区容易堆积下来。上述两种作用的结合形成最初的水下沙洲,沙洲在向四周扩大的同时不断增高。当水下沙洲淤到一定高度后,退潮后沙洲滩顶露出水面,形成潮间带,它在高潮时被淹没,低潮时出露。随着泥沙的不断淤积,潮间带越来越大,也越来越高。当潮间带最高的部分在一天中的大部分时间出露在阳光和空气中时,薫草属沼泽植物开始生长。植物群落形成后起到缓流、消浪作用,使泥沙更容易沉积,从而加速沙岛的扩大和增高。

在崇明岛出现之前,已有多个面积与现今的崇明岛相当的沙洲并入长江口北岸(图3-1)。唐朝武德年间(公元618~626年),在现今崇明区政府所在城桥镇以西3~4km的开阔水域中初露了一个沙洲。与此同时,在现今崇明陈家镇南部(当时为开阔水域)出现了一个沙洲。这两个沙洲在位置上呈西、东分布,在当时被分别称为西沙和东沙。它们当时的面积都分别只有10km²量级,仅为现崇明岛面积的1%左右。这两个沙洲就是崇明岛最早的雏形[3](图3-2)。

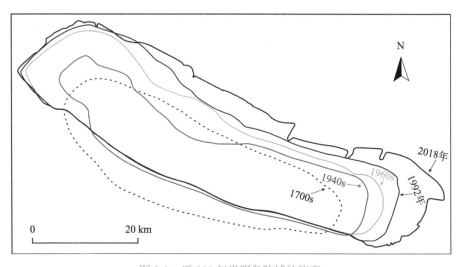

图 3-2　近 300 年崇明岛陆域的演变

3.2 崇明岛的历史变迁

近 1400 年来，崇明岛经历了从无到有，时淤时冲，此淤彼冲，从小到大的复杂变化。随着长江来沙的不断堆积，沙洲变高变大，逐渐适宜人类的居住。到五代时，西沙上设立了崇明镇的行政建制。宋天圣二年（1024 年），在东沙、西沙的北面新淤出了一个姚刘沙。元至元十四年（1277 年），姚刘沙上设立崇明州，明洪武二年（1369 年）改为崇明县。后因河槽北偏，原来的东沙、西沙几乎全因冲刷而消失；在其北侧又淤出 10 多个新的沙洲。明嘉靖至清康熙的 200 年间（1522～1723 年），长江主泓从崇明以北的北支入海，姚刘沙及附近几个沙洲被冲塌，而长沙、吴家沙、向沙等则逐渐扩大并最终连成一片。明万历十一年（1583 年），崇明县治迁到当时的长沙岛。到清康熙二十年（1681 年），完整的崇明岛初具规模，面积达到约 500km^2 [3]。

18 世纪中叶以来，长江主泓改走南支，崇明岛南岸遭受冲刷，北岸则不断淤涨，崇明县城几度北移。清光绪二十年（1894 年）以来，特别是中华人民共和国成立以来，崇明南岸加固了堤防（海堤加密集的块石 - 混凝土丁坝结构），有效阻止了海岸的继续蚀退。与此同时，崇明北岸不断淤涨扩大（图 3-2）。

从 1958 年到 2018 年，由于多次围垦滩涂湿地，崇明岛陆地面积（海堤以内）增大了 1 倍多（表 3-1），岛屿的南 - 北平均宽度增加近 1 倍，东 - 西长度增加约 40%，岸线（海堤）向东推进 10 余 km（图 3-3、图 3-4）。

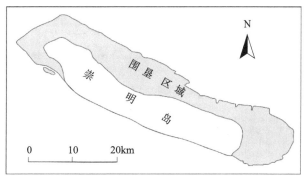

图 3-3 近 60 年崇明岛因围垦而导致的面积增大

注：据文献［4］修改

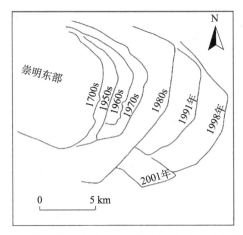

图 3-4　崇明岛东部多次大规模围垦与岸线向海推进

注：据文献［5］修改

历史上崇明岛面积呈快速增长，反映了河口沙岛的演变特点。近 1400 年来崇明岛陆地面积增长速率加快的原因主要有两个：一是随着长江流域人口增多，土地开垦强度增大，水土流失加重，河流入海泥沙通量增大，潮滩淤涨加快；二是滩涂围垦技术提高，围垦强度增大。早期的围垦是在潮水很少到达的平均高潮位以上堆筑土堤；近期围垦使用了混凝土结构，围垦高程降低，甚至堵汊促淤。

崇明岛是近 1400 年来世界第三大河长江源源不断的泥沙入海在河口堆积形成的目前世界上最大的河口冲积岛之一，这为将它建设成世界级生态岛奠定了重要基础。鉴于崇明岛的特色和国际地位，它也是长江大保护的重要内容。

表 3-1　不同时期的崇明岛陆地面积

	618～626 年	1700s	1958 年	1980 年	2004 年	2018 年
面积 /km²	约 20	约 500	614	1060	1215	1372
资料来源	文献［3］		文献［4］	项目组调研	项目组调研	项目组调研

3.3　崇明岛的现状

长江口是中 - 强潮河口，崇明岛四周潮位站的多年平均潮差分别是：徐六泾（南、北支分汊口）2.0m，南门（崇明南岸上游段）2.4m，堡镇（崇明南岸下游段）2.5m，余山岛、三条（北支下游段）3.0m，灵甸（北支中段）3.1m，青龙

（北支上游段）2.6m；大潮潮差可超过 4m。崇明岛（海堤外）四周被潮间带滩涂湿地所包围，与潮间带湿地相毗连的是水下浅滩。根据《全国海岸带和海涂资源综合调查简明规程》，崇明岛海堤与 5m 等深线（指理论最低潮位以下 5m）之间的范围被称为滩涂。

崇明岛的自然历史表明，崇明岛是由滩涂湿地演变而成。没有滩涂湿地就没有崇明岛。滩涂湿地是崇明岛陆域向海的自然延伸。鉴于滩涂湿地与崇明岛密不可分的关系，湿地现状是崇明岛自然地理现状的重要组成部分。

2018 年崇明岛四周滩涂湿地总面积为 1349km²（与海堤以内的陆域面积大致相当），其中 0m 等深线与海堤之间的潮间带湿地面积为 424km²（其中有植被分布的盐沼面积约 90km²），0m 与 2m 等深线之间的滩涂面积为 301km²，2m 与 5m 等深线之间的滩涂面积为 624km²。滩涂湿地在空间上的分布很不均匀，主要分布在崇明岛的北岸东段和东岸（图 3-5）。

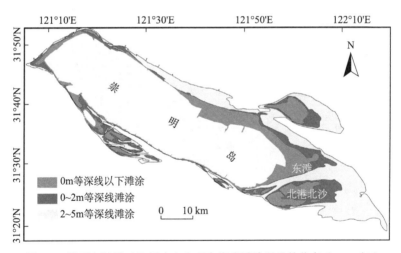

图 3-5 崇明岛陆域（海堤内）和环岛海岸滩涂湿地的分布（2018 年）

据 2018 年观测，潮间带湿地宽度以崇明东滩最大（一般超过 2km），南岸最小（宽度通常小于 0.5km），北岸介于两者之间（图 3-6）。泥滩是崇明海岸湿地中分布最广的地貌。在崇明南岸和北岸西端的海岸湿地中，泥滩与盐沼之间广泛发育侵蚀陡坎，其高度通常数十厘米。侵蚀陡坎上方往往发育高于向陆一侧的冲越沉积带（一般宽数米）。潮沟在崇明东滩南部十分发育，在西沙海岸湿地也有出现，但在其他岸段少见。人工堆砌的与岸线垂直的块石 - 混凝土结构丁坝（长数百米、宽数米、高约 1m），广泛见于崇明岛南岸潮间带湿地。在崇明南岸的某些侵蚀陡坎或其上方相邻的沼泽中还见有人工堆砌的与岸线平行的防波堤（图 3-6）。

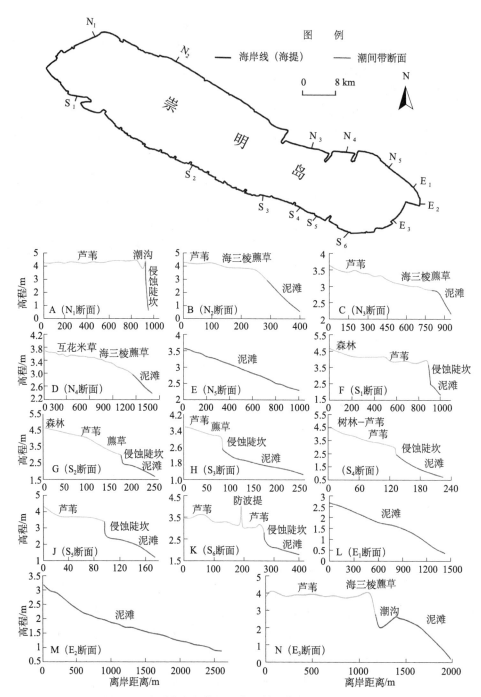

图 3-6　崇明岛潮间带湿地典型断面特征（2018 年观测）

注：绿线代表盐沼植被带，红线代表无植被生长的泥滩带

　　崇明海岸湿地沉积物总体上较细，平均中值粒径 20.4μm，砂、粉砂、黏土的平均含量分别为 11.5%、66.5% 和 22.1%。崇明南岸（中值粒径 27.8μm）和东滩（中值粒径 27.1μm）湿地沉积物明显粗于北岸湿地沉积物（中值粒径 8.9μm），这与南岸总体上处于侵蚀过程、北岸总体上处于淤涨过程、东滩面向开敞海域（波浪作用较强）密切相关。除了个别断面靠近海堤部分沉积物较粗（是受风暴影响所致），横断面上沉积物总体上有自岸向海变粗的趋势，尽管变化的细节过程比较复杂。最粗的沉积物见于沼泽前缘侵蚀陡坎上方的冲越沉积沙坝（图 3-7）。

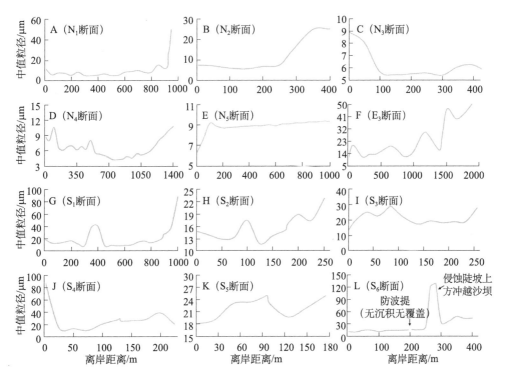

图 3-7　崇明环岛潮间带湿地典型观测断面沉积物中值粒径（据 2018 年观测，断面位置见图 3-6）

　　崇明岛潮间带湿地主要的植被有森林、芦苇沼泽、海三棱藨草沼泽、藨草沼泽、互花米草沼泽。森林分布在崇明岛南岸西部和中部邻近海堤的数十米至数百米宽的范围内，尤以崇明西沙湿地的森林发育最盛。芦苇是崇明潮间带分布最广的植物，除了崇明东滩自然保护区因消除入侵互花米草需要已将其北部的潮间带植被带完全圈围，从而导致堤外只剩光滩（图 3-6 的 E₁ 断面和 E₂ 断面）外，在环岛的其他岸段都有芦苇生长。海三棱藨草和藨草都是潮间带湿地的先锋植物，通常出现在芦苇带的向海一侧（侵蚀岸段除外）。不同的是，前者分布在盐度较高的崇明东滩和北岸，而后者分布在盐度很低的崇明南岸。互花米草出现在崇明北岸东段（图 3-7 的 N_4 断面），反映该入侵种尚未被完全清除。植物种类远不止上述几种，森林中通常还生长着其他低矮植物（图 3-8）。

近 10 年崇明环岛滩涂湿地面积和海堤内的陆域面积总体稳定。这主要与两个因素有关：一是在长江流域大量修建水坝和实施水土保持的影响下，长江入海泥沙通量锐减，近 10 年（2009～2018 年）长江大通水文站泥沙通量较之 20 世纪 60 年代下降了 76%），水下三角洲进入淤 - 蚀转型阶段[6]。二是前期滩涂围垦强度较大，留下的围垦空间较小。三是近年国家大力推行生态环境保护，滩涂围垦受到严格控制。

图 3-8　崇明环岛潮间带湿地典型景观（据 2018 年观测，断面位置见图 3-6）

3.4　崇明岛的未来演变趋势

未来崇明岛周围海岸滩涂湿地及海堤内陆域面积动态取决于两大因素：一是滩涂湿地的自然冲淤，二是人类是否继续围垦（或促淤围垦）。

在流域人类活动和自然过程的共同影响下，今后几十年长江入海泥沙通量将进一步下降。据研究，到 21 世纪中叶和 21 世纪末，长江入海泥沙通量将分别较现阶段下降 10% 和 20% [7]。在全球变暖的背景下，长江口海平面上升速率超过 3mm/a（加上沉积物压实引起的地面沉降，相对海平面上升速率达到近 10mm/a），长江口的风浪呈一定增强趋势，而潮汐将变化不大。在这些因素共同影响下，长江水下三角洲前缘（崇明以东）将进一步遭受侵蚀后退，侵蚀后退很可能蔓延到崇明岛以东 5m 等深线以上的范围以内，导致滩涂湿地面积减少。

崇明岛北岸位于长江口北支。北支由于长期淤塞衰亡，水深较浅，绝大部分水域水深小于 5m。加之北支北岸的围垦和护岸工程的修筑，北支没有向北移动的潜力，5m 以浅滩涂也就没有向北扩大的空间。由于长江入海泥沙通量下降，近年北支已出现淤 - 蚀转型迹象。

崇明南岸现属于准稳定型岸段。在自然过程和机制上，它属于蚀退岸段，但一系列坚固的丁坝 - 防波堤 - 海堤结构工程使得潮间带湿地的蚀退难以进行。另一方面，长江主泓从南支入海已成定局，加之河口整治工程，崇明南岸在今后转变成淤涨型海岸的可能性几乎为零。

综上所述，今后崇明岛四周的海岸湿地面积不可能再像过去近 1400 年那样不断淤涨扩大。今后几十年乃至几百年，环崇明岛的海岸滩涂湿地面积很可能长期总体稳定。在此背景下，围垦多少，海岸滩涂湿地面积就会减少多少。根据滩涂湿地的生态服务功能及滩涂湿地未来的存在状况，提出今后滩涂围垦应慎行的建议。

3.5　环崇明岛海岸湿地的保护和利用措施建议

若今后崇明岛进一步实施滩涂围垦，其结果首先是潮间带（特别是盐沼）的消失或减少。海岸湿地被公认为是自然界生产力最高的生态系统之一。它在维持生物多样性、固碳、为近海鱼类提供初级产品饵料、作为鱼类的产卵和育婴场所、净化环境、消能护岸等具有重要的服务功能。

尽管崇明岛南岸现有丁坝群保护，但因海岸侵蚀剖面特征，除了崇西湿地外，潮间带宽度一般小于 500m，盐沼宽度一般小于 200m。此外，由于历经围垦，崇明北岸和东滩的盐沼宽度也通常只有数百米，有的岸段甚至缺失盐沼

（图 3-4）。因此，崇明岛潮间带滩涂湿地资源是有限的，新生湿地潜力缺乏，围垦一点就会少一点，进一步围垦需特别慎重。

崇明生态岛建设中应该充分重视海岸湿地的保护和利用。原因如下：①海岸湿地是崇明岛的重要组成部分，它与堤内陆地生态系统一样具有固碳和净化环境的功能。②海岸湿地具有堤内陆地生态系统不可替代的特色，包括周期性的潮涨潮落动态过程，广阔的泥滩、沼泽景观，丰富的野生动植物，独特的侵蚀陡坎等地貌景观。此外，海岸湿地还是崇明岛抵御暴风浪袭击的前沿屏障。崇明生态岛建设的目标是清洁的水、土、气，高植被覆盖率，高质量绿色产品，以及生态修复和管理示范。实现上述目标的措施一方面是控源截污，减排增效，另一方面是加强水土保持、岸线修复、滩涂湿地生态建设等以构建全域生态系统。如何使建成的崇明生态岛产生巨大的社会效益和一定的经济效益是一个重大科学问题。

崇明现有的人口密度是上海各区中最低的。崇明生态岛不仅仅是为崇明人建的，应该把崇明生态岛建设与旅游岛、科教文化岛建设有机联系起来。从崇明生态－旅游－科教岛建设的角度考虑海岸湿地的定位，需要做到两点：

首先是要充分保护海岸湿地。崇明南岸是自然侵蚀后退－人工稳定岸段，不能围垦。崇明东滩是自然保护区，且近期已出现淤－蚀转型迹象[6]，也不能围垦。崇明北岸西段一般潮间带宽不足 1km，岸线（海堤）与对岸相隔仅 2～3km，也不宜围垦。尽管崇明北岸东段潮间带宽 2～3km，江面宽 10 余 km，潮间带还有一定淤涨潜力，但现有海岸剖面与其他岸段一样仍然发育不完整（即缺失潮上带），今后的滩涂淤涨扩大有望使海岸剖面发育得更加完整，从而恢复完整的海岸湿地生态系统，因此，也最好不实施围垦。

其次是要充分利用海岸湿地。除了受保护的海岸湿地本身可发挥生态环境效益外，还可利用其旅游、科教价值。崇明海岸湿地具有生物多样性和景观多样性，且空气清新，是休闲旅游的好去处。在不影响海堤防洪功能的前提下，可以把环岛海堤建成休闲旅游长廊，举办诸如国际自行车邀请赛、马拉松比赛、徒步等赛事。选择特色鲜明的岸段建造在海岸湿地上穿行的观赏栈桥（采用崇明本地的树木作为原材料）。崇明西滩湿地是一个成功的例子，但仅仅有崇明西滩湿地是远远不够的。在其他岸段可以仿效崇明西滩湿地的某些做法，但规模可以适当缩小，结构简易，供游人自由出入，不用设专职人员管理。这方面的规划可以和旅游度假村、会议中心、科技基地建设等结合起来考虑。建议在实施前开展系统的专业设计，在不同岸段规划出不同的特色和亮点。

鉴于崇明岛四周海岸湿地的现状及今后淤－蚀转型的长期演变趋势，结合崇明生态岛建设需求，提出环崇明岛"绿色堤防"建设思路，即在保护现有盐沼的基础上，在近海堤光滩上开展具有本土植被特色的生态工程建设，形成完善的环岛绿色屏障，既消能护岸，又增添生态景观。

（执笔人：杨世伦、黄远光）

参 考 文 献

[1] Chen X. Changjiang（Yangtze）River delta，China. Journal of Coastal Research，1998，14：838-858.

[2] 陈吉余，恽才兴，徐海根，等. 两千年来长江河口发育的模式. 海洋学报，1979，1（1）：103-111.

[3] 徐海根. 地貌 // 陈吉余. 上海市海岸带和海涂资源综合调查报告. 上海：上海科学技术出版社，1988：93-111.

[4] Du J L，Yang S L，Feng H. Recent human impacts on the morphological evolution of the Yangtze River delta foreland：A review and new perspectives. Estuarine，Coastal and Shelf Science，2016，181：160-169.

[5] Yang S L，Zhang J，Zhu J，et al. Impact of dams on Yangtze River sediment supply to the sea and delta intertidal wetland response. Journal of Geophysical Research，2005，110：F03006. doi：10.1029/2004JF000271.

[6] Yang S L，Milliman J D，Li P，et al. 50，000 dams later：Erosion of the Yangtze River and its delta. Global and Planetary Change，2011，75（1-2）：14-20.

[7] Yang S L，Milliman J D，Xu K H，et al. Downstream sedimentary and geomorphic impacts of the Three Gorges Dam on the Yangtze River. Earth-Science Reviews，2014，138：469-486.

第四章

崇明水环境保护

崇明地势平坦、河网密布，全区共有河道 15 901 条段。近年来管理体制机制不断创新，河道综合整治力度加大，治水管水成效初步显现，水污染态势基本得到遏制，水环境质量有所改善，河湖水系初步恢复。但水环境仍然面临较大达标压力，大量村沟宅河仍然有待恢复，面源污染控制力度尚待加强，河湖生态健康目标仍未实现。在此基础上，借鉴澳大利亚、美国、英国、日本等国外先进经验，并结合崇明当地实际，提出了今后水环境改善的愿景目标、总体思路和对策建议，以期实现水源地安全、水环境清洁、水生态健康，建设与世界级生态岛相匹配的河湖生态系统。

4.1　河网水系特征

崇明位于太湖水系下游、长江入海口，地势平坦，河网密布，具有典型的江南水乡特色。区域内河湖众多，纵横交错，除环岛河贯通崇明岛外，还有众多的竖河、横河、泯沟等。

4.1.1　河网水系数量

根据《2018 上海市河道（湖泊）报告》，2018 年崇明区共有河道 15 901 条段，河道长度 9032.08km，河网密度 7.62km/km²。河道面积 86.6105km²，湖泊面积 9.2121km²，其他河湖面积 20.4753km²，共计 116.2979km²。河湖水面率 9.81%（表 4-1）。

全区共有市管河道 2 条段、区管河道 28 条段、区管湖泊 3 条、镇（乡）管河道 703 条段，此外绝大多数均为规模较小的村级河道和小微水体[①]。

表 4-1　2018 年崇明区河道（湖泊）统计表

水体类型		数量 / 条段	长度 /km	面积 /km²	河湖水面率 /%
河道	市管	2	180.68	11.495 0	0.97
	区管	28	357.40	11.491 8	0.97
	镇（乡）管	703	1 728.07	25.696 6	2.17
	村级	15 168	6 765.93	37.927 1	3.20
	小计	15 901	9 032.08	86.610 5	7.31
湖泊	市管	—	—	—	—
	区管	3		9.212 1	0.78
	镇（乡）管	—	—	—	—
	小计	3		9.212 1	0.78
其他河湖	其他河道	328	178.85	20.475 3	1.73
	其他湖泊	—	—	—	—
	小计	328	178.85	20.475 3	1.73
合计		16 232	9 210.93	116.297 9	9.81
小微水体		28 102	—	31.869 2	—

4.1.2　河网水系特点

崇明的市管和区管河道构成了骨干河网，不但是区域内规模最大、标准最高的河道，而且也是主要引排水河道，担负着沟、河、塘的引排水功能，其引排能力和槽蓄能力，直接影响防洪除涝，关系到工农业生产和城乡居民生活。

崇明的镇（乡）管河道大部分为东西走向，即常所说的横向，故称"横河"。横河两端基本与区管竖河垂直相连。村级河道及泯沟也是崇明水系的重要组成部

①　小微水体主要包括面宽小于 3m 的灌排沟渠和公园、绿地、小区或单位等范围内面积小于 1 亩的水体。

分，其中村级河道是农业灌溉的主要取水口，其通畅与否，规模标准的高低直接关系到农业灌溉用水和农业生产。泯沟主要用来排水除涝和增加河道调蓄库容，也发挥着重要作用。泯沟在崇明分布十分广，且规模、标准不一，情况复杂。因此，除了市管和区管河道之外，崇明大量的低等级河道及泯沟也是区域水环境恢复的重点。

崇明岛作为一个大圩区，田面高程相差不大，内河水位的高低能够由外围水利工程设施控制。平常岛内河道水体往复流动不定，属不稳定流。只有在开闸引水、排水时才会形成一定的有序流动。一般是根据南引北排、西引东排进行调水和换水，水体也顺势形成有序流动。崇明河道现场如图 4-1 所示，崇明地表水功能区目标为Ⅲ类水体。

图 4-1　崇明河道现场图

4.2　水环境质量历史状况

4.2.1　1999 年

《上海市崇明县第一次水资源普查报告》显示，崇明岛 1999 年水环境质量总体处于 Ⅱ ～ Ⅳ 类水平，与 Ⅲ 类水功能区要求存在较大差距（表 4-2）。

表 4-2　1999 年崇明水环境质量

编号	河流名称	评价河长 /km	综合评价级别
1	新建港	10.7	Ⅲ
2	仓房港	9.4	Ⅲ
3	白 港	13.4	Ⅲ
4	界 河	14.0	Ⅲ
5	庙 港	15.8	Ⅲ
6	太平竖河	9.1	Ⅲ
7	盘船洪	5.8	Ⅲ
8	恶鸪港	3.1	Ⅱ
9	鸽龙港	16.9	Ⅳ
10	上小竖河	7.1	Ⅳ
11	三沙洪	12.3	Ⅳ
12	老滧港	16.6	Ⅳ
13	张网港	13.1	Ⅲ
14	东平河	13.1	Ⅳ
15	新河港	14.3	Ⅳ
16	相见港	10.6	Ⅲ
17	直河港	9.2	Ⅳ
18	前进闸河	1.9	Ⅳ
19	三条港	3.0	Ⅲ
20	张涨港	9.6	Ⅳ
21	堡镇港	13.5	Ⅲ
22	小漾港	11.6	Ⅲ

续表

编号	河流名称	评价河长 /km	综合评价级别
23	四滧港	11.3	Ⅲ
24	大渡港	11.5	Ⅲ
25	六滧港	11.4	Ⅲ
26	七滧港	13.0	Ⅲ
27	八滧港	11.1	Ⅲ
28	奚家港	9.8	Ⅲ
29	涨水洪	1.9	Ⅲ
30	前哨闸河	11.5	Ⅲ
31	团旺河	15.0	Ⅱ
32	北横引河	34.1	Ⅳ

4.2.2　2008 年

根据《2008 年崇明岛生态环境质量本底调查与评价报告》，各级别河道水质状况如下。

1. 环岛河

环岛河水质总体达到Ⅲ类，Ⅲ类水功能区达标率在 89.0%～95.4%，主要超标因子为总磷、挥发酚和氨氮（表 4-3）。

表 4-3　2008 年崇明环岛河水环境质量

监测项目	变化范围	平均值
pH	7.30～8.15	7.72
溶解氧（mg/L）	2.24～10.82	7.48
高锰酸盐指数（mg/L）	1.72～5.86	2.87
化学需氧量（mg/L）	4.98～27.0	10.15
五日生化需氧量（mg/L）	1.00～6.00	2.31
氨氮（mg/L）	0.12～2.61	0.46
总磷（mg/L）	0.050～0.378	0.147
总氮（mg/L）	1.06～4.22	2.22
石油类（mg/L）	0.02～0.03	0.03
挥发酚（mg/L）	0.001～0.010	0.004

2. 区管河道

区管河道Ⅲ类水功能区达标率在 88.4%～92.1%，主要超标因子为五日生化需氧量、化学需氧量、石油类和总磷（表 4-4）。

表 4-4　2008 年崇明区管河道水环境质量

监测项目	变化范围	平均值
pH	6.53～8.69	7.79
溶解氧（mg/L）	3.56～12.88	7.16
高锰酸盐指数（mg/L）	1.54～10.2	3.66
化学需氧量（mg/L）	5～30.9	12.77
五日生化需氧量（mg/L）	1～9.00	3.13
氨氮（mg/L）	0.10～3.23	0.48
总磷（mg/L）	0.010～0.630	0.140
总氮（mg/L）	0.63～8.64	2.46
石油类（mg/L）	0.01～0.09	0.03
挥发酚（mg/L）	0.001～0.014	0.004

3. 村镇级河道

村镇级河道Ⅲ类水功能区达标率在 66.2%～69.2%，主要超标因子为五日生化需氧量、化学需氧量、溶解氧、挥发酚和总磷（表 4-5）。

表 4-5　2008 年崇明村镇级河道水环境质量

监测项目	变化范围	平均值
pH	6.79～8.45	7.81
溶解氧（mg/L）	2.71～13.45	6.30
高锰酸盐指数（mg/L）	2.95～6.91	4.74
化学需氧量（mg/L）	8.20～32.60	18.19
五日生化需氧量（mg/L）	2.41～6.40	4.33
氨氮（mg/L）	0.24～2.15	0.52
总磷（mg/L）	0.060～0.710	0.161
总氮（mg/L）	1.31～4.65	2.04
石油类（mg/L）	0.01～0.10	0.039
挥发酚（mg/L）	0.000～0.020	0.005

4.2.3　2018 年

根据《崇明岛生态环境评估研究报告（2016—2018 年）》，2018 年纳入评估的河道中，环岛河参评的 11 项因子达到Ⅲ类水功能区比例为 98.2%，区管河道达标率为 97.8%，村镇级河道达标率为 91.1%，主要超标因子为五日生化需氧量、化学需氧量、总磷、粪大肠菌群、溶解氧、高锰酸盐指数等（表 4-6）。

表 4-6　2018 年崇明水环境质量

监测项目	监测结果年均值		
	环岛河	区管河道	村镇级河道
pH	8.06	8.12	7.89
溶解氧（mg/L）	7.81	7.61	5.75
高锰酸盐指数（mg/L）	3.22	3.43	4.82
化学需氧量（mg/L）	12.11	12.17	15.72
五日生化需氧量（mg/L）	2.4	2.42	3.44
氨氮（mg/L）	0.25	0.26	0.29
总磷（mg/L）	0.11	0.13	0.17
石油类（mg/L）	0.01	0.02	0.019
挥发酚（mg/L）	0.000 5	0.000 3	0.000 4
氯化物（mg/L）	33.55	38.68	—
粪大肠菌群（MPN/L）	20 129	15 990	15 756

4.3　水环境质量变化态势

基于上海市环境监测中心 1991～2018 年对南横引河的三沙洪交汇口、奚家港交汇口 2 个断面的水质监测数据（年均值），分析近 28 年崇明岛水环境质量变化态势。

4.3.1　溶解氧

南横引河溶解氧历年变化较小，自 1996 年开始呈现波动且有波动降低趋势，

2007 年达到低值，此后有所上升（图 4-2、图 4-3）。

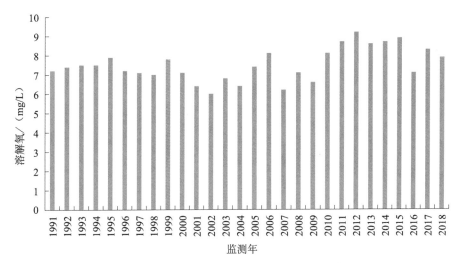

图 4-2 1991～2018 年南横引河三沙洪交汇口溶解氧

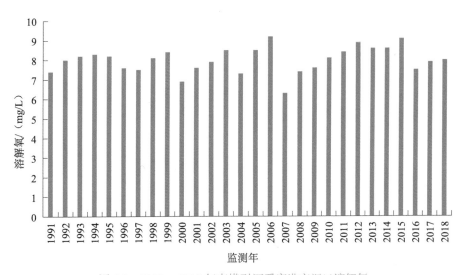

图 4-3 1991～2018 年南横引河奚家港交汇口溶解氧

4.3.2 高锰酸盐指数

南横引河高锰酸盐指数自 1991 年开始呈现波动上升趋势，2003 年起有所恢复，近年基本维持在 3mg/L 左右（图 4-4、图 4-5）。

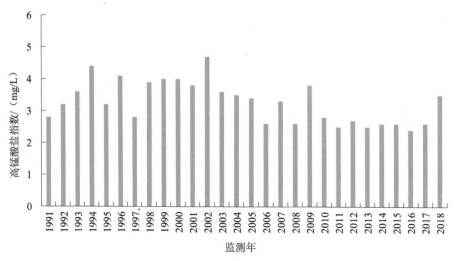

图 4-4　1991～2018 年南横引河三沙洪交汇口高锰酸盐指数

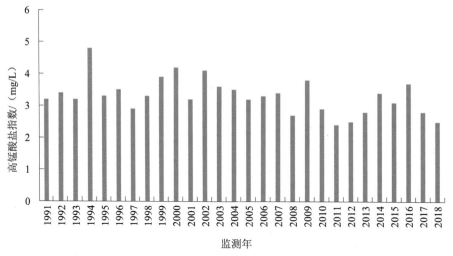

图 4-5　1991～2018 年南横引河奚家港交汇口高锰酸盐指数

4.3.3　化学需氧量

南横引河化学需氧量自 1991 年起一直维持在较高浓度水平，2003 年起有所恢复，近年基本维持在 10mg/L 左右（图 4-6、图 4-7）。

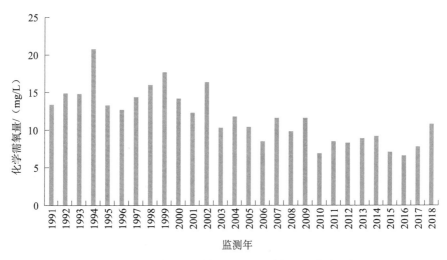

图 4-6 1991～2018 年南横引河三沙洪交汇口化学需氧量

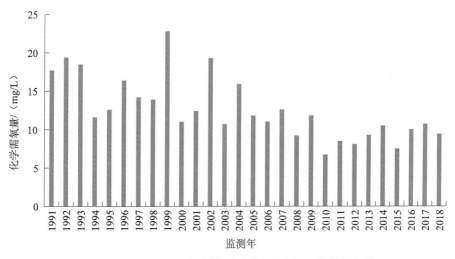

图 4-7 1991～2018 年南横引河奚家港交汇口化学需氧量

4.3.4 五日生化需氧量

南横引河五日生化需氧量自 1991 年起总体维持在较高浓度水平，2005 年起有所恢复，近年基本维持在 2mg/L 左右（图 4-8、图 4-9）。

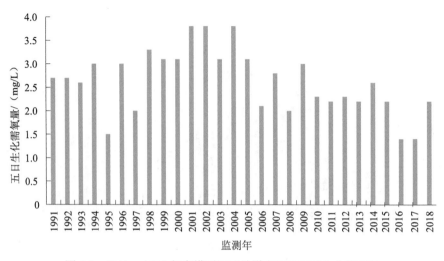

图 4-8　1991～2018 年南横引河三沙洪交汇口五日生化需氧量

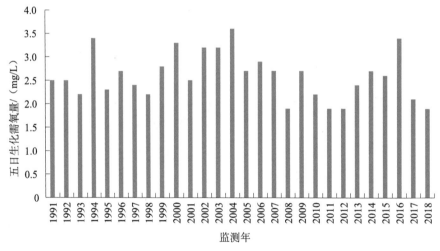

图 4-9　1991～2018 年南横引河奚家港交汇口五日生化需氧量

4.3.5　氨氮

南横引河氨氮自 2004 年起有所恢复，近年基本维持在 0.2～0.4mg/L（图 4-10、图 4-11）。

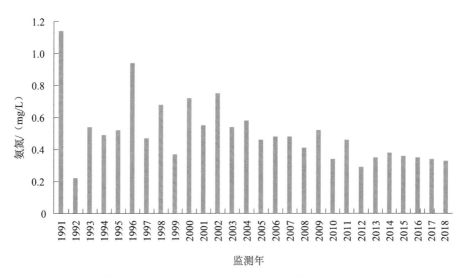

图 4-10　1991～2018 年南横引河三沙洪交汇口氨氮

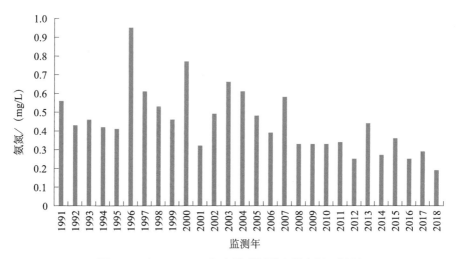

图 4-11　1991～2018 年南横引河奚家港交汇口氨氮

4.3.6　总磷

南横引河总磷自 1992 年起总体呈上升态势，此后维持在较高水平，近三年逐渐降低，基本维持在 0.1mg/L 水平（图 4-12、图 4-13）。

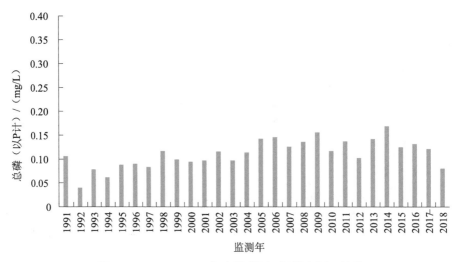

图 4-12　1991～2018年南横引河三沙洪交汇口总磷

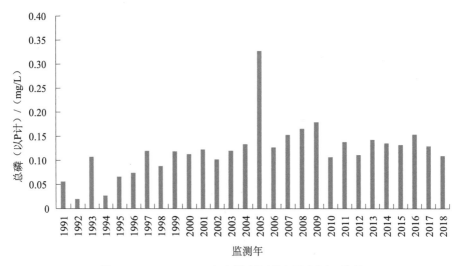

图 4-13　1991～2018年南横引河奚家港交汇口总磷

4.3.7　总氮

南横引河总氮自 20 世纪 90 年代末起波动上升，此后维持在较高水平，近三年有所降低，基本维持在 2～2.5mg/L（图 4-14、图 4-15）。

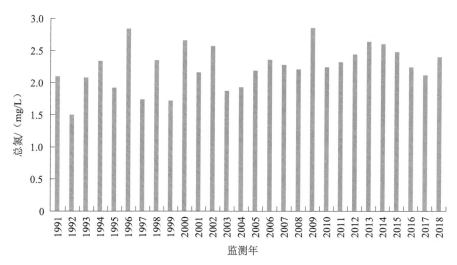

图 4-14　1991～2018 年南横引河三沙洪交汇口总氮

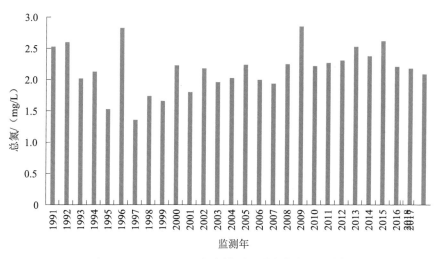

图 4-15　1991～2018 年南横引河奚家港交汇口总氮

4.3.8　石油类

南横引河石油类因子在 20 世纪 90 年代达到峰值，此后逐渐降低，近年基本维持在 0.01mg/L 水平（图 4-16、图 4-17）。

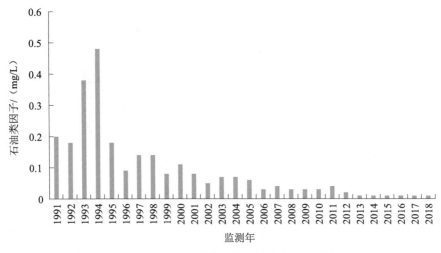

图 4-16　1991～2018 年南横引河三沙洪交汇口石油类因子

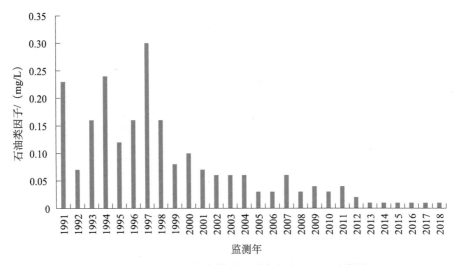

图 4-17　1991～2018 年南横引河奚家港交汇口石油类因子

4.4　水环境质量现状分析

4.4.1　常规水质指标

根据《2019 上海市崇明区生态环境状况公报》，2018 年崇明区地表水环境质量情况如下。

1. 考核断面

2018 年，崇明区市考核断面共计 26 个（含 4 个国家考核断面），26 个断面平均值全部达到水质考核目标，断面达标率为 100%，与 2017 年相比上升 3.8 个百分点。

2. 区级断面

2018 年，崇明区级断面除北湖外共有 28 个。按Ⅲ类水功能区标准计算，平均综合污染指数为 0.57。其中，南横引河－奚家港交汇口的水质为最优，三星镇中心横河－三协村的水质相对较差。

按单因子评价，崇明区级断面中裕南河－裕丰村委会、三星镇中心横河－三协村、中兴镇中心横河－永南村断面为Ⅳ类水，水质状况为轻度污染，未达到功能区类别要求，主要超标因子为五日生化需氧量，化学需氧量和总磷；除此之外，其他断面均达到功能区类别要求，达标率为 89.3%。

4.4.2　非常规水质指标

课题组在崇明岛设置了 20 个监测点位（包括 4 个国考断面，以及市管、区管河道 16 个断面），2018 年 5 月、6 月和 12 月分别开展水环境中抗生素类污染物监测评价；使用固相萃取对崇明岛地表水域中的抗生素污染物进行预富集处理，结合高效液相色谱法实现环境水样中磺胺类、四环素类抗生素的检测分析。

调查结果显示，在直河－前进场部、南横引河－三沙洪交汇口、六漖港－老陈海公路和南横引河－堡镇水厂 4 个断面检测出四环素类抗生素和磺胺类抗生素。

1. 四环素类抗生素

四环素类抗生素是由放线菌产生的一类广谱型抗生素，包括金霉素、土霉素、四环素等。四环素类抗生素主要抑制细菌蛋白质的合成，浓度较高时具有杀菌的作用。其抗菌谱广泛，对革兰氏阴性需氧菌和厌氧菌、立克次体、螺旋体、支原体、衣原体及某些原虫等都有抗菌作用。在畜牧业和水产养殖方面，被用作疾病防治类药物和饲料添加剂。例如，金霉素，在畜禽养殖方面，既可用于鸡饲料治疗禽类疾病，同时也可作为生长促进剂用于猪饲料。监测结果显示，四环素、金霉素、土霉素、多西环素（又称强力霉素）均有被检出。土霉素浓度范围为 0.06～2.48μg/L，四环素浓度范围为 0.09～3.58μg/L，金霉素浓度范围为 0.14～28.44μg/L，强力霉素浓度范围为 0.28～19.92μg/L。因此需关注畜牧业和水产养殖环节疾病防治类药物和饲料添加剂的使用（表 4-7～表 4-9）。

表 4-7　2018 年 5 月崇明四环素类抗生素监测结果

序号	采样点	土霉素		四环素		金霉素		强力霉素	
		测定值 /（μg/L）	RSD/%	测定值 /（μg/L）	RSD/%	测定值 /（μg/L）	RSD/%	测定值 /（μg/L）	RSD/%
1	庙镇港 - 老陈海公路桥	nd	—	nd	—	1.73	2.6	0.74	8.8
2	恶鸪港 - 庙镇东林桥	nd	—	nd	—	2.66	6.4	0.95	13.6
3	南横引河 - 三沙洪交汇口	nd	—	nd	—	2.42	11.7	0.90	11.3
4	东平河 - 新陈海公路桥	nd	—	nd	—	1.93	10.3	0.74	4.7
5	南横引河 - 新河港交汇口	nd	—	nd	—	0.81	3.2	1.10	9.6
6	南横引河 - 堡镇水厂	nd	—	nd	—	5.98	2.8	0.85	5.5
7	南横引河 - 五滧水厂	0.99	19.0	nd	—	2.59	5.3	1.89	8.4
8	六滧港 - 老陈海公路	0.06	14.0	nd	—	2.19	6.8	0.79	1.2
9	七滧港 - 新陈海公路桥	nd	—	nd	—	2.76	4.3	1.23	13.5
10	南横引河 - 奚家港交汇口	nd	—	0.61	13.5	0.91	13.9	1.34	3.3

注：nd 即 not detected（未检出），下同

表 4-8　2018 年 6 月崇明四环素类抗生素监测结果

序号	采样点	土霉素		四环素		金霉素		强力霉素	
		测定值 /（μg/L）	RSD/%	测定值 /（μg/L）	RSD/%	测定值 /（μg/L）	RSD/%	测定值 /（μg/L）	RSD/%
1	新建港 - 吴淞水闸	nd	—	nd	—	2.22	6.9	0.97	12.3
2	庙镇港 - 老陈海公路桥	0.08	1.1	nd	—	1.06	4.5	2.25	5.9
3	鸽龙港 - 合作水厂	nd	—	nd	—	0.74	5.6	nd	—
4	恶鸪港 - 庙镇东林桥	nd	—	nd	—	1.16	8.9	0.30	5.5
5	南横引河 - 三沙洪交汇口	nd	—	nd	—	5.66	4.3	0.84	7.9
6	老滧港 - 城桥水厂	nd	—	nd	—	0.26	7.4	nd	—
7	北侧横河 - 场部	nd	—	nd	—	0.44	4.1	nd	—
8	北横引河 - 前卫村桥	nd	—	nd	—	0.51	10.9	nd	—
9	东平河 - 新陈海公路桥	nd	—	nd	—	nd	—	nd	—

续表

序号	采样点	土霉素		四环素		金霉素		强力霉素	
		测定值／（μg/L）	RSD/%	测定值／（μg/L）	RSD/%	测定值／（μg/L）	RSD/%	测定值／（μg/L）	RSD/%
10	南横引河－新河港交汇口	1.49	15.1	nd	—	0.14	4.9	nd	—
11	直河－前进场部	nd	—	1.11	13.6	6.08	11.7	1.40	12.6
12	南横引河－堡镇水厂	nd	—	nd	—	1.09	12.7	nd	—
13	堡镇港－五号桥	0.23	2.9	nd	—	1.43	12.3	nd	—
14	南横引河－五滧水厂	0.22	9.9	nd	—	1.19	3.3	2.66	4.0
15	四滧港－合兴水厂	nd	—	nd	—	1.09	7.2	2.51	9.9
16	六滧港－老陈海公路	0.15	4.5	nd	—	1.28	9.9	nd	—
17	七滧港－新陈海公路桥	nd	—	nd	—	0.14	5.5	nd	—
18	北横引河－七滧港西桥	0.11	10.0	nd	—	1.52	9.2	nd	—
19	八滧港－北沿公路桥	nd	—	nd	—	0.55	5.4	nd	—
20	南横引河－奚家港交汇口	nd	—	nd	—	0.80	7.2	0.28	6.6

表 4-9　2018 年 12 月崇明四环素类抗生素监测结果

序号	采样点	土霉素		四环素		金霉素		强力霉素	
		测定值／（μg/L）	RSD/%	测定值／（μg/L）	RSD/%	测定值／（μg/L）	RSD/%	测定值／（μg/L）	RSD/%
1	新建港－吴淞水闸	nd	—	nd	—	nd	—	nd	—
2	庙镇港－老陈海公路桥	nd	—	nd	—	nd	—	nd	—
3	鸽龙港－合作水厂	0.25	6.6	0.09	8.1	3.19	4.7	1.06	8.8
4	恶鸽港－庙镇东林桥	nd	—	nd	—	nd	—	nd	—
5	南横引河－三沙洪交汇口	2.48	6.5	3.58	11.9	18.30	4.4	19.92	7.7
6	老滧港－城桥水厂	nd	—	0.96	12.5	24.71	12.3	1.65	10.7
7	北侧横河－场部	nd	—	0.45	3.9	18.49	11.9	1.46	5.2
8	北横引河－前卫村桥	nd	—	0.65	10.2	19.62	10.2	1.78	10.7
9	东平河－新陈海公路桥	0.45	8.5	nd	—	9.47	8.9	2.56	7.8
10	南横引河－新河港交汇口	0.55	7.4	nd	—	7.23	8.0	3.12	11.3
11	直河－前进场部	1.04	13.7	1.13	11.8	21.39	13.1	nd	—
12	南横引河－堡镇水厂	nd	—	0.67	6.0	15.44	4.9	2.12	8.6
13	堡镇港－五号桥	nd	—	nd	—	2.60	5.2	2.00	12.5

续表

序号	采样点	土霉素		四环素		金霉素		强力霉素	
		测定值 / (μg/L)	RSD/%	测定值 / (μg/L)	RSD/%	测定值 / (μg/L)	RSD/%	测定值 / (μg/L)	RSD/%
14	南横引河－五滧水厂	0.82	12.5	2.30	11.8	28.44	13.8	9.26	8.4
15	四滧港－合兴水厂	nd	—	nd	—	nd	—	3.48	7.5
16	六滧港－老陈海公路	nd	—	0.84	6.0	22.59	9.3	nd	—
17	七滧港－新陈海公路桥	0.32	12.3'	nd	—	nd	—	nd	—
18	北横引河－七滧港西桥	0.64	9.4	2.68	11.0	25.65	1.7	nd	—
19	八滧港－北沿公路桥	nd	—	1.92	8.4	20.09	11.4	3.59	10.0
20	南横引河－奚家港交汇口	1.06	10.3	nd	—	21.67	3.9	5.77	8.4

2. 磺胺类抗生素

磺胺类抗生素是一种人工合成的广谱型抗菌药，用于临床已超 50 年，具有抗菌谱广、性质稳定、使用简便的优点。磺胺嘧啶是目前临床上常用的一种磺胺类抗感染药物，是治疗全身感染的中效磺胺，抗菌谱广，对大多数革兰氏阳性菌和阴性菌均有抑制作用；常制成水溶性的钠盐，用作注射针剂。磺胺二甲基嘧啶被用作抗菌剂，用于防治葡萄球菌及溶血性链球菌等的感染，适用于治疗溶血性链球菌、脑膜炎球菌、肺炎球菌等感染；也被添加在饲料里，用于防治畜禽的球虫病、禽伤寒。磺胺甲噁唑抗菌谱广，抗菌作用强，对葡萄球菌、大肠杆菌特别有效；适用于呼吸系统、泌尿系统及肠道感染等，也常用于治疗禽霍乱等。在崇明岛水域中，磺胺嘧啶，磺胺二甲基嘧啶和磺胺甲噁唑三种抗生素均有部分被检出，磺胺嘧啶浓度范围为 13.9～304.6ng/L，磺胺二甲基嘧啶浓度范围为 21.6～239.1ng/L，磺胺甲噁唑浓度范围为 3.8～689.4ng/L（表 4-10～表 4-12）。

表 4-10　2018 年 5 月崇明磺胺素类抗生素监测结果

序号	采样点	磺胺嘧啶		磺胺二甲基嘧啶		磺胺甲噁唑	
		测定值 / (ng/L)	RSD/%	测定值 / (ng/L)	RSD/%	测定值 / (ng/L)	RSD/%
1	庙镇港－老陈海公路桥	62.2	5.0	66.6	6.0	7.3	8.2
2	恶鸪港－庙镇东林桥	nd	—	34.0	7.1	nd	—
3	南横引河－三沙洪交汇口	nd	—	54.8	4.7	7.8	9.0
4	东平河－新陈海公路桥	nd	—	32.6	4.3	nd	—

续表

序号	采样点	磺胺嘧啶		磺胺二甲基嘧啶		磺胺甲噁唑	
		测定值 / (ng/L)	RSD/%	测定值 / (ng/L)	RSD/%	测定值 / (ng/L)	RSD/%
5	南横引河 – 新河港交汇口	nd	—	27.1	7.0	4.9	16.3
6	南横引河 – 堡镇水厂	nd	—	61.1	1.1	7.3	11.0
7	南横引河 – 五滧水厂	13.9	8.6	32.9	8.2	12.7	10.2
8	六滧港 – 老陈海公路	78.9	1.5	85.8	0.3	38.9	3.0
9	七滧港 – 新陈海公路桥	nd	—	33.1	8.8	5.5	1.8
10	南横引河 – 奚家港交汇口	nd	—	39.8	2.5	3.8	5.3

表 4-11　2018 年 6 月崇明磺胺素类抗生素监测结果

序号	采样点	磺胺嘧啶		磺胺二甲基嘧啶		磺胺甲噁唑	
		测定值 / (ng/L)	RSD/%	测定值 / (ng/L)	RSD/%	测定值 / (ng/L)	RSD/%
1	新建港 – 吴淞水闸	nd	—	34.0	7.1	67.4	5.0
2	庙镇港 – 老陈海公路桥	53.4	25.5	110.8	10.3	76.5	7.8
3	鸽龙港 – 合作水厂	nd	—	nd	—	nd	—
4	恶鸹港 – 庙镇东林桥	32.0	19.7	65.4	11.4	30.5	2.2
5	南横引河 – 三沙洪交汇口	nd	—	37.4	14.4	nd	—
6	老滧港 – 城桥水厂	nd	—	66.6	6.0	4.3	16.3
7	北侧横河 – 场部	nd	—	nd	—	nd	—
8	北横引河 – 前卫村桥	nd	—	nd	—	nd	—
9	东平河 – 新陈海公路桥	nd	—	34.0	7.2	nd	—
10	南横引河 – 新河港交汇口	nd	—	26.0	16.5	nd	—
11	直河 – 前进场部	130.3	0.9	185.6	7.6	96.5	10.4
12	南横引河 – 堡镇水厂	nd	—	75.5	7.1	65.2	8.1
13	堡镇港 – 五号桥	nd	—	61.9	9.5	34.6	14.7
14	南横引河 – 五滧水厂	nd	—	53.9	8.7	nd	—
15	四滧港 – 合兴水厂	nd	—	32.6	4.3	5.0	8.0
16	六滧港 – 老陈海公路	85.3	15.4	88.5	8.7	44.0	17.7
17	七滧港 – 新陈海公路桥	nd	—	34.5	8.9	nd	—
18	北横引河 – 七滧港西桥	17.9	10.3	54.5	12.2	19.3	14.9
19	八滧港 – 北沿公路桥	nd	—	nd	—	nd	—
20	南横引河 – 奚家港交汇口	nd	—	21.6	18.8	nd	—

表 4-12　2018 年 12 月崇明磺胺素类抗生素监测结果

序号	采样点	磺胺嘧啶		磺胺二甲基嘧啶		磺胺甲噁唑	
		测定值 / (ng/L)	RSD/%	测定值 / (ng/L)	RSD/%	测定值 / (ng/L)	RSD/%
1	新建港 - 吴淞水闸	nd	—	140.4	2.1	415.4	8.1
2	庙镇港 - 老陈海公路桥	304.6	3.3	239.1	2.0	676.4	1.0
3	鸽龙港 - 合作水厂	208.6	3.0	155.1	3.6	456.1	8.9
4	恶鸪港 - 庙镇东林桥	153.7	3.0	180.2	2.1	280.3	0.5
5	南横引河 - 三沙洪交汇口	nd	—	132.9	3.1	687.1	3.6
6	老滧港 - 城桥水厂	nd	—	123.9	1.1	546.1	5.0
7	北侧横河 - 场部	nd	—	135.5	2.4	655.3	0.5
8	北横引河 - 前卫村桥	nd	—	125.8	1.1	682.1	3.4
9	东平河 - 新陈海公路桥	102.7	1.7	128.1	5.8	433.3	3.0
10	南横引河 - 新河港交汇口	158.5	0.5	117.9	3.0	320.7	6.0
11	直河 - 前进场部	nd	—	115.9	2.0	489.6	4.9
12	南横引河 - 堡镇水厂	nd	—	100.2	1.8	475.6	3.3
13	堡镇港 - 五号桥	nd	—	176.3	1.4	369.8	2.5
14	南横引河 - 五滧水厂	nd	—	109.8	2.2	401.7	6.1
15	四滧港 - 合兴水厂	nd	—	147.7	0.7	352.2	2.3
16	六滧港 - 老陈海公路	219.0	2.7	147.7	0.7	689.4	1.1
17	七滧港 - 新陈海公路桥	nd	—	126.0	1.0	221.3	13.9
18	北横引河 - 七滧港西桥	nd	—	119.2	0.2	597.1	3.4
19	八滧港 - 北沿公路桥			124.2	1.6	615.4	2.5
20	南横引河 - 奚家港交汇口	194.3	3.7	150.3	1.4	462.8	12.6

总体而言，在直河 - 前进场部、南横引河 - 三沙洪交汇口、六滧港 - 老陈海公路和南横引河 - 堡镇水厂 4 个点位检测出了浓度相对较高的四环素类抗生素和磺胺类抗生素，而这些点位周边均存在养殖场、医疗机构等，是抗生素的重要使用单位，这些点位抗生素对水环境的影响值得关注。

4.5　水环境治理成效及存在问题

4.5.1　水环境治理成效

崇明近年来在水环境治理方面取得了很好的成效，具体表现在以下方面。

（1）污染排放态势得到遏制，水环境质量有所改善。

加强结构调整和污染减排。实施环境准入，强化污染企业监督管理，通过工业污染减排、产业结构调整和加强末端治理，淘汰落后的产能设备和企业，减少污染物排放。

加大污水收集处理力度。提升城镇污水集中处理率，确保城镇污水处理厂和集镇污水处理站的稳定运行；加快污水处理和收集系统建设，扩大污水收集范围，提高污水纳管率和处理率；积极推进老城区雨污混接改造，2018 年城镇污水处理率达到 90.9%。加快推进农村生活污水处理，在完成农村生活污水处理的同时，将学校、养老院等公益性单位的生活污水一并纳入处理范围，确保全区农村生活污水全处理、全覆盖、全达标。

降低化肥农药施用强度。大力提倡种植绿肥，减少化肥用量，改善耕地质量，增加土壤肥力和提高作物抗逆能力；积极开展农民培训工作，推广使用商品有机肥和配方肥，指导农户科学施肥。

（2）河道综合整治力度加大，河湖水系初步恢复。

大力开展中小河道综合整治。完成城乡中小河道整治攻坚战中各项工作，包括河道整治、违法建筑拆除、工业企业治理、截污纳管、雨污混接改造、农村生活污水改造、畜禽养殖退养等工作。

大力开展水系沟通整治。持续推进骨干河道达标整治，有序开展中小河道轮疏工作，全力消除河道断头现象，提升区域水系连通水平和水动力条件，加快完善重点地区河湖水系格局。

大力开展入河排污（水）口监督管理。全面排查摸底入河排污（水）口，加强对入河排污口日常监管监测，并对规模以上入河排污口进行水质监测，逐步构建最严密的水资源保护监控体系。

（3）管理体制机制不断创新，治水管水成效初步显现。

积极创新全员治水新举措。推出"村民自治""生态检察官""河道警长制"

等一系列全员治水举措，率先派驻"生态检察官"进河长办，以刑事、公益诉讼案件办理为主线，"捕、诉、民、防"一体化办案，及时发布检察建议；率先探索建立了"河道警长制"，建立五级"河道警长"体系。

积极探索农村生活污水处理管护机制。制定了全区农村生活污水处理"建养一体化"的相关管理办法，形成了项目设计、施工、养护一体化的新模式，提高了农村生活污水处理设施的建设、运行、养护工作质量。

积极实践河道长效管理模式。通过建立"六个跟着走"模式〔宅间河道跟宅走、田间河道跟田走、林地河道跟林走、鱼塘河道跟塘走、园区（合作社）河道跟人走、其他河湖跟队走〕，实施村级河道和泯沟分段管理责任制，推进村民自治参与河道长效管理机制。

4.5.2 水环境存在问题

崇明水环境在以下方面存在一定的问题与挑战。

（1）水环境仍然面临较大达标压力。

崇明地表水功能区目标为Ⅲ类水体，要求较高。而 2018 年崇明区管断面裕南河－裕丰村委会、三星镇中心横河－三协村、中兴镇中心横河－永南村断面为Ⅳ类水，其中五日生化需氧量、化学需氧量和总磷是主要超标因子。考虑到区域内尚有数量众多的中小河道，因此水环境要全面达到地表水Ⅲ类标准仍然面临较大压力。

（2）大量村沟宅河仍然有待恢复。

崇明当前河道修复以骨干河道为主，但全区仍然存在 703 条段镇（乡）管河道、数万条村级河道和小微水体，大量村沟宅河仍然有待恢复。如何探求最实用的技术方法，改善这些河道的水动力条件和水环境状况，成为崇明水环境治理面临的重要命题。

（3）抗生素等新兴污染物值得关注。

抗生素类药物作为疾病防治的药物和饲料添加剂，被广泛地应用于畜禽和水产养殖，目前在崇明地表水中已有检出。而崇明世界级生态岛建设，应对地表水质在国家标准外有更高的要求，因此抗生素的浓度、分布及相关影响值得关注。

（4）面源污染控制力度尚待加强。

农业生产、畜牧养殖是崇明的主要经济产业，但同时这些产业的面源污染也值得重视。当前全区已积极控制农业面源污染，但由于农业总体规模大，因此在点源污染逐渐得到有效控制的背景下，面源污染在很长一段时间都将是区域面临的主要问题，仍需进一步加强面源污染控制力度。

（5）河湖生态健康目标仍未实现。

目前崇明水环境改善仍然处在提升常规理化指标的阶段，对于水体生态指标关注不够，河湖也远未达到生态健康目标，亟须从生态系统角度综合开展水生态系统修复工作。

4.6　国际经验借鉴

4.6.1　澳大利亚：《溪流修复手册》

澳大利亚政府于 1992 年开展了国家河流健康计划（National River Health Program，NRHP），用于监测和评价澳大利亚河流的生态状况，评价现行水管理政策及实践的有效性，并为管理决策提供更全面的生态学及水文学数据。

除此之外，澳大利亚还开展了溪流状态指数（index of stream condition，ISC）研究，ISC 采用河流水文学、形态特征、河岸带状况、水质及水生生物五方面指标，试图了解河流健康状况，并评价长期河流管理和恢复中管理干预的有效性，其结果有助于确定河流恢复的目标，评估河流恢复的有效性，从而引导可持续发展的河流管理。

澳大利亚 2000 年出版的《溪流修复手册》（*A Rehabilitation Manual for Australian Streams*）对溪流修复的概念、程序、问题、工具等均提出了指导，主要面向恢复溪流的环境、休闲娱乐、文化与社会、资产与经济等方面的价值。重点解决溪流面临的地貌问题（侵蚀、淤积等）、水质问题（浊度、悬浮物、营养盐、溶解氧、水温、盐度、有毒物质等）和生物问题（鱼类、木质残体、鸭嘴兽、蛙、畜牧等）。

4.6.2　美国：《溪流生境恢复导则》

美国环境保护署（U.S. Environmental Protection Agency，EPA）流域评价与保护分部于 1989 年提出了旨在为全国水质管理提供基础水生生物数据的快速生物监测协议（Rapid Bioassessment Protocols，RBPs），经过近 10 年的发展和完善，EPA 于 1999 年推出第二版的 RBPs，给出新的快速生物监测协议，该协议提供了河流着生藻类、大型无脊椎动物及鱼类的监测和评价方法标准。

美国 2012 年出版的《溪流生境恢复导则》（*Stream Habitat Restoration Guidelines*）对溪流的生境评价、恢复策略和相关技术作了指导。重点提出了集水区土地及水保护、洪泛区及河道变化区修复、河岸生境营造、河道治理、河岸改造、鱼道恢复等 13 项修复技术。

美国农业部、环境保护署等部门联合出版的《河道廊道修复的原理、方法和实践》（*Stream Corridor Restoration：Principles，Processes，and Practices*）认为，河流生态修复是一个复杂的过程，应该首先认识到破坏生态系统结构和功能或阻止其恢复到合适状态的自然或人为因素。应了解河道走廊生态系统的结构和功能，以及对生态系统有影响的物理、化学和生物过程。

4.6.3　英国：《河流恢复技术手册》

英国关注河流健康状况的一个重要举措是河流生境调查（River Habitat Survey，RHS），即通过调查背景信息、河道数据、沉积物特征、植被类型、河岸侵蚀、河岸带特征及土地利用等指标来评价河流生境的自然特征和质量，并判断河流生境现状与纯自然状态之间的差距。

Boon 等[1] 于 1998 年提出英国河流保护评价系统（System for Evaluating Rivers for Conversation，SERCON）。该评价系统通过调查评价由 35 个属性数据构成的六大恢复标准（即自然多样性、天然性、代表性、稀有性、物种丰富度及特殊特征）来确定英国河流的保护价值。英国也建立了以河流预测与分类系统（The River Prediction and Classification System，RIVPACS）为基础的河流生物监测体系，还在此基础上开发了移动端的手持调查 APP。

英国伦敦大学玛丽女王学院的研究小组在 RHS 的基础上，开发了城市河流调查手册（Urban River Survey，URS），很好地应用于城市河流生境评估实践。在此基础上，建立了全英城市河流调查数据库。

英国河流恢复中心（The River Restoration Centre，RRC）1997 年起发布了《河流恢复技术手册》（*Manual of River Restoration Techniques*），包含了许多在工程实例中已应用的技术，主要有：恢复河流的蜿蜒性；利用以前的多余河道形成回水区域；对直型河道进行改善，如安装折流器、建造岸边岛、构建石质浅滩、将单调的顺直型河道改造为多路线河道、用低价的防波堤收缩河道宽度、在宽广的河道中建设低流量蜿蜒型河槽、用自然型渠道代替混凝土排水沟、建造小型湾、在河床上铺设沙砾石等；岸坡防护措施，包括柳树桩、柳树排、圆木护岸、植物捆、钢板桩和椰壳纤维捆等；控制河床高程、水位和水流，包括分水堰和溢洪道、跌水堰、恢复河底高程、模拟岩基河底等措施；地表洪水管理，包括洪泛平原溢洪道、蜿蜒段内的土地变化、去除防洪堤或使之退后等措施；在洪泛区创建小型湿地；提供公共、私人及家畜通道；改善河流上的排水口；利用从河道中开挖的土料；河流改道；等等。

4.6.4 日本：《中小河流修复技术标准》

日本于 20 世纪 90 年代开始倡导多自然河流建设，于 1990 年出版了介绍多自然河流建设的《让城镇和河道的自然环境更加丰富多彩——多自然建设方法的理念和现实》一书，1992 年，又出版了其续篇《让城镇和河道的自然环境更加丰富多彩——对多自然河流建设的思考》，介绍了建设多自然河流的基本技术。此后，河道整治中心又出版了《多自然河流建设的施工方法及要点》一书，对当时开展的多自然河流建设的思路、规划、设计及注意事项等问题做了详尽的介绍。

日本国土交通省于 2008 年发布了《中小河流修复技术标准》，包括适用范围、设计洪水位、河道岸边线和河宽、横断面形状、纵断面形状、粗糙系数、管理用道路、维护管理共八个部分。多自然河流建设研究会在此基础上出版了《中小河流修复技术标准说明》一书，阐述中小河流设计方法。

4.7 水环境改善的思路和对策

4.7.1 愿景目标

坚持生态立岛原则，实现水源地安全、水环境清洁、水生态健康三大目标，建设与世界级生态岛相匹配的河湖生态系统。

4.7.2 总体思路

1. 水源地安全

水源地安全是第一层次的目标，通过水源地保护确保水源地水质达到国家地表水环境质量标准，远期达到发达国家标准，保障公众生活饮用水安全。

2. 水环境清洁

水环境清洁是第二层次的目标，通过水环境治理实现水环境全面达到水功能区要求，远期达到发达国家标准，营造清洁的水环境。

3. 水生态健康

水生态健康是第三层次的目标，通过水生态系统构建实现生境和生物的恢复，远期达到生态系统良性循环目标，营造健康的河湖生态系统。

4.7.3 对策建议

在愿景目标和总体思路基础上，针对崇明水环境现状问题，提出以下对策建议。

（1）以水系规划与水生态健康为抓手，强化顶层设计。

完善河道水系规划，将河湖作为崇明生态岛的重要自然资产，以河道蓝线专项规划指导河湖水系达标整治，打造"连、通、畅、活"的河网水系格局；严格河湖水面率管控，严格执行填堵河道事项审批监管要求，确保全区河湖水面率只增不减。加快推进水闸改扩建，恢复"南引北排"功能；开展内河大排水工作，改善河网水文水动力条件，进一步提高河道稀释自净能力。

明确水生态健康目标，结合崇明世界级生态岛定位和地域特点，提出水生态健康的目标、指标和评估方法，以水生态健康概念引领崇明水环境整治和水生态修复工作。

（2）以水生态健康调查评估为途径，完善基础数据库。

在传统的水质理化指标的基础上，拓展调查和评估指标，开展河湖水文水资源、物理结构、生物、社会服务等方面的调查，进行河湖生态健康评估，全面诊断河湖生态系统状况。

建立崇明水环境水生态数据库，补充浮游植物、浮游动物、大型底栖无脊椎动物、鱼类等生物数据，完善郊区村沟宅河水质数据，为区域保护与开发提供翔实的基础资料。

（3）深化河湖污染治理与生态修复，创新村沟宅河治理模式。

统筹协调截污纳管工作，着力解决部分区域生活污水直排河道问题，加强农村污水处理设施管理，推进专业化运维。加强农业及农村面源污染治理，有效控制化肥农药过量使用，加快推进农村畜禽养殖场综合治理。加快推进镇村级河道轮疏工作，加强河道综合整治，进一步改善河道面貌。

针对崇明大量的村沟宅河，尝试创新治理模式，研发水环境治理和水生态恢复的最实用技术，引入多方共同参与河道治理与保护，探索适合崇明的村沟宅河治理与养护方式。

（4）关注新兴污染物风险，提升河湖生态系统服务功能。

开展崇明水体中新兴污染物研究，建立崇明抗生素安全信息平台，有效共享抗生素的安全信息，提高抗生素安全信息供给能力。完善养殖户养殖全过程的档案记录，维护抗生素追溯信息链条，构建全方位的网络抗生素安全监管体系，使养殖过程、用药记录有迹可循，控制违规抗生素药品的使用特别是超量使用。

通过多学科交叉开展河湖生态系统服务功能研究，将不同等级河湖视为崇明岛宝贵的地域性自然景观和资源，深化开展相关生态系统服务功能的基础研究，关注河网水系结构变化对区域的生态环境影响和可能的灾害风险，从自然和社会两方面提升河湖生态系统服务功能。

（5）完善水环境监测预警手段，推进智慧水务建设。

针对崇明河道众多的情况，积极探索分小水文单元（片区）开展区域水环境质量监测与评估，结合无人机等先进技术方法，引入水环境监测预警新手段，提升区域水环境监测评估水平。

推进智慧水务建设，聚焦标准规范、信息采集、数据共享、融合管理等方面，依托物联网、大数据分析、水务专业模型等高新技术治水兴水，构建崇明智慧水务平台。

（6）健全河湖长效管理机制，营造江南水乡文化氛围。

通过多级联动建立河湖水环境整治的长效管理机制。实施村沟分片分段管理责任制，推进村民自治参与河道长效管理机制，吸引社会各界积极参与村沟水环境保护，形成人人知晓、人人参与、人人宣传的全民爱河护河氛围。

通过水乡风貌保护建立与崇明水系相适应的水文化氛围。从自然生态系统与水乡历史文化两方面综合保护河湖，研究河湖与岛内建筑、桥梁、诗歌、民俗、路名等的联系，为区域规划提供良好的自然与社会文化基础。

在以上对策建议基础上，从技术、平台、管理三方面分别提出 3 项重点示范项目，可供实践参考。

（1）技术示范：崇明泯沟治理技术集成与示范。

现实需求：崇明泯沟面广量大、水系复杂、面源污染突出，亟须研发出技术经济可行的治理技术。

技术进展：国内河道整治技术多针对大中型河道，对于泯沟密集的水体研究较少，相关技术积累较为薄弱。

技术特色：将泯沟分为田沟、塘沟、林沟分类治理。田沟污染治理、修复与扩容集成技术主要通过有效识别检测田沟特征污染物，并根据田沟污染特征进行治理与修复、生态扩容，包括特征污染物检测判定、淤泥清除及原位修复、生态操控修复、生态护岸、缓冲带扩容、水体循环利用等成套技术。塘沟污染强化净化、原位修复耦合技术主要解决如何在抗生素抑制及碳源不足的条件下实现高效脱氮除磷，包括三维电化学 - 电生物一体化预处理系统、原位处理、生态修复等耦合技术。林沟生态修复与景观、休闲融合设计技术强调如何实现对林地地表径流污染的有效控制并有效实现林水复合，包括林 - 河（水）复合生态系统、近自然景观构建、土著植物生态恢复等融合技术。

（2）平台示范：崇明抗生素安全信息登记与管控平台。

现实需求：崇明存在一定量的养殖场、医疗机构，是抗生素的重要使用单位，一方面抗生素对水环境的影响值得关注，另一方面世界级生态岛的定位理应对抗生素的管控有更高要求。

平台进展：国内的抗生素管控平台，主要是基于医院的用药管控；农用方面没有对抗生素管控平台，排放标准里也没有抗生素的指标（畜禽养殖）。

平台特色：建立崇明抗生素安全登记与管控平台，确保崇明各养殖户、养殖企业得到充足、专业、可信的抗生素质量信息，为养殖过程中的安全生产、监督管理和分析监测提供依据；开通相关网络咨询渠道，为养殖户购买和使用合格、合规的抗生素药物和饲料添加剂提供在线科学指导。做好崇明养殖企业、养殖户登记注册工作，完成档案建立，推进养殖经营主体实名制管理。

（3）管理示范：崇明基层（村级）水环境现代化治理体系。

现实需求：崇明河道众多，仅依靠区镇级政府机构自上而下管理压力较大，现有的发动村民参与模式又较难长期持续，亟须建立针对崇明地域特色和水系特点的基层水环境现代化治理体系。

管理进展：国内现有的管理体系多采用自上而下模式，对于大江大河的治理与管理较为有效，但对于数量众多的小微水体管理难度较大。

管理特色：充分发挥村级基层机构在水环境治理方面的承上启下作用，在现有水环境管理体制的基础上，将中小水体的水环境治理和保护职能下放到村一级，探索建立基层（村级）水环境现代化治理体系，形成政府指导、村委主导、村民自治的中小水体管理模式。

（执笔人：车越、周天舒、何国富）

参 考 文 献

[1] Boon P J, Wilkinson J, Martin J. The application of SERCON（System for Evaluating Rivers for Conservation）to a selection of rivers in Britain. Aquatic Conservation-Marine and Freshwater Ecosystems，1998，8：597-616.

第五章

崇明土壤环境保护

　　"万物土中生"，土壤不仅为绝大多数植物赖以固着和生长的基质，也是水分、无机盐等植物生长所必需物质的重要储库，同时又是许多动物和大多数分解者的栖身之所和食物之源。作为维护农、林业生产正常运转的物质资源基础，土壤的重要性更是不言而喻。崇明岛地处长江入海口，是世界最大的河口冲积岛之一和中国第三大岛。岛上林木葱郁，物产富饶，素有"东海瀛洲"之称。崇明区2019 年拥有各类森林资源 58 万余亩，耕地 66.7 万亩，是上海重要的生态屏障，也是上海市民重要的"菜篮子""米袋子"。深入认识和把握其土壤特征，识别存在的主要问题并提出合理的管理和治理对策，对于提升崇明生态系统服务功能、保证高效生态农业的持续发展具有重要的意义。

　　崇明岛作为长江三角洲的冲积岛屿，其土壤的形成始于盐渍淤泥，全岛的成土母质以贮水保肥能力较弱的砂岛轻壤－中壤壤质为主，加之成陆历史和垦殖利用时间较短，土壤普遍偏碱性，有机质含量中等。受地理位置、风暴潮和海水入侵的影响，崇明岛部分农田土壤脱盐缓慢，设施农田土壤的次生盐渍化还威胁到农产品品质，农业生产过程中高强度的肥料和农药投入需警惕污染物的积累。对于这些问题，本章提出了在摸清土壤环境质量家底的基础上，以土壤问题为导向进行分类保护、精准修复，并提出构建完善的农田生态系统，从根本上保证崇明岛土壤的可持续利用。本章还思考了目前推崇的"两无化"农业对农田土壤环境质量的影响，分析了第十届花博会的举办可能对农田土壤保护带来的压力和风险。

5.1　土壤的形成过程和主要类型

作为中华民族母亲河之一的长江每年携带巨量的泥沙蜿蜒奔流而下，在海潮顶托及江流、波浪、风力等多种因素共同作用下，这些泥沙的一部分在长江入海口及其附近缓慢沉积下来，并成为崇明岛滩涂土壤形成的重要的物质基础。这种作用长期积累下来，便成为一种神奇的力量，它使得崇明岛的北部和东部边滩不断淤涨，新生滩涂土地资源高达每年约 5km²。这些从长江口新长出来的土地，实际上是长江沿岸大量流失的土地的一部分在此区域的重新汇聚和集结。崇明岛土壤的形成可以认为是长江泥沙缓慢沉积、成滩、成陆等自然力量和围堤垦殖的人为力量共同作用的结果，大致经历了以下四个阶段。

（1）盐渍淤泥阶段。入海河流携带的大量泥沙在近海沉积，在高矿化度的海水浸渍之下，形成盐渍淤泥。随着水下沉积加厚、抬升，盐渍淤泥逐渐露出水面。

（2）自然生草阶段。随着各种盐生和耐盐植物的定植，表土水分蒸发，促进土壤脱盐，同时根系和地上生物进入土壤形成有机质，促进肥力提升，又进一步为植物群落的演替、更迭创造了有利条件，土壤脱盐、肥力得到持续改善。

（3）初垦脱盐阶段。自然生草到一定阶段，人为的开垦拓荒措施促进了脱盐过程，如耐盐碱植物或农作物的种植、增施有机肥，利用腐殖质的吸附力，固定碱性盐，同时还可以平衡土壤中的阳离子。传统的农业管理行为，如秸秆返田、压青、盖青、松土等减少了土壤的返盐、渍盐。在此过程中，开挖沟渠，引淡排咸，以及丰富的自然降雨使土壤进一步脱盐淡化。

（4）脱盐熟化阶段。通过综合采取多种措施，土壤经过反复的脱盐处理，逐渐熟化，适宜大多数农作物的种植。

无论是自然因素，还是人为耕作活动，都尚未对土壤的形成和发育形成深刻影响。根据 20 世纪 80 年代完成的崇明岛第二次土壤普查结果，崇明岛土壤主要分为水稻土、潮土和盐土 3 类，呈东西向伸展、南北向排列的条带状分布。水稻土和潮土多发育于江海沉积物，其中水稻土主要分布于绿华镇、三星镇、庙镇、新河镇、竖新镇、堡镇、港沿镇、向华镇、中兴镇、陈家镇和长兴镇等乡镇，约占全区耕地面积的 53.64%；潮土面积很小，主要分布于横沙乡和长兴镇，仅占全区耕地面积的 1.88%。盐土多发育于盐渍化江海沉积物，主要分布在西北至东北部沿江沿海一带，约占全岛耕地的 44%[1]。

5.2　土壤现状及问题分析

5.2.1　土壤酸碱度

土壤酸碱度（pH）是土壤许多化学性质的综合表现，它对土壤有机质的合成与分解，营养元素的转化与释放，微量元素的有效性，以及土壤中元素迁移等都有深刻影响，也是影响土壤肥力的重要因素之一。根据崇明区生态环境局资料，2018 年崇明岛农田土壤 pH 变化范围为 4.90～11.20，平均值为 7.77。其中，超过 84% 的点位 pH 介于 7.50～8.50，总体呈弱碱性。不同的土地利用方式使土壤 pH 略有差异。2013 年崇明岛耕地地力的调查结果显示，在各类种植模式下，粮田土壤的平均 pH 最高（7.96±0.26），其次是果园（7.83±0.27），最低是菜地（7.69±0.45）。综合历年数据，土壤 pH 的平均值由从 1983 年的 8.2 下降到 2018 年的 7.77，平均每年下降 0.01 个单位，且土壤 pH 变化范围的最小值呈下降趋势，与部分设施菜田蔬菜复种指数高、用肥强度大造成的土壤酸化有关。

表 5-1　崇明岛历年土壤 pH 变化比较

调查年份	样本数	平均值	标准差	变异系数 /%	最大值	最小值	数据来源
1983	1361	8.20	0.153	1.90	—	—	文献 [1]
2003	299	7.52	—	—	—	—	文献 [1]
2008	102	7.31	0.430	6.00	8.12	6.01	文献 [2]
2013	899	7.87	0.340	4.30	8.96	5.71	文献 [1]
2018	582	7.77	0.370	4.81	11.20	4.90	

注：2018 年数据来源于崇明区生态环境局调查报告（内部资料）

5.2.2　有机质和养分

崇明岛的土壤来源于长江泥沙在江海交汇处的沉积。在强潮急浪的扰动下，沉积下来的多是较粗的颗粒，其中粗粉砂含量多达 40%～70%，构成了以砂岛轻壤 - 中壤壤质为主的成土母质。这种母质形成的土壤，贮水保肥能力较弱，有机质及速效养分的含量均较低（总体养分）。但由于长期采取各种有效的培肥措施，如增施农家肥、有机肥、秸秆还田及种植绿肥等，崇明岛土壤有机质含量及速效养分逐年增加（表 5-2）。以有机质为例，20 世纪 80 年代第二次全国土壤普查时，崇明岛土壤有机质平均水平仅为 18.80g/kg，2003 年增加到 19.35g/kg，提高了 2.93%。之后崇明岛土壤有机质呈现快速增加，至 2013 年上海市开展的全市耕地地力调查发现，有机质平均为 22.85g/kg，2018 年则进一步增加为 23.41g/kg，较 2003 年提高了近 21%，平均每年增速为 1.4%。但由于受成土母质的影响，崇明岛土壤的有机质仍低于上海市平均水平。土壤中氮、磷、钾等养分含量逐年增加，以有效磷增加速度最快，2013 年有效磷浓度相对 1983 年提升了近 420%，平均每年提升约 14%。

表 5-2　1983 ～ 2018 年崇明岛土壤养分变化情况 [1, 3]

年份	有机质 /（g/kg）	水解氮 /（mg/kg）	有效磷 /（mg/kg）	速效钾 /（mg/kg）
1983	18.80	84.0	9.800	103.4
2003	19.35	126.06	16.58	82.46
2013	22.85	137.8	50.91	159.7
2018*	23.41	—	—	—
上海市均值（2013）	26.37	167.1	54.70	161.0

* 2018 年数据来源于崇明区生态环境局调查报告（内部资料）

　　崇明岛土壤有机质和养分与土地利用方式及垦殖时间有关。在不同的土地利用方式上，以粮田土壤的有机质最高，其他依次为菜地、果园、生态林地和湿地 [3, 4]，而速效养分则基本上呈菜地 > 果园 > 粮田的趋势。这说明农业活动及其所采取的管理措施在土壤有机质提升方面成效显著，而作物类别和施肥强度是造成土壤速效养分差异的重要原因。在空间分布上，土壤有机质、水解氮、有效磷较高的区域主要位于开垦历史较长的三星镇、堡镇与城桥镇，而西沙镇、东滩和北湖地区为滨海盐土，多为潮滩等未利用地，垦殖历史短，有机质和养分含量最低 [1]。

　　上海经济飞速发展，对土地的需求十分迫切，滩涂资源开发利用成为破解用地困境的重要手段。目前，崇明东滩、长兴、横沙等地结合航道疏浚和吹填造陆，形成了大片的新生土地。以横沙东滩为例，2020 年末，围圈土地面积将达 12.5 万亩，成为崇明生态造林和农业发展的重要储备资源。但这些新生陆地的土壤来源于河口淤泥，质地偏沙性，有机质平均为 3.6g/kg，不足 2018 年崇明土壤平均水平的 1/6，其余的养分氮、磷、钾等则更为缺乏，必须通过一定的措施改良后才可用于农业生产。

5.2.3　土壤含盐量

如前文所述，崇明岛土壤形成始于盐渍淤积，脱盐时间相对较短，土壤存在不同程度的盐渍化。崇明岛大规模的围垦开荒始于 20 世纪中期，尽管地处亚热带季风气候，充沛的雨量有利于土壤的洗盐、脱盐，但受地理位置的影响，夏季易出现风暴潮和极端天气，围垦后的土壤经常遭受海水入侵，致使土壤盐度偏高。长江北支江流浅弱，易受咸潮威胁，尤其是枯水季节。崇明岛北缘因此成为盐渍土分布最广泛的区域，以东北角为最，土壤含盐量可达 0.3%～0.4%[4]。土壤盐度随季节变化明显，主要受海潮上溯程度和温度影响。每年的 2～3 月为长江枯水期，海潮上溯较深，土壤含盐量升高。2009～2018 年，长江口共监测到约 48 次咸潮入侵过程，大多集中在每年的 3 月和 11 月。2014 年 2 月，长江河口发生了严重的盐水入侵，长江水利委员会水文局长江口水文水资源勘测局的监测数据表明，北支水盐浓度最大超过 29g/L。咸潮对土壤盐度的影响，一方面是海水直接入侵导致土壤盐渍化，另一方面是咸潮溯河倒灌，引起河网水质和浅层地下水变咸。当夏季气温升高时，蒸发作用强烈，土壤深层的盐分随土壤毛细管作用迁移至土壤上层表聚，形成盐霜，即通常所说的"返盐"，使土壤脱盐过程受阻。另外，土壤盐度还受土地利用方式影响。滩涂地的土壤含盐量最高，农林混合地、林地次之，而水稻田和露天菜地由于常年浇灌淋洗，土壤逐步脱盐，含盐量相对最低[5]。在各类农田中，设施菜地受高强度施肥和种植棚内高温环境的影响，土壤呈现不同程度的次生盐渍化，部分土壤还出现酸化板结和硝酸盐积累，影响作物的产量和品质[6]。

5.2.4　土壤重金属

综合相关的研究结果[2, 7-12]及 2018 年崇明区生态环境局调查报告，崇明农田土壤重金属总体环境质量良好，绝大部分远低于《土壤环境质量 农用地土壤污染风险管控标准（试行）》（GB15618—2018）中相应的风险筛选值，即无污染

（表 5-3）。但需要引起重视的是，重金属会随着农业生产、城市化进程的发展等逐年积累，未来存在的风险包括以下几个方面。

首先，农业生产是造成土壤中重金属积累的直接原因，施肥和使用农药不当都会加快土壤重金属积累速度。其次，大气沉降也是农田土壤镉、铅、汞、砷等重金属的来源之一。其中，既有从上海市区及江苏的输入性来源，也有本地工业生产中使用的燃煤及汽车、船只燃油消耗产生的废气输入。另外，农田土壤中重金属的积累还受周边工业生产的影响。崇明部分城镇历史上工业分布集中，对周边农田土壤的影响有待深入调查，据此针对有风险的农田制定出有效的修复和管理措施。

表 5-3 崇明岛农田土壤重金属含量

元 素	上海背景值 * （mg/kg）	平均值范围 （mg/kg）	土壤标准 ** （mg/kg）	相对背景值的累积倍数 ***
铅（Pb）	25.0	21.6～37.1	240/170	0.86～1.48
镉（Cd）	0.138	0.132～0.627	0.8/0.6	0.96～4.54
铬（Cr）	70.2	41.1～77.6	350/250	0.58～1.10
砷（As）	9.1	7.8～12.3	20/25	0.86～1.35
汞（Hg）	0.095	0.064～0.260	1.0/3.4	0.67～2.74
镍（Ni）	29.9	26.5～33.4	190	0.88～1.12
锌（Zn）	81.3	88.2～93.5	300	1.08～1.15
铜（Cu）	27.2	25.8～29.4	200/100	0.95～1.08

* 上海背景值参照《中国土壤元素背景值》A 层土壤上海背景值（算数平均值）[13]

** 土壤标准参照《土壤环境质量 农用地土壤污染风险管控标准（试行）》（GB15618—2018）中的风险筛选值，按崇明土壤偏碱性的特点，选取 pH ≥ 7.5 对应的标准，其中镉、汞、砷、铅、铬的两个数值分别对应水田和其他农田，铜则分别对应果园和其他农田

*** 为崇明农田土壤均值与上海市土壤背景值之比

5.3 农田土壤保护、修复与改良对策

发展现代绿色农业和生态产业将是推进建设崇明高水平、高质量生态岛的核心任务之一。土壤作为农业之本、生命之根和生态系统之基，必然是建设崇明世界级生态岛整个任务链条中极为重要的一环。针对崇明岛农田土壤存在的现实环境问题和潜在风险，提出以下保护、修复和改良对策。

5.3.1　摸清土壤质量家底，健全监测网络

结合崇明目前已开展的生态环境预警监测和评估工作，针对各类成熟耕作土壤、设施农田土壤和储备农用地土壤开展系统监测、评价和问题诊断，绘制土壤质量现状"家底图"。综合考虑种植方式、管理模式及周边工业的影响，构建崇明三岛全覆盖的监测网络，开展土壤生态质量的长期定位监测，掌握影响污染物快速积累和土壤退化的关键因素。对重要农田周边的工业污染源进行详细排查，逐一制定污染修复和风险防控对策。对崇明三岛存在的"198"区域①减量化地块开展严格的农业生产风险评价，坚决保障农田土壤的环境质量安全。

5.3.2　辨识土壤主要问题，分类保护，精准修复

（1）对长期种植的成熟耕地，以保护土壤环境质量和保障高品质的农产品为目标制定分类管理和保护措施。在土壤环境质量的分类管理上，遵照世界级生态岛"高标准、严要求"的原则，以绿色食品产地环境标准为依据。对污染程度接近绿色食品环境标准阈值的耕地，可采用混作、互作、轮休耕等生态农艺措施，以减缓土壤污染物的积累趋势。对污染程度超过绿色生产标准甚至农用地风险筛选阈值的耕地，建议利用富集植物、微生物和土壤动物开展生态修复，提取、转移、分解土壤中的有机、无机污染物，达到降低污染程度的目的。建议开发和利用崇明本土的乡土修复植物，综合土壤理化性质、气候条件和地下水位等因素，研究兼顾污染修复和土壤生态质量提升的植物修复技术，并推广应用。

（2）对盐渍化程度明显的设施农业土壤，以减低盐分和改良土质为保护和修复目标。建议资源化利用农业废弃物（畜禽粪便、秸秆等）发酵堆肥、还田，用于增加土壤通透性，抑制次生盐渍化。加强土质测定，根据土壤养分的本底状况和作物需求，科学用肥，平衡养分。对使用多年的温室，结合崇明地区夏季多雨的特点，进行适度休闲，揭开温室顶部的覆盖材料，促进表土中盐分随着雨水向下淋溶，降低或消除盐害。也可视实际条件对设施农田土壤进行水旱轮作，如种植2～3年蔬菜后，种植1季水稻，可有效减缓土壤盐分积累，并提高下一季的蔬菜产量和品质。

（3）对新生的农业储备用地开展绿色改良，促进生态农业的长期可持续发

---

①　"198区域"是指上海市规划产业区以外、规划集中建设区以外的现状工业用地，全市面积大约为198km²，故称"198区域"。

展。得天独厚的泥沙资源为崇明区带来了大片的新生土地，但存在养分缺乏、返盐明显等问题。建议考虑土地利用的分阶段性，采取多措施对新生土壤进行改良。沿江区域风浪较大，可利用夹竹桃等抗风耐盐的植物开展长期修复，保护围垦区内部土壤。对短期内不用于种植生产的围垦新生土地，可栽植具有固氮功能的耐盐植物，如野豌豆、苜蓿、决明、田菁，促进土壤养分和生态功能的自然恢复。对近期急需要利用的土地，可采取利用和改良相结合的措施，如在耐盐微生物菌剂添加下种植水稻，结合种植过程中引水灌溉、排水，加快土壤脱盐的过程。水稻收获后秸秆还田，种植紫云英、蚕豆等冬季绿肥植物，成熟后翻压回田，加速土壤培肥。还可将耐盐苜蓿种植与自然放牧相结合，在生态承载力范围内养殖少量牛、羊，通过食草—排泄—回田加快土壤改良。

5.3.3　提高农田生物多样性，从源头上改善土壤生态质量

农田土壤的保护需要从源头上控制虫害和农药的使用。农田中病虫害的大量发生与农田生物多样性低、物种间相互作用失衡有关。建议在农田生态系统层次上，构建田间缓冲林带、灌草丛、花境和田间湿地，形成田－水－林－草－花的复合生态网络，促进鸟类、蛙类、中性昆虫的恢复，实现"以鸟治虫"、"以蛙治虫"和"以虫治虫"。例如，在农田景观中设置乔灌型片林，吸引鸟类筑巢和栖息。田块之间设置植被缓冲带，种植香根草可以较好地控制水稻螟虫的发生，种植蜜源性植物（如大丽花等），可有效吸引蜜蜂。在河流沟渠和田块间设置有利于两栖类迁移的生物通道和繁育场所，促进蛙类的恢复。通过生物栖息生境的恢复，形成鸟语花香、蜂飞蝶舞、虫啁蛙鸣、生机盎然的农田生态系统，从源头上减少农药用量和保护土壤，有利于提高农产品品质和经济效益。

5.3.4　诠释"两无化"农业的科学内涵，加强农业生产的全程监管和指导

作为上海人民的"菜篮子""米袋子"，崇明岛一直将提供高品质的农产品作为农业发展的目标。近年来逐步推进"无化学农药"、"无化学肥料"的"两无化"农业生产方式，不断满足大众对有机农产品的需求。"两无化"农业的提出源于我国传统农业中的优良经验，初衷是对高度集约化学农业的一种反思，希望借此改变大量化肥农药使用对农田生态造成的恶性循环。但完全不用化肥带来的另一

个问题是有机肥的大量使用，每亩水稻田每季用有机肥 1t。我国现有禽畜养殖模式下生产的（商品）有机肥中砷、铜、铅、锌、汞的含量都远高于化肥，可能造成更严重的土壤重金属污染和水环境问题。建议管理部门开展"两无化"农业的生态环境效应研究，掌握负面清单并研究对策，从用肥、用药质量到田间管理形成一系列标准，诠释"两无化"农业的科学内涵。对农业投入品进行有效监管，加强中大型种植基地有机肥、生物肥、除草剂、杀虫剂质量抽检，建立绿色标志农产品生产中的肥料、药剂使用名录。其次，发挥基层农业技术人员的作用，对农户、企业进行科学用肥、用药指导。

5.3.5　增强风险意识，做好花博会期间的管理预案

第十届花博会将于 2021 年 3～7 月在崇明召开。花博会期间大量的外来植物、客土的带入，会从多方面影响崇明岛农田生态安全和土壤保护。首先外来植物会携带病原菌和昆虫，逃逸之后有可能在农田中找到适生环境，有暴发和为害的风险。其次，园区植物种植需要大量土壤，外来客土的输入可能导致带来致病性的土壤微生物或土壤动物的风险。这些都为农田病虫害防治带来压力，短期内可能会因为控制不力引起农药的滥用和土壤污染。最后，花博会期间外来物种的入侵风险也不容忽视，需要加强监测和清理，避免形成种子库造成除草压力和除草剂大量使用。对此需增强风险意识，建立外来物种信息数据库，严格监管，防患于未然，及时开展检疫、检验和监测工作，坚决杜绝含有风险因子的土壤进入。同时还要对外来土壤的环境质量进行监测，对花博会后期这些外来土壤的去向进行监管，避免外来土壤中的污染物通过各种途径进入农田。

土壤是崇明世界级生态岛建设的重要物质资源基础，也是维系生态系统健康、提升和优化系统结构和功能水平的关键环节。面对建设世界级生态岛的宏伟目标、发展现代绿色农业和生态产业的具体任务，以及崇明土壤的现状和诸多现实问题及隐患，在憧憬美好前景的同时，也深切感到任重而道远。土壤问题通常具有隐蔽性和长期性，在严重后果集中暴发之前，很难为常人所认识。正因如此，我们更需要充分认识和准确把握崇明土壤问题的实质。对于显化的问题要立行立改、务求实效；对于处于萌芽和增长状态的问题，要防微杜渐、遏其势头。只有以土壤安全和健康作保障，崇明世界级生态岛的美好明天才会早日到来。

（执笔人：邓泓、李德志）

参 考 文 献

[1] 施俭.崇明县耕地地力调查与评价.上海:上海科学技术出版社,2016.

[2] 孙超.崇明岛农田土壤重金属的分布与累积特征.华东师范大学硕士学位论文,2010.

[3] 张翰林,宋科,施俭,等.崇明岛深层土壤有机碳空间分布及碳储存特征分析.中国农业气象,2017,38(9):567-573.

[4] 陈清硕.崇明岛的土壤及合理利用.土壤通报,1986(4):145-148.

[5] 马莉.崇明土壤盐分时空分布特征.上海师范大学硕士学位论文,2017

[6] 祁莹莹,毕春娟,虞中杰,等.崇明岛芦笋大棚土壤中硝酸盐的动态变化.华东师范大学学报(自然科学版),2012(06):21-28.

[7] 靳治国,施婉君,高扬.不同土地利用方式下土壤重金属分布规律及其生物活性变化.水土保持学报,2009(03):76-79.

[8] 孙超,陈振楼,毕春娟,等.上海市崇明岛农田土壤重金属的环境质量评价.地理学报,2009,64(05):619-628.

[9] 袁文悦.上海城郊土壤及蔬菜重金属污染情况研究.上海交通大学硕士学位论文,2017.

[10] 徐志豪.崇明岛农田土壤重金属污染特征分析及生态风险评价.东华大学硕士学位论文,2019.

[11] 王军,陈振楼,王初,等.上海崇明岛蔬菜地土壤重金属含量与生态风险预警评估.环境科学,2007,28(3):647-653.

[12] 高扬.崇明岛冲积土重金属污染毒理效应及生物修复技术研究.上海交通大学博士学位论文,2010.

[13] 中国环境监测总站.中国土壤元素背景值.北京:中国环境科学出版社,1990.

第六章

崇明大气环境保护

近年来，崇明岛大气污染物排放总体上得到了有效地控制。2017 年崇明岛的大气污染源中 SO_2、NO_x、$PM_{2.5}$ 和 CO 排放量均比 2010 年明显下降，$PM_{2.5}$ 与臭氧（O_3）仍需重点关注。崇明空气质量的改善较大程度上依赖于区域大气污染物减排。对近些年崇明岛的典型污染个例和典型污染源影响的分析也进一步表明，长三角区域及上海市其他地区的陆源大气污染物传输是导致崇明 $PM_{2.5}$ 和 O_3 高污染浓度的重要因素。未来上海市和长三角区域大气污染物的进一步减排措施将是保障崇明空气质量持续改善的重要手段。

6.1　大气环境的变迁

关于崇明岛大气环境质量变迁的报道很少。崇明岛三面环江、东濒东海，南与宝山、嘉定、太仓、常熟，北与启东、海门隔江相邻，2016 年以来北面与海门陆地相连，加上近年来环江和东海繁忙航道船舶的污染排放，崇明岛大气环境质量易于受周边环境影响。

崇明岛的大气环境相关研究起步较晚，且进展缓慢。崇明县环保局龚鹏飞[1]于 1990 年报道了 1983～1988 年崇明岛 SO_2、NO_x 和 TSP 数据，SO_2 日平均值在 $3～17\mu g/m^3$，NO_x 在 $8～12\mu g/m^3$，TSP 在 $8～159\mu g/m^3$，当时崇明岛的大气较为清洁，但大气成分浓度已呈上升趋势，特别是 TSP 从 1984 年的 $8\mu g/m^3$ 上升到

1988 年的 144μg/m³，增加了 17 倍。当时，全岛共有锅炉 361 台，除尘装置安装率达 95% 以上。砖瓦厂、水泥厂、搪瓷厂，以及冶金行业的各种窑炉大多数还没有消烟除尘装置，装有除尘设备的仅占 8.5% 左右，而且燃烧方式落后，1988 年全岛耗煤量达 45 万 t[1]。在该报道之后，一直没有崇明岛大气质量状况的相关研究结果发表。2010 年，崇明东滩鸟类国家级自然保护区关于崇明东滩大气湿沉降酸性特征的研究[2]，通过东滩湿地为期一年的降水采集样品分析，发现东滩降水的平均 pH 为 4.85，且 17% 为强酸性，主要的酸性离子为 NO_3^- 和 SO_4^{2-}。马琳等[3] 为研究崇明东滩湿地降水化学特征，采集了 2009 年 5 月至 2010 年 4 月的降水，结果显示 pH 均值为 5.24，酸雨明显好转，酸雨频率为 50%，降水中主要的酸性离子是 SO_4^{2-} 和 NO_3^-，主要的碱性离子是 NH_4^+ 和 Ca^{2+}，后向轨迹分析表明海洋风向影响显著，来自陆地的人为污染物长程传输造成了东滩酸性降水。另外，Wang 等[4] 在研究华东森林大气 $PM_{2.5}$ 的研究中，将崇明东平国家森林公园作为其中的一个温带气候带代表站点，研究了 2006 年 6 月 13 日至 15 日森林区域大气颗粒物生物挥发性有机物的光氧化污染特性与气象参数及痕量气体的关系及其碳贡献，认为崇明岛光化学烟雾污染不容忽视。Li 等[5] 采样分析崇明岛东平森林公园大气 $PM_{2.5}$ 的质量浓度、有机碳（OC）、元素碳（EC）、水溶性有机碳（WSOC）和无机离子浓度，结果显示 $PM_{2.5}$ 的 24 小时平均浓度为 89.2μg/m³，SO_4^{2-}、NO_3^-、NH_4^+ 这三种主要二次离子分别为 23、11、10μg/m³（占 $PM_{2.5}$ 浓度的 50%），OC 浓度为 9.9μg/m³，EC 为 1.6μg/m³。

除了以上有关崇明岛酸雨和森林区域大气颗粒物的研究之外，肖秀珠等[6] 利用崇明东滩大气综合观测站的自动监测数据，分析了 2007 年 12 月至 2008 年 11 月的黑碳气溶胶浓度和变化特征。该站点位于东滩鸟类自然保护区核心区，是河口湿地环境的典型代表。结果显示，东滩的黑碳气溶胶小时质量浓度均值为 1.7μg/m³，远远低于浦东城区的浓度（3.8μg/m³），季节变化明显，冬季浓度较高，夏季浓度较低，日变化特征不明显，浓度受风向与风速的影响较大。另外，高伟等[7] 基于 2008～2011 年东滩大气成分综合观测站的颗粒物质量浓度（PM_1、$PM_{2.5}$、PM_{10}）及气态污染物（O_3、CO、SO_2、NH_3、NO_x）自动监测数据，分析对比了 2009 年 10 月上海长江隧桥通车前后东滩大气成分背景值的变化及其影响，发现隧桥通车后 NO_x 增加了 19%，NO_2 增加了 30%，CO 也有增加。东滩的数据结果显示，CO、颗粒物、SO_2 及 NO_x 浓度在周末明显升高，周末效应明显；还出现了早晚高峰的变化，说明长江隧桥通车对短时局地大气化学成分产生了影响。

王雪梅[8]通过对上海市区（复旦大学邯郸校区第四教学楼楼顶，31°18′N、121°30′E，距离地面高度 20m）和崇明岛东滩湿地（东滩鸟类自然保护区管理办公室的楼顶，31°30′N、121°57′E，距离地面高度约 6m）进行了长达两年的大气采样观测，比较了两地 $PM_{2.5}$ 和 PM_{10} 的浓度水平、理化性质和来源，并以长江隧桥开通和上海世博会为典型案例研究人为活动对环境空气质量的影响。结果发现，研究期间上海市区 $PM_{2.5}$ 和 PM_{10} 平均浓度分别为 27.8 和 48.6μg/m³，分别为世界城市均值的 2.5 和 1.4 倍；东滩湿地 $PM_{2.5}$ 和 PM_{10} 平均浓度分别为 15.8 和 22.1μg/m³，超出环境空气质量一级标准。上海长江隧桥开通后车流量骤增，导致东滩的 $PM_{2.5}$ 浓度明显升高。与颗粒物浓度相比，颗粒物化学组分的变化更为显著。长江隧桥开通后，东滩 $PM_{2.5}$ 中的 NH_4^+、NO_3^-、SO_4^{2-} 和 Cl^- 分别比上一年同期增加了 53%、22%、27% 和 25%，PM_{10} 中 NH_4^+、NO_3^- 和 SO_4^{2-} 分别比上一年同期增加了 25%、21% 和 13%；长江隧桥开通 3 个月后，PM_{10} 中 NO_3^-/SO_4^{2-} 比值为 0.95，大于上一年同期的 0.88；2010 年上海世博会期间大气颗粒物质量浓度均低于 2009 年同期，东滩 PM_{10} 和 $PM_{2.5}$ 中 K^+、NH_4^+、SO_4^{2-} 和 Cl^- 浓度显著降低，复旦站点 PM_{10} 和 $PM_{2.5}$ 中 K^+ 和 Ca^{2+} 浓度大幅降低，减排措施成效显著，但区域传输对排放控制条件下的大气颗粒物污染具有较大影响[8]。同时，王雪梅对上海区域灰霾和光化学烟雾事件大气颗粒物数浓度、化学组成及粒径分布进行了分析，发现 2009 年灰霾和光化学烟雾交替出现，灰霾天数占 43%，其中有 30% 是重度及中度灰霾，主要分布在冬春季节。灰霾期间的大气颗粒物数浓度为每 cm³17 000 个，是清洁天气的 2 倍。灰霾期间，颗粒物数浓度的最大增加出现在 0.5～1μm 和 1～10μm 粒径范围，分别是清洁天气的 17.78 和 8.78 倍。光化学烟雾事件中颗粒物数浓度的最大增加出现在 50～100nm 和 100～200nm 粒径范围，分别是清洁天气的 5.89 和 4.29 倍[8, 9]。以上结果，对认识近年来崇明岛不断发生的以高 O_3 浓度为标志的光化学烟雾污染具有重要价值。

6.2　大气环境与空气质量现状

崇明岛空气质量长期以来一直优于上海市平均水平。王雪梅[8]对崇明岛东滩湿地和上海市区（复旦大学邯郸校区）长达两年的 $PM_{2.5}$ 和 PM_{10} 比较表明，前者 $PM_{2.5}$ 和 PM_{10} 仅为后者的 56.8% 和 45.5%。Wei 等[10]利用碳同位素（$\delta^{13}C$ 和 $\Delta^{14}C$）技术于 2013 年冬季对上海崇明（CM）、徐汇（XH）、松江（SJ）、浦东

（PD）和奉贤（FX）这5个区的$PM_{2.5}$中碳质气溶胶进行了分析，OC浓度由高到低分别为15.75±3.85μg/m³（SJ）、13.45±8.37μg/m³（FX）、10.96±3.45μg/m³（CM）、10.04±3.85μg/m³（PD）和9.46±2.38μg/m³（XH），EC浓度由高到低分别为3.13±1.57μg/m³（SJ）、2.76±1.74μg/m³（FX）、2.00±0.29μg/m³（XH）、1.72±0.85μg/m³（PD）和1.44±0.34μg/m³（CM），崇明的EC浓度明显低于其他各区，约为松江的46%、徐汇的72%。各区碳质气溶胶的主要来源存在明显差异，崇明的OC和EC主要来自生物质燃烧，而徐汇和浦东则分别主要来自化石燃料和煤燃烧。有研究报道了2014年1月～2016年12月在崇明东滩鸟类保护区的气态元素汞、SO_2、NO_x、O_3、$PM_{2.5}$和CO的研究结果，发现气态元素汞从2014年平均值2.68±1.07ng/m³，下降到2016年的1.60±0.56ng/m³，降幅达40.3%；SO_2、NO_x和$PM_{2.5}$浓度也有大幅度降低[11]。

近年来，崇明岛大气污染物排放总体上得到了有效地控制。2018年上海市$PM_{2.5}$年均浓度为36μg/m³，O_3-1h年均浓度为122μg/m³，O_3-8h年均浓度为105μg/m³，而崇明岛五站点的$PM_{2.5}$年均浓度为36μg/m³，O_3-1h年均浓度122μg/m³，O_3-8h年均浓度107μg/m³。崇明岛的$PM_{2.5}$浓度与市区平均值基本持平，O_3略高于市区平均值。$PM_{2.5}$与O_3仍是重要的大气污染物种。

6.3　大气污染物浓度变化趋势

崇明岛$PM_{2.5}$和O_3是目前最受关注的大气污染物。该部分基于崇明岛城桥监测站点（经纬度）长期（2012.6～2019.10）在线连续监测数据的分析，以期客观厘清其大气环境的演化趋势，探讨大气污染的可能成因及应对策略。

1. 大气颗粒物$PM_{2.5}$和PM_{10}浓度

图6-1展示的是崇明岛$PM_{2.5}$和PM_{10}年均浓度的演化特征。就年际变化而言，除2015和2018年有些许回弹，PM_{10}的年均浓度呈现整体下降的态势，由2013年的71.7μg/m³下降2019年的56.1μg/m³。这与长三角区域大气污染物浓度的整体演变趋势较一致[12]。然而需要指出的是，2019年的数据仅包含前10个月，通常11月和12月的污染水平较高，因而有可能抬升2019年最终的污染水平。从图6-1也不难发现，近年来PM_{10}的年均浓度基本稳定在60μg/m³的水平。$PM_{2.5}$的年均浓度年际波动频繁，近年来大致在46μg/m³左右徘徊，但相对2013年

（62.1μg/m³）而言已经有了大幅改善。然而需要特别注意的是，《2018 上海市生态环境状况公报》显示，2018 年上海市 PM$_{2.5}$ 年均浓度仅为 36μg/m³，较 2017 年大幅下降 7.7%。但是同期崇明岛的实际监测结果则表明，该岛的 PM$_{2.5}$ 污染水平（45.8μg/m³）不仅横向对比高于上海全市平均水平，而且与前一年（45.9μg/m³）相比几乎没有改善。从 PM$_{2.5}$ 无机组分的关键前体物 SO$_2$ 和 NO$_x$ 的年均浓度变化来看（图 6-2），SO$_2$ 持续大幅下降，NO$_x$ 也在缓慢下降，但并未导致 PM$_{2.5}$ 浓度的明显下降。这可能说明崇明岛的颗粒物中其他成分如有机物的占比较高，是未来治理的重点和难点。

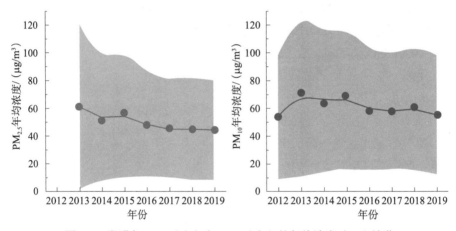

图 6-1　崇明岛 PM$_{2.5}$（左）和 PM$_{10}$（右）的年均浓度（1σ）演化

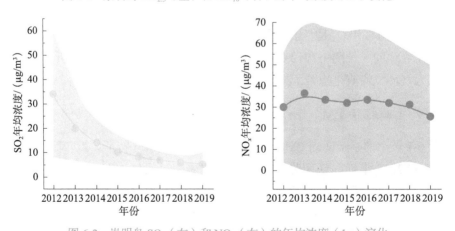

图 6-2　崇明岛 SO$_2$（左）和 NO$_x$（右）的年均浓度（1σ）演化

2. O₃污染物浓度

近地层 O₃ 主要来自光化学反应，即当混合着各种氮的氧化物、一氧化碳和挥发性有机化合物（VOCs，如二甲苯）的空气在受到日光照射时，便会产生 O₃。如图 6-3 所示，崇明岛的 O₃ 的小时演化（O₃-8h）呈现出波动增长的态势，同时也具有明显的季节波动。夏季浓度显著高于冬季，这也印证了夏季紫外线及日照时间更长，有利于 O₃ 的生成。图 6-3 更进一步佐证了崇明岛的 O₃ 年均浓度几乎呈单边上扬趋势。这与长三角多地的长期监测结果类似，表明崇明岛的 PM₂.₅ 和 O₃ 治理面临双重压力 [12, 13]。

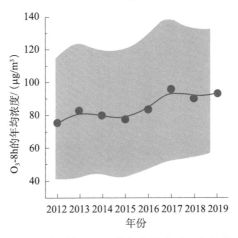

图 6-3　崇明岛 O₃-8h 的年均浓度（1σ）演化

图 6-4 展示的是崇明岛 O₃ 年均浓度和春夏季平均浓度的演化特征。就年际变化而言，O₃ 的年均浓度呈现整体上升的态势，2013 年 O₃ 的浓度最低，年均浓度为 55μg/m³，春夏季平均浓度为 71.5μg/m³。2017 年 O₃ 的浓度最高，年均浓度为 96.4μg/m³，春夏季平均浓度为 114.7μg/m³。然而需要指出的是，2019 年的数据仅包含 6～12 月，共 7 个月，冬、春季没有包含。2019 年的数据仅包含前 10 个月，通常 11 和 12 月份的 O₃ 污染水平较低，因而有可能降低 2019 年的年均污染水平，这也是春夏季浓度和年均浓度接近的原因之一。从图 6-4 也不难发现，自 2014 年以来 O₃ 的年均浓度超过 80μg/m³ 的水平，较 2012 年有较大的升高。同时，近年来春夏季的 O₃ 浓度超过 90μg/m³ 的水平，变化趋势和年均浓度一致，这说明崇明岛的 O₃ 污染在全年和高值季节均有加剧，因此 O₃ 防治是未来治理的重点和难点，O₃ 的成因与物理化学来源解析也亟待研究 [14]。

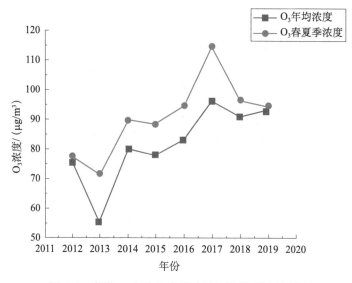

图 6-4　崇明 O_3 年均与春夏季平均浓度时间序列图

6.4　大气污染源特征及变化趋势

6.4.1　大气污染源的现状特征

1. 崇明大气污染点源和面源排放量

基于《崇明统计年鉴 2017》和相关污染源清单方法[15, 16]统计所得，崇明工业点源在 800 多个，包括火力发电行业、船舶改装与制造行业和金属、水泥、皮革制造行业等。面状污染源涵盖了道路扬尘、固废处理、农业源、污水厂、植被源、码头等非移动排放源。对污染点源和面源统一落至以 1km² 为网格单元的崇明行政区内（图 6-5）。对于不同污染物种，排放的贡献分布基本相似，排放量较大的点源集中在沿海沿江地区（横沙乡与长兴镇尤为明显）。NO_x 排放总量 400.9t，其中长兴镇 NO_x 排放量为 191.4t（主要由火力发电和船舶改装、制造行业排放），占到总排放量的 47.7%，但点源中 NO_x 排放量最大的是港沿镇的崇明生活垃圾焚烧厂，排放量为 78.3t，占到总排放量的 19.5%。SO_2 排放总量 14.5t，其中港沿镇的崇明生活垃圾焚烧厂排放量为 9.3t，占到排放总量的 64.1%，另外 2 个大于 0.7t 的点源分别是人造革和建筑材料制造工业，排放总

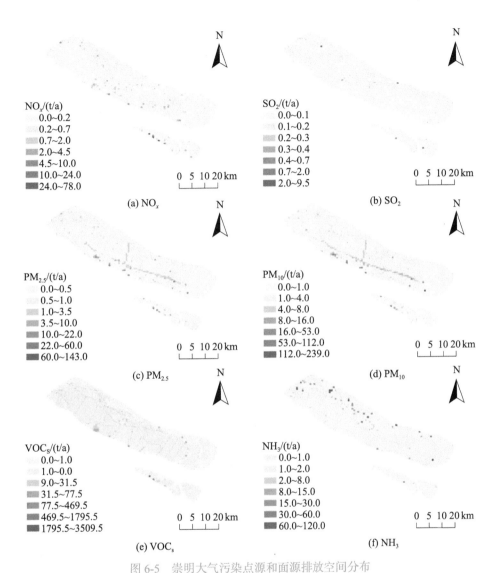

图 6-5　崇明大气污染点源和面源排放空间分布

注：该图以 1km² 网格绘制，每个有色点均代表 1km² 的排放量

量为 2.9t，占排放总量的 20.0%。对于 SO₂，3 个较大点源排放量占到排放总量的 84.1%。从空间分布来看，可以看出 PM₂.₅ 排放量较大的工业点源集中在沿海沿江地区（横沙乡与长兴镇尤为明显），PM₂.₅ 排放量 514.3t，其中长兴镇排放 242.0t，占总排放量的 47.1%。长兴镇排放中，金属结构制造行业是主要贡献行业，排放量为 189.4t，占长兴镇排放量的 78.3%，其次是水泥行业，排放量为 17.4t，占长兴镇排放量的 7.2%。VOCs 排放总量为 6264.5t，其中长兴镇排放量

为 5378.4t，占到总排放量的 85.9%。长兴镇排放中，金属船舶制造行业排放量为 5301.5t，占到长兴镇排放量的 98.6%，占到崇明总排放量的 84.6%。从上述分析可知，长兴镇是崇明重要的工业区，其各个污染物的排放均为崇明的总排放的重要部分。对于不同大气污染源来说，NO_x 主要由垃圾焚烧厂、火力发电和船舶改装、制造行业排放，SO_2 主要由垃圾焚烧厂排放，颗粒物主要由金属结构制造和水泥行业排放，VOCs 主要由金属船舶制造行业排放。

面源 VOCs 排放总量为 3786.5t，空间分布较为均匀。面源 VOCs 主要由植被、表面涂层与溶剂、农药产生，排放量分别为 1539.0t、850.0t 和 1326.4t，占到崇明 VOCs 总排放量的 40.7%、22.5% 和 35.0%。NH_3 排放总量为 2463.1t，面源 NH_3 空间分布较为均匀，其中新海镇和新村乡沿海地区有几个较大的源。此外，面源 NH_3 由农业源、固废处理、污水厂产生，排放量分别为 2291.8t、71.6t 和 99.7t，占到崇明 NH_3 总排放量的 93.0%、2.9% 和 4.1%。面源 $PM_{2.5}$ 和 PM_{10} 排放总量分别为 304.7t 和 1464.5t，排放高值集中分布在崇明 S128 公路且显现出较为清晰的线形，也是崇明一次颗粒物的主要来源，由道路扬尘产生的 $PM_{2.5}$ 和 PM_{10} 排放量分别为 161.0t 和 758.6t，分别占总排放量的 52.8% 和 51.8%。除道路扬尘之外，码头也是颗粒物的主要来源，并且颗粒物的排放更为集中，由码头产生的 $PM_{2.5}$ 和 PM_{10} 排放量分别为 143.7t 和 705.9t，分别占总排放量的 47.2% 和 48.2%。

2. 移动源

移动污染源包括道路交通尾气排放和陆地水域的船舶排放源，基于机动车排放模型和船舶污染源排放模型计算所得 [17, 18]。目前的船舶源仅指崇明内陆区域，不包括长江和沿海区域。

图 6-6（a）～（f）为移动源各类污染物的排放空间分布。可以看出移动源排放集中在公路和码头。移动源 NO_x 年排放量为 4216.8t，主要分布在 S128、G40 公路和码头上，其中船舶源排放 1783.8t，机动车排放 2433.0t，占比分别为 42.3% 和 57.7%；移动源 SO_2 年排放量为 345.1t，全部来自船舶，排放集中地分布在沿海沿江一带的码头；PM_{10} 年排放量为 187.8t，其空间分布较为均匀，但依然可以分辨出 S128 公路；$PM_{2.5}$ 年排放量为 163.6t，主要集中在 G20 和 S128 公路，船舶 $PM_{2.5}$ 排放量为 40.2t，占总排放量的 24.6%。从 PM_{10} 的总量和空间分布可以看出，移动源颗粒物主要由 $PM_{2.5}$ 构成，且机动车是移动源颗粒物的主要来源。上海市 CO 年排放量为 5925.8t，空间分布与其他污染物类似，主要集中在 S128 公路，但 CO 在码头处却很少，说明移动源 CO 基本上由机动车产生，贡献率为

97.4%。VOCs 年排放量为 473.5t，其中船舶排放 65.7t，机动车排放 407.8t，各占 13.9% 和 86.1%。

从上述分析可知，NO_x、颗粒物、CO 和 VOCs 均是机动车贡献较大，贡献率分别是 57.7%、75.4%、97.4% 和 86.1%。

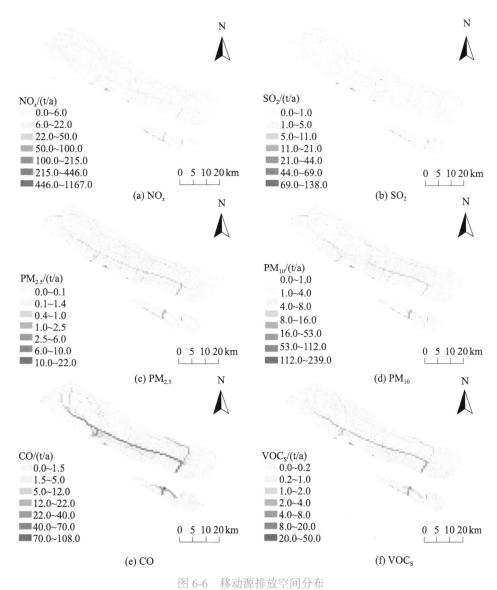

图 6-6　移动源排放空间分布

注：该图以 $1km^2$ 网格绘制，每个有色点均代表 $1km^2$ 的排放量

3. 各行业总和

图 6-7（a）～（f）和图 6-8 为工业点源、面源、移动源三类污染源的空间分布和总量汇总。NO_x 汇总的年排放量为 4617.7t，排放量高值多分布在 S128 和 G20 公路上，呈现典型的线源分布特征，移动源贡献率达到 91.3%。SO_2 汇总的年排放量为 359.6t，其贡献主要来自位于沿江的码头排放，其贡献率达到 96.0%。

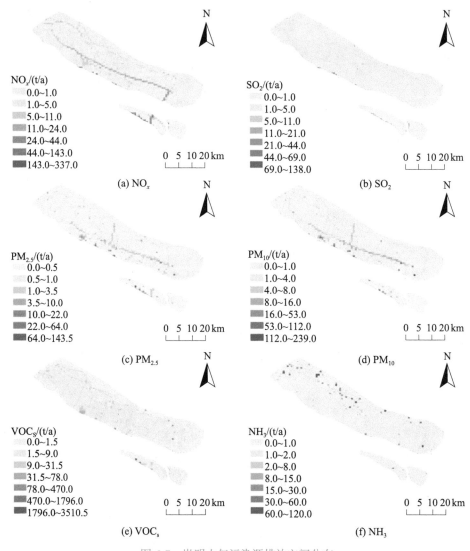

图 6-7　崇明大气污染源排放空间分布

注：该图以 1km² 网格绘制，每个有色点均代表 1km² 的排放量

PM$_{10}$ 汇总的年排放量为 2509.5t，其主要分布在主干道路和码头，面源中的道路扬尘和码头排放做出主要贡献，分别贡献 30.2% 和 28.1%；其次点源排放占比也较大，达到 34.2%。PM$_{2.5}$ 汇总的年排放量为 982.6t，其依然主要分布在主干道路和码头，其中点源是主要来源，占比达到 52.3%。而面源中的道路扬尘和码头排放占比较大，分别贡献 16.4% 和 14.6%。CO 汇总的年排放量为 5925.8t，和移动源完全一致，这是由于点源和面源均没有统计 CO 所致。VOCs 汇总的年排放量为 10 524.5t，其中点源和面源占主要地位，分别贡献 59.5% 和 36.0%，但从空间分布来看主要呈现面源分布特征。但其中长兴镇的工业点源（金属船舶制造）贡献了 5378.4t，占总排放量的 51.1%。

从上述分析可知，NO$_x$ 主要来源于移动源，贡献率为 91.3%；SO$_2$ 主要来源于移动源，贡献率为 96.0%；PM$_{10}$ 主要来源于面源，贡献率为 58.0%；PM$_{2.5}$ 主要来源于点源，贡献率为 52.3%；VOCs 主要来源于点源，贡献率为 59.5%。

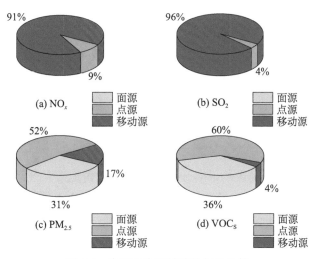

图 6-8　崇明污染源排放的行业贡献

6.4.2　崇明岛大气污染源的变化趋势

从目前收集的 2010 年、2014 年和 2017 年的大气污染源排放清单数据[19-23] 来对比崇明岛不同年份的大气污染物排放量的变化，如图 6-9 所示。2010 年、2014 年和 2017 年，NO$_x$ 排放总量分别为 13 790.6t、9696.3t 和 4617.7t；PM$_{10}$ 排放总量分别为 17 456.5t、2288.2t 和 2509.5t；PM$_{2.5}$ 排放总量分别为 8654.4t、

1302.7t 和 982.6t；CO 排放总量分别为 33 154.9t、18 083.7t 和 5925.8t；VOCs 排放总量分别为 11 550.2t、26 754.1t 和 10 524.5t，年份的差异可能与该物种统计方法的变化有关；SO_2 排放总量分别为 12 007.6t、2503.1t 和 359.6t。从时间轴上看，随着时间的推移大气污染源排放量有明显下降的趋势。与 2010 年相比，2017 年崇明岛的 SO_2、NO_x、$PM_{2.5}$ 和 CO 排放量分别下降了 97.0%、66.5%、88.7% 和 82.1%。

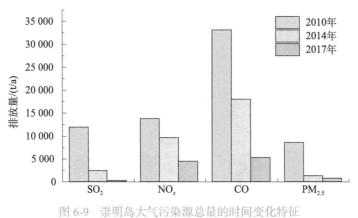

图 6-9 崇明岛大气污染源总量的时间变化特征

6.4.3 长三角区域大气污染物排放清单

崇明受区域污染物输送的影响较大，因此长三角地区大气污染源清单对于崇明岛的空气质量也至关重要。图 6-10 为长三角地区人为大气污染物排放空间分布特征，各类大气污染物排放分别落入已建立的 4km×4km 网格中[19-23]。据测算，图中所示的长三角区域的 SO_2、NO_x、CO、$PM_{2.5}$、VOCs 和 NH_3 排放总量分别为 132 万 t、317 万 t、2835 万 t、145 万 t、386 万 t 和 136 万 t。SO_2、NO_x、$PM_{2.5}$ 和 VOCs 等大气污染物排放主要分布在上海、苏州、无锡、嘉兴、杭州、绍兴和宁波等长三角东部地区，由于 NH_3 的排放主要来自农业部门，其分布特征有别于其他污染物，在长三角北部地区城市的排放强度相对较高。2017 年崇明岛本地的 SO_2、NO_x、CO、$PM_{2.5}$ 和 VOCs 排放量在长三角区域排放量中的占比仅为 0.03%、0.15%、0.02%、0.07% 和 0.27%。

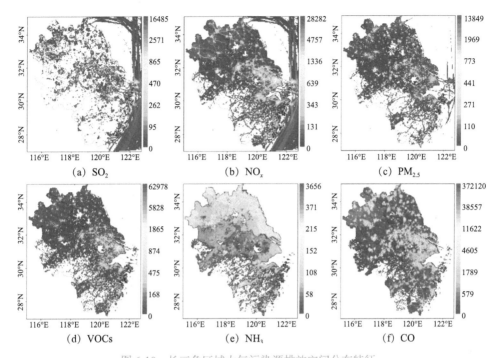

图 6-10　长三角区域大气污染源排放空间分布特征

6.5　典型大气污染个例和典型污染源影响分析

尽管崇明岛总体空气质量以优良为主，但是，受上海及周边地区的影响，如外界灰霾传输、生物质燃烧、沙尘和鞭炮燃放等，时常造成崇明重污染事件发生。现选取 2013～2017 年 $PM_{2.5}$ 和 O_3 的典型污染个例，分析 $PM_{2.5}$ 和 O_3 的污染过程与成因。

6.5.1　区域传输对崇明 $PM_{2.5}$ 污染的影响

2013 年 12 月 1 日～9 日，长三角地区均遭受了重度大气污染，尤其是 $PM_{2.5}$ 浓度已经远远超过国家规定的重度污染浓度限值。崇明岛的细颗粒物空气污染程度也达到了重度污染水平。

图 6-11 是崇明区 2013 年 12 月 1～9 日污染物小时浓度–时间序列图，可以

看到 $PM_{2.5}$ 是主要污染物，其最高值达到 $618\mu g/m^3$，已远远超过国家规定的重度污染限值。污染期间，$PM_{2.5}$ 平均浓度为 $184\mu g/m^3$，处于重度污染水平。12 月 1日和 4 日，$PM_{2.5}$ 浓度较高，但总体较为平稳，但是 12 月 5 日和 6 日，$PM_{2.5}$ 浓度居高不下，达到最高值 $618\mu g/m^3$，其后 12 月 7 日和 9 日，$PM_{2.5}$ 浓度有所下降，但在 9 日时有些许回弹。O_3 平均浓度为 $46\mu g/m^3$，为良好水平，但 O_3 有很强的时间相关性，在正午太阳辐射强时，其浓度一般较高，而 12 月 1~9 日每日 O_3峰值在 $100\mu g/m^3$ 左右，超过国家的一级标准，其间 O_3 最大值为 $160\mu g/m^3$，超过国家的一级标准。SO_2 平均浓度为 $43\mu g/m^3$，没有超过国家一级标准，但其间 SO_2最大值为 $160\mu g/m^3$，超过国家的一级标准。NO_x 平均浓度为 $88\mu g/m^3$，但其间NO_x 最大值为 $247\mu g/m^3$，尤其在 12 月 1 日和 6 日，虽然 NO_x 浓度波动较大，但高值稳定在 $200\mu g/m^3$ 左右。

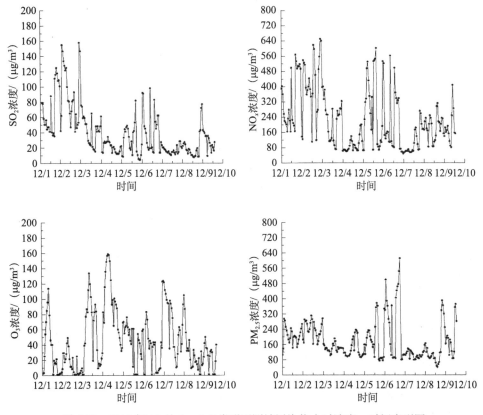

图 6-11　2013 年 12 月 1~9 日崇明观测站污染物小时浓度－时间序列图

长三角地区 12 月 1～8 日，地表天气系统稳定，气压水平梯度小，整个长三角大环境下污染物水平传输贡献较少。已有众多研究对此次极端污染事件的成因做了详尽阐释[24-27]：此次污染事件期间，主要是受近地面静稳天气控制，大气层低空的空气垂直运动受到限制，大气扩散条件非常差，不利气象条件造成污染物持续累积。在空气相对湿度增加的条件下，大气颗粒物吸水膨胀，导致空气污染持续累积。加之中国北方地区冬季供暖期猛增的能源消耗排放的大气污染传送，静稳天气条件下机动车尾气排放累积，对空气质量造成严重影响。此外，影响中国的冷空气势力偏弱，中东部地区风力较小，气象条件不利于华北中南部至长三角地区等地空气中污染物的扩散。此次大范围雾霾污染呈现出复合型污染的特点，即"二次污染"[①]占较大比例。

6.5.2　上海市烟花爆竹燃放对崇明 PM$_{2.5}$ 污染的影响

春节是我国最重要的传统节日之一，燃放烟花爆竹成为庆祝春节最重要的方式，然而鞭炮燃放能够造成短时间空气质量急剧恶化并对健康造成危害，春节期间鞭炮燃放也是崇明岛发生重污染事件的根源之一。从 2012 年开始，上海市政府采取了一系列措施控制鞭炮燃放，自 2016 年 1 月 1 日起，上海外环线内（城区）全面禁放烟花爆竹，外环以外并没采取有效控制措施。Yao 等[28]利用在线测量技术（时间分辨率为 1h）对 2013～2017 年春节期间上海鞭炮禁燃的控制效果做了较为详细的研究，对春节期间上海城区站点和郊区站点污染气体（SO$_2$、NO$_2$ 和 CO），PM$_{2.5}$ 及其化学组分浓度进行了分析。2016 年除夕夜上海郊区和城区 PM$_{2.5}$ 浓度时空分布如图 6-12 所示。18：00 时上海郊区和城区 PM$_{2.5}$ 浓度均较低，基本小于 50μg/m³，经过两小时（20：00），郊区开始出现污染，PM$_{2.5}$ 浓度大多超过 75μg/m³，尤其是崇明和松江 PM$_{2.5}$ 浓度较高（超过 250μg/m³），而此时大部分城区 PM$_{2.5}$ 浓度并没有明显上升，基本小于 55μg/m³。随着郊区 PM$_{2.5}$ 浓度的持续升高，受郊区污染传输的影响，城区开始出现空气污染，PM$_{2.5}$ 浓度超过 75μg/m³。02：00 时大部分郊区 PM$_{2.5}$ 浓度超过 150μg/m³，城区 PM$_{2.5}$ 超过 85μg/m³。显而易见，郊区 PM$_{2.5}$ 浓度高于城区，且污染物从郊区逐渐向城区扩散。

---

① "二次污染"是指汽车尾气、燃煤等产生的 SO$_2$、NO$_x$ 在空气中经过化学反应，进一步转化为硫酸盐、硝酸盐等颗粒更小的污染物，能对人体造成更大危害。

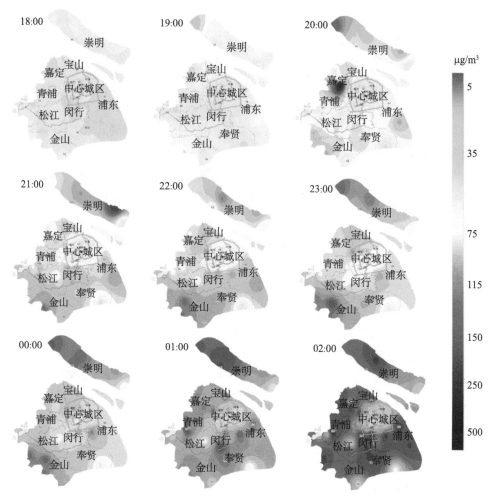

图 6-12　2016 年除夕夜上海 $PM_{2.5}$ 浓度时空分布

注：在文献［28］基础上修改作图

6.5.3　周边航运活动相关大气污染源对崇明 $PM_{2.5}$ 的影响

崇明位于东海至长江口转运的船舶交通关键枢纽点，且上海港已连续 9 年位居世界集装箱港口之首。为理解船舶源对崇明的贡献，Feng 等[23] 对上海地区 2015 年 6 月空气质量进行模拟，在全行业大气污染源的影响下，崇明地区 $PM_{2.5}$ 浓度场分布如图 6-13（a）所示。可以看到，$PM_{2.5}$ 浓度高值区在崇明岛西北部，以及长兴岛西北部，最高值可达 $18\mu g/m^3$。而船舶污染源（沿海船、内陆船、港区集卡和港作机械）对崇明地区 PM$_{2.5}$ 的绝对浓度贡献分布如图 6-13（b）所示。长兴岛沿长江段地区及崇明岛的中南部地区受到的船舶影响较明显，高值可达 1.5μg/m^3。船舶污染源对崇明地区 PM$_{2.5}$ 浓度贡献占全行业的比重如图 6-13（c）所示，对于崇明的中东部地区的贡献百分比在 5%～8%。船舶污染源对长兴岛南端靠近长江的地区的相对贡献相对而言更高一些，占全行业比重最高可达 11%。针对不同船舶污染源类型对崇明地区的影响，本研究选取典型站点——崇明城桥站点作为分析对象。图 6-13（d）所示的是三种类型的航运交通污染源对崇明城桥站点三种污染物（SO$_2$、NO$_x$、PM$_{2.5}$）浓度的贡献率（浓度贡献在全行业中所占比重）。可以看到，内陆水域船舶（包括长江和黄浦江等）对崇明地区三种污染物的浓度贡献率要远高于沿海船舶污染源和港口活动相关的污染源，对 SO$_2$、NO$_x$ 和 PM$_{2.5}$ 的贡献率分别达到 37%、48% 和 4%。这也体现了从东海至长江转运的船舶大气排放在航运活动的影响中占主导地位，也是未来的控制重点。

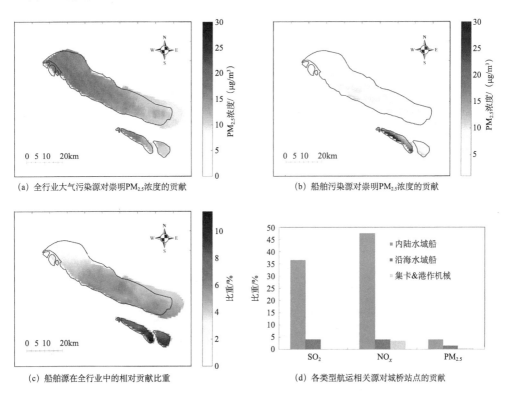

（a）全行业大气污染源对崇明PM$_{2.5}$浓度的贡献　　　（b）船舶污染源对崇明PM$_{2.5}$浓度的贡献

（c）船舶源在全行业中的相对贡献比重　　　（d）各类型航运相关源对城桥站点的贡献

图 6-13　2015 年 6 月各行业及船舶对崇明地区 PM$_{2.5}$ 贡献

注：在文献［23］基础上作统计图

6.5.4 上海市污染源对崇明 O_3 污染的影响

2017 年 9 月 18～19 日，上海地区遭受了重度大气污染，$PM_{2.5}$ 的浓度较高的同时，O_3 浓度也已经超过国家规定的二级标准。

图 6-14 是崇明区 2017 年 9 月 18～19 日污染物浓度－时间序列图，可以看到 O_3 是主要污染物，其最高值达到 297μg/m³，已远远超过国家规定的二级标准。污染期间，O_3 平均浓度为 135μg/m³，超过国家规定的一级标准。但 O_3 有很强的时间相关性，在正午太阳光照强时，其浓度一般较高，9 月 18 日期间，O_3 浓度较高，12：00 后浓度保持在 160μg/m³ 以上，最高值达到 297μg/m³；$PM_{2.5}$ 平均浓度为 83μg/m³，为良好水平，但其间 $PM_{2.5}$ 最大值为 122μg/m³，达到轻度污染水平；SO_2 平均浓度为 15μg/m³，没有超过国家一级标准，说明近年来 SO_2 已经得到了良好的控制；NO_x 平均浓度为 38μg/m³，其间 NO_x 最大值为 86μg/m³，浓度均较低。

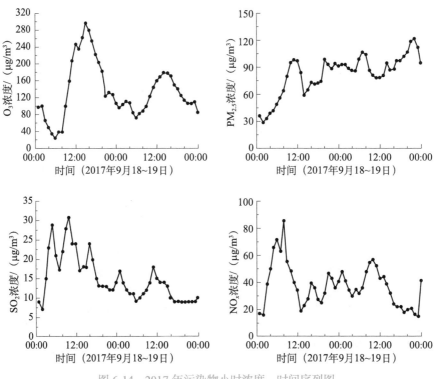

图 6-14 2017 年污染物小时浓度－时间序列图

长三角地区 2017 年 9 月 18～19 日，地表天气系统稳定，气压水平梯度小，整个长三角大环境下污染物水平传输贡献较少。期间长三角的总体气压东高西低，以东南风为主。由于此次污染过程天气形势十分稳定，是典型的静稳天气，因此这次污染主要是本地污染，水平传输占比十分有限。上海的污染物水平传输主要来自上海本地源的贡献，崇明的 O_3 污染物浓度与上海市城市尺度的污染传输密切相关。

6.6　大气污染控制现有对策成效

2010 年以来，在长三角和上海市空气清洁行动计划的指导下，崇明岛在大气污染控制方面采取了一系列的对策。例如，电厂脱硫与小机组关停政策较大地降低了 SO_2 的排放，机动车提前实施国四标准对于减少 NO_x 的排放起到了重要的作用，加油站油气回收和石化行业 VOCs 控制，扬尘控制措施使 $PM_{2.5}$ 和 PM_{10} 的排放量得到了有效的控制[29]。

由于崇明岛是区域大气污染传输的重要通道，其空气质量的改善一定程度上也反映了区域大气污染控制对策的成效[30]。总体而言，工业源产生的 SO_2 和 NO_x 有明显下降趋势，而交通源的贡献有上升趋势。2015 年，长三角区域（200nmi①范围内）船舶污染源产生的 SO_2、NO_x 占长三角区域总排放量的 8% 和 12% 左右[23]，而随着船舶交通活动量的增长[30]，2017 年这两个比例分别提高至 20%和 18%。

6.7　大气污染控制建议

崇明岛作为上海绿地面积最广、生物多样性最为丰富的区域，是上海最重要的生态屏障，对长三角、长江流域乃至全国的生态环境和生态安全具有重要的意义。作为生态岛，崇明岛在未来 3～5 年内空气质量应全面达到国家环境空气质量一级标准，并向世界卫生组织（WHO）的环境空气质量标准看齐。因此，厘清崇明空气污染现存问题，对于未来的大气污染防治具有直接的指导意义。

---

① 1nmi（海里）=1.852km。

6.7.1 空气质量现存问题

（1）PM$_{2.5}$浓度水平仍处于较高水平。崇明岛部分站点如城桥站 2018 年 PM$_{2.5}$污染水平（45.8μg/m³）横向对比高于上海全市平均水平，且与前一年（45.9μg/m³）相比几乎没有改善。PM$_{10}$ 的年均浓度呈现整体下降的态势，但仍远高于世界上其他旅游生态岛屿的颗粒物浓度水平[31]。

（2）O$_3$浓度水平持续上升。2012～2018 年，崇明岛的 O$_3$ 污染在全年和高值季节均有加剧趋势，因此 O$_3$ 防治是未来治理的重点和难点，O$_3$ 的成因与物理化学来源解析也亟待研究。

（3）区域陆地和水域污染源对崇明岛的影响显著。崇明位于长三角乃至中国大陆的下风向端，本地的各污染物种的排放量在长三角区域总量中的占比不足 0.5%，其空气质量的优劣取决于区域大气污染的状况，典型污染个例的分析也印证了污染排放量对比的分析结论。

（4）典型污染物种的排放量仍居高不下。SO$_2$ 持续大幅下降，NO$_x$ 也在缓慢下降的背景下，PM$_{2.5}$ 浓度并未明显下降，且 O$_3$ 污染物的浓度持续升高。这可能表明崇明岛及长三角区域的其他一次大气污染物成分（如 VOCs）的排放仍未得到有效控制，是未来治理的重点和难点。

6.7.2 未来大气污染控制建议

（1）继续落实和统一执行上海市清洁空气行动计划。崇明岛目前虽没有布局大型重污染企业，但一些中小工业点源的排放也值得重视，尤其是对 VOCs 的排放，应加大控制力度，持续提高本地机动车排放标准和油品升级标准。

（2）加强崇明本岛生活、农业相关污染源的管控。由于崇明的农业资源丰富，农业秸秆的生物质燃烧源的控制需要关注。同时，畜禽养殖带来的 NH$_3$ 排放也应加以管控。

（3）借助长三角一体化发展规划，加强区域大气污染联防联控。崇明岛之外的区域大气污染源的整体减排，对于崇明空气质量的改善至关重要。应借助长三角一体化发展的先机，从区域层面上执行各行业大气污染物的减排目标。区域过境交通的 NO$_x$ 排放，包括规划中未来道路交通和水域交通的大气污染源控制可能是未来的防控重点。

（4）推动国家层面船舶排放控制区政策的升级及落实。崇明岛位于长江口，是我国江海联运的关键节点，因而长江及东海区域船舶污染的影响值得高度关注，船舶及港口相关活动的大气污染物的持续减排对于崇明的空气质量改善具有重要意义。目前交通部已经分阶段颁布实施了船舶排放控制区政策（DECA1.0 和DECA2.0[①]），但距离国际海事组织（International Maritime Organization，IMO）的排放控制区的标准还有较大的距离。崇明是中国关键的船舶交通枢纽点和世界最大的集装箱港口城市，未来需要更清洁的油品或新能源政策和更高的排放标准来尽可能减少来自船舶排放的空气污染。

（执笔人：陈建民、张艳）

参 考 文 献

[1] 龚鹏飞.崇明岛大气环境质量趋势分析.大气环境，1990，6：13-14.

[2] 滕吉艳，史贵涛，薛文杰，等.崇明东滩大气湿沉降酸性特征.环境化学，2010，29（4）：649-653.

[3] 马琳，杜建飞，闫丽丽，等.崇明东滩湿地降水化学特征及来源解析.中国环境科学，2011，31（11）：1768-1775.

[4] Wang W，Wu M H，Li L，et al. Polar organic tracers in $PM_{2.5}$ aerosols from forests in eastern China. Atmospheric Chemistry and Physics，2008，8：7507-7518.

[5] Li L，Wang W，Feng J L，et al. Composition，source，mass closure of $PM_{2.5}$ aerosols for four forests in eastern China. Journal of Environmental Sciences，2010，22（3）：405-412.

[6] 肖秀珠，刘鹏飞，耿福海，等.上海市区和郊区黑碳气溶胶的观测对比.应用气象学报，2011，22（2）：158-168.

[7] 高伟，杨帆，潘伟文，等.崇明隧桥通车对区域大气化学本底值的调查研究.中国环境科学学会学术年会论文集，2012：339-346.

[8] 王雪梅.上海市区与崇明岛东滩湿地大气颗粒物污染特征研究.复旦大学博士学位论文，2014.

[9] Wang X M，Chen J M，Cheng T T，et al. Particle number concentration，size distribution and chemical composition during haze and photochemical smog episodes in Shanghai. Journal of Environmental Sciences，2014，26（9）：1894-1902.

[10] Wei N N，Xu Z Y，Wang G H，et al. Source apportionment of carbonaceous aerosols during haze days in Shanghai based on dual carbon isotopes. Journal of Radioanalytical and Nuclear Chemistry，2019，321：383-389

---

① 2015 年 12 月，交通运输部颁布了《珠三角、长三角、京津冀（环渤海）水域船舶排放控制区实施方案》（DECA 1.0）；2018 年 11 月，这一政策由点及面，由浅入深，进一步扩展升级为《船舶大气污染物排放控制区实施方案》（DECA 2.0）。

［11］ Tang Y，Wang S X，Wu Q R，et al. Recent decrease trend of atmospheric mercury concentrations in East China：the influence of anthropogenic emissions. Atmospheric Chemistry and Physics，2014，18：8279-8291.

［12］ 石颖颖，朱书慧，李莉，等 . 长三角地区大气污染演变趋势及空间分异特征 . 兰州大学学报（自然科学版），2019，54（2）：184-191，199.

［13］ 孟晓艳，宫正宇，叶春霞，等 . 2013—2016 年 74 城市臭氧浓度变化特征 . 中国环境监测，2017，（5）：101-108.

［14］ 周广强，耿福海，许建明，等 . 上海地区臭氧数值预报，中国环境科学，2015，6：1601-1609.

［15］ 崇明统计年鉴委员会 . 崇明统计年鉴 2017. 上海，2017.

［16］ Tan J N，Zhang Y，Ma W C，et al. Impact of spatial resolution on air quality simulation：A case study in a highly industrialized area in Shanghai，China. Atmospheric Pollution Research，2015（6）：322-333.

［17］ 向松桃 . 上海市道路交通污染物排放对城市空气污染的贡献 . 复旦大学硕士学位论文，2016.

［18］ Fan Q Z，Zhang Y，Ma W C，et al. Spatial and seasonal dynamics of ship emissions over the Yangtze River Delta and East China Sea and their potential environmental influence. Environmental Science & Technology，2015，50（3）：1322-1329.

［19］ Li L，Chen C H，Fu J S，et al. Air quality and emissions in the Yangtze River Delta，China. Atmospheric Chemistry and Physics，2011，4（4）：1621-1639.

［20］ Mao J B，Yu F Q，Zhang Y et al. High-resolution modeling of gaseous methylamines over a polluted region in China：Source-dependent emissions and implications of spatial variations. Atmospheric Chemistry and Physics，2018，18（11）：7933-7950.

［21］ 鲁君，黄奕玮，黄成 . 典型化工行业有害 VOCs 排放清单及长三角地区应用 . 环境科学，2019，40（11）：4856-4861

［22］ 黄成，安静宇，鲁君 . 长三角区域非道路移动机械排放清单及预测 . 环境科学，2018，39（9）：3965-3975.

［23］ Feng J，Zhang Y，Li S，et al. The influence of spatiality on shipping emissions，air quality and potential human exposure in the Yangtze River Delta/Shanghai，China. Atmospheric Chemistry and Physics，2019，19：6167-6183.

［24］ 张欣，许建明，王体健，等 . 上海市一次重霾污染过程的特征及成因分析 . 南京大学学报（自然科学版），2015，51（3）：463-472.

［25］ 李莉，蔡鋆琳，周敏 . 2013 年 12 月中国中东部地区严重灰霾期间上海市颗粒物的输送途径及潜在源区贡献分析 . 环境科学，2015，（7）：2327-2336.

［26］ Xu J M，Yan F X，Xie Y，et al. Impact of meteorological conditions on a nine-day particulate matter pollution event observed in December 2013, Shanghai, China. China Particuology, 2015,（3）：69-79.

[27] Wu J B, Xu J M, Pagowski M, et al. Modeling study of a severe aerosol pollution event in December 2013 over Shanghai China：An application of chemical data assimilation. China Particuology, 2015,（3）：41-51.

[28] Yao L, Wang D F, Fu Q Y, et al. The effects of firework regulation on air quality and public health during the Chinese Spring Festival from 2013 to 2017 in a Chinese megacity. Environment International, 2019, 126：96-106.

[29] 李莉，安静宇，卢清. 清洁空气行动计划实施对长三角地区 $PM_{2.5}$ 污染改善效果模拟评估. 环境科学研究, 2015（11）：1653-1661.

[30] Zhang X, Zhang Y, Liu Y, et al. Changes in SO_2 level and PM2.5 components in Shanghai driven by implementing the ship emission control policy. Environmental Science & Technology, 2019, 53：11580-11587.

[31] Argyropoulos G, Manoli E, Kouras A, et al. Concentrations and source apportionment of PM_{10} and associated major and trace elements in the Rhodes Island, Greece. Science of The Total Environment, 2012, 432：12-22.

第七章

崇明生物多样性保护

崇明岛的生物多样性与大陆的联系十分密切，岛上大多数物种均来自大陆引种或自然扩散。从物种多样性层面来看，全岛虽然种子植物总数不多（198 种），但动物资源十分丰富。独特的盐沼生境及丰富的底栖动物饵料资源，维持了崇明岛极其丰富的鸟类多样性，共有鸟类记录约 300 种，其中 7 种为国家一级重点保护动物，东滩湿地还是亚太地区重要的候鸟迁飞区。崇明的鱼类资源结构复杂，既包括淡水鱼类，也包括半咸水定居性鱼类及海洋洄游性鱼类，其中中华鲟（*Acipenser sinensis*）、刀鲚（*Coilia nasus*）、日本鳗鲡（*Anguilla japonica*）等为长江口重要的珍稀濒危鱼类或经济鱼类。崇明的两栖及爬行动物种数虽只有 22 种，但其中 17 种为上海市重点保护野生动物，尤其是中国特有种、国家一级保护动物扬子鳄（*Alligator sinensis*）在崇明设有野化实验基地。此外，在经济物种中，"崇明水仙"、中华绒螯蟹（*Eriocheir sinensis*）、"崇明白山羊"、"沙乌头猪"等是上海重要的种植或养殖资源，拥有优良而独特的遗传品质。从生态系统多样性层面来看，崇明岛海堤内有农田、城市、人工林、河流及湖泊等生态系统，海堤外有广袤的滩涂，为崇明岛的可持续发展提供了多样的土地资源。

由于受到高强度人为干扰和全球环境变化的影响，崇明岛的生物多样性保护面临着诸多挑战，主要问题包括：①围垦和不合理的居住点布局方式造成生境破坏严重；②过度捕捞造成部分渔业资源面临枯竭；③水体富营养化、大气及土壤的污染形势不容乐观；④外来有害生物入侵形势严峻，防控压力增大；⑤气候变化和海平面上升风险加剧危及岛屿生物多样性的维持。为了保护崇明岛的生物多样性和生态安全，建议通过建设生物多样性监测评估机制、生物多样性保护责任主体制和生物多样性保护政策激励机制等方式，进一步完善崇明岛生物多样性保护政策体系。同时，把崇明岛的生物多样性保护纳入上海市生态保护红线管理重点方向，将崇明东滩纳入黄（渤）海候鸟栖息地世界自然遗产（第二期）申请体系，提前部署崇明岛建设长江口国家公园的可行性研究，探讨建设更高级别的生物多样性保护地管理体系。上海市和崇明区应进一步加大崇明生物多样性的人、财、物各方面的支持与投入，加强生物多样性科学研究的广度和深度。此外，要加强更高水平的生物多样性科普能力建设，使崇明岛的生物多样性保护工作得到全社会的广泛关注和参与。

7.1 生物多样性演变历史

崇明岛位于长江入海口，是中国海岸线的中点，三面临江，东南濒海。岛屿的形成主要源自长江上游来水携带的泥沙在入海口处的缓慢沉积。唐朝初年，崇明岛还只是长江江面上两块刚涨出水面的沙洲，时称东沙和西沙，而后历经数次东涨西坍，沙洲滩涂逐渐合并，岛屿面积随之扩大。1949 年，崇明全岛面积为 608km^2，经过长期的滩涂淤涨和人工围垦，如今的崇明岛面积已扩大至超过 1200km^2。崇明岛的形成与演变过程伴随着土地覆盖类型在时空上的剧烈变化，而这种变化导致生物类群及其数量产生了不同的时空响应格局。因此，崇明岛的形成和发展历史，反映了人类活动影响下的岛屿生物多样性产生和演变历史。

崇明岛自唐代初现历经约一千年的时间在明末清初成岛，滩涂地的涨坍变化和大陆迁居民众的垦殖活动是伴随崇明岛发展的两个最为显著的过程。中华人民共和国成立以前，崇明岛主要呈现为小农种植模式下的农业社会。据史料记载，崇明岛的人口和耕地规模持续增加，从 1604 年的 23 722 户、665 617 亩增加至 1910 年的 107 020 户、1 542 146 亩；而崇明滩涂地呈现出南坍北涨的格局，其中南坍的速度约为每年 50m，北涨速度约为每年 500m。人类和自然因素导致的农耕地和滩涂地的变化直接驱动着崇明岛的生物多样性演变。在成岛后至中华人民共和国成立期间，崇明岛内的植被以农业物种、土著物种为主，同时也伴有岛外自然传入的野生植物物种；崇明四周滩涂区域的植被物种以自然发育的盐沼植被为主，生物多样性维持着近大陆型河口冲积岛屿的原生演替模式。

中华人民共和国成立后至 20 世纪 80 年代，在以粮为纲的政策指导与"三年自然灾害"造成的粮食短缺压力下，党中央号召要"大办农业、大办粮食"。在此背景下，崇明岛在 1959 年冬到 1960 年春及 1960 年秋到 1961 年春针对海滩荒地分别开展了两次大规模围垦活动用于建立上海的副食品生产基地，上海市共 3 万多人响应号召，奔赴崇明共围垦土地 11 万多亩。在崇明耕地面积快速增加的同时，尽管植被类型未受较大影响，但大量的滩涂湿地和盐沼植被分布区被围垦侵占而大幅减少，有赖于滩涂等湿地所提供的优质栖息地和食物的迁徙候鸟也因此受到了较大的影响。

自 20 世纪 80 年代后期到 20 世纪末，受改革开放和国家相关经济发展政策的刺激，崇明城镇化速率加快，大量的耕地转化为城镇用地，支撑生物多样性的关键地区被建设用地侵占。此外，在气候变化、人类活动和外来物种入侵的共同作用下，崇明生物多样性维持与保护受到了极大的冲击。外来植物互花米草（*Spartina alterniflora*）在崇明岛滨海湿地快速侵占滩涂、替代本土盐沼植被物种，改变原有的盐沼植物群落组成，极大地破坏了滨海湿地生物多样性。同时在互花米草入侵区，底栖动物、昆虫等鸟类食物资源数量严重下降；鸟类栖息地的质量的显著下降，一度使得崇明岛迁徙鸟类的种类和数量明显减少。崇明生物多样性遭受了历史上又一次破坏性影响。

近年来，国家和上海市政府对生态、环境的重视程度达到了前所未有的高度，实施了"长江大保护"、自然保护区建设、世界级生态岛建设等一系列政策措施。崇明已建立两个自然保护区，已完成约 24km^2 互花米草治理与鸟类栖息地优化工程，全岛相关重要生态功能区划入"生态保护红线"范围进行监管，这些措施显著地促进了崇明生态环境的优化与生物多样性的恢复。此外，通过加强宣传和执法力度，提高了公众的生态保护意识，促进了崇明岛生物多样性的恢复，改善了岛屿生态系统的健康状况，为崇明开展世界级生态岛的建设打下了坚实基础。

7.2 生物多样性现状

7.2.1 植物资源多样性与特有性

从中国植物区系分区看，包括崇明岛在内的上海及邻近地区属于泛北极植物区的中国 – 日本森林植物亚区的华东地区。就气候带而言，该区域处于中亚热带向北亚热带过渡区域，常年受太平洋季风气候影响。前期对崇明岛区系植物的调查数据表明[1]，岛上共有种子植物 55 科、157 属、198 种；区系组成复杂，地理成分多样，涵盖了中国种子植物属的全部 15 个分布区类型，具有明显的热带-温带过渡性质，落叶树种占木本植物种类的 90.5%，东亚特色显著，但缺少古老孑遗种和特有物种。近年来针对崇明植物群落的系统调查显示[2]，仅调查样方内采集到的植物就有 80 科、165 属、198 种，说明崇明岛实际现存的高等植物物种数量可能超过 200 种；其科、属、种分别占中国种子植物总数的 26.6%、5.5% 和 0.81%，占世界种子植物总数的 12.3%、1.26% 和 0.07%。不同时期调查的属种比都低于 1∶1.2，这一偏低比值表明岛上多数属只有 1～2 种。而在科的水平上，单种科和少种科也占据绝对多数。只有禾本科（Poaceae）、蔷薇科（Rosaceae）、菊科（Asteraceae）、豆科（Fabaceae）、木犀科（Oleaceae）和木兰科（Magnoliaceae）这 6 科含有 5 种以上，所含物种约占崇明岛全部种子植物的 1/3，都是世界广布种；有 28 个科含 2～5 种，主要是大戟科（Euphorbiaceae）、百合科（Liliaceae）、锦葵科（Malvaceae）、茜草科（Rubiaceae）、杉科（Taxodiaceae）、十字花科（Brassicaceae）、苋科（Amaranthaceae）、松科（Pinaceae）等；其余 46 科为单种科。

　　就植物区系地理成分而言，崇明岛植物中属于世界分布、北温带分布、泛热带分布、旧大陆温带分布、东亚分布等成分的植物，均有 10 属以上。世界分布属中早熟禾属（Poa）、马唐属（Digitaria）等遍布全岛，蓼属（Polygonum）、毛茛属（Ranunculus）、藜属（Chenopodium）、拉拉藤属（Galium）等是木本群落下层的主要组成成分，而碱蓬属（Suaeda）、珍珠菜属（Lysimachia）、藨草属（Scirpus）主要分布于盐度较高的东滩湿地；北温带分布属是崇明岛重要区系组成成分，大型木本层以杨属（Populus）、柳属（Salix）、榆属（Ulmus）、桑属（Morus）等为主，灌木层以蔷薇属（Rosa）、枸杞属（Lycium）较为常见，草本层中，苦苣菜属（Sonchus）、蒲公英属（Taraxacum）、蓟属（Cirsium）等遍布全岛，蒿属（Artemisia）、葱属（Allium）、稗属（Echinochloa）、看麦娘属（Alopecurus）等多见于开阔荒地，景天属（Sedum）多见于草丛，而画眉草属（Eragrostis）相对少见；泛热带分布属中卫矛属（Euonymus）、朴属（Celtis）、乌桕属（Sapium）、木槿属（Hibiscus）等木本植物在村庄附近零星分布，千金子属（Leptochloa）、求米草属（Oplismenus）、狗尾草属（Setaria）、白茅属（Imperata）、大戟属（Euphorbia）和铁苋菜属（Acalypha）等草本植物常见于群落下层、荒地和路旁；旧大陆温带分布属中榉属（Zelkova）以栽培为主，窃衣属（Torilis）、苜蓿属（Medicago）、天名精属（Carpesium）、益母草属（*Leonurus*）多在群落下层，常见于林缘，鹅观草属（*Roegneria*）多见于荒地，蛇床属（*Cnidium*）见于河边；东亚分布属中木本属比较丰富，如柳杉属（*Cryptomeria*）、枫杨属（*Pterocarya*）、梧桐属（*Firmiana*）、泡桐属（*Paulownia*）、栾树属（*Koelreuteria*）等，刚竹属（*Phyllostachys*）在岛上有零星分布，五加属（*Eleutherococcus*）多分布在林下灌丛，黄鹌菜属（*Youngia*）、紫苏属（*Perilla*）、萝藦属（*Metaplexis*）、泥胡菜属（*Hemistepta*）等多分布于草地、荒地或林间空地。崇明岛缺少中国特有分布类型，但水杉属（*Metasequoia*）、杉木属（*Cunninghamia*）、枳属（*Poncirus*）均有栽培。

从地质演变历史角度来看，崇明岛仍是较为年轻的岛屿，岛屿原生植物种类较为匮乏，许多植物都是从大陆传入的栽培种或外来种。崇明岛栽培植物和外来植物共发现 235 种[1]，其中蔷薇科、菊科、禾本科、豆科、木犀科等科的种类较丰富，外来植物以加拿大一枝黄花（*Solidago canadensis*）、臭荠（*Lepidium didymum*）、刺果毛茛（*Ranunculus muricatus*）、一年蓬（*Erigeron annuus*）、互花米草等对当地植被资源和生态系统的影响最大。由于人为干扰强烈，近年来，崇明岛新记录的野生及外来种子植物有不断增加的趋势。

作为崇明岛植被的关键类型之一，本岛的湿地植被有着明显的区域特征。崇明岛拥有我国重要的盐沼植物资源，特别是分布有长江口特有的地理标志种植物海三棱藨草（*Scirpus mariqueter*），海三棱藨草群落是原生裸地上的植物群落，呈带状广泛分布在东滩及北部的潮间带；该物种耐盐、耐淹，可通过球茎进行无性繁殖并快速扩散，能促淤消浪、改善土壤。此外，在其他盐沼植物中，藨草（*Scirpus triqueter*）群落分布在崇明岛西部和南部的河岸潮间带，地表多淤泥，常与水蜈蚣（*Kyllinga brevifolia*）、空心莲子草、碱菀（*Tripolium vulgare*）、野灯心草（*Juncus setchuensis*）、马兰（*Aster indicus*）、水莎草（*Cyperus serotinus*）等物种伴生分布。此外，芦苇（*Phragmites australis*）、白茅（*Imperata cylindrica*）、碱蓬（*Suaeda glauca*）、糙叶苔草（*Carex scabrifolia*）等单物种群落也是崇明岛湿地植被的重要类型。

7.2.2　动物资源多样性与特有性

崇明岛具有丰富的动物多样性资源，鸟类、鱼类、两栖及爬行动物、底栖生物等都具有鲜明的特点。

鸟类多样性丰富是崇明岛动物资源多样性中最引人瞩目的特征。崇明岛有记录的鸟类约 300 种，栖息于长江河口湿地、河湖池塘、林地、农田等不同类型的生境中。此外，全岛共记录有 7 种国家一级重点保护动物，包括东方白鹳（*Ciconia boyciana*）、白鹤（*Grus leucogeranus*）、黑鹳（*Ciconia nigra*）、中华秋沙鸭（*Mergus squamatus*）、白头鹤（*Grus monacha*）、遗鸥（*Larus relictus*）及白尾海雕（*Haliaeetus albicilla*）。除国家一级保护动物以外，崇明岛鸟类种类组成中还包括了黄嘴白鹭（*Egretta eulophotes*）、黑脸琵鹭（*Platalea minor*）、小天鹅（*Cygnus columbianus*）等 35 种国家二级保护动物。实际上，随着研究和观测工作的持续进行，被记录下的崇明岛鸟类种数还在不断增加之中。崇明岛之所以具有如此丰富的鸟类多样性资源，一方面是因为岛屿生境为鸟类提供了丰富的栖息地和食物资源。例如，东方大苇莺（*Acrocephalus orientalis*）、震旦鸦雀（*Paradoxornis heudei*）等雀形目鸟类可在芦苇滩涂中栖息，白头鹤和小天鹅等越冬鹤类和雁鸭类可在海三棱藨草带觅食，而大量鸻鹬类迁徙鸟则可以选择泥滩觅食底栖动物。除了丰富的栖息地类型满足了不同鸟类的生存需求，更重要的原因来自崇明岛区域在国际候鸟迁徙路线上所占据的重要位置——从南北纵向看，崇明岛位于我国东部沿海地区的中间位置，该区域位于亚太地区的候鸟迁飞区，是每年春、秋季节大量候鸟迁徙时的必经之地；从东西横向来看，长江流域是东亚地区雁鸭类等水禽的越冬地，而崇明岛恰好位于长江口，每年冬季有大量的越冬水鸟在此栖息。以上海崇明东滩鸟类国家级自然保护区为例，由于具备特有的地理位置，拥有长江口规模最大、发育最完善的河口型滩涂湿地，加之区内潮沟密布的地形，其成为亚太地区迁徙水鸟的重要通道和中转站，每年有近 100 万只次迁徙水鸟在这一区域越冬、繁殖，或在春秋两季的迁徙季节中在此停留，补充能量。

　　崇明岛鱼类多样性也十分丰富，群落结构复杂，尤以鲈形目、鲤形目居多。在崇明岛鱼类的整体组成中，既包括鲤、鲫等淡水鱼类，也包括鲛等生活在半咸水中的河口定居鱼类，还包括中国花鲈等近海鱼类。除此以外，崇明岛还为中华鲟、刀鲚、日本鳗鲡等洄游性鱼类提供了适宜的生存空间。洄游性鱼类的生活史中要经历淡水和海水两种完全不同的生境，而崇明岛水域是洄游性鱼类到达产卵场进行繁殖的重要通道。不仅如此，崇明出产的许多鱼类具有极高的经济价值，如刀鲚，其味十分鲜美，市场价格昂贵，是我国珍贵的经济鱼种；凤鲚（*Coilia mystus*）是长三角地区特有的风味特产，以它为原料的凤尾鱼罐头畅销国内外。

　　崇明岛拥有两栖类 1 目 4 科 8 种，爬行类 2 目 6 科 14 种，分布区域包括了河滩、池塘、灌丛、乱石堆等各种自然生境，也包括了菜园、苗圃、居民点房前屋后等人类活动区域，其中又以泽陆蛙（*Fejervarya limnocharis*）和中华蟾蜍（*Bufo gargarizans*）数量最多、分布最广。在两栖动物中，金线侧褶蛙（*Pelophylax plancyi*）、无斑雨蛙（*Hyla immaculata*）、饰纹姬蛙（*Microhyla fissipes*）等 7 种动物被列为上海市重点保护野生动物。在爬行动物中，蓝尾石龙子（*Plestiodon elegans*）、黑眉曙蛇（*Orthriophis taeniurus*）、乌梢蛇（*Zaocys dhumnades*）等 10 种被列为上海市重点保护野生动物。另外，崇明还设置了中国特有种、国家一级保护动物扬子鳄的野化实验基地。

崇明岛的野生哺乳动物组成则相对简单，仅查明 4 目 5 科 6 种，均为分布广泛、适应性较强的广布种，地区特异性不高。物种包括东北刺猬（*Erinaceus amurensis*）、华南兔（*Lepus sinensis*）、赤腹松鼠（*Callosciurus erythraeus*）、黄鼬（*Mustela sibirica*）、狗獾（*Meles leucurus*）、江豚（*Neophocaena asiaeorientalis*）等。其中，东北刺猬、狗獾为上海市重点保护野生动物。另外，值得一提的是，上海市启动了獐（*Hydropotes inermis*）的重引入工作，崇明明珠湖公园已成功进行了獐的重引入的探索工作，使得这种历史上曾经在上海有过分布的标志性物种得以重建其野外种群。

崇明岛外围富含营养物质的滩涂底泥还孕育了大量的底栖动物资源，其中软体动物中的彩虹明樱蛤（*Tellina iridescens*，俗称海瓜子）、泥螺（*Bullacta exarata*）、缢蛏（*Sinonovacula constricta*）是三大美味海产品，有很高的经济价值；甲壳动物中方蟹科（Grapsidae）蟹类的数量巨大，为鸟类提供了丰富的食物。

7.2.3 人工种植或养殖资源多样性及其保护价值

崇明岛是上海许多重要的经济动植物人工种植或养殖基地，是上海国际性大都市重要的生态粮仓。在种植资源方面，崇明岛是崇明水仙、崇明金瓜等多种地方特色农产品遗传资源的保藏中心。此外，许多从岛外引进的经济植物，如谷类、豆类、瓜类、叶菜类等特色作物（包括水稻、玉米、大豆、花生、卷心菜、花菜、大白菜、西瓜、冬瓜、西兰花、大葱等）和桃、梨、橘等特色水果，也已成为崇明岛重要的种植资源，这些资源为上海的"菜篮子""米袋子"工程提供了重要保障。

在养殖资源方面，崇明岛水域是我国重要的经济水产养殖甲壳类动物中华绒螯蟹自然繁殖的产卵、育幼场所和洄游通道，也是其育种和养殖基地之一。在鱼类遗传育种资源方面，崇明的贡献也很大。位于崇明最东端的上海崇明东滩鸟类国家级自然保护区，就拥有长江口鱼类物种资源的 80% 之多，其中鲤科（Cyprinidae）、银鱼科（Salangidae）、鳀科（Engraulidae）、鰕虎鱼科（Gobiidae）、鲀科（Tetraodontidae）、鲱科（Clupeidae）、舌鳎科（Cynoglossidae）等科的鱼类为许多经济养殖品种的遗传育种提供了重要资源。

崇明在长期的种植业和养殖业实践中，逐渐形成和培育了具有地域标识的地方品牌，如"崇明大米""崇明清水蟹""崇明金沙橘""崇明白山羊""崇明特色蔬菜"等，这些特色资源的保护和发展，对于长三角地区区域特色农业的可持续发展十分重要。"长江三角洲白山羊"（崇明白山羊）、"新杨褐壳蛋鸡配套系"和"沙乌头猪"一同被列入上海市畜禽遗传资源名录，其中前两个还被列为国家级畜禽遗传资源。丰富的遗传资源是崇明岛独特生物多样性的重要组成部分，保护崇明岛野生物种和重要种质遗传资源，是建设世界级生态岛的必然选择。

7.2.4 生态系统多样性及其功能

崇明岛海堤内主要有城市、农田、人工林、淡水湿地等生态系统类型（表 7-1）。

表 7-1 崇明岛海堤内基于土地利用类型的生态系统分类 [3]

生态系统类型	土地利用类型	2015 年面积 /km²	占总面积的比值 /%
城市生态系统	建筑用地	300	23.8
农田生态系统	耕地	507	40.2
人工林生态系统	林地	308	24.5
淡水湿地生态系统	河流、湖泊	105	8.3
其他	荒地	40	3.2

多样的生态系统类型为崇明提供了高价值的生态系统服务。生态系统服务是指生态系统或者生态过程直接或者间接为人类提供的惠益或产品。生态系统服务划分为供给、调节、支持、文化四大类，又可细分为 17 项，主要包括物质生产、气候调节、养分循环、娱乐功能及文化价值等。人工生态系统主要为人类生存提供重要的供给服务，如场所（居住、教育及工作等），食物生产（水稻、蔬菜及水果等），以及原材料生产（木材、棉花及油菜籽等）。据统计 [4]，2017 年崇明全岛农业生产总量约为 98 万 t，其中粮食作物的生产总量约 19 万 t，蔬菜生产总

量 87 万 t, 水果生产总量约 13 万 t。这些服务为满足崇明当地乃至整个上海市的农产品需求, 提供了至关重要的食品安全保障。

崇明岛是全球最大的河口冲积岛之一, 海堤外至 5m 等深线之间的滩涂总面积为 1350km², 形成了长三角沿海经济发达地区重要的生态屏障。滩涂湿地生态系统服务, 主要包括调节功能的消浪、水质净化和碳汇, 以及供给功能的促淤造陆和食物生产等。盐沼湿地植物的植株密度高、茎叶表面粗糙, 可增大水流摩擦阻力, 从而能够有效缓解海浪对海岸的侵蚀作用, 以及风暴潮与海啸等自然灾害对海岸城市造成的影响。在水流速度减缓后, 植物茎叶对海水中的悬浮颗粒具有吸附作用, 能够促进泥沙沉降, 为陆地面积的增加提供重要的后备资源。近 6000 年来, 长江口滩涂为上海市提供的土地面积高达 65%。此外, 滩涂作为海岸带的天然过滤系统, 可以通过植物对水体中的污染物(如氮、磷等营养元素)进行吸收, 从而有效降低其在水体中的浓度。以崇明东滩为例, 3 种主要盐沼植物群落——互花米草、芦苇及海三棱藨草生物量的总氮储量分别为 890t、670t 以及 190t[5]。当营养元素从无机态转变为有机态时, 可延长其在生态系统中的滞留时间, 减缓周转速率, 从而达到水质净化的目的。盐沼湿地还具有很强的碳汇功能, 在应对全球气候变暖时发挥着极其重要的作用。据估算, 在崇明东滩, 盐沼植被的固碳能力(净初级生产力)是全球平均值的近 1.5 倍。另外, 海三棱藨草盐沼和芦苇盐沼的碳埋藏速率分别为全球平均值的 3 倍和 8 倍[6]。

7.3 生物多样性保护面临的主要问题

7.3.1 生境破坏

围垦造成河口湿地的生境破坏是历史上影响崇明岛生物多样性最重要的原因之一。长江口的发育及长江口径流下泄携带而来的大量泥沙, 受到江海作用在崇明岛周围尤其是北岸和东部地区不断淤涨, 形成了大量的土地后备资源。由于崇明岛是上海市甚至全国土地后备资源潜力较大的地区之一, 上海市很早就开始了对崇明湿地的围垦, 并在中华人民共和国成立后一直保留着这个传统。特别是随着上海市经济的不断发展, 对土地资源的需求量越来越大, 围垦的力度也随之逐渐加大, 崇明滩涂自然就成了一个滩涂围垦造地的最佳场所。通过对滩地的围垦, 增加了上海的建设用地, 还可用于开辟农田, 发展养殖业和旅游业。这些宝贵的土地资源对崇明岛开发和上海经济发展曾经起到巨大作用，但也增加了人类对崇明岛自然发育的干扰，增加了岛屿自然生境被破坏的速度。中华人民共和国成立以后，崇明岛经历了多次大规模的围垦，围垦一方面增加了土地面积，但另一方面也使得滩涂面积不断缩小，盐沼生物多样性受损严重。以崇明东滩地区为例，这一区域盐沼湿地的面积从 1990 年的 13 432.14hm²① 缩小到 1997 年的 7915.23hm² 和 2000 年的 3855.87hm²。围垦后加速了海三棱藨草外带的泥沙淤积，导致该植物的地下球茎被深埋，直接干扰和破坏了鸟类的栖息地和觅食地，造成湿地鸟类中雁鸭类数量的下降，许多重要的保护鸟类（如小天鹅）等难见踪迹。虽然 2012 年以来，崇明东滩启动大规模生态修复工程实施海三棱藨草等土著植物的植被恢复，但受制于生境特征改变、工程投入、恢复周期等限制，崇明东滩的海三棱藨草种群仍无法达到当年的原生状态。此外，捕捞鳗苗、捕捞底栖动物、放牧牛群及收割芦苇等行为，给鸟类生存和湿地生境造成了巨大的压力。

　　人居环境中不科学的土地利用方式对生境的破坏是崇明岛生物多样性保护面临的另一难题。遥感影像分析表明，仅崇明东滩地区，人居环境中土地利用类型变化最大的是果园与苗圃，这类土地的面积从 1990 年的 80.01hm² 增加到 1997 年的 953.64hm²（7 年间几乎增加了 11 倍），以及 2000 年的 3863.16hm²（3 年间增加超过 3 倍）。这一土地利用类型面积的变化对崇明岛自然生境的保护和生物多样性的维持造成了严重破坏。崇明岛人居环境中土地利用方式变化造成生境破坏的另外一个最明显的特征，是农村居民点的"满天星"式的布局。一般来说，我国农村居民点的分布，主要可分为集团式、卫星式和自由式三种，前两种以北方村镇较为常见，最后一种以南方居多；但是，像崇明这样居民点沿公路、河道、堤埂的带状或不规则"满天星"式分布且分散程度如此之大的情况尚不多见。这可能是由于历史上崇明岛是由众多沙洲合并而成，后又因多次涨坍，江岸变迁频繁，如今自由式"满天星"的乡村居民布局，正是当地居民随环境变迁而不断迁移居住地的历史反映。这类乡村居民布局的分散程度太高，不仅对于组织大规模生产、提高生产水平极为不利，而且也不利于生物多样性保护。由于居民点过分分散，人为导致生境片段化水平较高，而且近年来由于改善农村居民生活条件而布设的基础设施，客观上也对自然生境产生了一定的破坏，不可避免地造成了生境干扰和受损强度的加大，对于全岛的生物多样性保护起到了一定的制约作用。

---

①　1hm²=10 000m²。

7.3.2　资源过度利用

渔业资源过度捕捞是影响崇明岛生物多样性最重要的因素之一。崇明岛是上海市渔业生产的重点区，捕捞量占上海市渔业总产量的 60% 以上[7]。近几十年来，特别是近 30 年来，崇明岛周边水域的水产资源经受了严重的渔业捕捞影响，过度捕捞已成为阻碍崇明岛渔业可持续发展的关键原因之一。早在 20 世纪七八十年代，崇明县蟹苗年捕捞量就高达 5～20t（每 t 约 7 万只）[8]；自 20 世纪 90 年代起，随着河蟹养殖业的兴起，过度捕捞导致蟹苗汛期规模极度萎缩，造成无蟹苗可捕的窘境[9]。特别是，长江水系中华绒螯蟹的蟹苗资源遭到了严重破坏，1997～2003 年长江口中华绒螯蟹资源已趋于枯竭，年均中华绒螯蟹捕捞量仅 0.8t，完全失去了商业性捕捞的价值[10]。而长江刀鱼（又称"刀鲚"）资源也是每况愈下。1975～1988 年崇明县长江刀鱼产量虽有波动，但总体看资源尚比较稳定，平均年产量为 140t，1989 年后刀鱼产量大幅下降，1994～1998 年刀鱼年产量仅为 5t 左右[11]。其主要原因，除捕捞利用过度外，还有大量刀鱼幼体进入鳗苗网中丧生所致。此外，过度捕捞还导致刀鱼个体大小下降。2009 年崇明岛捕捞江段捕获的刀鲚平均体重仅为 33.58g，小规格个体占渔获量的 90%[12]。由此可见，过度捕捞导致崇明岛渔业资源总量大幅萎缩、渔业资源再生能力快速下降，甚至导致一些重要经济鱼类的局域性种群灭绝。

捕捞作业对崇明的鸟类也存在不同程度的影响。每年 6 月 1 日～6 月 30 日一般是蟹苗汛期。捕蟹苗的区域与捕鳗苗的区域一致，均在核心区的光泥滩全线，但由于捕蟹苗人员数量远不如捕鳗苗人数多，并且在蟹苗高峰期时，冬候鸟及过境候鸟已经全部迁飞完毕，而夏候鸟数量有限，因此，蟹苗捕捞对鸟类虽有一定影响，但影响有限。而捕捉螃蜞对鸟类的影响则较大，在捕捞方式方面，一些渔民采取落缸的方式进行捕捞，俗称"螃蜞落缸"。其旺季全年分两个时段，上半年 2～5 月，下半年 9～11 月。作业工具为牛舢板、塑料桶和网纱，作业区域在东滩 98 大堤堤外的情况曾一度比较严重，作业时间与冬候鸟及春秋两季过境候鸟有较大重叠，因此对鸟类的影响比捕蟹苗大。对鸟类影响非常大的则是捕捞海瓜子和黄泥螺，该项作业的时间安排为 4 月上、中旬进场准备，下旬开始采集，7～8 月进入采集高峰期，10 月结束。其作业区域曾广布于北七滧到捕鱼港的滩涂一线，过去曾在东滩自然保护区核心区的光泥滩上全线分布。由于作业参与人数众多，对夏候鸟的影响非常大。近年来，随着保护区管理监控和执法力度的加大，这些问题已得到较大程度上的改善。

7.3.3　富营养化和环境污染

　　水体富营养化问题是全球环境可持续发展面临的巨大挑战之一。我国是水体富营养化的重灾区，尤其是在经济发达和人口密集的河口地区，水体富营养化已严重影响了人们的生产和生活，成为制约区域社会经济发展与人类健康的瓶颈。崇明岛内密集的河网水系是重要的岛屿生态景观之一，在崇明的生态建设中发挥着独特的作用和服务功能。然而，岛内河网水资源主要由人为控制取自长江南支，水质状况受长江和海水的双重影响。长江引水进入岛内河网水环境后，营养盐含量和营养状态都明显升高。此外，近年来崇明岛内生活污水、城镇废水和农业面源污染的逐年增加，致使入河污染源不断增加。加上水动力不足，大量的外源和内源污染物在水体中不断积累，河道富营养化程度呈不断加剧的趋势。崇明岛河道水质营养水平较高，且部分地区已发生富营养化，氮污染尤为严重。水体富营养化会导致蓝藻暴发，继而威胁水生生物多样性，生物多样性保护形势严峻。

　　大气污染是崇明岛面临的另一环境问题。伴随着近年来工农业生产、交通运输业的发展，崇明岛大气质量出现一定的下降。例如，岛内的燃煤锅炉、分散燃煤设施和露天石材加工企业、建筑工地及造船企业等生产活动，对大气环境保护形成了较大压力。此外，随着公路交通和内河运输的发展，汽车及内河船舶等也成为重要的移动污染源。大气污染物（如气溶胶状态污染物、氧硫化合物、氮氧化物、碳氧化物等）会造成能见度降低、酸雨、臭氧层破坏等一系列气候和环境问题。大气污染物浓度还会通过一系列的生物化学反应对植物生理代谢活动产生影响，危害植物的生长及农业生产。

　　崇明岛的土壤污染也有逐步加剧的趋势。随着工农业生产和城市化的不断发展，工业"三废"的排放、城镇生活垃圾的增加、污水灌溉及化肥农药等农用投入品的不合理使用，导致崇明岛土壤环境污染问题日益突出。另外，畜禽养殖产生的粪便可能带来严重的农业面源污染。崇明岛大部分畜禽养殖场，特别是中小型养殖场，消解粪尿废弃物能力较弱，规模化畜禽养殖场粪尿利用率低，没能完全实现资源化利用，致使畜禽场粪尿存在较大的环境安全隐患，威胁周边区域的土壤健康状况。土壤污染将不仅直接影响植物的生长、农产品的产量和质量，而且还会通过食物链影响动物和人类的健康；同时，土壤污染还可以通过影响大气和水体的质量引发二次污染。此外，值得注意的是，崇明岛存在不同程度的土壤重金属污染问题，其中铬是首要污染因子。土壤重金属污染是破坏或毒害土壤环境的重要因素之一，会带来一系列的生态环境与人类健康问题。

7.3.4 生物入侵

岛屿生态系统对外来物种入侵的抵抗力通常较弱，因此是遭受生物入侵最严重的生态系统类型之一。由于外来种入侵，全球岛屿上的许多土著种正遭受区域灭绝威胁，生物入侵已成为岛屿物种灭绝的第二大影响因素[13]。崇明岛同世界上其他地区的许多岛屿类似；一方面，由于有意引种，以及贸易、交通、人口流动等干扰因素，崇明岛同大陆间隔离的天然屏障已被打破，生物地理学壁垒早已崩溃[14]；另一方面，崇明岛本身距离大陆的空间距离就比较近，紧邻的上海市区与江苏南通又是我国生物入侵最严重的区域之一[15]，所以许多在岛外入侵的外来种也很容易通过自然扩散传播到崇明岛。在这些因素的共同驱动下，崇明岛当前的生物入侵形势十分严峻。

目前尚缺乏针对崇明全岛各类生态系统的入侵物种系统调查数据。2015～2017 年，复旦大学和上海市园林科学规划研究院的初步调查发现，仅在崇明岛林地和湿地生态系统中，外来入侵物种数量就多达 58 种，分别占全国已报道入侵种总数（529 种）和上海市已报道入侵种总数（212 种）的约 11% 和 27%[15, 16]。其中，涉及入侵植物 34 种（表 7-2）、入侵动物和植物病原微生物 24 种（表 7-3）。入侵形势较为严重的外来种包括互花米草、加拿大一枝黄花、喜旱莲子草（*Alternanthera philoxeroides*）、凤眼莲（*Eichhornia crassipes*）、桔小实蝇（*Bactrocera dorsalis*）、烟粉虱（*Bemisia tabaci*）、悬铃木方翅网蝽（*Corythucha ciliata*）、早熟禾拟茎草螟（*Parapediasia teterrella*）等植物和昆虫。这些入侵种大多起源于欧美，传入途径以交通工具、农产品输入与自然扩散等无意传入为主，由于人为有意引种而传入岛屿的外来种虽然种类较少，但其负面影响极其突出。其中，互花米草入侵在东滩保护区得到治理后有较好改善，但对整个岛屿的威胁依然不可忽视。由于本次调查仅侧重于林地和湿地系统，如将农田生态系统等纳入考量，崇明岛入侵种数量远超 58 种。

表 7-2　崇明岛林地和湿地中的入侵植物种类

序号	物种名称	序号	物种名称
1	斑地锦（*Euphorbia maculata*）	5	紫花苜蓿（*Medicago sativa*）
2	蓖麻（*Ricinus communis*）	6	野燕麦（*Avena fatua*）
3	白车轴草（*Trifolium repens*）	7	互花米草（*Spartina alterniflora*）
4	田菁（*Sesbania cannabina*）	8	春飞蓬（*Erigeron philadelphicus*）

续表

序号	物种名称	序号	物种名称
9	加拿大一枝黄花（*Solidago canadensis*）	22	美洲商陆（*Phytolacca americana*）
10	苦苣菜（*Sonchus oleraceus*）	23	喜旱莲子草（*Alternanthera philoxeroides*）
11	鳢肠（*Eclipta prostrata*）	24	凹头苋（*Amaranthus blitum*）
12	欧洲千里光（*Senecio vulgaris*）	25	北美苋（*Amaranthus blitoides*）
13	小飞蓬（*Conyza canadensis*）	26	苋（*Amaranthus tricolor*）
14	一年蓬（*Erigeron annuus*）	27	反枝苋（*Amaranthus retroflexus*）
15	钻形紫菀（*Aster subulatus*）	28	波斯婆婆纳（*Veronica persica*）
16	三叶鬼针草（*Bidens pilosa*）	29	直立婆婆纳（*Veronica arvensis*）
17	地肤（*Kochia scoparia*）	30	凤眼莲（*Eichhornia crassipes*）
18	野塘蒿（*Erigeron bonariensis*）	31	大巢菜（*Vicia sativa*）
19	野老鹳草（*Geranium carolinianum*）	32	圆叶牵牛（*Ipomoea purpurea*）
20	假酸浆（*Nicandra physalodes*）	33	裂叶牵牛（*Ipomoea nil*）
21	臭荠（*Lepidium didymum*）	34	紫茉莉（*Mirabilis jalapa*）

表 7-3　崇明岛林地和湿地中的入侵动物和植物病原微生物种类

序号	物种名称	序号	物种名称
1	美洲斑潜蝇（*Liriomyza sativae*）	13	悬铃木方翅网蝽（*Corythucha ciliata*）
2	番茄斑潜蝇（*Liriomyza bryoniae*）	14	菊方翅网蝽（*Corythucha marmorata*）
3	桔小实蝇（*Bactrocera dorsalis*）	15	二斑叶螨（*Tetranychus urticae*）
4	西花蓟马（*Frankliniella occidentalis*）	16	非洲大蜗牛（*Achatina fulica*）
5	唐菖蒲蓟马（*Taeniothrips simplex*）	17	瓦伦西亚列蛞蝓（*Lehmannia valentiana*）
6	蔗扁蛾（*Opogona sacchari*）	18	杨树大斑溃疡病菌有性型（*Cryptodiaporthe populea*），无性型（*Dothichiza populea*）
7	早熟禾拟茎草螟（*Parapediasia teterrella*）	19	类菌原体［mycoplasma-like organisum（MLO）］
8	吹棉蚧（*Icerya purchase*）	20	大丽花轮枝孢（*Verticillium dahliae*）
9	扶桑绵粉蚧（*Phenacoccus solenopsis*）	21	香石竹枯萎病菌（*Fusarium oxysporum* f. sp. *dianthi*）
10	雪松长足大蚜（*Cinara cedri*）	22	鳞球茎茎线虫（*Ditylenchus dipsaci*）
11	烟粉虱（*Bemisia tabaci*）	23	菊花叶枯线虫（*Aphelenchoides ritzemabosi*）
12	温室白粉虱（*Trialeurodes vaporariorum*）	24	克氏原螯虾（*Procambarus clarkii*）

外来种入侵给崇明岛生物多样性及生态系统结构与功能带来巨大的负面影响。例如，加拿大一枝黄花传入崇明岛以来，已在全岛各类生境形成了广泛的入侵态势，不仅影响了土著陆生植物分布的多样性格局，而且显著改变了土著昆虫和蜘蛛等节肢动物群落的物种组成和种群数量。互花米草入侵长江口盐沼，不仅改变了土著植物、动物和微生物的多样性，还影响了湿地食物网与碳氮循环等生态系统过程，使得盐沼生境的地形地貌、水文过程、微气候等非生物过程也产生了巨大变化，这些生物和非生物环境条件的改变，导致东亚-澳大利西亚迁徙路线上候鸟物种数和种群密度的显著下降[17]。桔小实蝇入侵崇明岛，导致全岛柑橘产业遭受重创。烟粉虱可在 30 多种作物上传播 70 种以上的病毒，暴发导致的设施农业蔬菜毁棚事件屡有发生，严重影响上海的"菜篮子工程"。这些入侵种的暴发，对崇明正在进行的世界级生态岛建设构成了巨大威胁。

鉴于崇明岛人口和贸易的流动将更加频繁、城市化速度将进一步加快、植物材料引种和调运需求还将继续增长，全岛未来的生物入侵形势将更加严峻。因此，控制现有生物入侵，并防止未来的进一步入侵是世界级生态岛建设面临的巨大挑战。特别是，2021 年第十届花博会将在崇明举办，本届花博会将从不同地区大规模输入活体植物、木质包装品及种植介质，其造成的新生物入侵风险不可忽视。针对当前形势，崇明生态岛建设过程中，急需重点加强外来入侵种的检测监测、风险分析、绿色防控、扩散阻断、根治灭除和生态修复等技术研究和实施，以控制岛内入侵种严重扩张的势头。尤其是针对已成灾入侵种的生态修复，需要重点开展新型替代种的筛选及其修复功能评估，构建以替代更新和生态恢复为核心的入侵受损生态系统修复体系。崇明生态岛的建设过程中，只有有效地控制了外来种入侵，并构建以土著种为核心组分的生态系统，所建设的生态岛才是真正生态学意义上的生态岛，才能最终成为上海国际性大都市的生态后花园。

7.3.5 全球气候变化

近百年来，受人类活动和自然因素的共同影响，世界正经历着以全球变暖为显著特征的全球气候变化，并且已深刻影响人类的生存和发展。2018 年，全球平均气温较工业化前水平高出约 1℃，过去 5 年（2014～2018 年）是有完整气象观测数据以来最暖的 5 个年份；全球海洋热含量创新高，两极地区海冰范围持续异常偏小，全球天气气候相关灾害发生次数为 1980 年以来最高。

崇明岛近 40 年来平均气温呈上升趋势，并且全年最高气温和最低气温总体分别呈现上升和下降趋势。受气候变化和其他环境变化压力的共同作用，岛内陆地和淡水物种生物多样性降低的风险仍然存在。崇明岛内的东平国家森林公园、东滩湿地公园、东滩鸟类国家级自然保护区，以及西沙湿地公园等都是维持崇明岛生物多样性的关键区域，全球气候变化加剧可能会导致这些关键生态区域的生物多样性保育工作压力加大。另外，气候变暖导致的水温升高，还可能导致岛内河流和湖泊中藻类的大量繁殖，扩大富营养化污染的水体面积和增加藻类暴发的频率，对生态岛水环境质量的提升和水生生物多样性的维持形成潜在压力。

由气候变暖导致的海洋热膨胀、冰川与冰盖融化、陆地水储量变化等因素造成的全球海平面上升也可能严重威胁崇明岛的生态安全。据统计，1980～2017年，中国沿海海平面变化总体呈上升趋势，上升速率为 3.3mm/a，高于同期全球平均水平。海平面上升会造成海岸侵蚀和滩涂的减少，会对湿地植物的群落结构、生长及时空分布产生影响。崇明岛北部、横沙岛和长兴岛是新河口沙岛区域，海平面相对较低，且多面临海，育有丰富的滩涂资源。随着海平面上升，崇明岛这些海岸区域将更易遭受潮水的侵蚀，加速滨海湿地丧失。崇明岛南部为老河口沙岛区域，相对北部海平面较高，但海平面上升对该区域的威胁仍不可忽视。

气候变化和海平面上升会加剧风暴潮的发生频率和强度，可能会增加长江口发生咸潮入侵的频率和强度，从而影响水源地保护区的水质，造成生物生境的改变，导致生物多样性下降。海平面上升导致低洼地向外排水能力下降，加剧洪涝灾害，加上台风、风暴潮频率和强度的增加，可能会使崇明岛的水环境问题日益严重。此外，气候变暖还会导致海水温度升高、大洋环流变化及海水中溶解的二氧化碳浓度增加，这可能导致海洋酸化，由此引起水体成分的变化，间接影响海水水质，将不仅影响崇明世界级生态岛建设，而且对上海国际级大都市和长三角城市的健康可持续发展造成严重威胁。

7.4 生物多样性保护对策和主要措施

7.4.1 进一步加强生物多样性保护制度落实

2010 年，上海市政府发布了《崇明生态岛建设纲要（2010—2020 年）》（简称《纲要》），作为崇明世界级生态岛建设的指导性文件，《纲要》系统明确了生态岛的建设目标、指标体系、重点建设领域和行动计划。2017 年,上海市人大通过了《关于促进和保障崇明世界级生态岛建设的决定》(简称《决定》),从功能空间布局、环境品质、发展能级、人居环境等 12 个方面,进一步对崇明的生态建设提出了要求,该决定落实了十九大以来中央关于生态文明建设的新理念、新思想、新战略,体现了世界级生态岛建设过程中生物多样性保护的核心要求和关键环节,强化了对世界级生态岛建设的法制保障;特别是,对于人口规模、建设用地规模和建筑高度都提出了底线约束。《纲要》和《决定》这两部文件,为崇明世界级生态岛建设提供了强有力的制度保障,崇明未来的生物多样性保护工作,应以上述制度为行动保障,进一步加强落实《纲要》和《决定》中所提出的相关理念、目标指标与行动方案,将生物多样性保护作为生态岛建设的核心任务,以生物多样性保护水平作为评价生态岛建设质量的关键度量。

7.4.2　继续完善生物多样性保护配套方案和执行机制建设

在《纲要》和《决定》等已有政策的基础上,崇明未来的生物多样性保护工作,应针对生境破坏、资源过度利用、富营养化和环境污染、生物入侵、气候变化等具体问题,建立相应的具体配套方案来确保制度的有效落实。首先,建议生态环境保护部门根据以上问题导致的生物多样性破坏风险,建立生物多样性监测评估机制,跟踪分析由不同问题产生的崇明岛的生物多样性变化动态;应建立相关普查和监测系统平台,做好生物多样性的跟踪监测、定期评价等工作;评价结果应作为优化生物多样性保护格局、实施生态补偿和领导干部生态环境损害责任追究的依据。其次,应建立生物多样性保护责任主体制,并进一步加强高效的生物多样性保护执法机制建设。在落实保护责任主体的基础上,以生物多样性重点保护区域所在的行政负责人作为第一责任人,建立生物多样性保护"护长制",区长为全岛"第一护长",严格落实各级责任人的职责权益。市委、市政府要针对崇明生物多样性保护,建立专门的监督考核机制,定期执法督查,进行任务考核。市 / 区两级相关执法部门,要按照职责分工,相互协调,加强严格的生物多样性保护执法监督,建立高效的常态化执法机制,及时发现并依法严惩破坏生物多样性保护的违法行为。此外,应建立生物多样性保护政策激励机制。通过激励机制建设,进一步完善生态补偿制度落实,使保护者获得合理收益,提升生物多样性保护的积极性。针对生物多样性重点保护区,应重点落实生物多样性保护转移支付办法。同时,应将崇明作为上海市的先行示范区,将其生物多样性保护工作纳入区级生态文明建设目标评价体系，并将保护工作成效及时在上海市乃至全国范围内进行推广。

7.4.3　建设更高级别的生物多样性保护统筹机构和保护地管理体系

崇明岛的生物多样性保护可在上海市生态保护红线的保障和管理机构协调下统一开展，需要市、区两级政府的多部门、多机构建立联席会议制度，来负责全面部署、推进和协调各项生物多样性保护工作。联席会议制度以上海市主要分管领导作为总召集人，协调发展改革、生态环境、海洋水务、国土资源、绿化林业等相关委、局，以及崇明区的主要负责人参与。各部门、各行业要各司其职，全面保护、维持崇明岛的生物多样性。此外，建议市委、市政府牵头，通过联席会议协商研究，探讨在崇明建立更高级别的保护地管理体系。我国东部沿海省市中，江苏盐城已成功申请黄（渤）海候鸟栖息地世界自然遗产（一期），上海已在崇明建立了崇明东滩鸟类自然保护区、中华鲟自然保护区，具有很好的生态基础，下一步重点工作应考虑将其纳入黄（渤）海候鸟栖息地世界自然遗产第二期申请体系。2017年，党中央和国务院已提出我国《建立国家公园体制总体方案》，长江口已有较好的保护地管理建设基础，建议市委、市政府在现有基础上，尽早研究，将长江口湿地或崇明全岛纳入上海规划建设长江口国家公园的整体方案中。

7.4.4　进一步加强人力、物力和财力的投入与保障

崇明岛生物多样性保护是上海市生态环境建设与保护工作的重点工作，是上海国际大都市和长三角区域一体化可持续发展的百年大计，这项工作需要市、区两级政府在人、财、物各方面加大支持与投入。针对崇明特殊的生态位置及其孕育的生物多样性资源，岛内的生物保护管理应增加人员编制的设立，并加大专门的配套经费投入。在生物多样性重点区域，各项与保护工作相关的人财物需求应优先得到保障，才能推动高效实施。关键生态空间建设与保护、受损生态系统修复与恢复等工程，以及生态环境预警监测体系建设，应进一步加大专项经费投入。特别是，有必要在崇明东滩互花米草治理及鸟类栖息地恢复生态工程的基础上，进一步总结经验，加大财政投入，谋划和部署长江口其他区域（如北支边

滩）的互花米草生态治理工程，实现长江口区域互花米草入侵湿地的整体修复。同时，相关的生物多样性保护基础设施、常规保护仪器和设备的购置及定期更新，也需要有适当的财力倾斜。市、区各机构在生物多样性保护人力和物力保障方面，应形成联动保障机制，协同为崇明岛的生物多样性保护工作提供足够的外部保障。

7.4.5 进一步加大科学研究和科普教育力度

崇明岛生物多样性保护需要继续加大科学研究投入力度。应依托现有已在崇明建立的生态保护观测研究基础设施为基础，进一步加大生态环境野外监测网络布设，整合建设高级别的崇明生态岛生物多样性长期观测网络体系。应利用先进的区块链、大数据技术与方法，构建崇明生物多样性监测平台，为生态岛建设过程中生物多样性保护的政策实施和保护效益评价提供数据支撑。应建立生态岛"生态智库"例会制度，智库由相关高校与科研院所的专家组成，定期召开生态岛建设进展咨询会议，共同为崇明岛生物多样性保护相关工作建言献策。应加强生态岛科研项目库建设工作，针对崇明岛生物多样性保护过程中遇到的技术难点与核心问题，精心规划科研项目，鼓励建立生物多样性保护技术联合攻关团队，推动相关高校与科研院所科研人员的协同合作，共同承担生态岛生物多样性保护的科研工作。

崇明岛的生物多样性保护也需要进一步加强科普教育投入力度。应注重收集崇明岛生物多样性保护的重要案例，将其纳入大学及中小学教材。应在科普基地建设和宣传教育方面的加大力度，依托自然保护区的相关资源，建立更高质量的科普教育基地，促进大规模生物多样性科普教育活动的开展。同时，生物多样性保护的科普工作，应加强更高水平的科普能力建设，科普从业人员要与高校、科研院所等一线科研人员密切合作，定期开展高水平、系统性专业知识的科普教育活动，并通过与有影响力的科普组织合作，加大宣传力度，使崇明岛的生物多样性保护工作受到全社会的关注和参与。

（执笔人：吴纪华、鞠瑞亭、马俊、聂明、王玉国、赵斌、王放、贺强）

参 考 文 献

[1] 刘思涵，李宏庆，孔正红 . 崇明岛种子植物区系及植被资源 . 长江流域资源与环境，2007，16（A02）：14-19.

［2］ 孙文.崇明岛主要植物群落类型、分布及其生态景观协调性评价.华东师范大学硕士学位论文.2013.

［3］ 陆周婷.崇明岛生态系统服务价值及其敏感性研究.上海师范大学硕士学位论文，2018.

［4］ 崇明统计年鉴委员会.崇明统计年鉴2018.上海，2018.

［5］ 张天雨.崇明东滩湿地沉积物有机碳和总氮储量动态研究.华东师范大学博士学位论文，2016.

［6］ Xiao J，Sun G，Chen J，et al. Carbon fluxes，evapotranspiration，and water use efficiency of terrestrial ecosystems in China. Agricultural and Forest Meteorology，2013，182：76-90

［7］ 史树明.上海市崇明区捕捞渔业存在的问题及相关建议.上海农业科技，2019，1：8-9.

［8］ 许兵.崇明县一九八一年捕获四万一千斤蟹苗.水产科技情报，1982，（1）：24.

［9］ 马云家，高岩.崇明县河蟹产业发展现状、问题及对策.水产科技情报，2015，42（04）：179-181，187.

［10］ 王海华，冯广朋，吴斌，等.长江水系中华绒螯蟹资源保护与可持续利用管理对策研究.中国农业资源与区划，2019，40（5）：93-100.

［11］ 施德龙，龚洪新.关于保护长江口刀鲚资源的建议.海洋渔业，2003，（2）：96-97.

［12］ 柳明.长江洄游性刀鲚资源状况和利用强度研究//中国水产学会.2009年中国水产学会学术年会论文摘要集.中国水产学会，2009：231.

［13］ Bellard C，Rysman J F，Letoy B，et al. A global picture of biological invasion threat on islands. Nature Ecology & Evolution，2017，1：1862-1869.

［14］ Early R，Bradley B A，Dukes J S，et al. Global threats from invasive alien species in the twenty-first century and national response capacities. Nature Communications，2016，7：12485.

［15］ 张晴柔，蒋赏，鞠瑞亭，等.上海市外来入侵物种.生物多样性，2013，21：732-737.

［16］ 鞠瑞亭，李慧，石正人，等.近十年中国生物入侵研究进展.生物多样性，2012，20：581-611.

［17］ Ju R T，Li H，Shang L，et al. Saltmarsh cordgrass *Spartina alterniflora* Loisel//Wan F H，Jiang M X，Zhan A B. eds. Biological Invasions and Its Management in China. Singapore：Springer，2017：187-198.

第八章

崇明东滩鸟类自然保护区

崇明东滩鸟类自然保护区位于崇明岛的最东端，该区域滩涂广袤，是亚太地区重要的鸟类越冬地、繁殖地和迁徙中转站。作为以鸟类为主要保护对象的自然保护区，崇明东滩的鸟类具有如下特征：鸟类种类丰富，是我国乃至亚太地区鸟类多样性丰富的区域；具有大量的洲际迁徙候鸟，是候鸟的关键迁徙驿站；具有多种达到所在区域1%种群数量标准的水鸟，是反映崇明生态岛建设成效的重要评价指标。

近年来，崇明东滩鸟类自然保护区针对互花米草治理、土著植物定殖与复壮、鸟类栖息地修复和管理开展了卓有成效工作并积累了成功的经验，但保护区未来还将面临诸多新挑战：①长江口区域水文条件和湿地环境长期处于动态变化之中，这直接影响到生物多样性及其生存空间。②受长江流域和长三角区域大规模高强度人类活动的影响，长江河口区域面临的生态环境压力持续加大；③外来植物互花米草在崇明东滩及附近区域仍有较大面积分布，要时刻防范互花米草的二次入侵和种群扩张。④如何科学管理鸟类栖息地优化区以提高鸟类多样性，是保护区面临的新命题。⑤保护区建设与地方发展的矛盾及保护区内部保障能力提升的问题仍较突出。

为充分发挥保护区的生态功能，建议：①以保护区新一轮基础设施建设为契机，布局和建设长江河口湿地生态系统长期观测研究基地，深入开展高强度人类活动与全球环境变化的共同作用下长江河口湿地生态系统结构和功能的动态及规律研究，为保护区生态健康维持和生态风险防范提供决策依据。②探索并建立湿地生态保护补助和补偿资金政策，更好地调动地方政府和保护区周边居民支持和参与生态保护的积极性，促进社会和谐。③进一步加大对保护区的财政倾斜，加强保护区的能力建设。④在进一步加强滩涂湿地生态系统和鸟类多样性保护的同时，针对鸟类栖息地优化区管理的需求，探索并制定栖息地管理规程，为实现"鸟类天堂和鸟类自然博物馆"的目标提供科学保障，为全球生态修复工程提供新理论、新方法和科学管理的新模式。

8.1　保护区历史沿革与概况

崇明东滩位于长江口，地处中国第三大岛——崇明岛的最东端，由团结沙外滩、东旺沙外滩和北八滧外滩组成，是亚太地区迁徙鸟类和越冬鸟类的重要栖息地，在鸟类及其栖息地的保护方面具有重要的意义。自 20 世纪 80 年代以来，上海市多家高校和科研院所的专家和学者在崇明东滩开展了大量的系统调查和研究工作，全面揭示了崇明东滩鸟类的种类、数量、分布、时空动态及重要栖息地特征。鉴于该区域具有丰富的鸟类多样性，在 1994 年出版的《中国生物多样性保护行动计划》中，崇明东滩被列为具有国际意义的 A2 级湿地生态系统类型。这为该区域自然保护区的建立奠定了坚实的科学基础。

1998 年 11 月，上海市人民政府正式批准建立"上海市崇明东滩鸟类自然保护区"，上海市农林局为主管单位。2005 年 7 月，国务院办公厅批准崇明东滩鸟类自然保护区晋升为国家级自然保护区。崇明东滩鸟类自然保护区是上海市第一批建立的国家级自然保护区，改写了上海长期以来没有国家级自然保护区的历史。1999 年 7 月，崇明东滩被正式列入东亚 - 澳大利亚迁徙涉禽保护地网络；2000 年被《中国湿地保护行动计划》列入中国重要湿地名录；2002 年被国家环境保护总局列为未来 5～10 年优先保护的 17 个生物多样性关键地区之一。2002 年 1 月，崇明东滩被正式列入"国际重要湿地名录"。2006 年被国家林业局列为"国家级示范自然保护区"。近年来，自然保护区还发起成立了"中国东部迁徙涉禽姊妹保护区网络""长江中下游湿地保护区网络""华东自然保护区生态保护联盟"，保护区在鸟类保护方面的影响力不断扩大。

根据崇明东滩的鸟类多样性特征，自然保护区的功能定位为"以鸻鹬类、雁鸭类、鹭类、鸥类、鹤类 5 类鸟类类群作为代表性物种的迁徙鸟类及其赖以生存的河口湿地生态系统"为主要保护对象。保护区的范围在东经

121°50′～122°05′，北纬31°25′～31°38′，南起奚家港，北至北八滧港，西以1988年、1991年、1998年和2002年建成的海堤为边界，东至吴淞标高1998年0米线外侧3000m水域为界。保护区主要包括崇明东滩的滩涂和浅水区域，总面积241.55km²。其中，核心区面积165.92km²、缓冲区面积10.70km²、实验区面积64.93km²（图8-1）[1]。

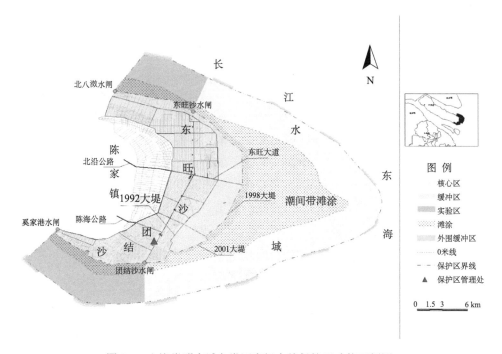

图 8-1　上海崇明东滩鸟类国家级自然保护区功能区划图

　　为了应对外来入侵植物互花米草快速扩散对鸟类及其栖息地所带来的不利影响，经国家林业局、环保部同意，2013年9月上海崇明东滩鸟类自然保护区管理处在保护区实施了"互花米草生态控制与鸟类栖息地优化"生态工程。工程实施后，治理区域的互花米草得到了有效控制，鸟类多样性明显增加，生态效益显著。该工程荣获2016年"中国人居环境范例奖"，并被央视《焦点访谈》栏目等多家媒体正面宣传报道。工程项目完工后，一方面保护区内的鸟类栖息地发生了明显改变，另一方面，工程实施后形成了围堤、泵、闸和桥梁等水位、水质调控设施需要定期维护管理，因此有必要对保护区的功能区进行适度调整和优化，以满足鸟类保护和有效管理的需求。调整后的自然保护区拟边界范围和总面积不变，核心区面积增加0.62km²，缓冲区面积减少1.02km²，实验区面积增加0.4km²。

新的功能区划有利于加强鸟类及其栖息地保护，有利于增强生态管控和科学管理能力，有利于进一步发挥自然教育功能。目前调整后的功能区规划通过了国家林业局国家级自然保护区评审委员会的评审。

崇明东滩鸟类自然保护区始终以建设"国内一流、国际具有重要影响力的保护区"为目标，近年来不断完善管护、科研、宣教等基础设施和信息化建设，建立野外巡护检查和执法管理体系，开展重大生态修复工程，扩大对外合作交流，各项工作取得了全面发展，保护珍稀濒危鸟类的生态效益日益显现，社会影响力越来越大。经过20多年的建设，崇明东滩鸟类自然保护区不但成为我国迁徙鸟类和河口湿地生态系统的重要科研基地，也成为全国科普教育基地和宣传我国自然保护区建设的前沿窗口。

8.2 保护区自然地理条件与生物类群特征

8.2.1 自然地理

1.地质学特征

崇明东滩鸟类自然保护区所在的崇明岛为全球最大的河口冲积沙岛之一，由长江挟带巨量泥沙在河口堆积而成。疏松堆积层厚达三百多米。其基底岩石局部为紫红色石类砂岩、灰黑色粉沙质泥岩，主要分布在崇明岛西北部庙镇－草棚镇一带，其余地区基岩则为上侏罗统中酸性火山熔岩和火山碎屑岩所占据。

崇明岛下伏基岩主要发育着两组断裂构造，即NE-NEE向断裂和NW向断裂。前者主要有陈家镇断裂，后者为三星－新光断裂带。其中以陈家镇断裂和沙溪－吕泗断裂规模较大。岩浆活动仅在堡镇－新开河一带见有燕山期红色中粗质花岗岩分布，面积约70km²。

崇明地区新构造单元属于江苏滨海拗陷的南缘，自新近纪以来，新构造运动以持续沉降为其特点，沉降幅度大约1cm。因此，沉积了巨厚的新近纪和第四纪地层，最厚处可达480m。

新近纪地层，岩性以灰绿色黏土、粉矿质黏土与沙砾等层，并夹有弱胶性的厚层钙质砂岩和铁质砂岩，均为陆相堆积，层厚60～130m。

第四纪地层，堆积厚度达320～350m。下部以陆相堆积为主，上部海相性逐渐增强。其岩性特征如下。

下更新统：褐黄色杂蓝灰色黏土，粉砂质黏土与黄灰、灰白色砂、砾层等层，发育网纹状，杂斑状沉积构造，是硬塑性黏土。黏土内普遍见有钙质、铁锰质结核，主要为陆相，底界埋深 320～350m。

中更新统：蓝灰色、灰褐色黏土与含砾中粗砂、中细砂等层，含碎螺壳及海陆过渡相化石，反映河湖相及河口滨海相沉积环境，底界埋深约 150m。

上更新统：灰、灰褐色或蓝灰色粉砂质黏土与含砾中粗砂、细砂等层，结构松散。粉矿质黏土是软塑性，贝壳化石及海相化石有所增加，反映滨海－海岸浅海相沉积环境，间夹河湖沉积层，底界埋深 100m 左右。

末次冰期低海面时，在长江水系强烈的下切作用和冲蚀作用下，崇明岛全区缺失上更新统顶部暗绿色硬黏土层。

冰后期为灰黑色黏土、青灰色黏土间夹厚层粉砂为主，上部则演变为黄灰色、灰色粉砂质黏土，多含铁锰质结核，反映一万年以来由滨岸浅海向河口滨海环境演变的过程，随长江三角洲的演进，形成现代河口砂岛。底界埋深 45～62m [1]。

2. 地貌特征

根据潮汐作用的潮位，崇明东滩的地貌可构成不同的微地貌单元。大潮高潮位以上为潮上滩，高程 3.50～3.80m 或更高，自然植被为芦苇群落，底栖动物以甲壳类为主，鸟类以雀形目为主。

高潮滩：大潮高潮位至低潮高潮位，高程 3.50～3.80m 至 2.7～2.9m，以淤泥质沉积为主，发育海三棱藨草和藨草群落，底栖动物以软体动物为主，白头鹤、小天鹅、雁鸭为高潮滩常见鸟类。

低潮滩：小潮高潮位至平均低潮位，高程为 2.70～2.90m 至 0m。植被为盐渍硅藻类，底栖动物为双壳类环节动物，鸟类主要为鸻鹬类、鸥类等。低潮滩外侧为光泥滩，潮水浸泡时间长，尚无高等植物生长。

崇明东滩潮滩的另一种微地貌特征是潮沟特别发育，大的潮沟长可达 3～5km，宽 50～60m，沟深可达 2～3m。规模较小者为三级潮沟，沟长仅几十米至几百米，宽几米，深仅几十厘米。东滩潮沟的发育是由于滩后落潮流的较强冲刷作用造成的，因此主要分布在潮上带、潮间带上部，源于岸边低洼地区，由岸向海，浅而窄的树枝状小潮间带不断汇聚成宽深的大潮沟 [2]。

3. 气象和水文特征

崇明东滩属北亚热带海洋气候，温和湿润，四季分明，夏季盛行东南风，冬季盛行西北风，冬冷夏热，季风气候十分明显。

日照：年平均日照时数为 2137.9 小时，太阳总辐射量为 4300～4600MJ/m²，其中 2 月日照时数最少，为 131.1 小时，8 月日照时数最多，为 254.1 小时，其他月份位于二者之间，4、5、9、10 月份日照条件稍差。

无霜期：崇明岛初霜期平均在 11 月 4 日，终霜期平均在 3 月 29 日，全年有霜日数为 136 天，无霜期为 229 天。

气温：崇明年平均气温 15.3℃，日极端最高气温 37.3℃，日极端最低气温为 −10.5℃，春、夏季气温比陆域低 0.1～0.4℃，秋、冬季高 0.2～0.6℃。由于东滩处在长江口和东海水体的包围之中，水体热容量大，对岛屿和滩涂的气温有良好的调节作用，使崇明东滩冬季气温仍然适宜于珍禽的安全越冬。

风况：崇明东滩全年常风向以 ESE-SSE、NNE-ENE 和 NW-N 风为主，出现频率分别为 24%、23%、22%，强风向为 NE 和 SE 风，冬季以 NW-N 风为多，频率为 50% 左右；春、夏、秋季则以 ESE-SSE 风为多，频率为 40% 左右。其中 3、9、10 月为季节转换期，多 NE 风。多年平均风速在 3.5～4.6m/s，每年风速超过 6 级大风日数在 20～30 天。秋末冬初的西北风向有利于冬候鸟从北方迁徙来此，夏季东南风则有利于旅鸟和其他夏候鸟从南方迁徙来此。崇明东滩自然保护区夏、秋两季常受到台风影响，平均每年 1.5 次，台风侵袭时，常伴有暴雨，多发生于 7 月下旬至 9 月下旬。

降水：崇明东滩自然保护区降水充沛，年降水量为 1022mm，年际和季节变化都很明显。年平均雨及雾日数 115～125 天。降水主要集中在 4～9 月份，占全年降水的 71%，4 月雨日最多，有利于稀释和淡化潮滩沼泽的盐分，保持湿地生态环境。

潮汐：长江河口为中等潮汐河口，属非正规半日潮型，平均潮差 2.66m，每日潮滩有昼夜两次变化，崇明有记录的最高潮水位为 5.67m，发生在 1981 年 9 月 [1]。

4. 土壤特征

该区域土壤母质为河口沉积物，质地多为壤土，熟化程度较高。土壤类型可分为水稻土、灰潮土和盐土 3 个土类，黄泥、类砂泥、黄泥土、类砂土、砂土堆叠土、壤质盐土、砂质盐土等 8 个土属、35 个土种。土壤耕作层厚度一般在 3～5m。水稻土主要分布在防汛大堤以内，其次为灰潮土、滨海盐土。海堤外为潮滩盐土，一般含盐度 0.2%～0.6%，缺钾较明显。土壤表层质地多轻壤、中壤，并常有深度不一的砂层。不同类型的土壤上形成各种以土壤为主导因子的植物生态类型，主要有滨海盐土植被和滨海沼泽植被两大类，由于潮滩面积大，又以滨海沼泽植被为主。

8.2.2　主要生物类群

1. 植物与植被

植物作为生物圈中最重要的生产者和生态系统中物质循环、能量流动的最基本要素，是人类赖以生存和发展的基本条件和维持地球系统正常运转的最重要的自然资源。崇明东滩保护区地处北亚热带南缘，是泥沙不断淤涨形成的滩涂，从水中露出水面后不断抬高，因此保护区内滩涂上的植物区系随着地形的增高和当地气候海洋因子的交互影响，处于不断的演替之中。

（1）植物区系。

保护区及周边邻近区域的植物共计 34 科 88 属 122 种。其中菊科的种类最多，其次是禾本科、豆科、蓼科及藜科。除了自然生长的被子植物外，保护区内部还有浮游植物（59 种）、水生植物分布于大面积的河沟中，如菹草（*Potamogeton crispus*）、金鱼藻（*Ceratophyllum demersum*）、眼子菜（*Potamogeton distinctus*）等，以及分布于保护区周边地区的人工林，如水杉（*Metasequoia glyptostroboides*）、柳杉（*Cryptomeria japonica var. sinensis*）、夹竹桃（*Nerium oleander*）等景观树种。

崇明东滩湿地大多数植物属是自然分布类群，共有被子植物 88 属，其中 34 属是世界分布，17 属是北温带分布，占全部属的 58%，这说明崇明东滩湿地的大多数植物为广布性类型，以温带种类为主；另外还包括泛热带分布 10 属，旧大陆温带分布 7 属，东亚分布 4 属，地中海至亚洲分布 4 属，东亚至北美分布 4 属，热带亚洲至热带大洋洲分布 2 属，热带亚洲分布 2 属，热带亚洲至热带非洲分布 2 属，热带美洲和热带亚洲间断分布 1 属，以及温带亚洲分布 1 属等[3]。

崇明东滩广布性的种类可分为两类：一类是位于保护区内且地带性分布规律不明显的湿地植物和盐碱植物，如芦苇、糙叶苔草、三棱水葱（*Schoenoplectus triqueter*）、碱菀和碱蓬等，在东滩湿地植物区系中不占主要地位，但其形成的群落却在整个滩涂上占有广大的面积；另一类是主要位于保护区周边区域且全球性分布的植物类型，如萹蓄（*Polygonum aviculare*）等，其中不少是原产欧美地区，现在我国各地广泛分布的外来种或归化种，如球序卷耳（*Cerastium glomeratum*）、土荆芥（*Dysphania ambrosioides*）、圆叶牵牛（*Ipomoea purpurea*）、加拿大一枝黄花（*Solidago canadensis*）、钻叶紫菀（*Aster subulatus*）、一年蓬（*Erigeron annuus*）、小蓬草（*Erigeron canadensis*）等。有研究表明，在未受人类活动干扰的地区基本上不会有外来植物，相反，在乡土植物贫乏或人类大量移居的地区，外来植物就大量侵入。东滩植物区系调查的结果说明，人类活动可能已经对东滩植物区系乃至整个东滩的湿地生态系统产生了巨大的影响[4]。

（2）主要植被类型。

植被是指一定区域内各种植物组成的聚合体的空间位置和结构，与植物区系的概念不同，但关系十分密切。根据以往针对崇明东滩保护区的植被调查结果，主要的植被类型和植物群落包括海三棱藨草群落、芦苇群落、互花米草群落、糙叶苔草群落等[5]。

海三棱藨草群落，是上海地区滩涂植被的特色群落，在保护区内为单优势种群落，优势种为莎草科多年生草本植物海三棱藨草。群落外貌整齐，结构简单，平均高度25～40cm，盖度20%～80%。最适宜生长在中潮区域，习性喜盐。群落季相明显，冬季枯黄，春季碧绿，花果期8～10月。海三棱藨草地下球茎发达，根状茎延伸速度快，可在适宜的环境条件下快速发展成大片群落，是滩涂上最重要的先锋群落，对于保滩促淤有着重要的作用。同时，海三棱藨草的地下球茎和小坚果富含淀粉，营养价值高，是鸟类喜爱的重要饵料来源（图8-2）。

图8-2　海三棱藨草群落

芦苇群落，以芦苇占绝对优势的单优势种群落在崇明东滩湿地分布最广。芦苇生长迅速，地下根茎发达，冠层结构均一，植株密集，盖度可达 90%，最适生长在高潮滩区域，仅特大潮才能淹没的区域。群落结构简单，季相明显，冬天枯黄，春天碧绿，夏天花期花序紫红色。能够在群落中与其共生的只有少数几种植物，且共生植物只能生活在群落边缘，如海三棱藨草、糙叶苔草等（图 8-3）。

图 8-3　芦苇群落

糙叶苔草群落，优势种为莎草科多年生草本植物糙叶苔草，往往与芦苇群落镶嵌分布，主要分布在团结沙附近。群落中还常见白茅（*Imperata cylindrica*）、海三棱藨草、三棱水葱和狗牙根（*Cynodon dactylon*）等。糙叶苔草最适宜生长的区域是中高潮区域，有研究表明该群落由海三棱藨草和藨草抬升高程演替而来。盖度可达 70%，高度 30cm 左右（图 8-4）。

互花米草群落，互花米草是禾本科米草属多年生植物，原产于北美洲大西洋海岸。我国最早于 1979 年引种，随之推广到沿海各省份种植。目前已在我国沿海地区很多滩涂上生长，目前北界可达辽宁省，南界可达广西壮族自治区和海南省。崇明东滩的互花米草群落始见于 20 世纪 90 年代，其扩散速度极快，目前已是我国海岸带上最严重的入侵植物。互花米草植株粗壮高大，生长密集，平均株高 1.5m 左右，主要依靠营养繁殖，兼有有性繁殖。在互花米草成片生长的地方，有性繁殖是主要方式，营养繁殖主要通过植株根状茎的扩张，繁殖速度极快。其生长区域是海滩高潮带下部至中潮带上部区域（图 8-5）[6]。

图 8-4　糙叶苔草与白茅混生群落

图 8-5　互花米草群落

作为最为严重的入侵种之一，互花米草相对于本地种海三棱藨草和芦苇有巨大的竞争优势（图 8-6），同时对于土壤线虫和其他大型无脊椎底栖动物的群落结构等方面也有显著影响。目前，我国对于互花米草的入侵危害、机制、扩散原理及相关的治理方式都有了比较充分的研究，各地政府也开始重视互花米草的管理和治理工作。

图 8-6　互花米草入侵海三棱藨草群落

根据上海市崇明东滩鸟类自然保护区管理处发布的《2012 年高等植物监测报告》（内部资料）。2012 年保护区内植物群落总面积 4265hm^2，其中互花米草约为1958hm^2，约占植被总面积的 45.9%；芦苇作为土著种占据 1664hm^2，约占总面积的 39.0%。总的来说，优势植被类型为互花米草、芦苇、糙叶苔草和海三棱藨草。

2. 底栖动物

底栖动物参与碎屑的破碎化及分解，同时也是高营养级鱼类和鸟类的食物，因此对于维持河口湿地食物网，以及河口水产业的可持续发展具有重要的意义。河口盐沼湿地具有很高的初级生产力，支持了丰富的大型底栖动物多样性。崇明东滩盐沼湿地有大型底栖动物 5 门 8 纲 80 种，以环节动物门、软体动物门和节肢动物门的动物为主。环节动物门常见物种是日本刺沙蚕、丝异须虫、背蚓虫等；软体动物门的常见物种是尖锥拟蟹守螺、中华拟蟹守螺、堇拟沼螺、绯拟沼螺、焦河篮蛤等；节肢动物门常见物种是天津厚蟹、无齿螳臂相手蟹、谭氏泥蟹等[7]。

在空间分布上，底栖动物的密度在崇明东滩有植被分布的区域比没有植被的光滩高，这是因为盐沼植被地下结构增加了生境结构的复杂性，使生境多样化，为底栖动物群落分布空间的异质性提供了基础，同时也为底栖动物提供了较高的营养输入。就植被区而言，相对于芦苇和互花米草，海三棱藨草和藨草生境中底栖动物的多样性和密度更高。光滩的大型底栖动物以软体动物为主，海三棱藨草、藨草群落中以蟹类、软体动物为主，芦苇和互花米草群落中以蟹类为主。潮沟是崇明东滩盐沼生境的重要组成部分，大型底栖动物在潮沟断面的分布存在显著差异，潮沟边滩大型底栖动物的密度、生物量和多样性均大于潮沟底部，潮沟边滩以底内动物占优势；潮沟底部以游泳底栖型动物占优势，而底部附着型动物较少。由于盐度、沉积物和植被的差异，崇明东滩潮间带的底栖动物在南部、东部和北部之间也具有明显的群落结构差异[8]。

人为干扰活动通过作用于栖息地而影响大型底栖动物群落结构，长江口盐沼湿地的人为干扰包括外来种入侵、围垦、放牧等。互花米草入侵长江口盐沼湿地后对当地生态系统产生了一系列生态后果，互花米草群落中食碎屑底栖动物的数量占比显著大于海三棱藨草群落中，食悬浮物者和食植者的数量占比显著小于海三棱藨草群落中。围垦降低底栖动物的物种数，改变了群落组成。放牧也会使底栖动物的密度、生物量产生不同程度的改变，并对崇明东滩底栖动物的生物多样性产生一定的负面影响[7]。

3. 鱼类

河口盐沼湿地是鱼类的重要育幼场所，其高生产力、生境高度异质化的特征为鱼类提供了充足的饵料生物与逃避捕食者的避难场所。崇明东滩盐沼湿地具有强大的维持长江口鱼类多样性的生态系统服务功能，对于长江口渔业可持续发展十分重要。崇明东滩盐沼湿地有鱼类 12 目 20 科 60 种，包括 8 个生态类群，即海洋洄游鱼类、淡水偶见鱼类、河口鱼类、淡水洄游鱼类、海洋偶见鱼类、溯河洄游鱼类、降河洄游鱼类和半溯河洄游鱼类。优势鱼类包括飘鱼、斑尾复虾虎、前鳞鲛、阿部鲻虾虎、纹缟虾虎、凤鲚、刀鲚、鲹、贝氏鳘、花鲈、大鳍弹涂鱼、棕刺虾虎与弹涂鱼。其中，斑尾复虾虎、前鳞鲛、凤鲚、刀鲚、鲹与花鲈是长江口重要的渔业对象[9]。

盐沼鱼类群落的主要时空分布格局特征可概括为五点：①少数鱼类物种占优势；②幼鱼是鱼类群落的主体；③海洋洄游鱼类、河口鱼类是优势生态群；④鱼类群落显示明显的季节与月相变化动态，相对较弱的大小潮与日夜变化动态；⑤沿海岸线垂直方向，低级别潮沟与高级别潮沟鱼类群落结构差异显著；⑥沿海岸线平行方向，低盐区与中盐区鱼类群落结构差异显著。水文特征、潮沟地貌特征与鱼类生活史阶段是长江口盐沼潮沟鱼类多样性时空分布格局形成的主要成因[10]。

盐沼生境的鱼类密度、生长率和存活率通常显著高于河口与海滨其他生境类型。盐沼鱼类的优势种通常是河口、近海重要渔业捕捞种群，已有研究报道盐沼面积与近海渔业种群产量之间存在显著的正相关关系。此外，盐沼还是净生产力的输出者，其部分初级生产力通过鱼类随潮汐的迁徙输送到河口与近海生态系统，可能是这些生态系统食物网中次级生产力的主要能量来源。因此，就鱼类多样性而言，崇明东滩盐沼湿地的保护措施应关注以下几方面：①盐沼湿地是长江口渔业可持续发展不可或缺的生境；②春、夏季是鱼类利用盐沼生境的关键时期；③恢复盐沼湿地时应考虑恢复具有不同地貌特征的潮沟；④在围垦盐沼湿地不可避免时，应考虑保留不同盐度区域潮沟系统发育良好的盐沼生境[11]。

4. 鸟类

（1）鸟类多样性特征。

崇明东滩鸟类自然保护区具有丰富的鸟类多样性。鸟类多样性具有如下特征。

崇明东滩是我国乃至亚太地区鸟类多样性丰富的区域。根据文献资料记录和近年来的调查，崇明东滩的鸟类有 290 种，约占我国鸟类种类总数的 1/5。崇明东滩丰富的鸟类多样性与其所处的地理位置密切相关。从南北纵向来看，崇明东滩所处的长江口区域位于我国东部沿海地区的中间位置，这个区域正位于亚太地区的候鸟迁徙路线上，每年春秋季节大量的候鸟在迁徙的时候经过上海地区；从东西横向来看，长江流域是东亚地区候鸟的重要越冬地，特别是越冬的雁鸭类等水禽的数量巨大，因此每年冬季有大量的候鸟在长江河口区域越冬。此外，该区域的气候条件也适应一些鸟类夏天在这儿繁殖，因此夏季可以见到很多繁殖的鸟类。这样，有的鸟类迁徙时经过崇明东滩，有的鸟类在崇明东滩越冬，有的鸟类在崇明东滩繁殖，还有一些鸟类一年四季都在崇明东滩生活。这使得崇明东滩有着丰富的鸟类多样性。

崇明东滩鸟类自然保护区具有大量的洲际迁徙候鸟。崇明东滩所处的长江口区域位于东亚－澳大利西亚候鸟迁飞区的中部，每年有大量候鸟迁徙途中将该区域作为迁徙驿站，在该区域休息或进行能量补充，为下一阶段的飞行做准备。崇明东滩近一半的鸟类种类为旅鸟，其中鸻鹬类是崇明东滩旅鸟的主要类群。这些鸻鹬类中的一些种类为洲际迁徙的候鸟，它们主要繁殖于俄罗斯的西伯利亚和美国阿拉斯加等高纬度地区，在澳大利亚和新西兰越冬，每年迁徙的单程距离可超过 10 000km。鸟类调查结果表明，在每年的迁徙季节，有 50 余种数十万只的鸻鹬类在崇明东滩停歇并补充能量[12]。

崇明东滩自 20 世纪 80 年代开始进行鸻鹬类的环志工作，目前环志的鸻鹬类数量超过 6 万只，为了解迁徙鸻鹬类从哪儿来、到哪儿去提供了重要数据。环志研究结果表明，崇明东滩的鸻鹬类来自美国、俄罗斯、日本、韩国、泰国、澳大利亚、新西兰等亚洲和大洋洲的 20 多个国家和地区。崇明东滩对于这些候鸟完成迁徙活动起着关键的作用。冬候鸟是崇明东滩的第二大鸟类类群，约占崇明东滩鸟类种类的 30%。每年冬季，有近 30 种数量数以万计的鸭科水禽在崇明东滩越冬。另外，在该区域越冬的白骨顶、黑腹滨鹬等鸟类的数量也可达万只以上。

保护区有多种水鸟数量达到国际重要湿地的 1% 种群数量标准。崇明东滩为国际重要湿地。根据"国际重要湿地公约"的标准，如果一个区域的某种水鸟数量达到该鸟类所在种群数量的 1%，则该区域在水鸟保护上具有国际重要意义。根据近年来的鸟类调查，崇明东滩至少有 11 种水鸟的数量达到东亚－澳大利西亚候鸟迁飞区的 1% 种群数量标准（表 8-1）。其中国家一级保护动物白头鹤是冬候鸟，每年 10 月下旬从北方迁来崇明东滩，第二年 3 月再回到北方繁殖，越冬期约为 5 个月。崇明东滩白头鹤每年冬季的数量维持在 100 只以上[1]。

表 8-1　崇明东滩鸟类自然保护区达到 1% 种群数量标准的水鸟及单次记录最大数量

鸟类名称	学名	最大数量	记录年份	1% 种群数量标准
白头鹤	*Grus monacha*	129	2006 年	10
花脸鸭	*Anas formosa*	8 000	2006 年	3 000
鹤鹬	*Tringa erythropus*	298	2006 年	250
大滨鹬	*Calidris tenuirostris*	3 051	2007 年	2 900
环颈鸻	*Charadrius alexandrinus*	2 237	2010 年	710
黑嘴鸥	*Larus saundersi*	110	2014 年	85
黑脸琵鹭	*Platalea minor*	97	2016 年	20
黑尾塍鹬	*Limosa limosa*	3 540	2016 年	1 400
黑腹滨鹬	*Calidris alpina*	10 876	2016 年	10 000
蛎鹬	*Haematopus ostralegus*	95	2017 年	70
罗纹鸭	*Anas falcata*	834	2017 年	830

在崇明生态岛建设的指标体系中,"占全球种群数量 1% 以上的水鸟物种数"为评价指标之一。崇明东滩鸟类自然保护区丰富的鸟类资源也使其成为崇明生态岛建设的重要区域,其水鸟种群状况反映了崇明岛湿地的保护与管理状况。

（2）鸟类主要栖息地类型。

崇明东滩鸟类自然保护区内鸟类的栖息地呈带状分布,沿着高程从低到高的方向,鸟类的栖息地可分为河口浅水水域、光滩、海三棱藨草带、芦苇带、栖息地优化区五种类型。

河口浅水水域,总体来看该区域的鸟类种类和数量均相对较少,主要分布的是鸥类、鸭类等游禽。这些鸟类在涨潮时在浅水水域休息,退潮后则到滩涂的光滩或植被带觅食。此外,水体中的一些水生生物也为这些鸟类提供了食物来源。

光滩,由于高程相对较低,每日淹水时间相对较长,高等植物无法生长,但底栖动物丰富。该区域是迁徙鸻鹬类的主要栖息地,每年的春季和秋季迁徙季节,大量鸻鹬类在光滩上觅食双壳类、甲壳类等食物资源,为其迁徙活动提供能量支持。

海三棱藨草带,是崇明东滩鸟类多样性最高的区域。一方面,植被较稀疏的区域有鸻鹬类栖息;植被较密集的区域是鸭类重要的觅食地。海三棱藨草的种子和球茎也是越冬鸭类、鹤类的重要食物。该区域滩涂上分布的腹足类、甲壳类等底栖动物也是鸻鹬类等鸟类的主要食物,潮沟内分布的鱼类也是鹭类的主要食物。

芦苇带,位于滩涂上高程较高的区域,大部分区域植被生长茂盛,是雀形目鸟类的主要栖息地。其中一部分雀形目鸟类为一年四季在此生活的留鸟,如震旦鸦雀,一部分鸟类为仅在此营巢繁殖的夏候鸟,如东方大苇莺,还有一部分鸟类是在此迁徙路过的旅鸟（如黄鹡鸰）或越冬的冬候鸟（如攀雀）。芦苇植物为这些雀形目鸟类提供了营巢地;植被中生活的无脊椎动物是雀形目鸟类的主要食物。

栖息地优化区,为了控制外来入侵植物互花米草的扩散,提升鸟类的栖息地质量,崇明东滩鸟类自然保护区管理处于 2008 年实施了"互花米草控制和鸟类栖息地优化"生态工程,建成了 24km^2 的栖息地优化区。该区域通过对水文和地形的人工调控形成了不同深度的开阔水域、芦苇植被、生境小岛及潮湿裸地等栖息地类型,为鸟类提供了多样的栖息地。近年来的调查表明,该区域已成为保护区内鸟类重要的栖息地,白骨顶等游禽在开阔水域栖息,震旦鸦雀、东方大苇莺等鸟类在芦苇植被带繁殖,黑翅长脚鹬、普通燕鸥、反嘴鹬等鸟类在生境小岛繁殖。该区域已成为保护区滩涂湿地的重要鸟类补充栖息地，提高了保护区的鸟类多样性水平。

8.3　保护区开展的保护工作及成效

8.3.1　互花米草治理与鸟类栖息地优化生态工程

治理外来入侵物种、修复受损土著生态系统，是保障我国国土生态安全的重要举措。互花米草原产于美洲大西洋东岸和墨西哥海湾，原本出于保滩除淤目的于 1979 年被引入中国，现已在从辽宁到广西的海岸带湿地中广泛分布，成为我国沿海潮滩中分布规模最广的入侵植物，其面积已超过 540km²。互花米草的入侵，显著改变了土著生态系统的生物多样性和生态系统服务功能，被我国政府列入首批 16 种最具代表性的入侵种名单。作为盐沼入侵植物，互花米草扩散后的生态负面作用极大，近年来，各级政府和科学家均认为有必要对其进行预防控制，对已入侵的种群进行有效治理，恢复受损土著生态系统的服务功能[6]。

崇明东滩鸟类国家级自然保护区是国际重要的迁徙水鸟栖息地，位于东亚–澳大利西亚候鸟迁徙路线的中段，是迁徙候鸟的重要驿站。自 1995 年在崇明东滩发现互花米草小斑块群落以后，互花米草在保护区形成了极其广泛的入侵局面；2000～2011 年，东滩保护区互花米草的分布面积增加了近 8 倍，至 2011 年面积已高达 1487hm²，分布区域扩散至保护区湿地的中部地带，特别是在东旺沙和捕鱼港区域的中、高潮滩中，大部分生境被互花米草占据，形成了较多大面积的单优势群落。互花米草在崇明东滩的入侵，侵占了海三棱藨草、芦苇等土著植物群落的分布区，特别是海三棱藨草群落的生存空间被不断压缩，甚至造成局部地区海三棱藨草群落的消失。海三棱藨草群落是迁徙水鸟在东滩的重要栖息地，该植物的球茎、幼苗、种子还是雁鸭类和鹤类等诸多鸟类的重要食物来源。互花米草的入侵，还堵塞了保护区湿地内的潮沟、减少了潮沟内鱼类和底栖动物的多样性、改变了潮沟的水文过程。由于这些生物和非生物环境条件的显著改变，保护区内迁徙鸟类的物种数量和种群密度明显下降[13]。

针对崇明东滩保护区面临的互花米草入侵、鸟类栖息地退化、土著植被萎缩等严重生态问题，为尽快控制互花米草严重扩张势头，稳定鸟类栖息地的生态质量和食物资源，国家林业局和上海市政府在复旦大学、崇明东滩保护区和华东师

范大学等单位的建议和策划下，于 2012 年批准启动了"上海崇明东滩鸟类国家
级自然保护区互花米草控制和鸟类栖息地优化工程"。该工程主要涉及三项任务，
一是互花米草的生态治理，二是鸟类栖息地的优化，三是土著植物种群的恢复。
工程于 2013 年 12 月正式开工，投资总额达 13.6 亿元；实施范围北自北八涵水闸、
南接东滩 98 大堤中部、西以东滩 98 大堤为界、东界以 2007 年 4 月互花米草集
中分布区外边界外扩约 100m 为限；工程总面积 24.19km^2。

根据复旦大学和华东师范大学等单位的前期研究成果，生态工程采用了物理
和生物方法为主的综合方案。在互花米草治理过程中，先在工程区外围新建了长
达 25km 的围堤，从空间上阻断了互花米草的继续扩张；随后通过刈割、水淹、
晒地等方式清除互花米草；然后主要通过生物控制法，采用替代种植、调节盐度
与水位控制等措施，达到长期控制互花米草入侵的目的。针对鸟类栖息地优化，
工程从有利于鸟类群落稳定、栖息地改造的可行性和工程成本等方面考虑，设置
了鸻鹬类主栖息区、苇塘区、雁鸭类主栖息区、鹤类主栖息区和科研监测管理
区，并通过在东滩 98 大堤内开挖环形随塘河，在工程区内补植芦苇等土著植物，
设置粗放型生态鱼塘等措施优化了鸟类栖息地。此外，该生态工程还同时支持了
潮间带滩涂土著植物海三棱藨草种群的重建与复壮任务，恢复地点为东旺沙涵闸
口外滩地。该生态工程为崇明东滩湿地乃至整个长江口区域后期开展建设规划、
生态化管理和可持续发展积累了较丰富的实践经验。

崇明东滩互花米草生态治理与鸟类栖息地优化工程即使在全球范围内也是十
分罕见的大型生态工程，该工程的实施达到了政府和全社会共同的预期目标。目
前，东滩保护区范围内，互花米草入侵态势已经得到了根本性扭转；保护区内形
成了广达 2000hm^2 的鸟类栖息地保护优化区，建成了长达万余米、相互连通的
骨干水系，营造了总面积近 18 万 m^2 的生境岛屿；东旺沙潮间带区域形成了约
15hm^2 的海三棱藨草恢复区，植被群落重建和复壮的效果明显。整个保护区内，
生态系统质量得到了明显改善，鸟类栖息地得到了较好恢复，鸟类种类和种群
数量显著增加（图 8-7）。该生态工程的实施，得到中央和社会各界的广泛好评；
2017 年 2 月 11 日被央视《焦点访谈》栏目专题报道；2017 年 11 月，在第三届
国际生物入侵大会上，崇明东滩互花米草生态治理工程的相关成果，作为全球入
侵种防控中国的国家性行动方案核心成果之一，在大会主展区进行重点推介。该
工程成果不仅为上海及长江口区域的湿地生态修复提供技术支撑，同时也为我国
及全球海岸带退化区生态修复和入侵生物治理提供了有力的示范样板。

图 8-7　崇明东滩生态修复区中栖息的国家二级重点保护动物小天鹅

8.3.2　海三棱藨草恢复生态工程

海三棱藨草是潮间带的先锋植物，在长江口湿地生态系统中具有不可替代的作用。海三棱藨草能够形成大面积的单优势种群，具有消浪促淤、保滩护堤功能。海三棱藨草每年产生的大量淀粉含量较高的小坚果和地下球茎，群落内的底栖动物也十分丰富，为栖息于此的水鸟提供了大量的植物性和动物性饵料；也为许多水生动物提供了产卵场所和栖息地[14]。然而，近 30 年来，受高强度互花米草入侵的影响，海三棱藨草分布面积锐减 70% 以上，种群的破碎化程度急剧增加，并且残留斑块还在不断受到互花米草的蚕食。这一趋势如果不能得到有效的遏制，海三棱藨草有可能走向整体灭绝，河口湿地生态系统也可能随之崩溃。

针对海三棱藨草种群的受损现状，崇明东滩鸟类自然保护区依托"上海崇明东滩鸟类国家级自然保护区互花米草控制和鸟类栖息地优化工程"，联合复旦大学、华东师范大学及上海市园林科学规划研究院等单位，启动了海三棱藨草恢复生态工程，从以下四个方面对海三棱藨草种群进行了系统性的保育和恢复：①海三棱藨草种质资源的就地保护，②海三棱藨草种群的种源扩增，③堤内修复区海三棱藨草种群的重建，④堤外海三棱藨草种群的恢复。

（1）海三棱藨草种质资源的就地保护。

保护区对海三棱藨草的分布情况进行了全面的实地调查，摸清了该物种的分布及种质资源现状、种群数量和生境指标的变化。收集海三棱藨草的种子与球茎并进行同质园栽培，建立了海三棱藨草的种质资源库。同时建立了一定面积的海三棱藨草保护示范区，对现有种群进行就地保护，为保护区海三棱藨草种群的整体恢复提供了种源。

（2）海三棱藨草种群的种源扩增。

为了缓解海三棱藨草种群恢复过程中的种源压力，保护区联合高校及研究院采用有性生殖（种子）、无性生殖（球茎）及组织培养三种途径对海三棱藨草种群的种源进行扩增。首先，设计了适合在自然生境移栽海三棱藨草球茎苗的器具，操作简易、对环境破坏小，并且降低了移栽成本；其次，基于已有研究经验，对海三棱藨草种子的萌发方法进行了改良，使得种子萌发率升高至90%，大大提高了出苗率。另外，还专门研发了适合海三棱藨草种群的组织培养技术，可实现种苗的规模化生产。以上器具、方法，以及技术的改良和创新大大增加了海三棱藨草有效种源的数量，为海三棱藨草种群的大规模重建奠定了基础。

（3）堤内修复区海三棱藨草种群的重建。

海三棱藨草是滩涂先锋物种，适合在裸露的滩涂上生长，在堤内修复区重建海三棱藨草种群是一个逆自然演变的过程。然而，通过人工干预创造适宜海三棱藨草生存的生境，不仅可以快速实现种群恢复，还可以为水鸟提供栖息地和充足食源。保护区根据复旦大学的前期研究成果，依托互花米草治理与鸟类栖息地优化生态工程实施生境改造，包括互花米草的根除（物理和生物方法）、土地翻耕（至少 2 次翻耕，深度达 60～80cm）及平整（落差＜5cm）、水位控制（淹水深度＜10cm），以及盐分调节（＜10‰）等，以满足海三棱藨草的生长要求。

基于前期对不同种苗生长特征的研究及示范区内对不同种苗和不同种植密度的种植成果，在堤内修复区推广种植时，保护区充分考虑了各种植区域的水位条件、各种苗对环境的适应能力及种植成本，配合不同的种植密度对海三棱藨草种群进行了因地制宜的重建。最后，在堤内修复区成功营造了 $15hm^2$ 的海三棱藨草恢复区，植被群落重建效果明显。

（4）堤外海三棱藨草种群的恢复。

为了避免对海三棱藨草的自然种群带来影响，堤外海三棱藨草种群的恢复主要依赖于自然扩张。考虑到入侵种互花米草的分布生境与海三棱藨草重叠，互花米草的竞争作用可能是限制海三棱藨草生长和扩张的主要因素。因此，海三棱藨草自然种群的恢复必须有效清除互花米草并防止其二次入侵。通过在互花米草生长旺季喷洒专一性的低毒高效除草剂，遏制了堤外互花米草的生长与扩张，从而使得海三棱藨草堤外自然种群的分布面积明显增加，海三棱藨草最远处已扩散至距大堤约400m的光滩前沿，在光滩前沿呈群聚型的散点状分布格局（图8-8），而在近大堤区域呈现出生长良好的均匀密集分布格局。

图 8-8　科研人员在堤坝外进行海三棱藨草种群恢复实验

　　海三棱藨草在长江口湿地生态系统中的重要性及目前所面临的威胁，使得这一物种的研究和保护工作在现阶段十分重要。保护区联合高校和科研单位摸清了海三棱藨草的分布现状和受胁机制，并采取措施对现有种群进行了就地保护；了解了该物种遗传资源的分布并建立了种质资源的科学评价体系；开发了针对该物种不同繁殖体的快速繁殖技术；最终，成功实现了海三棱藨草堤内种群的重建和堤外种群的复壮，并且形成了相应的技术规程与规范。这一生态工程与"上海崇明东滩鸟类国家级自然保护区互花米草控制和鸟类栖息地优化工程"相辅相成，是崇明生态岛建设的重要组成部分，不仅对崇明东滩和整个长江口湿地资源的保育具有重要的理论和实际意义，而且也对崇明生态岛建设的关键生态指标和生态健康的实现具有重要的现实意义。

8.3.3　崇明东滩生态修复区自维持管控

崇明东滩互花米草生态控制及鸟类栖息地优化工程（简称生态修复区）（图8-9）的主要施工内容包括：①围绕已被互花米草基本侵占的盐沼植被带修建一道长度达到26.9km的海堤（该海堤的主体部分已在2015年完成）；②利用"刈割＋水位调节"技术，清除新建海堤内的所有互花米草；③在新建海堤区域内，通过建设一个主要由水面和芦苇群落组成的半自然湿地（1858hm²），为主要保护鸟类创建不同类型的栖息地。至2016年12月，生态修复区的互花米草治理、鸟类栖息地优化及土著植被恢复的工程性工作都已基本完成。

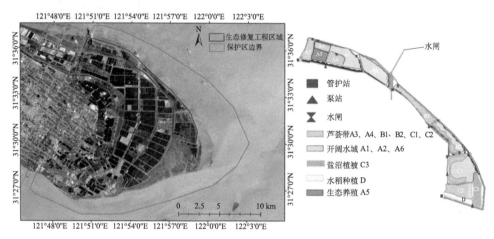

图 8-9　崇明东滩生态修复区位置图

为了维持生态修复区与河口自然环境的水、沙、生物资源交换，崇明东滩自然保护区拟通过4个大型水闸实现生态修复区"随塘河"水系与河口的联通；同时在生态修复区内部，根据不同类型栖息地需求，通过内部小型水闸实现二级生境的水文调度。目前工程区域的水源来自纳潮涵闸和自然降水，纳潮涵闸通过高潮位时开闸将半咸水纳入堤内的随塘河系统内。然而，如何通过涵闸调控半封闭生态修复区沼泽湿地与开放自然潮滩湿地的水、沙以及生物交换，避免产生涵闸淤堵及修复区内部水系、生态廊道阻隔、水环境恶化等严重后果，维持生态修复区的稳定性、确保其生态服务功能，是这一国内外具重大影响的超大型湿地修复工程成败的关键 [13]。

20多年来，许多国家认识到水文调控对于滨海和河口湿地生物资源恢复的重要性，欧洲和北美国家开展了相应的修复工程，来帮助或加快地域性生物群落和系统特征的恢复，他们常采用的办法多是通过开凿潮沟或破坏硬化海堤，恢复盐沼水文连通性，进而恢复河口鱼类、底栖生物、植物等生物种群。然而，崇明东滩生态修复区是一个非常独特的半自然湿地生态系统，它主要通过涵闸、水泵和人工调控进行水、沙和生物调控，与世界上其他湿地恢复区都不同，没有研究先例，缺乏可供借鉴的技术和成功经验。通过不断摸索和反复实践，形成了一套崇明东滩生态修复工程自维持管控方案，主要包括如下措施。

（1）适时实施开闸清淤，减缓闸口淤积。

目前，崇明东滩生态修复工程通过4个涵闸与河口进行水、沙、盐的沟通，并在涵闸外修建了引水渠。在自然状态下，闸口处会缓慢淤积导致涵闸堵塞无法使用，需要适时开闸冲淤。根据数学建模计算结果，建议至少每两个月开闸清淤一次。可在高潮位时开闸纳潮，将水蓄积在随塘河，低潮时开闸放水，闸下引水渠整体冲淤效果明显。

（2）科学计算二级生境生态需水量，实施合理调水。

根据水鸟对栖息地的需求，崇明东滩生态修复区被划分成若干个相对独立的二级生境，内部的水位、盐度等可以通过涵闸和内部泵站单独调控。由于不同的水鸟和湿地植物对水位和盐度在不同时间的需求不同，因此只有通过科学、合理的人工调控，才能满足不同生境的生态需水要求，从而为各类湿地植物和水鸟提供异质性生境。在进行水文调度过程中，应将生态修复区视为开放体系，综合考虑鸟类生境需水、降雨、湿地蒸发需水、土壤需水、植物生长及蒸散需水、随塘河自净需水、输沙需水等因素，综合计算修复区二级生境单元的生态需水量，提出修复湿地二级生境的水文时空调度方案，实现修复区湿地生态系统的自我维持。

（3）加强调控过程观测，研发关键调控技术。

为了能够更好地实现崇明东滩生态修复区的科学管控，必须要加强生态修复区生态调控过程中水文、水质、生物等生态要素时空变化过程的现场监测。研发崇明东滩生态修复工程涵闸水沙调控技术、水文调度技术、生物调控技术和综合管控技术等生态调控关键技术，为解决修复区涵闸水系淤积、生态廊道阻隔、系统自我维持等问题，确保修复区生态服务功能提供重要理论和技术支撑。

（4）研发生态修复区智能管控模型，提供科学管控方案。

将水动力模型和生态模型耦合，构建湿地生态系统智能管控模型，模拟和预测生态修复区在实施生态调控过程对生态修复区内及生态修复区以外自然潮滩各生态要素的影响过程和趋势。并基于此，提出崇明东滩生态修复区智能化精准调度和科学管理的最优管控方案，为崇明东滩这一国际超大规模生态修复工程实现科学管理提供支撑，为维持东滩鸟类栖息地稳定性、提升湿地生态功能提供有力的技术保障，为实现"鸟类天堂和鸟类自然博物馆"的目标提供科学保障，为全球沿海地区开展生态修复提供新理论、新方法和科学管理的新模式。

8.4　保护区面临的挑战及保护建议

8.4.1　面临挑战

最近几年来，崇明东滩鸟类自然保护区针对互花米草治理、土著植物定殖与复壮、鸟类栖息地修复等方面开展了卓有成效工作，在管护执法与保护设施建设等方面积累了大量成功的经验。然而，面对内外部复杂环境，保护区未来还将面临诸多新挑战，主要体现在如下方面。

（1）长江口区域的水沙变化剧烈，直接影响到崇明东滩鸟类自然保护区的冲淤态势。最近几十年来，长江上游水利工程建设和生态工程建设导致长江入海泥沙量急剧减少，长江口悬浮泥沙总量由 20 世纪 80 年代的每年约 4.6 亿 t 下降到 2010 年前后的每年约 1 亿 t，这大大改变了长江口滩涂湿地的淤蚀平衡。崇明东滩鸟类自然保护区是长江口滩涂湿地的主要分布区，受到长江口水沙变化的强烈影响，近年来滩涂湿地总体上呈现北淤南蚀的趋势，但未来滩涂湿地如何变化，仍有很大的不确定性。对保护区滩涂湿地的面积、分布和变化开展长期连续监测，是保护区亟待开展的一项重要任务 [15, 16]。

（2）长江流域发展带来的环境问题集中在下游河口区汇集，使得保护区的生态环境及其栖息地质量受到一定程度的影响。受长江流域特别是中下游长三角地区高强度的人类活动和快速经济发展的影响，长江河口区域出现水体污染和富营养化等环境问题；同时，近海和海洋环境不断变化，使得长江口区域的生态面临巨大压力。特别是长江口和近海区域的一些生活垃圾被潮汐作用搬运到保护区的滩涂湿地，并在近岸区域不断积累，直接影响到保护区的景观和生态环境质量 [4, 17]。

（3）外来植物互花米草在崇明东滩及附近区域仍有分布，要防范互花米草的二次入侵和种群扩张。尽管自然保护区的"崇明东滩互花米草治理和鸟类栖息地优化生态工程"取得了成功，鸟类栖息地质量得到明显提升，但由于保护区周边区域仍有互花米草的分布，且互花米草具有很强的扩散和定殖能力，可以通过潮汐和洋流从长江口附近区域及崇明东滩的周边区域扩散到保护区内，因此，保护区仍存在二次入侵和再次暴发的风险[16]。

（4）保护区的体制和机制和基础设施建设需要顺应新的国家保护地体系建设的要求和保护区发展的要求。当前国家正在建设以国家公园为主体、自然保护区为基础、各类自然公园为补充的中国特色自然保护地体系，上海市的崇明东滩鸟类自然保护区和长江口中华鲟自然保护区两区合并，给自然保护区的管理提出了新的命题。

（5）建设世界级自然保护区对保护区的精细化管理提出更高的要求。一方面，"崇明东滩互花米草治理和鸟类栖息地优化生态工程"形成了 24km² 的鸟类栖息地优化区，如何对该区域进行科学的管理，提高鸟类的多样性和环境容纳量，是保护区面临的新命题，没有可供借鉴的成熟经验；另一方面，保护区的自然滩涂区域的水文、地理、植被和生物多样性等一直处于动态变化之中，对这些环境因子和生物多样性开展长期的持续监测，并根据监测结果实施科学的保护和管理措施是保护区的核心工作内容[18]。

8.4.2　保护建议

为改善保护区各方面的条件，进一步增强保护区的能力建设，提出建议如下。

（1）按照国家保护地体系建设、国家级示范自然保护区建设和世界级自然保护区建设的要求，推进长江口国家公园建设，探索长江口国家公园管理的机制和体制。以保护区新一轮建设为契机，在保护区内建设长江河口湿地生态系统长期观测研究基地和长江河口湿地研究中心，深入开展高强度人类活动与全球环境变化的共同作用下长江河口湿地生态系统结构和功能的动态及规律研究，为保护区生态健康维持和生态风险防范提供决策依据。同时，对照保护区的总体规划的要求及崇明生态岛建设对保护区各类功能提升的要求，特别是针对保护区目前的基础设施无法满足开展中华鲟保护和管理这一迫切需要解决的问题，加强保护区的码头、巡护船只、办公场地和科普展示场馆等基础设施的硬件建设，提升保护区的保护、管理和宣教能力，特别是保障保护区针对中华鲟开展保护、管理和执法等日常工作。

（2）不断推进保护区针对关键保护对象的长期调查和监测工作，为保护区的科学管理提供依据。第一，要围绕"崇明东滩互花米草治理和鸟类栖息地优化生态工程"实施后的生态环境变化，一方面密切监测生态优化区内鸟类多样性的变化，为评估生态工程的长期效果提供科学依据，同时结合不同季节、不同类群鸟类的栖息地需求，从水文调控、植被配置、地形塑造、水生生物管理等方面制定鸟类栖息地优化区管理规程，实施针对性的管理举措，提升鸟类多样性水平。第二，自然滩涂湿地是自然保护区开展保护和管理工作的重点。保护区要加强对滩涂湿地鸟类多样性和湿地生态系统的动态监测，探讨长江河口区域生态环境变化对鸟类多样性和湿地生态系统的多重影响，提升滩涂湿地的质量，为鸟类提供适宜的栖息地。第三，组织开展中华鲟的调查监测工作，查清中华鲟在保护区及周边地区的种群数量、分布、季节动态及受胁因素等资料，为开展中华鲟的保护和管理工作提供依据。

（执笔人：吴纪华、马志军、聂明、鞠瑞亭、赵斌、傅萃长、李博、袁琳）

参考文献

[1] 徐宏发，赵云龙. 上海市崇明东滩鸟类自然保护区科学考察集. 北京：中国林业出版社，2005.

[2] 马云安，马志军. 崇明东滩国际重要湿地. 北京：中国林业出版社，2006.

[3] 徐炳声. 上海植物志. 上海：上海科学技术文献出版社，1999.

[4] 蔡友铭，周云轩. 上海湿地. 上海：上海科学技术出版社，2014.

[5] 左本荣，陈坚，胡山，等. 崇明东滩鸟类自然保护区被子植物区系研究. 上海师范大学学报（自然科学版），2003，32（1）：77-82.

[6] Li B，Liao C，Zhang X，et al. *Spartina alterniflora* invasions in the Yangtze River estuary，China：An overview of current status and ecosystem effects. Ecological Engineering，2009，35（4）：511-520.

[7] 宋慈玉，储泰江，盛强，等. 长江口盐沼分级潮沟系统中大型底栖动物群落结构特征. 复旦学报（自然科学版），2011，50（3）：253-259.

[8] 陈中义，傅萃长，王海毅，等. 互花米草入侵东滩盐沼对大型底栖无脊椎动物群落的影响. 湿地科学，2005，3（1）：1-7.

[9] Jin B，Fu C，Zhong J，et al. Fish utilization of a salt marsh intertidal creek in the Yangtze River estuary，China. Estuarine，Coastal and Shelf Science，2007，73（3-4）：844-852.

[10] Jin B，Qin H，Wu J，et al. Nekton use of intertidal creek edges in low salinity salt marshes of the Yangtze River estuary along a stream-order gradient. Estuarine，Coastal and Shelf Science，2010，88（3）：419-428.

[11] Jin B，Xu W，Guo L，et al. The impact of geomorphology of marsh creeks on fish assemblage in Changjiang River estuary. Chinese Journal of Oceanology and Limnology，2014，32（2）：

469-479.

[12] Ma Z，Wang Y，Gan X，et al. Waterbird population changes in the wetlands at Chongming Dongtan in the Yangtze River estuary，China. Environmental Management，2009，43（6）：1187-1200.

[13] 汤臣栋. 上海崇明东滩互花米草生态控制与鸟类栖息地优化工程. 湿地科学与管理，2016，12（3）：4-8.

[14] 欧善华，宋国元. 海三棱藨草的形态、分布与资源. 上海师范大学学报（自然科学版），1992，21（增刊）：4-9.

[15] 李希之，李秀珍，任璘婧，等. 不同情境下长江口滩涂湿地 2020 年景观演变预测. 生态与农村环境学报，2015，31（2）：188-196.

[16] Du J，Yang S，Feng H. Recent human impacts on the morphological evolution of the Yangtze River delta foreland：A review and new perspectives. Estuarine，Coastal and Shelf Science，2016，181：160-169.

[17] Yuan L，Ge Z，Fan X，et al. Ecosystem-based coastal zone management：A comprehensive assessment of coastal ecosystems in Chongming Dongtan coastal zone. Ocean and Coastal Management，2014，95：63-71.

[18] 马志军. 栖息地保护对鸟类保护的重要性. 生物学通报，2017，52（11）：6-8.

第九章

崇明灾害发生与防护

崇明岛面临的灾害问题主要包括水资源安全、防洪、海岸侵蚀及风暴潮等。本章从崇明岛淡水资源安全、海岸侵蚀防治、风暴潮防护等方面，详细阐述上述灾害发生的历史、现状，以及尚存在的问题。结合上海市城乡发展规划与海堤规划布局，提出保障崇明岛淡水资源安全、防治海岸侵蚀、防护风暴潮的措施和建议，以期为在未来系统解决崇明岛面临的灾害问题提供科学参考。

9.1　淡水资源现状、安全风险与防灾措施

2010 年以前，上海城区用水主要取自黄浦江，崇明岛用水取自岛上内河，水质差，水量不足。2010 年以后，上海的用水主要取自长江口水源地，青草沙水库和东风西沙水库的建成为上海城区、浦东新区和崇明岛提供了优质原水。从长江口水源地取水的主要风险为枯季盐水入侵，尤其是北支盐水倒灌进入南支所产生的影响。通过北支整治工程、加强现场监测和开展盐水入侵数值预报，可减轻盐水入侵灾害和提升淡水资源安全保障。

9.1.1　环岛淡水资源现状

崇明岛位于长江河口，是我国第三大岛，是上海 21 世纪可持续发展的重要

战略空间，将建设成为优美的生态岛。要把崇明岛建设成生态岛，突出的问题之一是要解决淡水资源问题。在 2014 年东风西沙水库建成以前，崇明岛的淡水取自岛内的河流，而河流中的淡水主要来自长江。崇明岛内地势低平，河网密集，具有独立水系。岛内河道纵横（图 9-1），有 2 条段市级河道环岛运河南横引河和北横引河，长 180.68km。其中，环岛运河由南横引河和北横引河组成。区管河道 28 条段，总长度 357.40km。镇（乡）管河道 703 条段，总长 1728.07km。村级河道 15 168 条段，总长 6765.93km[①]。崇明岛水厂主要有崇西水厂、城桥水厂、堡镇水厂和陈家镇水厂，位于南横引河的不同位置。北横引河附近区域，以水产养殖区和种植区为主。区级河道附近区域，以农业种植区和少量村镇为主。长兴岛河流主要为马家港，横沙岛河流主要为创建河（图 9-1）。

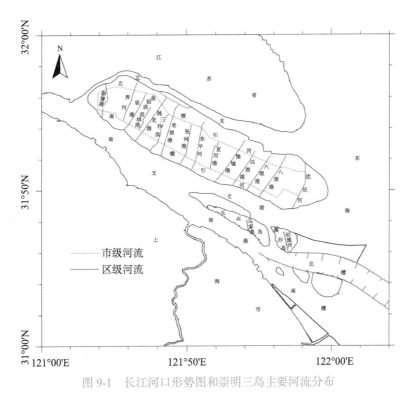

图 9-1 长江河口形势图和崇明三岛主要河流分布

因此，崇明岛的淡水资源取决于能否从长江取水，长江取水又受控于长江河口盐水入侵的程度。崇明岛北侧和西侧面临北支，南侧面临南支，东侧面临东海，枯季的盐水入侵常使崇明岛四周被盐水包围。枯季长江河口盐水入侵是

---

① 资料由崇明区水文站提供。

影响崇明岛淡水资源利用的根本原因。历史上严重的盐水入侵事件屡有发生，如 1978 年 12 月至 1979 年 4 月、1998 年 1 月至 1999 年 3 月长时间极低长江径流量，在长江河口发生了严重的盐水入侵事件，给崇明岛生产和生活造成了严重影响[1, 2]。

2010 年以前，上海用水主要取自黄浦江，水质差，水量不足，为典型的水质性缺水城市。要解决上海的用水难题，需要在长江口建设避咸蓄淡水库。长江河口为一特大型分汊河口，径流量巨大，淡水资源丰富。青草沙水库于 2010 年建成，有效库容 $4.35 \times 10^8 \mathrm{m}^3$，日供水量 $7.19 \times 10^6 \mathrm{m}^3$，受益人口 1300 万[①]。青草沙水库面积大约为西湖面积的 10 倍，是世界上最大的河口水库。东风西沙水库位于崇明岛西南侧的长江南支中，与崇明岛之间有一夹沟，涨潮时淹没，落潮时出露。在该夹沟东西两端建堤，建成东风西沙水库。东风西沙水库环库大堤总长度 12 008m，包括新建东堤 1220m，加高加固南堤 4798m，新建西堤 2352m，加高加固崇明大堤（北堤）3638m，围合形成一座有效库容 890.2 万 m^3、总库容 976.2 万 m^3 的水库，最高蓄水位 5.65m。工程设计近期（2020 年）供水规模为 21.5 万 m^3/d，远期（2035 年）供水规模为 40 万 m^3/d。东风西沙水库工程于 2011 年 11 月开工，2014 年 1 月 17 日东风西沙水库正式实现了通水。目前崇明岛工农业和居民用水水源，均来自东风西沙水库，崇明岛 70 万人受益，淡水资源的安全得到了极大提升。上海约 80% 用水取自长江口水源地，随着长江口避咸蓄淡水库的运行，通过东风西沙水库、陈行水库和青草沙水库，提升和保障了上海淡水资源的安全。

流域系列重大水利工程改变径流量，从而影响长江河口盐水入侵。南水北调工程东线和中线已运行，二期工程各调水 $800\mathrm{m}^3/\mathrm{s}$。该工程跨流域调水使长江入海径流量减少，加剧河口盐水入侵，不利于河口淡水资源利用[3]。长江三峡水库从 9 月初开始蓄水，至 10 月底蓄水至 175m，其间入海径流量减小。1～3 月份蓄在水库中水下泄，增加入海径流量，量值约为 $1700\mathrm{m}^3/\mathrm{s}$。三峡水库的季节性调节径流量，使得长江河口盐水入侵 9～10 月份增强，1～3 月份减弱，总体上盐水入侵频率增加、时间拉长[4]。长江上游的梯级水库群同样具有季节性调节径流量的作用，且量值大于三峡水库，需要关注它们对长江河口盐水入侵和淡水资源的影响。

---

① 资料由上海勘测设计研究院有限公司提供。

9.1.2　安全风险

河口是河流淡水和海洋咸水交汇的区域，盐水入侵是河口的一个普遍现象，是影响淡水资源的主要因素。在长江河口，盐水入侵主要受径流量和潮汐的控制 [1, 2]，但也受风、地形、流域和河口工程 [2]，以及海平面上升的影响。发生在长江口盐水入侵最突出的现象是枯季大潮期间北支盐水倒灌进入南支（图 9-2），对东风西沙水库、陈行水库和青草沙水库取水和上海市淡水资源安全构成重大威胁 [1, 2, 5]。自 20 世纪 50 年代以来，北支的自然演变和潮滩的人为圈围，导致北支上段变为几乎垂直于南支，而北支下段变成为喇叭口形状。北支河势的演变阻碍了径流进入北支，尤其在枯季，导致北支潮差大于南支 [1]。北支巨大的潮差产生了显著的水平环流，即低径流量大潮期间北支净向陆流动，进入南支后向海流动。这个余输运就是形成北支盐水倒灌进入南支的成因 [2]。由于落潮期间北支上段大片滩涂露出水面，大潮涨潮期间从北支进入南支的盐水只有小部分退回到北支。倒灌进入南支的盐水在径流作用下向下游输运，在随后的中潮和小潮期间到达南支的中下段，影响陈行水库和青草沙水库。东风西沙水库、陈行水库取水口的盐水全部来自北支盐水倒灌。青草沙水库取水口的盐度则来自北支倒灌和北港向陆的盐水入侵 [1, 2]。

水库具有蓄水功能，当取水口出现淡水时，开闸或开泵取水；当取水口受盐水入侵影响盐度超标时，关闸停止取水。若长江口盐水入侵严重，青草沙水库和东风西沙水库不宜取水的时间超过了水库可持续供水的时间，则库内水量用尽，库外无淡水可取，将造成严峻的局面，影响上海中心城区和崇明岛用水安全。因此，库容的大小、日供水量及水库最长不宜连续取水天数对供水安全均是重要的参数。河口海岸学国家重点实验室盐水入侵研究组基于长期研发的河口盐水入侵三维数值模式 [3]，采用 1978～1979 年典型水文年（径流量保证率 97%），在综合考虑三峡工程、南水北调工程和沿江引排水对径流量修正的基础上，得出了青草沙水库和东风西沙水库最长不宜取水时间分别为 68 天和 26 天 [5]。这个涉及库容设计和趋势安全的关键参数已在水库设计和建设中采纳。随着海平面上升，以及未来若出现极端低径流量、不利的持续强北风，有可能造成青草沙水库和东风西沙水库最长不宜取水天数超过 68 天和 26 天，对上海中心城区和崇明岛淡水资源供应造成严重安全风险。

9.1.3　防灾措施

应对崇明岛淡水资源安全的防灾措施包括如下几条。

（1）加强北支水文和盐度的观测，加深水动力过程和盐水入侵的了解，进一步加深北支盐水倒灌动力过程和机制的掌握，提高北支盐水倒灌的计算精度。

（2）北支整治，如下段缩窄、上段建闸，减轻北支盐水倒灌进入南支。

（3）应用先进的长江河口盐水入侵三维数值模型，结合长江河口盐度自动监测网络，开展盐水入侵的数值预报，确保东风西沙水库和青草沙水库取水安全。

（4）东风西沙水库和青草沙水库运行的合理调度。基于用水情况、径流量大小和潮型，以及盐水入侵数值预报结果，科学合理调度水库运行，当预测有严重盐水入侵来临时将水库水位蓄至安全水位，确保供水安全。

（5）降低崇明岛淡水资源安全的风险，包括控制水库库内藻类生长保证供水安全、杜绝上游及周边的工业园区排污口排污造成的水质污染、控制长江运输船只排污造成的水质污染等。

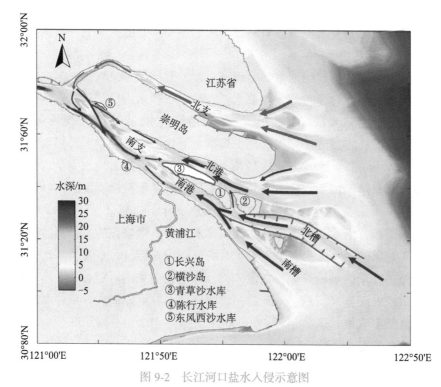

图 9-2　长江河口盐水入侵示意图

注：红色箭头表示北支盐水入侵，黑色箭头表示南支盐水入侵

9.2　海塘建设历史及现状、风险与防护措施

9.2.1　环崇明岛海塘建设历史及现状

崇明岛早在公元 618 年就出露于水面，形成长江河口南通狼山附近的东沙、西沙，古有渔樵者居住停留。在唐中宗神龙初年（公元 705 年）设西沙为崇明镇[6]。崇明岛自发育至今，近 1400 年的演变历史中，因长江入海主泓变迁、洪水作用频繁，以及受河口强劲潮流、台风与风暴潮影响，沙洲涨坍多变，崇明县城经历五迁六建。故崇明岛虽处于河口中央，却备受沙洲游荡之苦，江海洪灾之困。自有居民定居以来，崇明岛以修堤护岸作为要事。1000 多年的崇明岛形成、发育与演变也是一部构建海堤防浪护岸的历史。

民国《崇明县志》（1924 年出版）："邑当江海之冲，洪流激荡，堤防不固，灾即乘之"。故邑人以水为命，而必依堤为障也。崇明岛频繁经受潮灾记载始于 1299 年，护岸构筑不迟于 1305 年[7]。崇明护岸工程主要包括堤防工程和保滩护岸工程，即通常所说的海塘工程[6]。

1. 堤防工程

堤防工程主要包括海堤与堤防绿化工程。根据历史记载，在 1593 年左右，当地知县孙裔在吴家沙修筑海堤用来抵御海潮。随后，知县卢复元在新镇、吴家沙、孙家沙、袁家沙到响沙、南沙等地构建长 25km 的北洋沙堤。在 1645 年崇明知县刘伟于平洋沙、东大阜沙交界处修刘工坝。1655 年知县陈慎进一步在此处筑约 4.5km 的文成坝。1762 年知县赵延健修建了长约 50km 的赵公堤，一处自北而东，由东三沙到十漖，离海 2～3km，另一处自西向南，经平洋沙到蒲沙套以东。1838 年再筑平安沙坝。在 1906 年自杨家沙到惠安沙构建长 44.8km 的杨惠沙坝。

民国期间，在西成乡北部与太平竖河间重建土堤。1935～1946 年，先后修补城南和协平乡沿岸江堤、青龙港口江堤、城北富农乡江堤。截止到 1949 年，崇明岛共有江堤与海堤 178km，除城桥、堡镇江堤堤顶高程为 6m，堤面宽 3m，内坡 1∶1.5，外坡 1∶2[8]。在此期间修建的工程相对简陋粗糙，单薄矮小，难以经受风暴冲击。解放后至今的海堤则主要是培修、加高及重建，主要分为如下"六三"、"七四"、"八五"及"达标"四个阶段（图 9-3）。

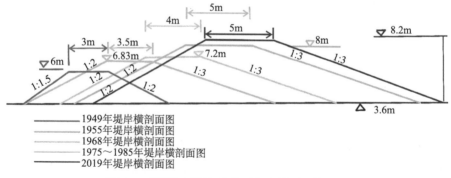

图 9-3　崇明岛不同年代典型堤岸横剖面结构图

　　第一阶段是"六三"海堤。在 1949 年 7 月 25 日崇明受灾后，当地政府抢修海堤。1950～1952 年，南沿 80% 的堤顶高程达到 6.48m，20% 的堤顶高程达到 5.82～6.12m，面宽 3.5m 左右[6]。1955 年进一步加修堤岸，堤顶高程达到 6.83m，外坡 1∶3，内坡 1∶2。自解放后的 10 年，崇明总共修筑护堤工程 107.96km。1959～1963 年，崇明岛环岛 212.94km 堤岸都进行了培修，堤顶高程达到 7.2m，堤顶面宽 3.5～4m[6]。

　　第二阶段是"七四"海堤。1968～1971 年，依据 1968 年设定的所谓"四统一"圈围的堤顶高程 7.2m，顶宽 4m，外坡 1∶3，内坡 1∶2 的标准培修海堤[8]，如 1971 年冬老鼠沙即根据此标准培修海堤。

　　第三阶段是"八五"海堤。根据沿江海堤统一标准，堤顶高程需达 8m，面宽 5m，外坡 1∶3，内坡 1∶2，1974～1977 年，崇明岛进一步培堤 187.6km，完成土方 579.22 万 m³，使全县沿海一线海堤大部分达到"八五"标准。

　　第四阶段是"达标"海堤。这主要是指在"八五"海塘的基础上采用混凝土护坡，加上白色堤顶保护工程，使海塘工程防洪标准提高到 100 年一遇，在 12 级台风正面袭击（南门、堡镇、新河地区）和 11 级台风正面袭击时，海堤都不会受损。自 1998 年以来，南沿已建混凝土达标海堤 101.68km[9]。截至 2019 年，崇明海堤总长 193.87km（图 9-4），基本为"达标"海堤。

　　除堤防工程外，崇明岛居民还会利用植被挡风保堤，即朴素意义的堤防绿化。解放前，崇明岛地势较高区域环岛种植少量柳树、桑树，内平台和内堤坡种植农作物。解放后，则在堤内内坡和平台种植草皮，随后种植树木，外坡则种植芦竹。1963～1965 年，崇明岛政府发起种植刺槐和芦竹。例如，在南沿向化、庙镇东、堡镇西等区域堤内内坡先后种植刺槐 4000 株、3000 株及 2000 株，树行距和株距都是 1m。1965～1985 年，崇明岛一线江、海堤内青坎总面积

171.43hm²，种植水杉 19.3hm²、杂树 2.8hm²、芦竹 34.47hm²、柳树 54.67hm²；内坡总面积 167.65hm²，种植水杉 41.16hm²、杂树 36.25hm²、芦竹 63.19hm²；堤外坡及外平台面积 162.24hm²，种植水杉 5.04hm²、芦竹 118.75hm²。而 1986～2001年，全县提防绿化面积高达 702.28hm²，种植树木 1 006 961 株。南沿主要种植池衫、水杉、柳杉；北沿种植欧美杨、苦束、刺槐、白蜡等。截止到 2018 年，崇明种植的水杉高达 5m 以上，环岛绿色堤防进一步得到加强。

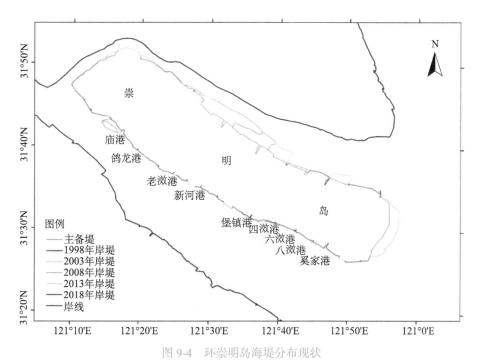

图 9-4　环崇明岛海堤分布现状

2. 保滩护岸工程

要护堤，先保滩。崇明当地居民较早就认识到滩地的重要价值，围绕海堤如何抵御海潮灾害先后提出构建丁坝、护坎、护坡及滩涂种青等软硬工程。在 1894年，崇明岛就有关于南门港到青龙港之间兴建大树坝、青龙坝、朝阳坝的记载，这是该岛最早的丁坝。到 1949 年解放前夕，崇明先后建造丁坝 23 道[6]。丁坝多以底部沉柴排，排上抛块石，形状呈丁字形，同时也有少量三角形木桩夹石坝。由于年代较久且很少维修，大部分丁坝淤废或遗弃。

解放后，崇明重点维修堡镇、南门东西一带的 23 道丁坝[6]。1960 年则投资新建丁坝，其结构形式主要包括沉排抛石干砌块石护面、钢筋混凝土桩板式、底部沉柴排抛石等。1960 年沉柴面积 18 334m² [6]，其中修筑的坝根高程为 4.48～3.8m，坝头高程为 2.5～0m，坝身平均长 127m，最长 438m，最短 30m。1960～1984 年，共新建丁坝 188 道，长 24.70km，维修丁坝 417 次，沉柴面积 53 155.5m² [6]。

目前崇明丁坝极大部分为柴排护底，抛石坝身、干砌块石护面。丁坝长短根据崇明不同地势而有差异，潮间带宽广的丁坝在 500m 左右，相对较窄的潮间带丁坝不到 50m，坝头高程高于滩地约 2m，坝顶宽度 1.0～1.5m，边坡 1∶1.5～1∶2，坝距通常为坝长 3～7 倍。丁坝安置方向是指向流速小的一面，以减少冲刷和坝头冲刷坑的深度。以落潮流为主的位置，丁坝挑向下游，涨潮流为主的新桥水道及北支，丁坝挑向上游（图 9-5、图 9-6）。

图 9-5　丁坝典型图

图 9-6　丁坝设置方向

护坎与护坡工程是保滩护堤的有效工程。清末，在崇明南沿堡镇与南门港一带构建护坎，仅仅在土坎外抛乱石。据统计，解放前崇明有块石护坎 1313m [6]。

1953 年开始维修与新建护坎，短短 5 年先后构建了块石护坎 2996m，维修护坎 862m[6]。自 1959 年开始，崇明逐年选择险工地段新建护坎。护坎基本包括干砌块石、柴排抛石等结构形式，护坎顶标高一般是 3.6～4m，坎脚标高为 1.1～1.6m[6]。与护坎对应的还有护坡工程，早在 1891 年，崇明就兴建护坡工程，自南门港到青龙港有双桩块石护坡。1927 年构建堡镇南岸护坡工程。1949 年后，崇明县逐年增建护坡，包括干砌块石护坡、浆砌块石护坡及混凝土块护坡等。1950～1959 年，新建护坡 4241.4m，工程集中在堡镇和城桥地区，主要为干砌石护坡。1961～1964 年，护坡面向全县海堤地段，新建护坡 15 531.6m，1970～1989 年新建护坡 26 766.8m，1981～1983 年新建护坡 5944.4m，1986～2001 年，共建护坡工程 15 408.6m[6]。

此外，崇明也开展了滩涂种青以缓冲海潮灾难和加速滩涂淤积。在 1926 年，长江口永隆沙淤涨时，当地政府就对其测量并雇工种青。新中国成立后，政府规定堤身及堤外滩地 50～100m，堤内 5～10m 严禁破坏堤身、任意放牧。从 1971 年开始，当地政府持续进行种青，包括芦苇、丝草等。

总体而言，崇明海塘工程和台风或风暴潮密切相关。解放前崇明海塘工程主要聚集在崇明南沿人口聚居区，同时针对岸滩崩塌或后退为主的区域。解放后，则着重全面抵御台风，而且是每 10 年提高 1 个档次；每逢强台风如 1974 年台风，1997 年台风，就提高海堤标准。崇明环岛经历了纯土石大堤、土质大堤和块石护坡相结合、土质大堤和混凝土护坡相结合，逐步形成由单纯工程措施、工程与生物措施相结合的大堤。

(a) 护坎　　　　　　　　　　　　　　(b) 护坡

图 9-7　崇明典型护坎和护坡

图 9-8　滩涂种青

9.2.2　环崇明岛海塘潜在风险

　　崇明岛是长江流域带来丰沛泥沙在口门沉降堆积而成的冲积岛，容易冲刷，难于沉积堆高。因而，崇明岛整体地势西北和中部略高，西南和东南略低，地面高程基本在 3.5～4.0m（图 9-9）。构建在低洼地势上的海塘，不仅面临来自海潮侵袭风险，也有自身结构稳定及海塘沉降等潜在风险，在此分述如下。

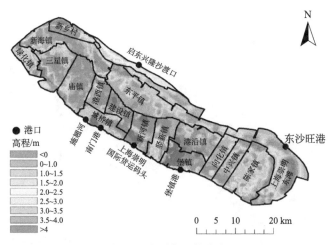

图 9-9　崇明岛地势状态

1. 地面沉降

地面沉降风险作为主要的地质灾害很可能影响崇明岛的地形地貌。目前整个上海地貌沉降保持在 6mm/a。崇明岛属于长江入海河流冲积而成的沙岛，其滩涂多属于粉砂淤泥质而易被压实沉降。据陈勇等[10]监测发现，崇明岛西侧岸段处于抬升状态，崇明岛南侧则缓慢沉降，易使地面和地下建筑物遭受巨大破坏，危及稳定安全。此外，大规模地下水开采将引起地面下沉，并可能造成刚性混凝土海堤开裂，进而影响堤防稳定性。

2. 滩涂侵蚀

崇明环岛滩涂是崇明岛抵御台风灾害的第一道屏障，同时也是保护海堤防止堤脚被侵蚀而溃堤的缓冲。崇明岛环堤 −5m 水深以浅的滩涂面积相当于一个崇明岛，而海堤外 0m 以浅的潮间带面积约 425km² [11]。然而，根据 2013～2016 年的崇明滩涂冲淤对比（图 9-10）发现，除青龙港和庙港等崇明西北和西南部分区域滩涂出现明显淤积，其他区域基本处于冲淤平衡状态，在崇明东滩局部则出现略

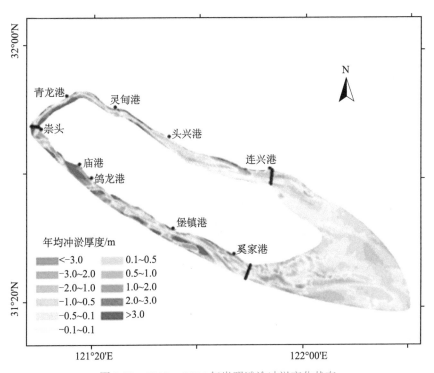

图 9-10　2013～2016 年崇明滩涂冲淤变化状态

微侵蚀的局面。如考虑上游泥沙物源，过去长江入海泥沙年平均达 4.2 亿 t 之多，在 2003 年三峡大坝开始蓄水以来，长江入海泥沙出现阶段性下降，到 2010 年入海泥沙已经不足 1 亿 t [12]，加上未来海平面每年上升 3～5mm，环岛滩涂将会有更多滩涂由淤转冲并可能出现侵蚀局面。这种在当前入海泥沙急剧减少和未来海平面上升情景下的滩涂变化状态，必将严重影响海堤的稳定，进而放大风暴潮侵袭崇明岛风险，故需要对环崇明大堤的防汛能力进行重新评估。

3. 海塘结构及堤高设计

崇明岛海塘经历了"六三"、"七四"、"八五"和达标海塘建设，堤顶高程达到 8.0m、顶宽 5.0m、外坡 1∶3、内坡 1∶2。海塘到目前主要是土质大堤和混凝土护坡相结合。然而，因为地面沉降（图 9-11），只有庙港、城桥及新村乡等堤高超过 8m，大部分海塘堤高小于 7.5m，在堡镇附近还有部分位置堤高小于 6m。其中，北四滧－北堡水闸、北湖东堤、庙港北闸－界河北闸、界河老西支堤等海塘设计为 50 年一遇标准，其他基本为 100 年一遇标准。同时海塘结构工程强度不足，新建海塘主要采用砂性土筑堤，堤身结构以吹泥（砂）管袋为内外棱体、中间吹填堤芯砂，外坡以灌砌块石、异形块体、栅栏板等形式消浪护面，堤顶设

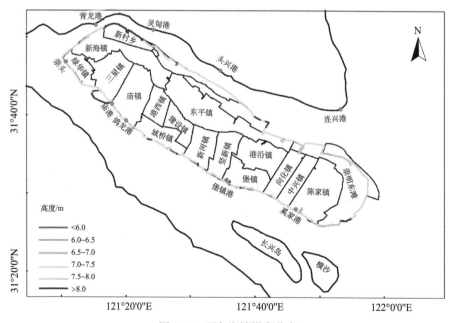

图 9-11　环岛海塘堤高分布

防浪墙，内坡通常以草皮护坡。新建海塘如果外坡发生损坏，内坡受到阻冲、充填袋破损或反滤层破裂、管袋破损，一旦遭遇风暴潮或台风作用，海塘发生溃堤的概率要超过老式海塘，其潜在风险很大。同时，护面下的反滤缺陷和堤身沉降发展，堤身土方易流失，则堤身会形成内部空洞。此外，现有堤防外坡、堤顶及堤身稳定性并没有达到 2013 年上海市政府批复的海塘规划标准，堤身受损及抵抗越浪水流冲击能力较弱，如遭遇 100 年一遇大浪，堤身恐难以抵御高能量袭击而引起自身受损。1997 年 11 号台风"芸妮"袭击崇明，南沿 112.033km 的一线海塘首当其冲，受损 99 处，长 19.0km；护岸工程受损 43 处，长 18.5km；护坎、丁坝、顺坝均遭到不同程度的损坏，全线防洪工程处于"百孔千疮"的状态。普遍小于 8m 的堤高，更难抵御百年一遇加 11 级大风的侵袭。

4. 海平面上升与风暴潮

据《2018 年中国海平面公报》，我国自 1981 年以来沿海海平面具有明显上升趋势。上海及长江口邻近地区在 2001～2010 年平均海平面分别较 1991～2000 年、1981～1990 年平均海平面上升约 14mm、47mm。如考虑地面沉降及河口冲刷等，2030 年长江口吴淞区域相对海平面将上升 10～16cm。如设置 2030 年海平面上升情境下的崇明岛环岛水位模拟，结果显示届时崇明岛水位将上升 4～6cm。海平面的上升无疑将淹没潮滩，且增高波浪越堤和破坏海塘稳定的风险。

全球变暖导致海平面上升，同时也相应增加风暴潮的频率和强度。据1999～2012 年 CMA 热带气旋最佳路径数据集分析，上海在 5～10 月受热带气旋影响 37 次，平均每年约 2.6 次，近 20 年以来崇明影响堡镇站的 15 次台风有 4次增水超过 1m，100 年一遇最高设计潮位超过崇明岛海塘提防设计的 8.m 顶高。同时，在 2018 年先后有台风"安比"、台风"云雀"、台风"温比亚"直接在上海登陆，其中台风"安比"更是直接在崇明岛陈家镇登陆，这表明台风对崇明岛有着重要影响，海塘稳定与安全需要全盘考虑。

5. 海塘违规或违禁行为

"千里之堤，溃于蚁穴"。海塘是保护崇明岛抵御各类洪灾的屏障。然而，目前崇明岛海塘堤面宽 5m 多，车辆可自由出入和自由停放，部分超载车辆将导致堤顶道路破损。在有河道进出环岛水域的地方，如庙港、鸽龙港、三沙洪、老滧港、张网港、东平港、新河港、堡镇港、四滧港、六滧港、八滧港及奚家港都有水闸相连，同时一线海塘外也经常有船只停泊，部分船只，往往是无证、无牌，且具规模，有的还在船上开店营业并被船民当作固定的家，船民上岸时挡浪墙成为船民障碍物，船民就图方便而直接在挡浪墙边打木桩，竖爬梯，这亦在一定程度影响海塘防洪。

9.2.3　环崇明岛海塘防护措施

崇明岛是长江入海口的河口冲积岛，地势相对低平，平均高程基本在 3.5m 以下。因而在每年夏季台风、冬季风暴潮作用影响下，海岛滩涂冲刷、岸堤破损时有发生，严重威胁岛内人民群众的人身财产安全。环岛堤防是保护崇明岛居民人身财产、社会稳定和经济发展的关键所在。伴随未来海平面上升和持续上升的风暴潮及台风影响，环崇明岛海塘防护措施应未雨绸缪，预先做好相关措施及对策，从而最大限度地避免海岛遭受海潮等的影响。

（1）提高海塘自身防汛能力。

海塘自身防汛能力是保障崇明生态安全的核心。当前崇明岛海塘普遍没有达到设防堤高（8.5m），如按照上海市关于防汛墙的规划及崇明岛的今后定位，则应将崇明岛南沿海塘标高提高到 8.5m，崇明岛北沿人口相对较少且多滩涂，则可将海塘标高提高到 8.0m，以能抵御 200 年一遇高潮位叠加 12 级台风的影响。同时，对于海塘自身结构，进一步将先前土质大堤及海塘和水闸相连部位改建为钢筋混凝土相关结构以增强海塘抵抗台风或风暴潮影响的能力。

（2）加强海塘内外护坡防护结构。

由于未来长江入海泥沙有可能进一步减少，而全球变暖引发海平面进一步上升，因此在滩涂冲刷或河道涨落潮流强劲水流影响的部位构建丁坝、潜坝、钢筋混凝土块及浆砌块石护坡，可有效防止坡脚掏空而海塘失稳。此外，还需加强对环崇明岛海塘抵抗高能作用的冲击物理实验研究，从而科学合理地设置海塘内外护坡。

（3）强化生态理念，构建消浪植被与传统海塘相结合的生态海堤系统。

崇明岛海塘自 1949 年以来就一直坚持和发展堤防绿化。然而，一直没有很明确的生态理念去强化和贯彻滩涂–盐沼–森林这一相对完整的生态系统。这一生态系统不仅可产生生物多样性，提高生态服务价值，而且能最大限度缓冲台风或风暴潮的影响。在暴风浪期间，盐沼植被通过阻碍经过其上部的波浪而对潮滩有保护。譬如，有研究发现波浪经过高 1.5～2.0m 的互花米草，20～30m 的距离波高将衰减 71%，波能损失 90%～100% [13]。潮流进入盐沼后，植物茎叶可导致潮流水平和垂向流速降低 40%～60% [14]。这就能有效降低高能事件对海塘的影响。此外，有盐沼的滩涂还可提升潮滩淤积能力从而避免滩涂侵蚀而海塘脚跟漏空失稳。

　　未来崇明岛环海塘的构建，应以海塘为主体，形成海塘（硬）和滩涂－盐沼－森林（软）相结合的绿色堤防体系，这主要包括：尽可能根据潮滩不同高程特点及未来淤涨或侵蚀属性，构建基于不同滩涂高程的盐沼和适应滩涂生长的防护林；尽可能优化潮滩横向上盐沼和森林分布格局与功能特性，形成既能充分提高生态服务价值、又能产生逐级抵御和消耗台风或风暴潮能量的生物群落，而且能符合自然群落演替特性，最终实现绿色堤防的生态防护体系，并具备生态－社会－经济绿色复合功能。

9.3　风暴潮现状、风险与防灾措施

9.3.1　环岛风暴潮的历史及现状

　　上海市位于我国大陆海岸线中部，居长江入海口，东濒东海，南临杭州湾，海域面积约 10 000km²，岸线总长 518km（不含无居民岛），其中大陆岸线 211km。除崇明、长兴和横沙 3 个有居民岛屿外，长江口和近海区域还有 0m 线以上的无居民岛屿（沙洲）21 个。

　　崇明三岛处于上海市海域及长江口的中心地带，因此影响上海市海域的热带气旋、台风等所引起的风暴潮情况可以在较大程度上代表崇明三岛的风暴潮情况。对上海市海域、长江口和崇明岛安全有影响的灾害性天气主要有热带气旋。其中热带气旋主要发生在夏秋季节，所经地方伴有狂风暴雨和巨浪。

　　我们以资料最为齐全的外高桥站作为代表站，研究强风暴潮对上海沿海的影响。根据长江口杭州湾沿海风暴增水的历史资料及外高桥站受热带气旋影响时出现的风和风暴增水的等级，确定热带气旋是否影响该地区的标准为测站风力达到 6 级以上，外高桥站增水大于等于 50cm；严重影响的标准为测站风力达到 7 级以上，外高桥站增水大于等于 80cm。对影响长江口及其邻近区域的热带气旋和风暴潮等进行统计分析，所得的主要结论如下 [①]。

---

①　华东师范大学，东海海洋环境预报中心（现为国家海洋局东海预报中心），上海台风研究所. 太湖流域风暴潮及潮汐特性分析与预报模型研究报告，2005 年 10 月。

热带气旋及强风暴潮发生频率：统计出 1949～2003 年影响长江口与杭州湾的热带气旋为 120 个，平均每年 2.2 次。其中严重影响的强暴潮过程为 64 次，占影响总次数的 53.3%，平均每年为 1.2 次。

热带气旋月际变化：严重影响该地区的热带气旋最早出现在 7 月，最迟在 10 月，其中 7～9 月最为集中，约占总数的 93.8%（表 9-1）。

表 9-1 1949～2003 年引起强风暴潮过程的热带气旋频数月际分布表

月份	7	8	9	10	合计
频数	11	24	25	4	64
频率 /%	17.2	37.5	39.1	6.2	100
频率 /%	17.2	76.6		6.2	100

台风路径与风暴潮：影响长江口及其邻近区域的热带气旋，以沪、浙登陆型和海上中、西转向型为主，它们占热带气旋总数的 76.6%（表 9-2）。

表 9-2 1949～2003 年引发强风暴潮过程热带气旋路径统计分析

热带气旋路径类型	登陆型						转向型	
	长江口杭州湾	浙北	浙中	浙南	闽台	其他	西转向	中转向
次数	3	5	7	3	13	2	16	15
比例 /%	4.7	7.8	10.9	4.7	20.3	3.1	25.0	23.5
比例 /%	12.5		10.9	4.7	23.4		48.5	

近年来，影响上海市的热带气旋和台风呈现发生频次有所降低，但是强度有较为明显增加的趋势（表 9-3），特别是超强台风发生次数显著增多，其所引起的大风和波浪过程也相应增强。特别是 2018 年第 14 号强热带风暴"摩羯"及多年来唯一直接登陆崇明岛的 2018 年第 10 号强热带风暴"安比"，对上海市及崇明岛区域造成了较为严重的影响及经济损失。

表 9-3 2013～2018 年对上海产生显著影响的热带气旋及台风统计

时间	编号	名称	类别	近中心最大风力
2013.8.30	1315	康妮	热带风暴	18m/s（8 级）
2013.8.22	1312	潭美	热带风暴	25m/s（10 级）
2013.7.13	1307	苏力	强台风	42m/s（14 级）
2014.9.23	1416	凤凰	热带风暴	25m/s（10 级）
2015.7.12	1509	灿鸿	台风	33m/s（12 级）

续表

时间	编号	名称	类别	近中心最大风力
2017.9.15	1718	泰利	台风	40m/s（13级）
2018.7.18	1810	安比	强热带风暴	28m/s（10级）
2018.7.25	1812	云雀	台风	23m/s（9级）
2018.8.7	1814	摩羯	强热带风暴	28m/s（10级）
2018.8.15	1818	温比亚	强热带风暴	23m/s（9级）
2019.7.15	1905	丹娜丝	热带风暴	23m/s（10级）
2019.8.4	1909	利奇马	超强台风	52m/s（16级）
2019.9.2	1913	玲玲	超强台风	52m/s（16级）
2019.9.19	1917	塔巴	台风	33m/s（12级）
2019.9.28	1918	米娜	台风	40m/s（13级）

2018 年第 14 号强热带风暴"摩羯"近中心最大风力 28m/s（10 级）[15]，"摩羯"登陆前后，时值天文大潮，上海沿海出现一次明显风暴潮过程，风暴增水 40～80cm，12 日夜间至 13 日早晨出现最大增水。12 日，堡镇与金山嘴最高潮位超蓝色警戒值；13 日，多个站位均超警戒值，堡镇最高潮位超黄色警戒值，芦潮港与金山嘴超橙色警戒值，其中芦潮港潮位达 1977 年以来历史第三高潮，金山嘴潮位达历史第四高潮；14 日，吴淞超警戒值，堡镇与金山嘴最高潮位超蓝色警戒值，芦潮港超黄色警戒值，且金山嘴最高潮位亦接近黄色警戒值。"摩羯"使上海产生经济损失 0.54 亿元。

2018 年 7 月 18 日 20 时，"安比"在菲律宾以东洋面生成，向西北方向移动，20 日 08 时增强为强热带风暴；22 日 12 时 30 分登陆崇明，登陆时为强热带风暴级别；22 日 14 时许离开上海向西北方向移动。21 日，上海市沿海各验潮站为 4～6 级偏东风；22 日，各验潮站为 6～7 级西风或北风，其中芦潮港偏西风，12 时 45 分极大风速达 24.2m/s。21 日，长江口外海域为 0.8～2.0m 的轻到中浪，杭州湾北岸为 0.5～1.5m 的轻到中浪。22 日，受"安比"影响，佘山海域增大为 2.5～3.6m 的大浪，持续 14 个小时左右。22 日海浪达到黄色预警标准。强热带风暴"安比"登陆前后，上海沿海出现一次明显风暴潮过程，风暴增水 30～70cm，22 日 6 时许和 12 时许出现最大增水；由于恰逢天文小潮，各验潮站均未超过警戒值，未达到风暴潮灾害预警标准。但其过程中的台风降雨强度较大，崇明全区普降暴雨，横沙岛雨量最大，达到 108.1mm，新河镇 71.9mm 次之，陈家镇为 57.4mm。暴雨对崇明岛陆域造成了显著的降雨积水，并在局部区域形成内涝，树木倒伏 264 棵，农田受淹 3384 亩，菜田受淹 513.6 亩。

9.3.2 环岛风暴潮风险评估

有研究者使用 MIKE21 FM 模型对长江口及崇明岛周边海域的上海市海塘漫堤进行了风险评估[16]。以历史上引起强风暴潮的 1997 年第 11 号台风过程为例，同时考虑 2030 年 86.6mm 的海平面上升、2050 年 185.6mm 海平面上升、2100 年 433.1mm 的海平面上升等情景。

计算得到在 2030 年，4.31% 的上海市海塘会有漫堤风险，其位置主要分布于长兴岛和横沙岛南侧海塘。

而这一数字在 2050 年将达到 27.55%，具体到崇明岛海塘，主要分布于崇西、南门、堡镇至陈家镇一线的南部海塘，其风险等级主要为 0.1～0.2m 的风暴潮漫堤潮位。而崇明岛海域在 2050 年情境下未见显著漫堤风险，整体情势较为良好（图 9-12）。

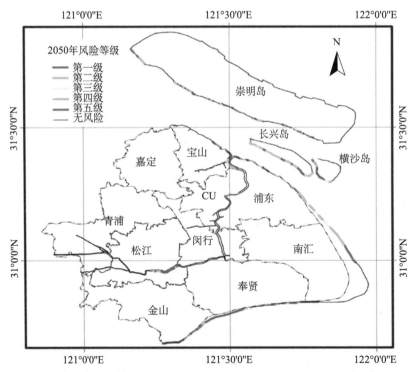

图 9-12　2050 年海平面上升情景下崇明岛及周边海塘漫堤风险[16]

在 2100 年，存在漫堤风险的海塘将达到 45.98%。崇明岛现有海塘的风险等级显著上升，南部海塘整体出现 >0.4m 的漫堤水位高度，造成南部沿海海塘漫堤风险为Ⅰ级。同时在崇明岛西北部区域和东滩区域也出现了中等风险的漫堤（图 9-13）。

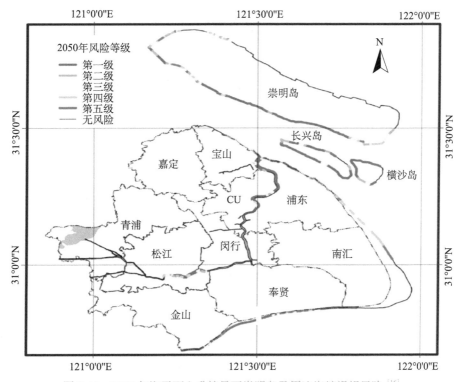

图 9-13 2100 年海平面上升情景下崇明岛及周边海塘漫堤风险[16]

有研究者综合考虑海平面上升、陆域和海域地形变化、海塘沉降等因素，以上海历史上引发强风暴潮的热带气旋 TC5612、TC8114 和 TC0012 为基础，构建了 12 种复合灾害情景，利用 MIKE21 FM 模型模拟了不同情景下台风风暴潮对上海造成的漫滩淹没影响[17]。结果表明：以 2010 年为模拟基准年份，由于上海地区有高标准的海塘防护，发生风暴潮漫堤淹没的概率极低；但随着时间情景的改变，各情景要素强度加大，漫堤淹没危险性逐渐增大；在 2040 年的复合灾害情景中，局部区域淹没深度可达 3.0m 以上，上海市 25.23% 的海塘和防汛墙存在漫堤淹没危险，漫堤淹没危险区的面积可达到 909.53km²。

从分布空间看，崇明岛是在 2040 年多种情景耦合背景下淹没的主要发生区域（图 9-14），在台风正面登陆的情况下，崇明岛东南部区域发生显著淹水，路径 1 台风带来的风暴增水导致崇明岛东侧的附近发生较大范围的漫堤淹没；路径 2 台风造成的影响最大，上海市共有 128.19km 的海塘和防汛墙存在漫堤淹没危险，占到 25.23%。总淹没面积达 512.38km² 和 909.53km²，漫堤淹没区分别位于崇明岛的崇头、南门港、堡镇港及奚家港附近，另外上海吴淞口和芦潮港附近也发生小范围的漫堤淹没[13]。对比各淹没深度对应面积可知，台风风暴潮所致的各淹没深度所占面积均有较明显的增加。统计各淹没深度所占面积可知，淹没水深在 1.2～3m 和 >3m 两个等级的面积在各类台风路径情景下均呈上升趋势，表明随着各情景要素强度的加大，上海地区部分海堤存在潜在危险。

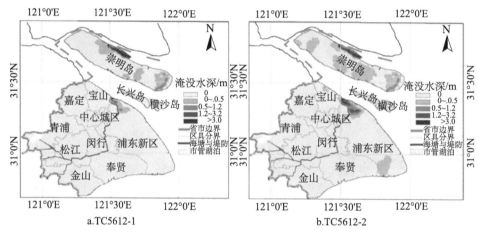

图 9-14 2040 年时间情景下台风风暴潮（正面登陆类）淹没分布图[17]

此外，风暴尤其对崇明岛靠海前缘区域的冲淤过程有很大影响。有研究者基于高精度地面三维激光扫描系统对风暴前后的崇明岛靠海前缘区域崇明东滩地形数据进行了追踪观测，实现对风暴期间及风暴后恢复期崇明东滩地貌演变的高精度定量化观测和研究[18]，得到的主要结论包括：①风暴会造成崇明东滩短时间尺度的大幅冲刷，全区域平均冲刷幅度可高达 −0.28cm/d；②但仅数周崇明东滩即重新呈淤积态势，说明风暴对崇明东滩地貌的短期变化（天至月）有较大影响，但风暴后的恢复性淤积亦较为迅速（图 9-15）。

需要说明的是，崇明东滩风暴后呈现快速的恢复性淤积能力原因在于长江口高浓度的泥沙环境。有研究表明河口当地泥沙环境影响潮滩地貌演化过程，在低含沙河口环境中，潮滩当地泥沙供给受限，其发育趋势将倾向于冲蚀[19]。在气候变化和人类活动等因素影响下，近半个世纪以来长江入海泥沙锐减[20]，长江口河口环境呈现泥沙含量降低的趋势，崇明东滩部分区域已经出现由淤积转为冲刷的现象。因此在长江入海泥沙减少的背景下，每年频繁过境的风暴过程在未来极有可能加剧崇明东滩由淤转冲的过程，值得引起重视。

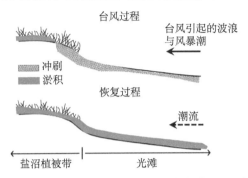

图 9-15　崇明岛东滩区域台风期间与恢复期冲淤过程概化图

9.3.3　环岛风暴潮的减灾防灾措施

（1）加强监测、预警和预报体系建设。

无论是台风风暴潮的漫堤和所引起的淹没，还是其所引起的风浪过程，其防灾减灾的前提是准确和全面的监测与预报。目前崇明岛只有在南部堡镇、南门两个长期潮位监测站，东部、西部和北部区域缺乏高标准的潮位、波浪的监测体系，应建立较为完整的环岛监测系统，对潮位、波浪等关键参数进行高精度、高分辨率的观测，并在此基础上进行快速预测预警。目前的风暴潮预报系统主要聚焦于上海市区，而对崇明三岛及其漫堤、淹没过程预报较为缺乏，而温带风暴潮的预报系统目前还未建立。因此需要针对崇明三岛建立高分辨率的台风风暴潮的预报体系。

（2）提高海塘建设标准。

崇明目前部分岸段堤防防御能力偏低，有待提高防御标准。崇明北沿尤其是兴隆沙附近为应对 200 年一遇极端台风风暴潮影响，应加高海堤 0.88～1.31m。此外，地面沉降会显著改变下垫面状态，加之海平面上升对水位的叠加作用，会直接导致防汛工程设防标准降低。

对于目前的海塘建设，其设计潮位和波高都是采用历史极值进行重现期分析获得，而长江口，特别是崇明岛环岛区域正处于显著变化的过程中，长江输沙量的急剧降低造成了长江口及崇明东滩、北支海域等区域的显著冲淤变化，同时考虑到海塘沉降、海平面上升的要素，设计潮位和波高的分析不仅需要考虑历史极值，同时还需要考虑未来趋势性的背景要素的影响，从而提高和维护提防防御水平。

（3）建立海–岛联合调度体系。

目前，上海城市排涝系统建设主要考虑的是暴雨内涝灾害的影响，而对风暴潮洪水因素未作充分考虑。至 2040 年在极端风暴潮影响下，上海市的风暴潮洪水量将有可能达 $4.27×10^8 m^3$，大部分集中在崇明县的兴隆沙、南门港、堡镇港、奚家港、崇明岛西北角，因此这些区域排涝能力亟须提升[17]。

崇明岛岛内河流纵横，在台风期间的大强度降雨会造成岛内河流水位快速上升，而台风防御期间沿岸的防潮闸会经常处于关闭状态，因此岛内河流水体难以有效向海域排放，从而易造成岛内河流引起的内涝，因此在台风风暴潮期间需要建立合理的、快速响应的海–岛水体联合调度体系，尽量利用低潮位期间进行岛内水体外排，减少内涝风险。

（执笔人：戴志军、朱建荣、葛建忠、谢卫明）

参 考 文 献

[1] 沈焕庭，茅志昌，朱建荣．长江河口盐水入侵．北京：海洋出版社，2003：15-74.

[2] Lyu H H，Zhu J R. Impact of the bottom drag coefficient on saltwater intrusion in the extremely shallow estuary. Journal of Hydrology，2018，557：838-850.

[3] Xu K，Zhu J R，Gu Y L. Impact of the eastern water diversion from the south to the north project on the saltwater intrusion in the Changjiang Estuary in China. Acta Oceanologica Sinica，2012，31（3）：47-58.

[4] Qiu C，Zhu J R. Influence of seasonal runoff regulation by the Three Gorges Reservoir on saltwater intrusion in the Changjiang River Estuary. Continental Shelf Research，2012，71：16-26.

[5] 朱建荣，顾玉亮，吴辉．长江河口青草沙水库最长连续不宜取水天数．海洋与湖沼，2013，44（5）：1138-1145.

[6] 周之珂，季金安．崇明县志．上海：上海人民出版社，1989.

[7] 袁志伦．上海海塘修筑史略．上海水利，1986，（2）：7-16.

[8] 沈新民，宋祖契．崇明县（岛）的变迁与海塘工程建设．上海水利，1986，（2）：46-52.

[9] 沙文达，俞富斌，张振声．崇明岛生态海塘的建设对策．上海建设科技，2008，（2）：42-44，51.

[10] 陈勇，史玉金，黎兵，等．上海海堤沉降特征与驱动机制．海洋地质与第四纪地质，2016，（06）：77-84.

[11] 杨世伦，吴秋原，张赛赛，等．崇明海岸湿地现状及其在生态岛建设中的作用．上海国土

资源，2018，（3）：34-37.

[12] Dai Z J，Fagherazzi S，Mei X F，et al. Decline in suspended sediment concentration delivered by the Changjiang（Yangtze）River into the East China Sea between 1956 and 2013. Geomorphology，2016，268：123-132.

[13] 葛芳，田波，周云轩，等. 海岸带典型盐沼植被消浪功能观测研究. 长江流域资源与环境，2018，27（08）：133-141.

[14] 李华，杨世伦. 潮间带盐沼植物对海岸沉积动力过程影响的研究进展. 地球科学进展，2007，（6）：39-47.

[15] 柳龙生，吕心艳，高拴柱. 2018 年西北太平洋和南海台风活动概述. 海洋气象学报，2019，39（02）：1-12.

[16] Wang J，Xu S，Ye M，et al. The MIKE model application to overtopping risk assessment of seawalls and levees in Shanghai. International Journal of Disaster Risk Science，2012，2（4）：32-42.

[17] 宋城城，李梦雅，王军，等. 基于复合情景的上海台风风暴潮灾害危险性模拟及其空间应对. 地理科学进展，2014，33（12）：1692-1703.

[18] Xie W，He Q，Zhang K，et al. Application of terrestrial laser scanner on tidal flat morphology at a typhoon event timescale. Geomorphology，2017，292：47-58.

[19] 谢卫明. 高浊度河口潮滩动力地貌过程及植被影响研究. 华东师范大学博士学位论文，2018.

[20] Luan H L，Ding P X，Wang Z B，et al. Decadal morphological evolution of the Yangtze Estuary in response to river input changes and estuarine engineering projects. Geomorphology，2016，265：12-23.

第十章

崇明环境监测与预警

世界级生态岛的构建有赖于高水平、智能化、全天候的生态环境监测网络和高效数据集成与智慧模拟分析、预报、预警系统的支撑，上海市政府对崇明世界级生态岛生态环境监测网络建设提出了"全覆盖、体系化、高水平、可持续"的要求。为此，2010年以来，在上海市发展和改革委员会等部门支持下，上海市环保局（现上海市生态环境局）牵头会同上海市规划和国土资源管理局（现上海市规划和自然资源局）、上海市水务局等部门，以及各个高校、科研院所，经过多年的建设和完善，初步解决了崇明本岛原有生态环境监测网络中监测要素不全、监测布点覆盖面不足、监测频次偏低、监测手段落后等问题，初步构建了涵盖水、气、土、生态等全要素的生态环境监测网络。生态环境监测站点、监测指标数量有了极大的提升，但仍然存在着一系列关键问题，极大影响世界级生态岛建设的下一步推进，这些问题集中表现为：①监测站点数量多，但监测网智能化水平有待提升；②各单位监测数据间的共享有待完善；③监测要素基本覆盖，但监测要素综合性与特色仍需完善；④要素观测中大范围高效遥感监测手段应用亟须加强；⑤有生态环境监测信息平台数据集成分析、共享、模拟及预测、预警能力仍有不足。建议根据"补缺－提升－完善－共享－集成"原则重构崇明智慧监测与决策模拟系统。

10.1 生态环境监测体系建设历程

崇明世界级生态岛生态环境监测网络是保障崇明生态岛建设最重要的基础之一。为了配合生态岛建设，上海市政府确定了由上海市环保局牵头协同各委办局建设生态环境监测网络。2010 年起，根据上海市政府的统一安排，上海市环保局（现上海市生态环境局）会同上海市规划和国土资源管理局（现上海市规划和自然资源局）、上海市水务局等部门，结合《崇明生态岛建设纲要（2010—2020年）》要求。经过多年的建设和完善，初步构建了涵盖水、气、土、生态等全要素的生态环境监测网络，以及涵盖该纲要评价指标的监测评估体系。在监测要素上从水、气、声三大要素扩展到包含水、气、声、土、生物、生态等领域；监测点位的覆盖面从本岛南片扩展到本岛全岛；监测项目及频次也逐步符合预警监测及评估要求；实验室监测进一步拓展了重金属、微量污染物及生物监测等能力；监测手段从原有的纯手工监测逐步向手工与自动监测相结合转变，填补了崇明生态环境监测工作的空白，为全面跟踪和监控生态岛建设进程奠定了坚实基础，此外水务局、农委等部门及科研院所与大学围绕业务与科学研究需求建设了相应的野外观测系统，根据上海市生态环境局对崇明岛生态环境预警监测评估体系建设的要求，目前已初步建设成支撑崇明生态岛建设的监测体系。

10.2 生态环境监测系统建设现状

10.2.1 水环境质量监测系统现状

现有监测体系主要围绕"一环二湖十竖"的崇明岛水系格局设置地表水常规监测断面，布设了涵盖长江、二湖（明珠湖、北湖），以及市级河道、区县级河道、村镇级河道等主要河道的地表水监测体系。以国考及市考 26 个断面为核心，布设主要监测断面，综合反映崇明地表水环境质量状况及其变化。

（1）监测点位。

长江河口区域：环保系统在长江设置 2 个监测点位，分别为长江南门码头、长江（崇西水闸）。水务局在崇明环岛、横沙岛、长兴岛及长江口南岸建立了一网 47 站。各高校围绕长江河口建设了长江口水环境监测网，如华东师范大学河口海岸学国家重点实验室在长江河口建设了综合环境建设网，开展水文、水质类监测。

主要河道区域：将 26 个市考断面（含 4 个国考断面）设为监测重点，崇东、崇中及崇西、长兴岛和横沙岛分别设置监测断面；综合反映崇明水环境质量状况及其变化。

湖泊：考虑明珠湖和北湖是崇明岛的重要生境，在明珠湖设置了 2 个监测点位，北湖设置 3 个监测点位。

饮用水水源地：随着崇明岛供水格局调整为"一库四厂"的供水格局，现有监测体系针对崇明集约化供水情况，将饮用水源地监测和评估的重点集中到了东风西沙水源地及四大厂。表 10-1 显示了水源地监测断面。

表 10-1　崇明岛饮用水水源地水质监测点位

序号	监测对象	监测河道	监测断面
1	东风西沙水库	东风西沙水库	东风西沙水库 - 进水口
2	东风西沙水库	东风西沙水库	东风西沙水库 - 取水口
3	城桥水厂	南横引河	南横引河 - 鼓浪屿桥
4	陈家镇水厂	南横引河	南横引河 - 奚家港交汇口
5	堡镇水厂	南横引河	南横引河 - 堡镇水厂

根据《地表水和污水监测技术规范》（HJ/T91—2002）、《地表水环境质量标准》（GB3838—2002）及《生活饮用水水源水质标准》（CJ 3020—1993）的要求，结合区域社会经济特征及水环境特征开展水质监测。崇明所有饮用水水源地每月监测一次。主要水环境监测站点见图 10-1。

（2）监测项目和频率。

根据《地表水和污水监测技术规范》（HJ/T91—2002）、《地表水环境质量标准》（GB3838—2002）要求，结合区域特征及水环境特征，崇明岛监测项目主要包括：重点项目（11 项），一般项目（13 项），区域特征因子（氯化物、悬浮物），湖泊加测因子（透明度和叶绿素 a）。

监测频率：长江每月监测一次；主要河道国考断面每月监测一次；其他监测断面每月监测一次；两湖每月监测一次。

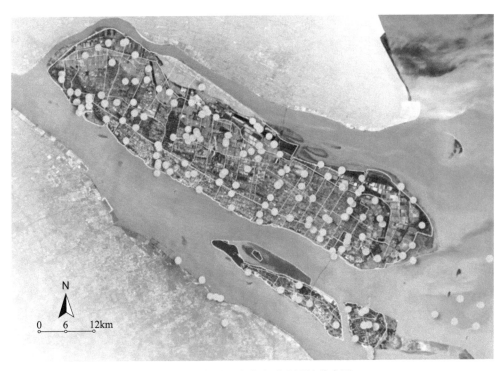

图 10-1 崇明地表水自动监测站分布图

（3）水环境自动监测站建设情况。

根据崇明世界级生态岛建设的新需求，生态环境监测体系完善提高了崇明水质自动监测能力，全面覆盖 26 个市考断面（含 4 个国考断面），为崇明水质预警和评估提供基础。

10.2.2 环境空气质量监测现状

1.大气环境质量监测

2010 年根据崇明功能分区，在崇南、崇东、崇西、崇北分区及东滩湿地各设置 1 个环境空气质量监测点，共 5 个大气环境监测点（其中东滩为气象局点位），以及 1 个大气交通站。根据 2015 年国家环境空气质量新标准要求，以及市环保局建设要求，并考虑点位代表性和站点分布的合理性，在崇明东滩生态城建设 1 个环境空气质量监测自动站。此外，根据崇明三岛环境空气质量监控要求，在横沙岛和长兴岛分别建设了环境空气质量自动监测站。崇明三岛共布设 7 个环境空气质量固定站和 1 个大气交通站。在此基础上，2018 年考虑到崇明东滩位置的特殊性及大气污染成因分析等需求，在崇明东滩湿地新建 1 个大气污染区域输送监控超级站。

（1）监测点位。

根据崇明发展功能分区及环境空气质量功能区划，充分考虑崇明岛环境空气质量现状及发展趋势，并进一步考虑点位代表性和站点分布的合理性，在崇明岛崇南、崇东、崇西、崇北分区及东滩生态城等各设置 1 个环境空气质量监测点，在横沙岛和长兴岛各设置 1 个大气环境监测自动站，共计 7 个环境空气自动监测站。

（2）监测项目。

崇南分区：依托城桥镇监测点，主要用以反映崇明岛城镇区域环境空气质量。在现有常规因子监测的基础上，还重点关注 PM_{10}、$PM_{2.5}$ 等尘污染问题，同时开展温室气体、VOCs、能见度、太阳总辐射和紫外辐射等因子的监测。

崇东分区：依托国家农村背景站。农村背景站位于崇明农业现代园区，建设依据《全国农村环境质量监测工作实施方案》（修改稿）及相关监测规范等要求，监测项目主要包括 SO_2、NO-NO_2-NO_x、PM_{10}、CO、O_3 等，并监测气象常规指标；自行增加配备温室气体监测设备及 $PM_{2.5}$、降尘、降水等监测设备。

崇西分区：依托崇西绿华镇华西村空气质量自动监测常规站，监测项目以 SO_2、NO-NO_2-NO_x、PM_{10}、$PM_{2.5}$、CO、O_3 等常规项目为主，并配气象五参数。

崇北分区：依托森林公园超级站，监测项目以 SO_2、NO-NO_2-NO_x、PM_{10}、$PM_{2.5}$、CO、O_3 等常规项目为主，并配气象五参数，同时开展温室气体、VOCs、能见度、太阳总辐射和紫外辐射等因子的监测，并配置在线离子色谱仪对细颗粒物或气溶胶中离子组分进行实时在线监测。

东滩生态城站：依托东滩生态城空气质量自动监测常规站，监测项目包括 SO_2、NO-NO_2-NO_x、PM_{10}、$PM_{2.5}$、CO、O_3、降尘、降水、气象常规（风向、风速、湿度、降雨、温度）、能见度。

横沙岛：依托横沙空气质量自动监测常规站，监测项目以 SO_2、NO-NO_2-NO_x、PM_{10}、$PM_{2.5}$、CO、O_3 等常规项目为主，并配气象五参数。

长兴岛：依托长兴空气质量自动监测常规站，监测项目以 SO_2、NO-NO_2-NO_x、PM_{10}、$PM_{2.5}$、CO、O_3 等常规项目为主，并配气象五参数。考虑长兴造船基地影响，同时开展 VOCs 等特征指标。

2. 大气污染区域输送监控

（1）监测点位。

考虑崇明特殊的地理位置及本市超级站网建设规划，结合崇明世界级生态岛建设战略，建设了 1 个崇明东滩大气污染区域输送监控超级站，完善了崇明乃至上海市大气复合污染综合观测网络，为有效监控、评估大气污染区域输送对崇明岛乃至上海市的影响，以及协同支持长三角区域大气污染联防联控提供了技术支持。

（2）监测项目。

常规监测项目：按照国家标准、规划要求进行配置，主要包括常规 SO_2、$NO-NO_2-NO_x$、PM_{10}、$PM_{2.5}$、$PM_{1.0}$、CO、O_3 等常规项目，并配气象参数。

挥发性有机物及活性气体监测：包含臭氧前驱体 VOCs 分析系统（用于监测大气中 56 种臭氧前驱体，用于 O_3 的形成机制研究）、PAN 分析仪（PAN 作为光化学反应重要的产物之一，其产生对于臭氧污染的预报预警具有指示作用）、DOAS 监测系统（HONO、OH 自由基及 SO_2、NO_2、O_3 的监测，用于 O_3 生成的机制研究及高污染预报），以及 NH_3 监测仪（用于颗粒物 $PM_{2.5}$ 中二次铵盐形成的评估）。

$PM_{2.5}$ 化学成分组成：包含气溶胶在线离子色谱仪（实时在线监测大气颗粒物中的硫酸盐、硝酸盐、氨盐，以及有机物等）、颗粒物重金属监测仪、OC/EC 分析仪等。

颗粒物粒径谱测量：采用 Nano-DMA 技术测量 $2.5\sim150nm$ 的超细粒子，研究大气新粒子的形成和快速生长过程，为了解和掌握重度雾霾过程的成因机理提供数据支持。

$PM_{2.5}$ 高光谱在线源解析分析仪：通过高光谱技术测量 $PM_{2.5}$ 颗粒物中有机物、金属氧化物等特征光谱，并结合主要污染源特征指纹数据库，获得 $PM_{2.5}$ 来源解析结果，为大气高污染过程成因分析和应急减排提供技术支持，为 $PM_{2.5}$ 的长期控制提供决策依据。

颗粒物光学特性及垂直分布监测：为了解掌握 $PM_{2.5}$ 对大气能见度的影响，以及外来污染物的输送，需要配置激光雷达、风廓线雷达、大气消光仪、能见度监测仪、黑炭监测仪等。

温室气体及酸雨项目：配置高精度 CO_2 监测仪，长期跟踪监测本市温室气体浓度状况；配置可实时在线采样分析雨水中离子组分、pH 等指标的酸雨在线监测仪，用于酸雨污染的长期跟踪观测。

3.道路交通大气影响监测

崇明生态环境监测体系，在沪崇苏大通道南侧陈家镇隧桥出口采用悬挂式监测箱技术已设置 1 个交通站监测点位，监测因子以 NO-NO_2-NO_x、CO 和苯系物等为主。

4.温室气体（碳通量）监测

（1）重点排放源监测。

已选择重点排放源对温室气体进行监测，具体见表 10-2。

表 10-2　崇明岛温室气体重点排放源监测点

序号	类别	监测对象	监测内容	监测方式
1	燃煤电厂	上海申能崇明燃气电厂	CO_2	在线监测/取样分析
2	钢铁行业	上海崇钢钢铁有限公司	CO_2	离线监测/取样分析
3	钢铁行业	上海沪宝轧钢厂	CO_2	离线监测/取样分析
4	化工行业	上海星盛精细化工厂	CO_2	离线监测/取样分析
5	印染行业	上海申港工业用布漂染厂	CO_2	离线监测/取样分析
6	交通行业	小汽车、公共汽车	CO_2、CH_4、N_2O	尾气分析仪
7	垃圾处理	上海城投瀛洲生活垃圾填埋场	CH_4	在线监测
8	废水处理	崇明城桥污水处理厂	CH_4	便携式测定仪
9	农田	选取若干水稻田	CH_4、N_2O	通量测定（箱法）

（2）温室气体监测。

结合环境空气质量监测站，已在崇南和崇东监测站上安装温室气体监测设备。

（3）自然生态系统碳汇能力监测。

针对崇明典型自然碳汇类型，已在崇明东滩、西沙等地针对湿地、林地和水稻农田分别建设通量观测塔，监测项目为 CO_2、CH_4 和 N_2O。

10.2.3　声环境质量监测

以"功能区、道路隧道"作为监测核心，充分体现以人为本的原则，进行声环境监测。功能区环境噪声监测用以反映区域各类功能区监测点位声环境质量的达标情况及其变化；道路交通噪声主要用以反映主干道路交通噪声源的噪声强度，并反映其年度变化规律和趋势，从而综合反映崇明区域发展可能带来的影响。监测点位和频次能充分满足相关标准和规范要求。

1.功能区环境噪声

（1）监测点位。

已在崇明岛主要城镇区域设置功能区环境噪声监测点。城桥新城是崇明岛的政治、经济、文化中心和水上门户，将城桥新城作为重点监测区域，按照功能区差异建设了环境噪声观测点：一类功能区（居住、文教区）监测点位设在宝岛度假村，二类功能区（居住、商业、工业混合区）监测点位设在扬子中学，三类功能区（工业区）监测点位设在崇明的工业园区。

（2）监测项目和频次。

功能区噪声监测参数：每小时及昼间、夜间的等效声级和最大声级。

声环境质量监测频率为每季一次，分别为 2、5、8、11 月。

2.道路交通噪声

（1）主要交通干道。

在崇明岛东西走向的交通要道陈海公路和北沿公路沿线各设置 3 个道路交通噪声监测点。崇明至江苏的沪崇苏越江大通道将成为区域未来交通要道，在北部崇启大桥出入口及中部高速公路各设置了 1 个监测点用以监测道路交通噪声。

（2）隧桥环境噪声。

在上海至崇明的隧桥进出口（陈家镇）设置了 1 个监测点，以监控隧桥道路噪声对周边环境影响。

（3）监测项目和频次。

道路交通噪声监测参数：每个测点测量 20min 的昼间、夜间等效声级，同时分类（大型车、中小型车）记录车流量。

声环境质量监测频率为每季一次，分别为 2、5、8、11 月。

3.噪声自动站

已在城镇、交通干线沿线及森林公园等不同功能区建设噪声自动监测站，全面监控崇明三岛声环境质量本底及污染状况。城桥镇 3 个功能区点位建设噪声自动监测站；长兴岛、横沙岛居民集聚区选择合适站点建设噪声自动站；崇明交通干道两侧建设了 11 个噪声自动站；此外，在东平国家森林公园、东滩及西沙湿地公园建设了 3 个噪声自动站。共建设了 17 个噪声自动监测站（图 10-2）。

图 10-2　崇明噪声自动监测站分布示意图

10.2.4　土壤环境质量监测

（1）监测点位。

结合国控点布设、"十二五"监测点位分布，结合国家及上海市土壤污染状况详查工作，开展了监测点位的布设和优化工作。

（2）监测项目。

崇明岛功能定位为综合生态岛，耕地土壤环境质量的监测项目除《土壤环境质量　农用地土壤污染风险管控标准（试行）》（GB15618—2018）中所要求控制的污染物之外，增加有机磷农药、有机氯农药、多环芳烃（PAHs）及肥力（有机质、全氮、全磷、全钾）等指标。建设用地土壤环境质量调查和评估根据污染特征增加部分挥发性有机物（VOCs）和半挥发性有机物（SVOCs）等特征指标。

10.2.5　地下水环境质量监测

崇明地区潜水含水层厚度较大，但覆盖层较薄，因此，潜水含水层极易受到覆盖层上人类活动等各种环境条件的影响，而各承压含水层不会受到地表各种污染物的影响。因此，崇明生态岛地下水环境质量监测的层次为潜水含水层。地下水监测点位布设从崇明岛整个地质沉积环境变化的角度出发，兼顾人类活动的影响。通过查明区域浅层含水层地下水水质状况，可以综合评价区域地下水水质污染程度及其变化趋势。

（1）监测点位。

崇明地区地下水监测点位主要参照上海市地质调查研究院根据《上海市地下水基础环境状况调查评估实施方案（2013—2018 年）》工作安排，于 2014 年完成建设了的 26 口潜水含水层监测井确定（图 10-3）。

图 10-3　崇明岛浅层地下水环境质量监测点位分布图

（2）监测项目和频次。

监测项目主要分为两类：第一类监测项目主要包括现场测试指标、常规化学指标及常规微生物指标等，监测频率为每年 4 次；第二类监测项目为有机指标，监测频率为每年 1 次，部分指标可以根据需要进行选测。

10.2.6　生态系统完整性调查评估

根据崇明世界级生态岛定位，结合崇明岛河网水系密集、野生生物资源丰富及滩涂资源丰富等区域生态环境特征，崇明生态环境监测体系利用遥感无人机平台监测和样点调查相结合的方式，以生物多样性（野生动植物为核心）、资源丰富性（土地资源、水资源、滩涂资源等）及生态完整性（水生生态、滩涂湿地等）持续开展生态系统完整性调查。

1. 野生动植物调查

以历史资料调研与现场实地调查相结合为原则，选择典型地点开展动植物资源的调查，对崇明岛野生动植物资源现状进行分析和评价。

（1）调查对象。

调查对象重点考虑：栖息在崇明岛的国家重点保护野生动植物；数量达到或超过全球种群数量 1% 的水禽物种；列入上海市重点保护的野生动物；列入《濒危野生动植物种国际贸易公约》，列入中日、中澳《保护候鸟及其栖息环境的协定》并在崇明岛栖息的野生动物；有重要经济、科研和生态价值的野生动植物。

生物类群植物部分以苔藓植物及维管植物（包括蕨类、种子植物）为主，动物部分以鸟类、两栖类、爬行类为主，含昆虫、小型哺乳类和土壤动物等。

（2）调查内容。

野生动植物资源的分布、数量及其栖息环境；影响野生动植物生存的主要因素；野生动植物保护管理及科研情况；野生动植物驯养繁殖（培植）及经营利用情况。

（3）调查点位。

调查点位布设重点考虑农田生境、林地（绿地）生境和湿地生境。按照国家有关技术规程，崇明岛作为陆生野生动植物资源调查的总体，其下分为农田（包括林地和绿地）和湿地两个副总体。在崇明岛依据景观类型分别设置样方和样线进行调查，对东平国家森林公园、北湖、东滩湿地、前卫村、军用机场等区域开展重点调查。在上述调查的基础上，通过高精度 GPS 定位，确定长期跟踪观测点。

（4）调查频次。

考虑到野生动植物调查需要及现有监测能力，野生动植物调查以 3 年为周期。

2. 鱼类资源调查

鱼类作为水生生态系统中最重要的生物之一，是水生生态系统健康的重要评价因子，因此在崇明大力建设生态岛的过程中，对崇明岛内陆河道和湖泊鱼类资源进行系统的专业调查，为崇明生态岛建设积累基础的背景资料，并成为生态岛建设的重要评估指标。

（1）调查点位。

选择 2 个湖泊和 5 个河道为调查地点。2 个湖泊即明珠湖和崇明北湖，在每个湖各设 5 个采样点；2 条市级河道（南横引河和北横引河），每条设置 5 个采样点，3 条县级骨干竖河（八滧港、堡镇港和庙镇港），每条河道各设 2 个采样点，共计 26 个采样点。

（2）调查方法。

定量采样方法：采用单拖网、地龙网和丝网等。其中，单拖网和地龙网用于采集底层鱼类；而丝网用于采集中上层鱼类资源。

定性采集方法：通过社会走访、市场渔获物调查（包括渔政和水闸渔获物调查）等手段分析崇明岛内陆河流和湖泊鱼类资源的捕捞强度。

（3）监测指标和频次。

主要为每个网具内的渔获物组成，包括种类、体长、体重、性腺成熟度和胃含物组成等指标。考虑到崇明岛内陆河流和湖泊鱼类资源需要及现有监测能力，鱼类资源调查和监测频率为 3 年一次。

3. 水生生态监测

（1）监测点位。

水生生态监测以生物群落监测为主。崇明岛水生生态监测点位可分为湖泊生态系统监测、河流生态系统监测和湿地生态系统监测三类。湖泊生态系统监测以两湖（明珠湖、北湖）为重点，河流水生生态调查以一环（南横引河、北横引河）为重点，同时选择代表性竖河开展相关监测（图 10-4）。

图 10-4　崇明岛生物多样性调查监测点位分布图

在明珠湖设置 2 个监测点、北湖设置 3 个监测点；在环岛河（南横引河、北横引河）各设置 2 个监测点；在东部、中部和西部各选择一条代表性河道设置 1 个监测点。

（2）监测项目。

微生物指标：细菌总数、总大肠菌群和粪大肠菌群 3 个监测指标。生物群落学指标：叶绿素 a、浮游植物、浮游动物、底栖动物。

4. 湿地生态监测

（1）监测点位。

湿地生态监测以崇明岛东滩、北滩及东风西沙为重点。其中，崇明岛东滩设置 2 个监测断面，北滩设置 3 个监测断面，东风西沙设置 1 个监测断面。每个监测断面布设高潮区、中潮区、低潮区 9 个监测点位，共计设置 6 个监测断面 54 个监测点位。

（2）监测项目和频次。

生物群落学指标：底栖大型无脊椎生物、湿地植被。

生物监测每 3 年开展一次。在枯水期、丰水期各进行 1 次监测，全年共进行 2 次监测。

（3）监测内容。

底栖动物种类组成、群落结构、栖息密度及其变化；湿地植被种类组成、群落结构、区域分布及其变化情况；重点关注外来物种等。

10.2.7　崇明生态环境应急监测能力现状

为适应世界级生态岛建设需求，崇明区环境监测站近年来进一步拓展提升了实验室常规地表水微量有机物及重金属分析能力，以及生物／生态监测能力（微生物监测、生物毒性测试、生物群落分析），并在土壤及地下水监测及现场应急监测等方面也得到了一步加强。

（1）大气应急监测。

拥有大气应急监测车 1 台，配备 H_2S、NH_3、非甲烷总烃、VOCs 车载系统和其他便携设备，可完成崇明三岛环境空气及大气污染源应急监测。

（2）水环境质量监测与应急。

针对微量或痕量有机污染物，在原有基础上，完善了崇明区环境监测站实验室水质质谱监测体系，配置了水质移动监测车 2 台，配备 VOCs 车载系统和其他便携设备，可以用于崇明三岛监测。

（3）土壤及地下水环境质量监测与应急。

通过改造崇明区环境监测站土壤实验室，增加了土壤重金属 X 射线荧光光谱监测系统。拥有土壤及地下水应急监测车 2 台，配置 VOC 车载系统及其他便携设备，提升土壤及地下水应急监测能力。

10.2.8　环境综合管理及监测预警信息化管理平台现状

以水环境、大气环境、声环境、土壤环境、地下水环境质量监测数据为基础，将预警监测体系、管理平台系统等技术有机结合，构建了基于 Web-GIS 技术的环境综合管理及监测预警信息化管理平台，涵盖水、气、声、土壤、地下水、生物 / 生态等各类环境要素的在线监测数据和人工监测数据，将崇明岛区域内各生态环境要素监测数据进行存储和统一管理，形成了满足生态环境预警需求的可视化、可共享的公共信息平台，集综合信息管理与共享、预警决策、应急响应和信息发布等为一体，实现对崇明生态岛建设中重大生态和环境问题的"实时监测 - 定量评估 - 动态预测 - 分级预警 - 适时发布 - 综合调控"等动态管理和应用。该预警监控信息化平台应兼具数据储存、分析、评价、预警及监控等功能，实现监测数据图形化、评价结果可视化、预警监控实时化，为崇明生态岛建设提供基础数据资料和预警监控手段。

10.3　生态环境监测体系存在的问题及优化提升建议

10.3.1　崇明生态环境监测体系与国际知名生态岛监测系统的对比

崇明的建设目标是以绿色、人文、智慧和可持续为特征的世界级生态岛，绿色是基础，"水清、地绿、天蓝"的美丽崇明。国际知名生态岛建设的经验表明：制定负面清单，进行底线控制；打造"零碳岛"；支持"生态 +"模式的环境保护和多元共治的环境治理等是国际生态岛绿色、可持续发展的核心经验。其中高水平、智能化生态环境系统的监测网络建设成为世界级生态岛重要的支撑。崇明生态岛监测体系现状的国际对比，在观测站点的数量、自动化监测水平，数据集成与智慧决策平台建设等方面和现有的世界级生态岛仍有较大的差距[1, 2]，详见表 10-3。

表 10-3　崇明岛现有监测体系与全球其他世界级生态岛监测系的对比

	共同点	差异点
监测内容	生态环境要素关键要素全覆盖	现有监测内容更加全面
监测指标	均围绕各自环境特点设置观测指标	现有监测指标更加丰富全面
数据的集成与分析系统	高效数据分析与集成	现有数据库系统内容丰富、结构更复杂
自动化程度	拥有自动化观测	现有监测系统自动化观测程度相对偏低
监测站位数量与分布	监测区域全覆盖	现有监测站位密度相对较低

此外，崇明岛虽然在市生态环保局的牵头下建设了较为系统的生态环境监测系统，长期以来政府其他委办局和高校在崇明岛也建设了各种类型的野外观测系统，但由于缺乏共享与交流，监测要素综合性、监测过程智能化水平较低，缺乏现代遥感遥测技术支撑，数据高效集成与智慧分析技术明显薄弱，无法支撑对崇明岛生态环境系统的高精度模拟与决策。

10.3.2　崇明生态岛监测体系存在的问题

随着监测技术的不断发展及管理需求的不断提高，进一步对照世界级生态岛建设要求，崇明岛已建生态环境预警监测体系亟须在以下几个方面进一步完善和提高。

（1）生态环境监测站点布设的有效性、科学性和监测手段的自动化水平有待进一步提升。

至 2017 年，针对水、土、气、生各类环境要素已初步形成了覆盖崇明三岛和外延河口、海域的监测网，配备了系列自动化观测设备，对崇明岛生态环境的保育起到了重要的作用。对标崇明世界级生态岛建设的目标，生态环境监测网仍有很大的提升需求。

首先，崇明本岛水环境监测网监测站点的布设科学性有待进一步提升。水环境是崇明生态建设的核心关键环节。崇明河网密集，中小河道中盲肠河段多，水文、水质时空异质性强，监测网布设的难度较大。多年来通过生态环境保护局、水务局等单位和相关大学与研究机构在全岛及周边海域布设了100多个水文/水质观测站点，然而本岛监测站点仅占约60%，其中自动观测站点明显偏少，且主要布设在国控与市控断面，而对于影响区域水环境质量但处理最为棘手（数量多、污染物易聚集）的小型河段和盲肠河段的监测点几乎为空白，严重影响到水环境实时、精准预测、预警和精细化管理，特别是离满足对突发性水污染事件的精准预警等的需求仍有较大的差距。

其次，大气质量观测站点布设已基本能满足实时监控崇明三岛区域大气质量的要求。但考虑到世界级生态岛建设对大气质量的要求已不能停留在实时监测，还需建立前期预警。此外，崇明岛大气污染主要为外源输入引起，针对外源污染物突发性增长的监测也显得尤为重要。而现有的"大气超级站"站点距离输入源的距离较远，同时站点仍以传统的大气颗粒物和大气成分观测为主，缺乏利用激光、脉冲雷达等手段开展以高效预警为目标的大气质量观测。

（2）监测站点归属单位多，各个站点单一要素观测多，观测数据协同交流差。

在崇明岛观测网建设中，虽然在上海市政府的协调下，明确由生态环境局牵头建设综合观测网。然而由于业务需要、研究需求，上海市其他委办局（如市水务局、市绿化园林局、市农业科学院等单位）也同时建设了一批与生态环境相关的野外观测站。各个单位建设的站点，紧密围绕服务各个单位的需求，造成监测指标类型较为集中，综合性明显不足。同时，由于管理边界的问题，各个单位的监测站点设备与监测数据无法做到有效共享，严重影响到各个站点综合性生态环境要素的获取。例如，水务局的自建站点往往仅仅观测水文-水质要素（或者有简单的气象观测），但对大气质量、生态系统要素的观测则是盲区，这也阻碍了世界级生态岛生态环境数据共享集成的推进。

（3）已建体系主要针对三岛环境，外延河口及海域监测有待进一步提升，特征因子监测有待提升，土壤及地下水监测及应急监测能力仍有待进一步提高。

现有监测体系建设主要针对崇明三岛，并未对长江河口及外延海域水面及水下监测网络提出进一步的优化完善要求，考虑崇明生态岛整体协调发展，为岛屿及河口、海域环境监测网络需做进一步的整体规划和布局。已建成了涵盖水、气、生态、土壤及地下水的监测网络，但对于大气边界层以下立体分层特性观测，生态系统完整性和健康程度（特别是新型污染物监测，如纳米颗粒物等）等特征因子监测能力仍有待进一步完善提高。已建预警监测体系中大幅提高了崇明水质常规监测并拓展了生物监测能力，但土壤及地下水监测能力仍较为欠缺，特别是现场应急监测能力有待于完善提高。

（4）环境要素观测中各类生态环境监测新技术手段应用亟待加强。

近几年来，环境要素的地面观测体系得到了长足的进步，尝试利用遥感手段开展土地利用与生态环境监测，但遥感监测的频次过低（仅3年一次），且现代遥感观测技术在环境要素观测中的应用依然缺失，在地面观测网布设过程中，缺少为遥感地面定标、验证而设定的野外观测站点和观测内容。因此，急需围绕崇明生态岛建设目标集成卫星、航空遥感卫星资料，建设服务遥感地面验证、定标功能的自动观测站位。

（5）现有生态环境监测信息平台数据集成分析、共享、模拟及预测、预警能力仍有不足。

已有生态岛环境监测数据平台主要用于数据的汇总和显示，无法满足生态岛环境信息综合管理、数据深度挖掘、监测预警及生态系统综合评估等更高要求，需要进一步根据生态岛评估预警需求，研究开发集时空大数据智能集成分析、数据共享、智能监测预警、综合评估及信息发布等功能为一体的信息化系统。

10.3.3　崇明生态岛监测体系优化提升建议

（1）以"补缺、提升、完善"为目标，形成以智能化、多要素集成站点组成的生态环境观测网络。

监测站点的补缺工作是以服务高精度、多要素集成的崇明生态环境系统预测、模拟、决策模型为目标，在对现有站点的空间分布进行全面梳理与评估的基础上，圈定综合监测薄弱区域与人-生态环境冲突热点区域，确定相关区域的综合监测站点补缺方案。

面向智慧决策型生态环境综合管理系统，构建网格化生态环境监测体系。以现有环境保护局牵头的水环境监测网为基础，根据支撑崇明智慧服务型生态环境网络和服务驱动区域地表系统过程模型的目标，根据生态环境空间异质性区域加密设置综合观测系统原则，新增生态环境综合观测站点300个，具体综合监测内容如表10-4所示。

表 10-4　生态环境综合监测站监测体系

监测内容	监测手段	监测频次	实现功能
水文-水质监测	水质多参数仪，流速剖面多普勒仪	实时，智能观测	服务水环境监测与水环境过程模拟
大气环境综合监测	微型气象站；环境辐射探头；大气质量探头	实时，智能观测	大气环境适宜度评价与预测
视频 GIS 信息监测	高清智能摄像机	实时，智能观测	获取生态环境异构数据
河口环境浮标监测	水文-水质-大气环境传感器	实时，智能观测	收集河口水文-水动力与大气环境要素
人类活动与生物活动监测	生物探测雷达	实时，智能观测	构建全岛人类与生物活动实时分布
河流水生生物监测	手工观测	逐季	建立全岛内陆水域水生动物全要素监测网络

在崇明东滩、西滩、陈家镇能源楼、东平国家森林公园四个区域建设生态环境超级监测站。考虑到生态种群监测的特殊性、生态环境监测的长效性，建议在崇明东滩等四个典型区域建设生态环境综合超级监测站。开展生态系统、环境要素与人类活动综合监测，突出崇明生态环境监测的特色指标，如鸟类监测与人类活动监测。具体监测内容如表 10-5 所示。

表 10-5　生态环境综合超级监测站监测体系

监测内容	监测手段	监测频次	实现功能
环境要素地面监测（水质-水文-大气-土壤）	环境要素传感器网络	实时，智能观测	环境指标要素获取
大气垂直剖面监测	大气环境传感器＋降水雷达＋大气垂直梯度塔	实时，智能观测	与地面观测网配合构建大气立体观测
人类活动干扰监测	生物探测雷达	实时，智能观测	构建全岛人类与生物活动实时分布
陆地生态系统样地综合监测	陆生动植物群落特征手工观测	逐月	获取典型陆生生态系统功能演变特征
水生生态系统样地综合监测	湿地动植物群落特征手工观测	逐季	获取典型湿地生态系统水域浮游植物、浮游动物、底栖动物、鱼类、微生物演变特征
水鸟携带疫源疫病和生物繁殖体的监测	探鸟雷达＋手工观测	雷达（自动观测）＋手工观测	水鸟传播疫源疫病和引发生物入侵的预警能力

服务崇明区域背景监测，建设长江口浮标观测体系。建设长江口浮标观测站，开展流速、浊度、盐度、水温、水质、遥感光学监测；在传统浮标水质－水文观测的基础上，增设大气环境监测传感器，监测长江口区域大型船舶大气污染物排放。

现有监测站点监测能力的系统提升是充分发挥监测站点的生态环境－社会经济综合观测功能，根据世界级生态岛环境指标体系和生态环境预警、预测功能的需求，对现有站点进行功能提升，通过加装传感器、传输设备等方法，实现一站多能的目标。特别是要在国际现有生态岛监测体系的基础上，结合崇明生态岛承受全球最高强度人类活动的特点，以构建具有中国特色、体现中国智慧的世界级生态岛的综合监测系统为目标，对现有站点进行功能提升。例如，在传统水质自动化监测站点的基础上增加大气环境相关要素、生物活动监测、视频 GIS 信息采集、生境活动扫描雷达等传感器；在传统大气环境监测站点增加对人类活动产生的电磁辐射等信息的监测等。具体站点升级内容见表 10-6。

表 10-6　现有监测站点系统提升监测体系

现有站点	所属单位	增设内容	提升功能
水环境监测站点	生态环境局	水动力多普勒雷达，大气环境监测传感器，生物探测雷达，视频高清智能探头	水动力特征监测；大气环境监测；动物活动信息与人类干扰监测
大气环境监测站点	生态环境局	环境辐射传感器，噪音监测传感器，电磁辐射环境传感器，视频高清智能探头	环境适宜度监测；电磁辐射监测；近源大气环境污染追溯
环岛水文观测站	水务局	水质监测传感器，大气环境监测传感器	水环境监测；大气环境监测
东滩湿地观测站	绿化和市容管理局	湿地微地貌监测雷达，大气垂直结构监测传感器，生物活动监测雷达	地貌演化监测；大气环境垂直结构监测
气象观测站	气象局	噪音监测传感器，电磁辐射环境传感器，视频高清智能探头	人类活动干扰监测

（2）强化遥感动态监测，形成崇明岛全天候监测体系。

崇明岛建设成为世界级生态岛，必须建立高效、全天候生态环境－人文社会经济动态监测网络体系，建立实时高效的数据获取技术平台。大幅度、系统性提高崇明岛地表生态、环境、社会经济系统自动监测网络是崇明世界级生态岛建设当前最为迫切的问题。然而，崇明岛的特殊地理位置造成其各类要素的空间异质性极强，环境敏感脆弱。以河网为例，由于崇明岛位于长江河口，其水系河网的密度与河网水文复杂程度远远高于其他世界级生态岛，因此建设高密度地表监测网的建设费用和后期维护费用巨大；又由于崇明岛周边均为我国工业化程度极高的经济发达地区，区域污染输入量远超全球其他世界级生态岛，仅仅在崇明三岛及周边小范围建设监测网系统要实现对崇明岛生态环境全面调控存在较大困难。因此，在提升地面监测网自动化水平的基础上，利用遥感手段开展本区域生态环境动态监测，是保障生态环境信息及时、准确获取和智慧评估、决策系统顺畅运行的关键基础。

针对崇明岛区域高分遥感监测，建立健全空间地物观测识别技术是其关键核心，其可概括为提供全面的数据保障与挖掘深度的数据信息两个以任务驱动为导向的科学建设。将海量多源异构传感器数据进行有效的数据级、决策级的融合是提供崇明生态建设全面数据保障的前提。依托遥感数据"三多"（多传感器、多平台、多角度）和"四高"（高空间分辨率、高光谱分辨率、高时相分辨率、高辐射分辨率）特性，获取连续、全面、丰富的崇明岛生态环境地物数据，同时使用先进的地物分类识别技术更有益于崇明生态指标的资源调查和时空变化分析。

（3）发展智慧决策系统支撑崇明世界级智慧生态岛建设。

崇明岛已初步构建生态环境监测信息平台，但仅仅是基础数据采集、汇总和查询显示平台，数据采集和应用的内容覆盖不全面，综合管理及预警能力仍不足，无法满足生态岛环境信息综合管理、监测预警及综合评估等更高要求。建设崇明智慧生态岛多源数据共享平台和辅助决策支持系统，汇集各方数据资源，依托大数据平台和技术进行数据深度学习，实现关键指标的监测、监控和感知反馈；高效监测崇明岛中各要素、指标的变化趋势，基于生态环境评价模型体系，推演不同情景下的生态环境发展变化趋势，在崇明岛监测网络和评价模型体系建设基础上建设智慧生态系统，实现对崇明生态岛数据的动态、全方位的实时采集、汇聚、处理、分析和发布，为崇明生态岛发展态势、重大问题进行科学研判和决策咨询提供数据、技术和平台支撑，提高崇明世界级生态岛建设和管理水平。

（执笔人：刘敏、周立旻）

参 考 文 献

[1] Park Y, Lee J Y, Kim J H, et al. National scale evaluation of groundwater chemistry in Korea coastal aquifers: Evidences of seawater intrusion. Environmental Earth Sciences, 2012, 66（3）: 707-718.

[2] Lee J Y, Lee K K, Hamm S Y, et al. Fifty years of groundwater science in korea: A review and perspective. Geosciences Journal, 2017, 21（6）: 951-969.

第十一章

崇明绿色基础设施布局

　　随着城市建设加快，崇明区生态用地逐渐减少。绿色空间总量和植被覆盖明显降低；绿地类型方面，湿地持续缩小。农林用地结构有所转换和调整。从建设生态岛到世界级生态岛发展目标的提出，崇明区人居环境得到较大改善，城市园林绿地面积和公园数量大幅增加。在空间资源分布方面，崇明区具有天然的自然本底，自然资源集"田、林、河、湖、滩"等多要素于一体，现呈现"两林一水七分田"的资源分布特征；同时，众多的河流廊道呈"一横十六纵"布局。这些优厚的自然资源和文化传承脉络，为崇明区的绿色基础设施的整体发展带来得天独厚的条件和契机。然而，当今的发展现状凸显其面临以下问题：生态林地规模不足；蓝绿廊道建设和网络连通程度有待提高；农田林网有待整合；且建成区存在绿色斑块孤立存在，不能发挥绿地最大化生态环境改善效应；文化资源分布零散，未与生态资源整合形成复合多功能空间体系。针对这些问题提出措施：统筹生态、生产、生活三大空间，打造"多核心、组团式、集约型"的绿色基础设施网络，形成"一带一轴两片一环多廊道"的总体功能布局。整合以各名胜古迹、节日赛事为主的文化旅游资源和以河流廊道、公园为主的生态资源，形成生态与文化特质相得益彰的绿色基础设施网络。合理地设置河流绿带宽度、树种，构建河流廊道安全格局。将农业景观、特色片区渗透到社区绿色基础设施构建复合生态网络。将社区绿色基础设施与社区其他交通、出行等网络结合构成以人为本，多功能复合的网络。本章还通过该区域重要"三区一带"保护区片的景观特质优化，对崇明区"门户"地带的岛屿景观特质保护和景观环境质量提出提升对策。

11.1　绿色空间格局的演变

11.1.1　绿色空间总量的时空演变

城市绿色空间是城市中没有建筑物的任何绿色区域，可以是自然的或人为维护的，公共的或私人的，并且是城市生态系统的复杂多样的组成部分。绿色空间在崇明世界级生态岛建设中扮演着重要角色，因此了解其格局和动态演变有利于崇明生态建设。通过对遥感数据进行监督分类，提取出崇明绿色空间，即具有植被覆盖的部分（图 11-1）。崇明区绿色空间总量由 1980 年的 1056.6km² 增加到 2015 年的 1061.86km²。1980 年，该区绿色空间面积比率为 99.3%，2015 年绿色空间面积比率为 75.3%，在 35 年间绿色空间面积比率下降了 24 个百分点[1]。由于大规模的土地开垦和来自长江的沉积物的持续堆积，崇明岛面积不断增加，1949 年，该岛的面积约为 600km²，到 2016 年，该岛的面积增加了一倍多[2]。随着时间的推移，崇明岛绿色空间面积有所增加，但是绿色空间面积占总岛面积的比率有所减少（图 11-1）。这是由于围垦滩涂带来迅速增加的土地面积，大部分土地都是为建设和运输而开发的，且岛上的大量农田也是通过围垦芦苇滩涂而来。

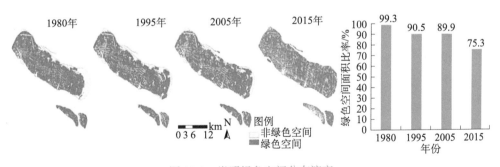

图 11-1　崇明绿色空间分布演变

资料来源：文献［1］

除绿色空间面积比率之外，另一个绿色空间量化指标是植被指数（NDVI），能较好地反映植被覆盖程度的差异，$NDVI=(DN_{NIR}-DN_R)/(DN_{NIR}-DN_R)$，$DN_{NIR}$ 指近红外波长带的反射率，DN_R 是红色波段的反射率。计算得出的 NDVI 值在 $-1.0\sim1.0$，值越大，植被覆盖程度越大。1986～2015 年，整个岛的 NDVI

值一直在下降，植被覆盖程度在 2015 年最低（图 11-2）。崇明岛东南部的植被覆盖程度有所增加，主要由于退耕还林使得植被覆盖程度增加。

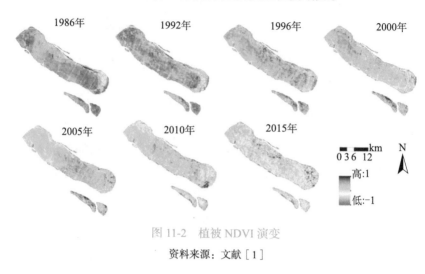

图 11-2　植被 NDVI 演变

资料来源：文献［1］

11.1.2　绿地类型的演变

城市绿地由不同类型的绿地空间组成，不同绿地类型具有不同的生态功能和使用功能。崇明区的绿地主体类型包括滩涂湿地、农林业用地及城市园林绿地等。

崇明区的湿地作为自然生态系统保护的一个关键要素得以较大规模保存。从其演变过程来看，崇明经历了大规模的土地开垦，崇明岛海堤外至 5m 等深线之间的滩涂总面积分别为：1980 年 1686.00km²，2004 年 1469.00km²，2018 年的 1350.00km²。1980～2018 年海堤外至 5m 等深线之间的滩涂总面积下降了 19.93%，其下降的主要原因是滩涂围垦，1980～2018 年共围垦 312km²（占崇明岛现有面积的 23%）[3, 4]。湿地是指 -5m 线以上滩涂。湿地保有率定义为湿地占岛屿面积的比例，即，湿地保有率 = 湿地面积 /（湿地面积 + 陆域面积）× 100%。由于横沙围垦造地的缘故，2010 年，-5m 线以上滩涂面积在减少，进而导致崇明三岛湿地保有率降低。其他年份，无论滩涂面积还是湿地保有率都基本保持平稳（表 11-1）。

表 11-1　崇明三岛滩涂面积和湿地保有率变化情况

年份	崇明三岛 -5m 线以上滩涂面积 /km²	崇明三岛湿地保有率 /%
2004	1469.00	—
2006	1324.30	48.42
2008	1315.90	48.26
2009	1308.30	48.11
2010	1273.00	47.43
2018	1350.00	43.00

资料来源：文献［3，4］

据表 11-2，从 2006～2010 年崇明三岛 -5m 线以上滩涂主要分布来看，除了崇明岛的东滩湿地、北港、北沙和长兴岛，在政府各项政策的保护下滩涂面积变动不大，部分略有增长；其他区片的湿地面积不同程度地减少。城市化的发展，一定程度上造成了崇明区湿地总量大幅减少。

表 11-2　2006～2010 年崇明三岛 -5m 线以上滩涂面积

岛屿名称	滩涂名称	面积 /km²				
		2006 年	2007 年	2008 年	2009 年	2010 年
崇明岛	东滩湿地	245.8	246.6	240.8	253.9	255.6
	北支边滩	168.7	165.6	177.4	178.6	158.7
	南沿边滩（含西沙湿地）	75.3	75	72.9	70	67.5
	北港、北沙	303.8	305.3	297.7	296	301.3
长兴岛	中央沙和青草沙	65.1	64.1	51.8	20.7	20.7
	其他边滩	15.7	20.3	22.1	6.3	9.5
横沙岛	东滩	438.8	441.8	441.6	473.6	451.6
	其他边滩	11.1	9.2	11.6	9.2	8.1
	小计	1324.3	1327.9	1315.9	1308.3	1273.0

资料来源：文献［4］

2002～2017 年，崇明岛西部耕地和森林覆盖率的变化较明显，林地面积持续减少且破碎，耕地景观也变得破碎化；西部北沿的水域范围持续缩小，南沿的西沙湿地的生态环境保持完好，但是由于潮滩作用，隶属于三星镇的湿地对岸岛屿，从耕地转变成了滩涂。这期间主要年份的耕地变化情况见表 11-3。总体而言，崇明耕地面积先增加后减少，近年来保持平稳的趋势。2002～2005 年，耕地面积增加幅度较大；2005～2010 年，随着崇明生态岛的建设，通过退耕还林，耕地面积大幅度减少；2010 年以来，耕地面积逐年变化不明显，每年耕地面积都保持在 50 000hm² 以上。2002～2017 年崇明森林覆盖率一共增加了 11.5%，整体呈现增加的趋势。

表 11-3　崇明农田和林地用地变化情况

年份	年末耕地面积 /hm²	森林覆盖率 /%
2002	49 988	13.60
2005	57 213	15.90
2008	50 513	18.00
2010	50 140	20.51
2013	50 647	21.52
2015	50 531	22.53
2017	50 953	25.10

资料来源：《崇明统计年鉴》（2003，2006，2009，2011，2014，2016，2018）

随着崇明生态岛到世界级生态岛的发展目标提升，崇明区城市园林绿地面积呈逐年增加的趋势（表 11-4）。据《上海统计年鉴》，崇明区城市园林绿地面积从 2009 年的 27 261.83hm² 增加至 2017 年的 32 569.37hm²，增加了 5307.54hm²。

公园绿地面积也呈现逐年增加的趋势（表 11-4）。从 2009 年 108.60hm² 增加至 2017 年 374.11hm²，增加了 265.51hm²。公园游园人数逐年增加，由 2009 年的 23.61 万人次增加到 2017 年的 54.75 万人次，13 年间公园游园人数增加了 31.14 万人次。2008 年后公园游园人数均在 20 万人次以上，且保持较大幅度上升。这说明良好的人居环境，对人们生活质量的提高愈发重要。

表 11-4　崇明园林绿化变化情况

年份	城市园林绿地面积 /hm²	其中 公园绿地面积 /hm²	公园数 / 个	公园游园人数 / 万人次
2009	27 261.83	108.60	2	23.61
2010	25 959.14	138.48	2	25.86
2011	26 387.85	194.14	2	44.34
2012	26 742.35	247.89	2	38.98
2013	27 460.49	286.46	2	33.23

续表

年份	城市园林绿地面积/hm²	其中公园绿地面积/hm²	公园数/个	公园游园人数/万人次
2014	27 675.47	326.54	3	39.96
2015	27 972.53	335.74	3	51.90
2016	30 778.38	362.32	3	44.95
2017	32 569.37	374.11	3	54.75

资料来源：《上海统计年鉴》（2010～2018）

11.2　绿色空间格局的现状

11.2.1　区域公园绿地斑块的分布格局

崇明包含了不同等级的区域性公园绿地。区域性公园绿地具有景观、生态与文化复合功能，是已有重要的绿色空间资源。崇明区域性公园体系包括国家公园、郊野公园、城市/地区公园、乡村公园四类大型公园绿地，其中岛上主要大型公园绿地的分布如图11-3。国家公园和郊野公园等较大的绿地斑块较少，且主要分布在崇西地区。城市/地区公园绿地斑块总体较少，斑块密度较小，零散分布在各区。乡村公园呈现小规模分布在崇中地区。乡村公园呈现小规模分布在崇中地区。

根据《崇明区公园绿地系统规划（2019—2035）》，国家公园和郊野公园主要有东滩湿地公园、北湖、明珠湖公园、西沙湿地公园、东平国家森林公园和长兴岛郊野公园（图11-4）。东滩湿地公园是重要湿地，其面积为326km²，其自然保护区的面积为241.55km²；北湖及其滩涂东西长17km，南北宽约2km，湖泊面积18km²，至`2019年仍处于原始状态；明珠湖公园是岛上最大的天然湖泊，是崇明岛西部水上游乐度假区和生态农业观光旅游主要区域；西沙湿地公园是上海至2019年唯一具有自然潮汐现象和成片滩涂林地的天然湿地；东平国家森林公园是长江中下游最大的平原人工林，总面积为3.55km²，森林覆盖率为80%左右；长兴岛郊野公园是上海市首批试点建设的7座郊野公园之一，2018年公园一期吸引游客逾260万人次。

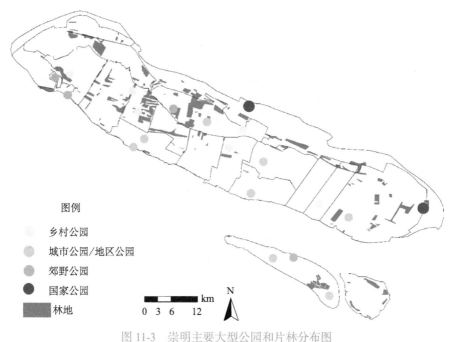

图 11-3　崇明主要大型公园和片林分布图

资料来源：《崇明区公园绿地系统规划（2019—2035）》

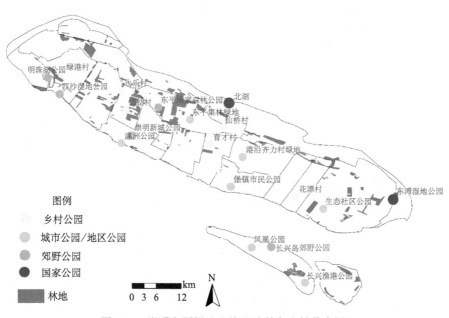

图 11-4　崇明主要绿地斑块和片林各乡镇分布图

资料来源：《崇明区公园绿地系统规划（2019—2035）》

城市公园主要有新城公园和瀛洲公园，新城公园和瀛洲公园作为未来城桥镇城市公园的主要载体，与规划其他公园绿地一起，将共同构成城市重要生态空间及公共空间。

地区公园有 4 个初具规模，分别为堡镇市民公园、生态社区绿地（陈家镇）、凤凰公园、长兴渔港老码头。

乡村公园主要包括 5 处，包括花漂村乡村公园、仙桥村乡村公园、育才村玉兰公园、永乐村西红花公园和团结村村民公园。

11.2.2　蓝绿廊道的分布格局

崇明河网密布，水资源丰富。根据《上海市崇明区骨干河道蓝线专项规划》（沪府规〔2017〕112 号）说明书，崇明区河湖总面积为 120.19km²，包括符合普查河流概念的 4393 条河流的面积约为 63.48km²，湖泊水面面积为 21.06km²，名录外水体面积约为 35.65km²，水面率为 10.14%。骨干河道划分为主干河道和次干河道 2 个层次（图 11-5 和表 11-5）。在崇明区范围内，骨干河道共 39 条段，总长度约 681.12km，总面积约 36.64km²，水面率约 2.59%。其中，主干河道 10 条段，长度约 304.21km，面积约 20.37km²；次干河道 29 条段，长度约 376.91km，面积约 16.27km²。

崇明岛域范围内所有主干河道共 10 条段，其中，"一环"为环岛运河，为市管河道，包括南横引河、北横引河及团旺河。"八纵"包括庙港、鸽龙港、老滧港、新河港、堡镇港、四滧港、六滧港和八滧港。

次干河道共 29 条段。崇明本岛次干河道共 17 条段，布局为"一横十六纵"；长兴岛次干河道共 7 条段，布局为"一横、一环、四纵"；横沙岛次干河道共 5 条段，布局为"三横、一环、一纵"。

崇明区水网发达，形成了独具天然优势的城市"蓝道"系统。它的空间格局是一环多纵的水网分布形态。一环指的是南横引河和北横引河这两条环岛河流，串联了岛内纵向水系，形成河流网状格局（图 11-5）。崇明"蓝道"的网络框架基本成形，但是河流周边只分布较为少量的片林和绿地公园，绿地景观较少，难以构成多要素融合、功能完整的城市"蓝道"系统。

沿着自然廊道（如滨水空间、风景道路等交通线）规划建设形成的具有生态环境保护、休闲游憩、历史文化保护功能的一种线性的绿道网络系统，是崇明区绿色基础设施重要组成内容。目前，崇明绿道呈现沿道路分布的现状格局，总体上呈现散点状分布，未形成完整的绿色开放空间网络。这类散点状分布的片林和绿地易受人类活动干扰而呈现破碎化分布特征（图 11-6、图 11-7）。

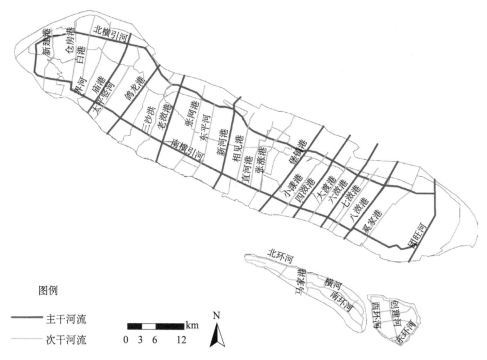

图 11-5　骨干河道示意图

资料来源：《上海市崇明区骨干河道蓝线专项规划》

表 11-5　骨干河道的长度、宽度和所属行政的信息

河道级别	序号	河道名字	河道长度 /km	河口宽度 /km	所属行政
主干河流	1	环岛运河	161.05	78.00～81.50	各乡镇
	2	团旺河	15.50	62.00～88.00	农场
	3	庙港	17.18	48.00～68.00	庙镇、农场、新村乡
	4	鸽龙港	15.98	48.00～62.00	庙镇、农场
	5	老滧港	16.98	48.00～80.00	城桥镇、建设镇、农场
	6	新河港	17.72	35.00～62.00	新河镇、农场
	7	堡镇港	15.13	48.00～58.00	堡镇、港沿镇、农场
	8	四滧港	14.21	48.00～62.00	堡镇、港沿镇、农场
	9	六滧港	14.41	48.00～62.00	向化镇、农场
	10	八滧港	16.05	48.00～62.00	中兴镇、陈家镇、农场

续表

河道级别	序号	河道名字	河道长度/km	河口宽度/km	所属行政
	11	新建港	12.11	48.00～62.00	绿化镇、农场
	12	仓房港	12.23	35.00～50.00	三星镇、农场、新村乡
	13	白港	15.48	23.50～35.00	庙镇、三星镇、新村乡、农场
	14	界河	14.46	32.00～58.00	三星镇、新村乡、农场
	15	太平竖河	17.95	35.00	庙镇、新村乡、农场
	16	三沙洪	17.00	35.00～95.50	城桥镇、港西镇、农场
	17	张网港	18.10	30.00～56.00	城桥镇、建设镇、农场
	18	东平河	17.94	48.00～62.00	建设镇、新河镇、农场
	19	相见港	13.57	24.00～35.00	新河镇、农场
	20	直河港	13.02	36.00～40.00	竖新镇、农场
	21	张涨港	13.11	28.00～58.00	竖新镇、农场
	22	小漾港	14.51	27.00～35.00	堡镇、港沿镇、农场
	23	大渡港	14.31	25.00～35.00	堡镇、港沿镇、农场
	24	七滧港	14.58	35.00	中兴镇、农场
次干河流	25	前哨闸河	10.93	35.00	农场
	26	奚家港	17.26	35.00～62.00	陈家镇、农场
	27	横河	11.70	30.00～54.00	长兴镇
	28	南环河	25.30	20.00～50.00	长兴镇
	29	北环河	28.63	50.00	长兴镇
	30	潘石港	2.40	44.00	长兴镇
	31	马家港	3.81	25.00～40.00	长兴镇
	32	双孔水闸河	1.68	40.00	长兴镇
	33	跃进河	3.67	32.00～60.00	长兴镇
	34	东环河	17.12	50.00	横沙乡
	35	西环河	12.82	30.00	横沙乡
	36	创建河	8.91	40.00	横沙乡
	37	红星河	7.10	40.00	横沙乡
	38	新民河	7.76	40.00	横沙乡
	39	文兴河	4.44	40.00	横沙乡

资料来源：《上海市崇明区骨干河道蓝线专项规划》

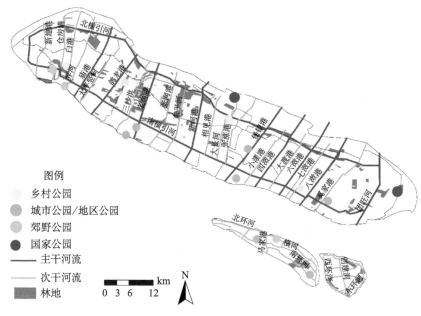

图 11-6　崇明蓝道周边绿地分布格局

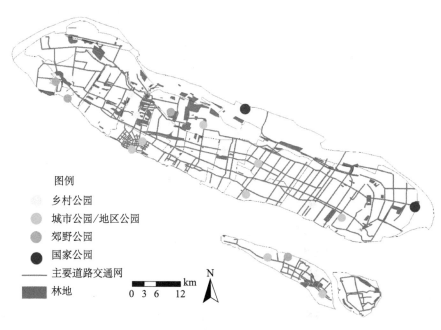

图 11-7　崇明主要道路网络周边绿地分布格局

11.2.3　农业和林业用地的分布格局

　　崇明是上海市的"米袋子""菜篮子"，是上海粮食和蔬菜的重要生产基地；全域永久基本农田 544.07km²；基本农田主要分布区域为崇明东部、北部和西部等农业相对发达的地区，分布相对集中的区域主要包括三星镇、新海镇、新村乡、东平镇、东滩（陈家镇）等乡镇。根据上海市实际情况，对永久基本农田进行分类管控，其中 A 类永久基本农田，主要是保障粮食、蔬菜底线的生产型基本农田，集中分布在三星镇、新海镇、东平镇等农业发达乡镇；B 类永久基本农田，主要是允许农林复合利用的生态型基本农田，主要分布在东平镇、东滩（陈家镇）、长兴镇等镇和农业现代园区等区属单位及区内镇外区域。

　　根据表 11-6，崇明区林地面积 304.72km²，占土地面积的 26.04%。崇明区各乡镇森林覆盖率普遍不高，且各镇森林覆盖率差异大，森林覆盖率相对较高的乡镇依次是：横沙乡、港西镇、庙镇、绿化镇，森林覆盖率均达到 30% 以上，其余乡镇为 30% 以下；部分乡镇森林覆盖率偏低，如新村乡、向化镇、中兴镇，其森林覆盖率均在 15% 以下。城桥镇和陈家镇森林覆盖率也较低，分别为 15.16% 和 18.28%。上海实业（集团）有限公司（上实公司）和光明食品（集团）有限公司（光明集团）等建成区林地建设难度大，森林覆盖率难以达到要求。

表 11-6　森林面积、森林覆盖率统计表

乡镇 / 单位	土地总面积 / hm²	森林面积				森林覆盖率 /%
		合计 /hm²	乔木林地 / hm²	特殊灌木林地 / hm²	竹林地 /hm²	
合 计	117 040.00	30 471.72	24 879.63	4 349.04	1 243.05	26.04
绿华镇	3 573.00	1 084.09	164.05	907.89	12.15	30.34
新村乡	3 327.00	413.86	403.96	7.28	2.62	12.44
三星镇	6 798.00	1 097.14	891.68	93.13	112.32	16.14
庙镇	9 527.00	3 103.07	2 752.33	153.93	196.81	32.57
城桥镇	5 701.00	864.46	697.75	62.24	104.47	15.16
港西镇	4 643.00	1 774.08	1 614.90	56.04	103.14	38.21
建设镇	4 366.00	1 192.16	1 061.82	52.82	77.53	27.31
新河镇	6 432.00	1 647.24	1 418.07	81.59	147.58	25.61
竖新镇	6 083.00	1 599.91	1 359.61	96.43	143.88	26.30

续表

乡镇/单位	土地总面积/hm²	森林面积				森林覆盖率/%
		合计/hm²	乔木林地/hm²	特殊灌木林地/hm²	竹林地/hm²	
堡镇	6 065.00	1 083.53	890.46	109.10	83.97	17.87
港沿镇	7 880.00	1 273.68	1 140.45	45.99	87.25	16.16
向化镇	4 617.00	558.75	483.37	48.27	27.11	12.10
中兴镇	4 525.00	467.21	423.24	18.05	25.92	10.33
陈家镇	9 492.00	1 735.49	1 635.93	65.83	33.73	18.28
长兴镇	8 296.00	2 418.13	918.25	1 478.73	21.15	29.15
横沙乡	5 100.00	2 026.59	1 074.77	948.32	3.51	39.74
水产良种场	100.00	122.43	109.83	11.35	1.26	—
农业良种场	215.00	101.37	101.26	—	0.11	47.15
东平林场	366.00	286.61	279.63	—	6.98	78.31
现代农业园区	1 600.00	272.06	266.27	5.78	—	17.00
水务局	655.00	1 511.89	1 503.88	7.11	0.90	—
开发区	410.00	0.34	0.34			0.08
部队	740.00	111.95	103.24	8.36	0.34	15.13
上实公司	1 000.00	1 462.27	1 442.97	15.79	3.51	—
光明集团	15 529.00	3 404.38	3 282.54	75.02	46.81	21.92
地产集团	—	421.66	421.66			
土地储备中心		429.49	429.49			
东滩自然保护区	—	0.09	0.09			
青草沙水库		7.81	7.81			—

资料来源:《上海市崇明区森林资源年度监测报告》(2018)

　　根据《崇明区公园绿地系统规划(2019—2035)》及其相关成果,崇明自然资源丰富,集"田、林、河、湖、滩"等多要素于一体,呈现"两林一水七分田"的资源分布特征。根据图11-8,崇明农田呈片状分布,但林地较少且破碎化。崇明主要的农田林网分布在东平镇、港西镇、庙镇和新乡村,其他城镇林地分布较少,因片林破碎化而未形成农田林网格局。

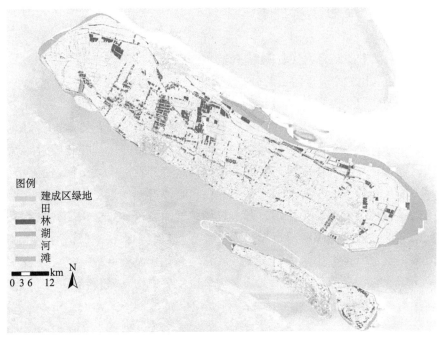

图 11-8　崇明林业资源分布图

资料来源：《崇明区公园绿地系统规划（2019—2035）》

11.2.4　社区绿色空间的分布格局

社区绿地数量多、面积小，结合城镇圈及社区生活圈建设，服务半径为500m，面积为 0.3hm² 以上。崇明区已建社区公园主要分布在城桥镇、陈家镇、长兴镇；长兴、东平、西沙等郊野公园与城市开发区域相接，可满足邻近城镇居民日常游憩需求；社区公园主要集中在城桥城镇圈（城桥镇、新河镇、堡镇、庙镇、港西镇、建设镇、竖新镇、港沿镇）。

现状社区公园主要存在的问题有：主题文化不明显，缺乏岛屿特色；城市、社区功能结合不紧密、互动性较弱；大面积空间利用率提升空间大；滨水社区公园绿地较为生硬，与水系联系较弱；公园缺乏配套设施、使用率低。

11.2.5　文化生态资源分布格局

崇明以自然资源结合人文资源为基础，充分彰显其文化生态特色资源。其名胜古迹、非物质文化遗产、旅游资源分布和节事活动都体现了崇明文化生态特色。

崇明岛的文化生态资源是岛上重要的游憩资源，由图 11-9 可知，其分布类型呈现出横向分层的特质，由北向南依次形成以田园风情、乡村野趣、活力滨江城镇为主的三条独具特色的资源空间带。北部田园风情带是由规模化经营的现代农场构成，拥有连片的农场和垦区及北湖湿地，旅游开发潜力大。但是游憩配套服务落后，断头路较多，不方便通行。中部乡村野趣带，集聚了大量游憩资源，拥有东平国家森林公园、特色小镇、开心农场、美丽乡村、果园采摘、农家乐等丰富的业态，这一区域能够彰显田园风采，留存和延续乡愁；南部活力滨江城镇带分布着多个滨江城镇，也是人口集中区域，城镇化建设程度最高，公共服务设施较为完善，文化旅游资源丰富，文物保护单位主要集中在城桥镇、堡镇，利用丰富的水上资源，形成了组团化的活力滨江城镇格局。

图 11-9　崇明文化旅游资源分布图

资料来源：《崇明区公园绿地系统规划（2019—2035）》

1. 名胜古迹

崇明拥有两个历史文化街区（三星镇草棚村历史文化风貌区、堡镇光明街历史文化风貌区）、四大古镇（堡镇、浜镇、庙镇、城桥镇）、三个市级文保单位（学宫、唐一岑墓祠、黄家花园）、八个区级文保单位（杜少如故居、寿安寺、金鳌山、慎修庵、港西基督教堂、陈干青故居、大公所天主教堂、无为寺）。

2. 非物质文化遗产

崇明岛历史文化遗存丰厚，至今，已有 2 项入选国家级名录，还有 15 项入选市级名录，非遗数量位列上海市各区县前列。

3. 文化旅游资源

以自然资源、人文资源、休闲度假资源为基础，崇明已形成三大旅游集聚区，包括西沙明珠湖旅游集聚区、森林公园旅游集聚区和东滩旅游聚集区。

（1）西沙明珠湖旅游集聚区：结合以明珠湖公园、西沙湿地公园、崇明岛国家地质公园为代表的自然资源，以崇西水闸、崇明草棚村历史文化风貌区为代表的人文资源，以瑞华果园、明珠湖度假区、桃源水乡大酒店为代表的休闲度假资源，形成西沙明珠湖旅游集聚区，分布在崇明岛西部。

（2）森林公园旅游集聚区：结合以东平国家森林公园、北湖湿地为代表的自然资源，以崇明学宫、寿安寺、天主堂为代表的人文资源，以高家庄生态园、前卫生态村、江南三民文化村、仙桥村为代表的休闲度假资源，形成森林公园旅游集聚区，主要分布在崇明岛中部。

（3）东滩旅游聚集区：结合以东滩鸟类国家级自然保护区、长江口中华鲟自然保护区为主的自然资源，以广良寺为主的人文资源，以泰生有机农庄、一亩田有机农庄、大指头农庄、瀛东度假村为主的休闲度假资源，形成东滩旅游聚集区，主要分布在崇明岛东部。

4. 节事活动

每年 5 月定期举办自行车嘉年华活动：包含骑游节、崇明特产展示、崇明非遗展示，以及各类特色小吃和商品售卖等活动。9～10 月是上海崇明森林旅游节，包含上海红枫节、森林音乐烧烤露营节、上海崇明农民丰收节、上海青少年马术夏令营、金秋美食节、玫瑰创意生活节、多彩水稻节等一系列活动，活动选址在全岛的分布较为均匀。

11.3　绿色空间面临的主要问题

11.3.1　生态林地规模有待提高，促进森林布局系统化发挥最大生态效应

崇明区生态林地规模亟须提高。据统计，2018 年崇明森林覆盖率为 26.04%，生态用地中农田占大部分。崇明生态用地中农田占大部分。据《崇明区公园绿地系统规划（2019—2035）》，至 2020 年，崇明森林覆盖率规划要求达到 30%。林地构成中，各镇森林覆盖率普遍不高；其造林方式缺乏地形构建、树种搭配、景观营造等方面的探索，林相结构、林木色彩有待优化；公路、河道两侧林地建设绿地率较低，绿带宽度、植物配置模式有待优化。生态林地的规模和森林空间系统布局，一方面关系到动物栖息地和生物多样性种类数量状态；另一方面会产生不同的减缓热岛、净化空气等复合生态效应。生态林地规模和空间布局应合理提高，以发挥森林最大生态效应。

11.3.2　蓝绿廊道的生态格局较为破碎，空间系统未发挥生态安全稳定作用

崇明岛纵横交错的河流水网，承担了灌溉、旅游、泄洪、航运等功能，部分河流不适宜的引水方式，使其出现干涸、污染等现象，且由于特殊的区位地理条件，崇明岛存在一些明显的自然灾害，如盐水入侵、风暴潮等。从生态格局整合发展角度，具体存在的问题如下。

（1）河流周边的绿色廊道建设率低。

贯穿东西的北横引河和南横引河的绿色廊道长度最长，面积最大，平均宽度也相对要宽，在崇明蓝绿廊道建设系统中占主体地位。河流周边的绿色廊道建设率较低，中西部主干河道如庙港、鸽龙港、老滧港、张涨港、堡镇港两侧有部分绿色廊道外，其余主干河流绿色廊道建设较少，次干河道绿色廊道建设普遍较低，且绿色廊道较为破碎。

（2）蓝绿廊道的网络连通度有待提高。

崇明蓝绿廊道建设未形成整体的网络结构。绿色河流廊道网络环度非常低，

网络中回路极度缺乏，现状存在大量的尽端式河道（俗称"断头河"），使得生物个体在躲避干扰或者天敌时，网络可提供选择的线路少不能有效缩短生物个体躲避干扰或天敌的时间和路程，严重影响绿色河流廊道网络中生物多样性的保护；崇明相关部门和乡镇为保护道路、房屋、土地等，河道修建了一定的硬质护岸设施，这些护岸设施存在建设标准不统一、质量参差不齐、生态效果差等诸多问题，隔绝了必要的水土交换，不利于水生动植物生长，影响了河道生态系统的自我修复能力。

（3）绿色廊道与生态、文化的结合相对薄弱。

以水为核心的生态岛建设离不开水文化、水生态的建设。崇明水环境质量虽然面上总体较好，但是缺乏亮点，群众水环境治理的获得感相对较弱。崇明缺乏集科普、娱乐、观光等功能于一体的大型水文化、水生态项目；群众爱河护河的水文化、水生态意识未能充分建立。

11.3.3　农田林网体系尚未形成，农田景观的多样化生态服务功能薄弱

在崇明岛土地开发过程中，由于建筑用地和路网的分割，大斑块面积的林地逐渐减少，林地趋于破碎化，斑块之间连接区域分散，农田林网体系尚未形成。崇明岛的农田和林业一直都是崇明岛的重要资源，且耕地面积占总面积比重最大，主要分布在崇明岛的西北和北部沿岸；相对而言，农田和林地分布均比较零散。在农田大尺度景观、不同区域的多空间尺度、田块碎块小尺度景观内缺少林网布局，农田林网体系不完善。农田林网格局对于形成崇明区基质本底的特质有重要景观意义，同时农业集约化种植模式下作物的单一性导致农田景观环境内生物多样性下降，这将弱化农田景观的生态服务功能。农林用地的转换过程，需要关注林带布局的整体性，关注农林特色景观与紧邻社区绿地的联动发展，形成景观系统的优化格局。

11.3.4　社区绿色空间孤岛存在，缺乏连通性，不利于建成环境韧性发展

崇明各社区之间存在较多孤立的绿地小斑块，彼此分离，呈点状分布，斑块之间缺乏线性、带状或面状结构的连接。社区绿地面积小而破碎，不利于其发挥

降温和净化空气等环境功能；社区绿色空间未形成整体的网络，缺乏连接的廊道，无法与社区其他基础设施网络融合，缺乏连通性，不利于生物栖息、迁徙和抵御灾害等生态功能的发挥。

堡镇、新河镇、城桥镇、庙镇、三星镇等镇所在的崇明南部的沿海地带，是海洋生态系统和陆地生态系统的过渡带，是海陆生态交错带，而生态交错带绿地廊道具有栖息地作用、通道作用、过滤器作用等，而这些城镇社区绿地较少，且较破碎，沿海社区缺乏防护的林带，不利于沿海地区抵御台风、风暴潮、海水侵蚀等自然灾害。南部城镇绿地斑块与中部各村落之间也缺乏连通，各社区和城乡之间绿地均缺乏连通。

崇明三面环江，一面临海，江堤区域可以联系区域绿色空间格局成为重要的建成社区的绿色通道。目前崇明岛能够提供人们散步游憩的江堤段不长，主要为南门海塘景观（即南门景观大堤）1200 余米，其余大部分沿江区域是封闭的，仅承担防汛功能（南门码头是封闭的）。大部分滨江绿地缺乏供人们游憩的通道或者相互连接的通道。

11.3.5 文化生态资源没有发挥重要旅游价值

文化生态资源分布零散，没有明确的功能区，文化资源建设未与河流、绿地及社区进行充分融合，景观特质保护待加强。

从各类文化生态资源的品质分析，崇明岛游憩资源总体质量较高，但丰富的文化资源和新兴业态没有得到很好的开发，没有与现有高等级资源进行很好的串联与配合，产业联动性较弱，导致不能满足当下旅游市场需求。

从各类文化生态资源的分布格局分析，文化旅游资源散落于岛上，未形成完整连续的旅游路线。在全域旅游政策的驱动下，特色村区及开心农场、民宿正在兴起，很多乡村正在进行一村一品建设，现已形成很多特色空间，如渔村、橘林等，但乡村之间缺乏道路网连接，不利于全域旅游的推动。崇明北部规模化经营的现代农场分布数量较多的，拥有连片的农场和垦区及北湖湿地，旅游开发潜力大但是游憩配套服务落后，"断头路"较多，不方便通行。岛屿整体上未对游憩交通需求特征进行分区差异化、针对性地完善交通网络建设，针对本岛南部城镇的交通联系，还需适度强化；针对东平、西沙、东滩等重点生态片区的旅游交通需求，缺乏南北向交通联系。

从各类文化生态资源的功能分区分析，岛屿对文化生态旅游功能分区不太明确，东、中、西部的协调发展有待完善。

11.4　绿色基础设施的发展策略

绿色基础设施（green infrastructure，GI），是一个由水道、湿地、森林、野生动物栖息地和其他自然区域，绿道、公园和其他保护区域，农场、牧场和森林，甚至于对社区人民的健康和生活质量有所贡献的荒野及其他开敞空间所组成的"互通网络"。其最鲜明的特点是立足于城市，缓解城市环境的日益恶化、加强城市的雨洪管理、创造更多的自然空间等[5]，为城市创造一个绿色健康的人居环境。

绿色基础设施的构成主要由中心控制节点、连接通道和场地构成，其外部可能会有不同层级的功能缓冲区。中心控制点是整个系统的核心，是人类和野生动物的生存地；连接通道是具有保护生物多样性和多重生态保护作用的连接纽带；场地是为整个绿色网络系统提供生物栖息地、居民休闲游憩的独立绿色开放空间[6]。通过绿地大面积汇集区和廊道构建起区域的绿色基础设施网络，不仅可以起到联系生态"孤岛"、增加生态斑块之间连通性的作用，同时可以一定程度上遏制大城市蔓延[7]。

因此，应依据崇明生态本底建设崇明绿色基础设施，可沿自然的河流或溪谷或交通线修建线性开敞空间，基于斑块－廊道－基质理论，连接公园、自然保护地、文化和历史场所及聚居区等，构建兼具生态廊道、开敞空间和游径的功能的绿道，实现自然和文化资源的整合，从而促进区域景观整体性保护与生态空间游憩利用。

11.4.1　构建绿色基础设施网络

1. 完善绿色基础设施网络总体框架

崇明岛建设世界级生态岛，近几年来在绿色基础设施建设方面取得了一定的成就。总体而言，崇明绿色基础设施呈现分布广、面积大，但分布较为分散、不成系统、没有形成网络的特点。由于岛呈狭长的地形分布，东西向建设主要为景观大道和环岛河网，起到绿色基础设施网络的东西连接作用；同时，岛屿南北向河流较多,应重视南北向的沿河道景观建设,加强绿色基础设施网络的空间均衡性和生态关联性。

统筹生态、生产、生活三大空间,基于本岛自然和人文资源特色,打造"多核心、组团式、集约型"的绿色基础设施网络,形成"一带一轴两片一环多廊道"的主体功能布局。一带指南部沿江生态景观交错带;一轴指生态文化发展轴;两片分别为东部和西部自然生态特色片;一环指环岛运河生态环;多廊道指由南北向河流构成的水廊(图 11-10)。

图 11-10 崇明绿色基础设施总体布局

一带——沿江生态景观交错带,是沿长江岸线到入海口区域的崇明岛南部滨江绿色基础设施条带。

一轴——生态文化发展轴,由城桥镇、东平森林–北溢港公园、北湖湿地三大核心节点组成,此区域集中了较多的自然、人文资源,应强化其核心效应,建设成为展示崇明岛特色景观风貌的中心地带,为崇明世界级生态岛建设的动力核。

两片——东部和西部自然生态特色片,西部自然生态特色片区是由明珠湖、西沙湿地、马拉松赛跑道构成的以自然生态特色为主的片区;东部自然生态特色片由陈家镇、东滩湿地，以及新区建设的具有体育特色的高尔夫球场、陈家镇郊野公园、东滩奚家港郊野公园、滨江郊野公园、瀛东度假村等形成的自然生态为主的片区。

一环——环岛运河生态环，崇明环岛景观道主要包括崇明生态大道、宏海公路、新北沿公路、东团支路及部分支路段，将南岸田园风景、工业遗迹与滩涂湿地风景融入滨江岸线，打造成生态景观带、运动休闲带和智慧城市带，运河生态环实现南北部景观节点的串联贯通。

多廊道网络，主要指位于文化生态轴和自然生态特色片之间的区域，主要为生态优化保育、农业生产保护的优化发展区域，由南北向的河流廊道构成。

在这个绿色基础设施结构框架中，东西核心发展区是岛屿重要的生态基础设施。东西核心发展区，指满足接待外来游客，支撑旅游服务功能，与中部核心轴形成层次丰富、功能互补的生态文化发展轴的片区。东部注重东滩湿地及周边地区生态保育，适度拓展智慧创新、健康疗养、生态教育等功能；崇明西部重点整合西沙湿地、明珠湖及农场资源，拓展度假疗养、运动休闲、农业科创功能。崇明西沙国家湿地公园，已经成为崇明旅游和生态科普的重要场所，带动崇西片区乃至崇明岛社会经济的发展，是生态保护与开发双赢模式的成功实践点。

生态文化发展轴虽未能形成大面积的绿心，但应形成一个具有综合服务功能的生态片区。中部特色核心发展轴为本岛居民的主要分布区，依托于规划中对崇中东平镇的交通线路规划，便捷岛内交通，带动人口和建设活动从城桥向岛北集中。此区域北部重点挖掘东平国家森林公园及北部连绵农场，发展高效生态农业，传承恳拓文化，拓展文化创意、休闲旅游、森林度假等功能；此区域的主要功能是满足本地居民的生产、生活需要，集中岛上大部分的自然、人文资源，具有建设成为中心地带的天然优势，同时也能接待游客。

2. 整合生态文化的绿色基础设施

整合自然生态和人文资源、彰显历史文化风貌、融合节日赛事，以水为脉，串联贯通农田林网，形成生态与文化特色的绿色基础设施网络，是构建崇明岛绿色基础设施的重要思路。

（1）整合自然和文化资源。

整合自然资源、人文资源，形成"一轴两片"集聚区（图11-11）：中部核心生态文化发展轴、东西部两大自然生态特色片；以河网、路网、景观大道为骨架串联珠玑，构建融合自然、文化特色的绿色基础设施网络。

图 11-11　绿色基础设施发展整合自然与文化资源

生态文化发展轴：整合以东平国家森林公园、北湖湿地为代表的自然资源，以崇明学宫、寿安寺、天主堂为代表的人文资源，以前卫生态村、江南三民文化村、仙桥村为代表的休闲度假资源，形成城桥－东平－北湖生态文化发展轴。

西部自然生态特色片：整合以明珠湖公园、西沙湿地公园、崇明岛国家地质公园为代表的自然资源，以明珠湖度假区和桃园水乡大酒店为代表的休闲度假资源，形成西沙明珠湖自然生态特色片。

东部自然生态特色片：整合以东滩鸟类国家级自然保护区、长江口中华鲟自然保护区为主要的自然资源，以广良寺为主要的人文资源，以一亩田有机农庄、大指头农庄、瀛东度假村为主要的休闲度假资源，形成东滩自然生态特色片。

（2）彰显历史文化风貌。

以生态文化发展轴串联城桥古镇和建设镇－老浜镇两个名胜古迹，以西部自然生态片区整合草棚村历史文化风貌区和无为寺－庙镇，以河流廊道串联光明历史文化风貌区、堡镇古镇、大公所天主教堂，由南部景观大道和陈海公路串联草棚村历史文化风貌区、庙镇、城桥镇、堡镇、光明街历史文化风貌区，构建独具特色的江南水乡景观风貌（图 11-12）。

（3）融合节事活动发展。

节事活动主要分布在三大核心特色发展区（图 11-13）。

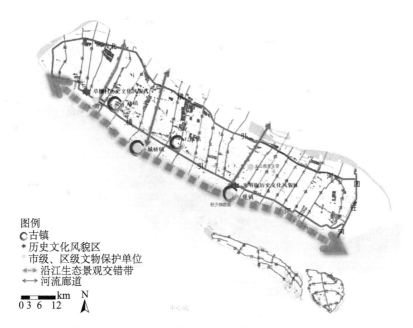

图 11-12 绿色基础设施发展整合崇明历史文化景观

图 11-13 崇明节事活动发展

生态文化发展轴：主要以整合森林音乐烧烤露营节、上海红枫节、环崇明岛国际自盟女子公路世界巡回赛等节事活动形成。

西部自然生态特色片：主要以崇明岛国际马拉松赛、上海绿华蟋蟀团体邀请赛、骑游露营农耕体验文化活动、端午赛龙舟等节事活动形成。

东部自然生态特色片：主要以整合东滩湿地公园露营节和金秋美食节等节事活动形成。

3. 以水为脉，构建崇明特色蓝网绿链

崇明岛是由长江的泥沙堆积而成，最早村民通过"套坪"造田，形成了由"沟-堤-宅-田-塘"所构成的独宅独水的沙洲村落空间形态。农民住宅沿路、沿河呈带状布局，水渠与路网相间，形成排列规整有序的纵向肌理。农民住宅周围为大片农田，通过泯沟分割形成疏密有致的农田肌理。

防护林散落分布在田间，密集水网贯穿南北，以水为脉，串联贯通农田林网，文化资源景点，为崇明岛绿色基础设施建设的重要思路。

以农田水网为基底，重点是以水为脉保护水生态、提升水品质、做好水文化，打造水、文化、社区结合的复合绿色基础设施网络。优化蓝绿廊道网络结构，提高廊道网络的连通性，加大网络中回路建设，保证绿色河流廊道网络中能流、物流的畅通性是崇明蓝绿廊道的重要内容。因地制宜建设崇明生态岛绿色基础设施，依据蓝绿廊道现实情况及各区片差异，分级分区片筛选部分生态和文化价值高的河流廊道进行重点建设，突出河流的自然、文化特色，开发有利于维持生物多样性的水资源和绿地系统，为崇明生态岛经济发展和环境资源可持续利用提供建议和战略决策依据。

（1）分级构建蓝绿廊道。

东西向蓝绿廊道以环河和景观大道为主，南北向蓝绿生态廊道以主干河道和部分支流为依托串联中部特色核心发展轴、东西特色发展区，贯通各特色旅游资源、风景林地和国家公园，形成特色鲜明的蓝绿生态文化珠链（图11-14）。

河流廊道建设主要分为东西向和南北向河流，东西向建设重点为环河。南北向重点建设河流廊道筛选出的河流分为三级建设，分别是主要核心发展河道、次要核心发展河道、次要发展河道，其余河道在建设中可弱化。

依据其所属的河道宽度、生态区位关系、与重点建设社区的位置关系及贯穿特色景点状况确定河流廊道等级。重点建设河流廊道大多位于生态文化发展轴上，或者串联了较多的特色文化资源点，对岛屿文化和水资源的融合发挥了关键作用。

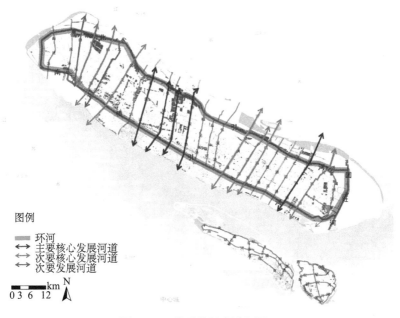

图例
━━ 环河
↔ 主要核心发展河道
↔ 次要核心发展河道
↔ 次要发展河道

0 3 6 12 km N

图 11-14 崇明蓝绿廊道发展

主要核心发展河道有：老滧港、新河港、八滧港、张网港、东平河；次要核心发展河道有：庙港、鸽龙港、堡镇港、四滧港、界河、小漾港、前哨闸河、奚家港；次要发展河道有：白港、太平竖河。

（2）建设具有生态文化底蕴的蓝绿廊道。

突显生态文化底蕴，依托古镇群落和风貌区组团，构建更富魅力、彰显特色的江南水乡文化景观风貌。根据重要建设廊道所处的区位，整合其周边的林地、人文资源，与社区空间融合，形成具有文化特色的水文化景观。其中每条河流整合的特色要素见表11-7。

表 11-7 崇明蓝绿廊道特色文化资源

河流等级划分	河流名称	滨水带人文特质与文化资源分布
主要核心发展河道	老滧港	分布有核心镇城桥镇文化资源，港西镇的大片景观林地，东平国家森林公园
	新河港	穿过重要镇新河镇和东平镇，其西侧与北新公路之间有面积较大的林地
	八滧港	靠近东部核心特色发展区的主干河道，穿过中兴镇、北端有泰生有机农庄，南端有大指头农庄
	张网港	贯穿东平国家森林公园，中西部有大面积林场，中东部通过紫海鹭缘浪漫爱情主题公园，南部贯穿了崇明学宫，与东平河、新河港距离较近，可集中重点发展

续表

河流等级划分	河流名称	滨水带人文特质与文化资源分布
主要核心发展河道	东平河	位于崇明岛中部发展轴的核心地带,由北向南穿过前卫生态村、江南三民文化村、浜镇、寿安寺等特色景点,其中西部有较为集中分布的大面积林地
次要核心发展河道	庙港	东部靠近特色古镇庙镇,西部靠近三星镇,南部贯穿特色景点无为寺
	鸽龙港	南部和东部有较大面积的林地,且南部靠近崇明特色古镇庙镇、北部穿过特色庄园长征庄园
	堡镇港	穿过龙陈草莓园,南部集中了崇明最具传统古镇风貌的堡镇历史文化风貌区、观音庵等特色景点
	四滧港	为贯穿堡镇、港沿镇的主干河道,南部串联了崇明岛最古老的寺院云林寺
	界河	南北两端集中了各特色景点,南端集中了草棚村历史文化风貌区、西沙国家湿地公园、崇明地质公园
	小漾港	穿过堡镇历史文化风貌区
	前哨闸河	靠近国家级风景区东滩湿地、瀛东度假村
	奚家港	贯穿陈家镇,为陈家镇居民生活的重要河道,东临东滩奚家港郊野公园,有较好的林地资源,北端有特色景点广良寺
次要发展河道	白港	穿过草棚村历史文化风貌区、跃进庄园等特色景点
	太平竖河	靠近庙港,南部穿过了一生态片林

11.4.2 优化城市生态廊道的生态安全作用

河流生态功能的影响因素主要有流域的整体性、景观稳定性和恢复力及生物整体性和多样性等。河流生态系统是否能够发挥正常功能,影响着河流廊道的安全格局。河岸植被带的规划、利用和保护成为目前城市河流廊道安全格局建设的重点。河岸植被带(缓冲区)是位于污染源和水体之间的植被区域,可以通过渗透、过滤、吸收、沉积、截流等作用来削弱到达表面水体或是地下水体的径流量或是携带的污染物量[8]。结合崇明河流廊道现状,通过南北向河流廊道的植被宽度、树种配置、树种的选择来形成崇明岛河流廊道安全格局。

1. 控制南北向蓝绿廊道建设宽度

崇明南北向河流植被带的宽度是影响河流廊道环境发挥降温功能、维持生物多样性、净化水质、防御台风、防洪排涝等功能的重要因素。不同树种选择影响河流水质净化;不同树种配置影响河流廊道的生物多样性、物种丰富性和环境稳定性。在崇明岛北部滩涂和农场区域，合理加宽崇明岛现有绿色河流廊道，布设更连续、更宽的防护林带；而在南部城镇区域，应综合河流两侧的土地利用、土壤、地形及动植物等条件，保证城镇建设的同时，适当拓宽绿色河流廊道宽度，实现绿色河流廊道多样化生态服务功能。

崇明岛河流廊道建设应根据河流绿廊的主要功能分别建设，根据河道区位，穿过的镇、河流林地分布、特色文化资源可将河流功能分为以下四类：河流保护型、生物保护型、环境防护型、游憩使用型（表 11-8）。

表 11-8　崇明蓝绿廊道主导功能类型划分

河流等级划分	河流名称	河流绿廊主导功能类型
主要核心发展河道	老滧港	环境防护型、生物保护型
	新河港	生物保护型、环境防护型
	八滧港	游憩使用型、环境防护型
	张网港	生物保护型
	东平河	游憩使用型、环境防护型
	庙港	游憩使用型、环境防护型
次要核心发展河道	鸽龙港	河流保护型、生物保护型
	堡镇港	河流保护型、游憩使用型
	四滧港	游憩使用型、环境防护型
	界河	游憩使用型、生物保护型
	小漾港	河流保护型、游憩使用型
	前哨闸河	游憩使用型、环境防护型、生物保护型
	奚家港	游憩使用型、环境防护型、生物保护型
次要发展河道	白港	游憩使用型、环境防护型
	太平竖河	生物保护型

河流保护型廊道：当河岸植被宽度大于 30m 时，能够有效地降低温度，当宽度在 80～100m 时，能较好地控制沉积物及土壤元素流失。

生物保护型：绿带宽度应为 7～12m，10m 或数十米的宽度即可满足迁徙要求。对于较大型的哺乳动物而言，其正常迁徙所需的廊道宽度则需要几千米甚至是几十千米。

环境防护型：对于改善气候，一般宽度不宜小于 20m；对于净化空气，林带宽度一般以 30～40m 为宜，对于防噪，一般 3～70m 均有降噪效果。

游憩使用型：此类绿带没有特定的要求，主要满足服务半径，具有较高的可达性区，可设立必要的步行道和环线绿道，使市民能够充分而便捷地利用。

2. 凸显河流廊道绿带树种配置的植物多样性

不同行政区域内，应根据绿色河流廊道功能与结构，增加绿色河流廊道植被配置种类，提高生物多样性，建设景观多样性高的绿色河流廊道系统；尽量减少城镇区域河流廊道沿岸的人工景观建筑，加强绿色河流廊道在空间上连续性；加强对农场区域的绿色河流廊道管理维护，增强绿色河流廊道景观视觉效果。

河流廊道绿带树种配置可参照每个镇特种树种进行配置，结合"一镇一树种"规划进行配置，具体植物配置原则如下。

1）因地制宜、适地适树，体现地方特色，以乡土树种为主，创造自然生态的植物群落。

2）强调植物的色彩季向变化，春季繁花，夏季灿烂，秋季多彩，冬季苍翠。

3）植物布局区域主次分明，强调景观的观赏性的同时强调绿化的功能性。

4）植物树龄结构，行道树为大规格乔木，背景林多用中等规格，群植植物老中青合理搭配。

5）强调植物群体种植优势，植物群落层次分明，形成乔木成林、灌木成丛、花卉成片的种植。

6）注重植物群落生态效应，针对不同区域的生态需求，分类选用具有降噪、防尘等功能的植物群落。

7）考虑植物养护的经济性，运用大量乡土地被植物和花草混种，降低养护成本。

8）加强湿地植物的运用，利用自然湿地生态系统的植物种类，保持地域性的生态平衡。

滨水带树种选择：上木品种：东方杉、悬铃木等。下木品种：红花继木、金森女贞、紫娇花、十大功劳、园艺八仙花、银边六月雪、金焰绣线菊、紫三叶、荆芥、云南黄馨等。水生植物品种：千屈菜、黄菖蒲、红莲子草、香菇草等。

11.4.3　引导农业特色景观与社区园林绿地网络联动发展

构建农业特色景观与社区园林联动发展空间体系，引导海岛绿色基础设施网络景观和食物供给功能融合发展。在崇明乡村社区农业景观规划中，应该着重强调农业特色旅游资源与社区重要景观的融合渗透理念，推动乡镇社区联动发展。

农业景观是崇明最独特的特点。将农业特色景观渗透融合到社区生活中，即打造"有农社区"，实现复合生态服务。所谓"有农社区"，顾名思义是指有农业存在的社区，主要表达的意思是依据农业要素发展的新型社区；从更深层次的含义来讲，将农业从生产、运输、加工、分配、消费到废弃物处理的整个链条及完整的养分循环代谢系统引入城市人居环境并使之融入社区生活、生态系统，所形成的新型城市生态社区类型[9]。

通过开发社区低效率使用的空间，将社区花园、绿地等公共空间、住宅庭院空间与城市农业结合在一起，成为一个能够进行农业生产，具有多种其他综合社区公共服务功能，以社区居民利益为驱动的，由社区居民共同维护和进行生产的，能够提高社区归属感和凝聚力的城市社区农业景观基础设施，从而形成一个更加健康的社区环境。

蓝绿廊道系统为农业景观与社区的联通创造了有利条件，水网等蓝道网络或者道路等绿道网络都能连通农业景观社区，将农业特色片区渗透到社区绿色基础设施中，形成复合生态型网络。

结合《上海市崇明区总体规划暨土地利用总体规划（2017—2035）》中崇明规划片区的发展导则，利用南横引河河道将东滩与堡镇、新河镇、城桥镇和三兴镇四个城镇的文化旅游资源与自然要素融合，形成崇南滨江城镇带；利用中部的道路系统，将港沿镇、竖新镇、建设镇、港西镇和庙镇的自然资源和文化旅游资源融合串联，形成崇中乡村野趣带；利用北横引河河道将东平镇的森林、庄园等自然和文化旅游资源融合，形成崇北生态旅游发展区；崇东依据东滩自然资源和旅游资源，形成崇东生态旅游发展区，并与崇南滨江城镇带和崇中乡村野趣带联动发展；崇西将西沙国家湿地公园、跃进庄园和瑞华庄园等自然和人文旅游资源融合，与崇南滨江城镇带和崇中乡村野趣带联动发展。

乡村农业景观建设以自然村为主景点，针对这种村庄与景点混杂的特点，逐步引导当地百姓从常规农业种植转向景观农业开发。大力发展特色农业，着力打造村景、山景、水景、田园景和生态农业观光示范基地。

首先，需要进行农用地保护规划，统筹优化全区农业空间布局，因地制宜地引导农用地空间功能复合、融合发展，构建农林复合、农水复合和林水复合等复合利用新模式，探索高效利用、环境安全和适应市场需求的现代农业新路径。然后再进行农业景观规划。

其次，根据空间邻近、资源互补和区位良好的整合原则，将乡村社区和特色景观结合，形成一些主题型特色村区。基于存量建设用地打造特色庄园，保障休闲农业、乡村旅游产业配套设施落地，以彰显崇明生态岛乡村发展特色。

最后，"农业主题公园"完美地结合了现代农业、城市园林与传统农业的特色，农业景观独特，"农"味十足。农业主题公园的创意使农业的景观园林化，农业的生产场所休闲化，农业产品个性化。绿色、健康、休闲是农业主题公园的主题，各农业主题公园要突出其生态特点和文化特点，要具有独立的文化内涵。例如，可以打造农业科技展览馆、自然教育馆等室内项目，打造绿色礼品店、生态公园、农田枣庄、花海观光、泛舟游览等室外休闲项目，让游客尽情享受田园风光。

11.4.4　打造社区的复合绿色基础设施网络

打造韧性型社区。"韧性"的概念源于生态学家霍林（Holling），他认为"韧性"是指在干扰面前保持基本功能的特征[10]。联合国国际减灾署将韧性定义为，面对外界的损失和破坏，具有抵御灾害和适应灾害，并且能及时迅速地恢复自身功能，其基本功能是保护与恢复[11]。

社区是城市居民生活与发展的基本场所。将"韧性"与"社区"结合的社区发展模式，能够提升城市面对外界冲击干扰而恢复"弹性"的能力，减少社区遭受冲击后的影响[12]。崇明区的韧性社区绿色基础设施可以包括雨洪体系、绿地复合体系、绿色空间体系及生态工程设施体系。在绿色基础设施建设中，要注意结合当地特色文化，体现具有特色文化景观的文化服务功能。崇明应在整合社区绿色空间的基础上，分类、分阶段建设社区绿色基础设施网络。

在建设社区绿色基础设施时，要满足社区需求，以多要素协调和景观美化原则，保证各种要素之间的融合和绿色基础设施的连通性。因为社区贴近居民生活，不仅承担着生态环境保护和为人类提供生态服务的功能，更重要的还是其为社区提供的社会性服务，能创造景观良好、文化丰富的社区空间以满足居民对宜居环境的需求。在建设社区绿色基础设施时，在植物配置方面应注重乔灌草多层次搭配，既可以保证绿色植物景观性，又能充分发挥绿色植物的生态功能。

在雨洪系统建设中，采用"下沉式绿地＋雨水花园＋透水铺装"组合的方式，可以有效发挥绿色基础设施的蓄水能力[13]。还可以将社区外低洼环境设计成草沟、植生带等人工湿地；社区内部道路和铺地尽量采用透水性铺装，能更好地保护地表生态，增加空气湿度，补充地下水；营建绿色屋顶。通过绿色植被蓄水，减轻地面的负担。

对于慢行交通系统来说，完善步行和自行车系统，通过增加行道树的栽植，提高社区居民对户外空间的利用。城市绿道网所连接的自然和人工景观对区域起到全线贯通的作用。崇明建成环境的绿道控制宽度一般不宜小于 7.5m，其中慢行道宽度不少于 2.5m，单侧绿廊宽度不少于 5m。

在崇明全区开发边界范围内，对已建成绿地按面积大于等于 3000m^2，同时宽度大于等于 15m 作为标准进行筛选，得到现状公园绿地斑块共计 277 块，符合面积大于 3000m^2、主体宽度达到 15m 的公园绿地共计 174 块。然后以已建绿地 500m 为服务覆盖范围，得到服务半径覆盖率为 53.95%，从布局上要实现 53.95%～100% 的覆盖率，形成一个全覆盖的生态网络系统。

11.4.5　增强崇明"三区一带"绿色基础设施景观特质保护

崇明区绿色基础设施需要加强整体景观的特质发展。典型"三区一带"景观特质区域的保护对于它的整体绿色基础设施网络特色格局构建非常重要。具体岛屿特质保护的"三区一带"包括如下区域。

1. 东滩滩涂湿地保护区域

重点提升生态建设品质，推进崇明东滩鸟类国家公园、长江口中华鲟自然保护区建设，打造鸟类天然博物馆和候鸟天堂，有力保障生态安全和生物多样性。陈家镇地区严格遵循绿色、节能、环保建设标准，加强生态居住、休闲运动、智慧创新等生态型居住与功能建设，打造生态城镇建设标杆。

2. 西沙明珠湖区域

依托西沙、明珠湖的风景资源与地热点等潜在核心资源，在生态保护与高标准要求的基础上，适度推进西沙明珠湖地区休闲旅游建设，形成以健康养生、生态体验为主要功能的特色旅游空间。

3. 东平森林公园区域

推动东平国家森林公园扩园工作，丰富植物多样性，发挥东平国家森林公园核心景区的风貌带动作用。推动光明小镇等特色小镇建设，打造以文化创意、农业休闲体验为主导的特色小镇及庄园。

4. 沿江生态景观交错带区域

崇明自然和文化资源较多集中在沿江生态景观交错带区域，综合考虑其自然生态、土地利用和生态压力空间分异性的作用，提升其绿色基础设施景观特质保护和景观环境质量。

该交错带区域整体适应性分区特征呈现农田林网基质－条带分异和建成斑块嵌套的组合模式。基于景观本地特征分析的特征分区，可以概况为6类景观整体适应性分区（图11-15）。水－林交错生态景观带、田园生态连续带、水乡风貌保护带、水乡景观整治带4类以生态服务功能占主导的横向带状生态特征区，中间嵌有以土地利用开发为主导的城郊过渡景观区和城镇风貌景观区。城镇风貌景观区呈块状散布在研究区中部，楔形的城郊过渡景观区嵌入城镇周边，疏解城镇功能。归纳各分区本底特征，提出这一轴带区域景观特质保护策略，见表11-9。

图例
- 水－林交错生态景观带
- 田园生态连续带
- 水乡风貌保护带
- 水乡景观整治带
- 城郊过度景观区
- 城镇风貌景观区

图 11-15　景观整体适应性特征分区

表 11-9　沿江生态景观交错带区域景观特质与保护策略

区域划分	区域特征	提升策略
水－林交错生态景观带	该区域南部大片滨海湿地；土地开发程度低，湿地、水源地等自然本底资源丰富，侵蚀风险大，保护价值高，无显著压力	划定生态保护红线，对湿地和水源地进行严格控制保护；鼓励增绿造林并连通湿地斑块，提高生态系统稳定性；控制区内人口，改变粗放的经营模式，走"精明发展"路径；从地质水文条件入手，开展相应的海岸侵蚀防治

续表

区域划分	区域特征	提升策略
田园生态连续带	城桥镇以东的大片农业和零散的乡村用地：土地开发程度较低，绿地河网密集，生态状况较好，西部土壤环境压力和水质压力显著	保护原生植被，适当增加乡间树种，维护自然景观风貌；促进农业现代化，做好农业控污工程；确保河流两侧缓冲带宽度，优化植被配置；合理利用农林复合带，挖掘农业地域特色
水乡风貌保护带	邻近城镇的乡村地区：土地开发程度较低，用地类型混乱，生态状况良好，生物多样性压力和水质压力显著	合理开发利用水资源，加强乡村地区水污染治理；加强林地、水域等生物栖息地空间建设；引入必要的基础设施，完善乡村公共服务体系；注重城乡空间协同发展，做好景观空间的协调和过渡
水乡景观整治带	该区域中部、环岛运河以南的乡村集聚区：邻近城镇，特色村庄散布，土地开发程度较高，生态状况较差，存在侵蚀风险，热岛效应压力和生物多样性压力显著	对自然资源进行维护，保持水土，涵养水源；加强与镇区的空间联系，增强区域的交通可达性；优化乡村空间格局，增加林地面积，优化河网景观，避免景观同质；避免村落布局成片发展，构建绿道网络，开发利用乡野特色和文化资源
城郊过渡景观区	该区域中部、环岛运河以北的大片密集村镇和城乡过渡地区：土地开发程度较高，生态状况较差，热环境压力和生物多样性压力显著	完善基础设施，提高路网连通性，集聚人口，优化建成环境；建设绿地网络，提高植被覆盖率和生态连续性；加强生态治理和污染监控，修复生态资源；统筹城乡间的协同发展和生态景观建设，营造良好的过渡景观
城镇风貌景观区	城镇核心及边缘的高建筑密度用地，以及南部滨海港口工业区：土地综合开发程度高，生态资源匮乏，各类型压力均比较显著	加强土地集约利用，合理控制城镇扩张；加强对工业区和港口的生态治理和景观优化，提高滨海湿地带连续性；保护修复蓝绿色基底，降低景观硬质程度；合理保护历史文化风貌片区，突显地域特色

（执笔人：姜允芳、江世丹、黄静、武雅芝、丁冬琳）

参 考 文 献

[1] Wu Z, Chen R S, Meadows M E, et al. Changing urban green spaces in Shanghai: Trends, drivers and policy implications. Land Use Policy, 2019 (87): 1-11.

[2] 吴余锦. 崇明围垦纪事. 档案春秋, 2016 (04): 59-61.

[3] 杨世伦, 吴秋原, 黄远光. 近40年崇明岛周围滩涂湿地的变化及未来趋势展望. 上海国土资源, 2019, 40 (01): 68-71.

[4] 龚瑞萍, 崔慈. 崇明三岛滩涂围垦现状与可持续发展. 上海建设科技, 2012 (01): 56-57, 63.

[5] 周艳妮, 尹海伟. 国外绿色基础设施规划的理论与实践. 城市发展研究, 2010, 17 (08): 87-93.

［6］刘丽君，王思思．基于 SWMM 的城市绿色基础设施组合优化研究．建筑与文化，2019（5）：30-31.

［7］Aspinall R，Pearson D. Integrated geographical assessment of environmental condition in water catchments：Linking landscape ecology，environmental modelling and GIS. Journal of Environmental Management，2000，59（4）：299-319.

［8］Qureshi M E，Harrison S R. A decision support process to compare Riparian revegetation options in Scheu Creek catchment in North Queensland. Journal of Environmental Management，2001，62（1）：101-112.

［9］刘长安．城市"有农社区"研究．天津大学博士学位论文，2014.

［10］Holling S C. Resilience and stability of ecological systems. Annual Review of Ecology and Systematics，1973，4（1）：1-23.

［11］UNISDR. Terminology on disaster risk reduction. The United Nations International Strategy for Disaster Reduction，Geneva，Switzerland，2009：1-13.

［12］刘峰，刘源，周翔宇．基于韧性理论的社区绿色基础设施功能提升策略研究．园林，2019（07）：70-75.

［13］唐晗梅，张庆新，马妮．从"加拿大绿色基础设施导则"探讨社区绿色基础设施建设．中国园艺文摘，2017（05）：76-79.

第十二章

崇明服务国家战略

　　崇明生态岛的规划建设站位高、格局大，从一开始就具有国家战略布局意义。崇明岛拥有独特的生态资源，在长三角生态环境体系中占据重要地位。崇明岛生态环境的保护，对于维护长三角生态环境的稳定乃至整个长江流域的生态平衡具有重要意义。崇明世界级生态岛建设是中国"坚持和完善生态文明制度体系"的先行者，对世界生态文明建设具有重要的参考借鉴价值。崇明具备发展生态旅游的自然本底素质和乡村文化要素，并在生态旅游方面取得了可喜成绩。随着乡村振兴、长江经济带、长三角一体化等国家战略的实施和上海建设卓越全球城市的推进，崇明需要进一步优化和调整生态旅游策略，突破发展瓶颈，实现高质量发展。突破传统工业和农业驱动的发展模式，探索创新驱动、生态保障并行的发展道路，是崇明世界级生态岛建设的重要任务之一。崇明的科技创新职能主要是结合自身发展实际，聚焦生态与农业科创和海洋装备研发两个方向。在新时代，崇明应以建设与上海全球城市相匹配的现代化世界级生态岛的格局和视野为出发点，以为"坚持和完善生态文明制度体系"出真招和建设美丽中国出实招为着力点，坚持绿色引领经济高质量发展主线，以建设中国新型绿色城市和全球现代化高品质生态示范岛为目标，切实加强崇明生态岛建设，加快培育现代化生态经济体系，探索构建中国特色生态文明制度体系，打造绿色发展引领产业升级、环境保护治理与经济高质量发展试验区，走出一条体现国际视野、承载国家战略、肩负上海使命和彰显崇明特色的绿色城市发展道路。

　　2019 年 10 月 31 日，中国共产党第十九届中央委员会第四次全体会议提出：

坚持和完善生态文明制度体系，促进人与自然和谐共生。要实行最严格的生态环境保护制度，全面建立资源高效利用制度，健全生态保护和修复制度，严明生态环境保护责任制度。把生态文明建设提升到"坚持和完善中国特色社会主义制度、推进国家治理体系和治理能力现代化"的理论地位和战略高度。

崇明岛位于长江入海口，是世界上最大的河口冲积岛之一，是上海的重要生态屏障和战略发展空间，是长江生态廊道与沿海大通道交汇的重要节点。2001年，国务院批准《上海市城市总体规划（1999年—2020年）》，提出建设崇明生态岛的目标。2018年，国务院批准《上海市城市总体规划（2017—2035年）》，进一步将崇明岛发展定位升格为建设崇明世界级生态岛。同时，这也是习近平总书记交给上海市的重大政治任务。2007年4月，时任上海市委书记习近平同志指出建设崇明生态岛是上海按照中央要求实施的又一个重大发展战略。2017年3月，在参加十二届全国人大五次会议上海代表团审议时，习近平总书记详细询问崇明岛的生态保护、交通基础设施、空间建设等进展情况，有力推动了崇明生态岛的高规格规划和高标准建设。

自生态岛建设目标确立以来，上海市和崇明区以高度的政治责任和坚强的战略定力，统筹"国家战略，上海使命，崇明愿景"三大时代要求，探索"生态环境保护、生态产业发展、生态文化建设"共生发展机制，有效实现了自身的高质量发展，有力服务了国家生态文明建设的大局，在生态环境保护上走在世界的前列。深入研究和总结中国生态文明制度建设的崇明经验，对于坚持和完善生态文明制度体系和建设美丽中国具有重大的理论价值和实践意义。

12.1　生态保护的发展历程与主要经验

崇明包括崇明、长兴、横沙三岛，陆域总面积约1413km²。[1]崇明历史悠久、地理位置显要、自然生态资源丰富、文化价值和社会意义重大。2018年1月，应勇市长在作《2018年上海市政府工作报告》时表示，将"举全市之力推进崇明世界级生态岛建设，着力推动基础设施、绿地林地、生态产业等重点项目建设，加快打造长江经济带生态大保护的标杆和典范"。崇明在上海建设社会主义现代化大都市的战略格局中的重要地位进一步提升。

12.1.1　崇明岛独特生态资源和重大生态价值

（1）生态资源多样化的宝库。

崇明岛拥有多样化的生态资源，有大型的自然保护区，设有国家级湿地公园。位于崇明岛西部的西沙湿地占地约4500亩，不仅拥有多种植被、鸟类及两栖类动物，还具备自然潮汐、沼泽芦苇等多种景观，是观察自然生态环境变化、研究长三角生态构成机制、开发自然生态旅游资源的重要场域。

（2）长江流域水环境的"晴雨表"。

地处长江入海口，崇明岛的水域环境及其相应的环境状况，直接反映出长三角乃至整个长江流域的水环境总体境况。崇明岛及其周边水质的好坏，不仅会影响上海、江苏等地的水文环境，对于判断长江水质也具有重要的参考价值。崇明岛的水质情况是评价长江水质优良与否的标尺。

（3）长三角的"天然氧吧"。

崇明岛的空气优良指数稳居上海市第一，堪称上海乃至长三角地区的"天然氧吧"，保护好这座"天然氧吧"对长三角空气质量改善具有重要意义。近年来，随着长三角空气质量的下降和污染加重，以及长三角一体化发展战略对于空气污染协同治理提出新要求，崇明空气条件备受关注，其空气质量指数的高低直接反映了上海及长三角地区的环保工作效果。

（4）土壤的"聚宝盆"。

崇明岛土质资源丰厚，适合多种农产品的生长，崇明包瓜、崇明金瓜及芦笋、白扁豆等农产品为崇明岛独有的土特产。崇明老酒是其农业副产品的代表。崇明岛优良的土壤还为畜牧业提供了良好条件，依托崇明岛特殊的土地和水资源，崇明白山羊成为全国重点保护和发展的畜牧业品种。

（5）候鸟栖息的"天堂"。

崇明岛是中国大陆重要的候鸟栖息地之一，占地约326km^{2}的东滩鸟类国家级自然保护区，是东海沿岸国家级自然保护区链条上的重要节点，为来自我国和太平洋地区多个国家的小天鹅、白额雁、中白鹭、绿鹭及黑脸琵鹭等提供了优良的栖息地，同时使崇明岛具有了重要的审美价值和旅游价值。

（6）丰富的渔业资源。

崇明拥有丰富的海洋渔业资源和内河资源，除了东海的渔业资源外，还有需要良好水陆资源环境的老毛蟹、崇明鳗鲡、崇明刀鱼等水产品，使得崇明水产业极富声望，这也决定了崇明生态保护的重要意义。丰富多样的水产不仅具有经济价值，它们的存在也反映出崇明岛生态资源多样性的保护程度。

总之，崇明岛具有丰富的生态价值，可以看作是长三角地区的"生态银行"，崇明生态环境状况直接关系到长三角地区生态环境的稳定，其生态保护和可持续发展具有极其重大的战略意义。

12.1.2　崇明生态岛建设的主要阶段与重要进展

崇明生态岛的规划建设主要分为三个阶段，即上海战略框架阶段（2001～2005 年）、长三角战略框架阶段（2006～2015 年）和国家战略框架阶段（2016年至今）。

经过近 20 年的探索和发展，从上海市崇明区生态环境局最新发布的《2019上海市崇明区生态环境状况公报》看，崇明在生态保护实践上取得了重要进展。

一是生态岛理念深入人心。2013 年，韩正在崇明调研时表示，"崇明县下决心调整产业结构，淘汰落后产能，建设生态岛的理念已经深入人心。"[2] 为建立长期的环保机制，崇明生态环境局加强环保法制宣传，专门设立环境信访制度，2017、2018 年每年受理的环境类案件均在 1400 件左右，内容涉及空气、水源、噪音和固废等方面，反映出人民群众对环境问题的重视。无论是崇明当地政府、企业机构，还是广大市民、外来务工人员，都将崇明的生态保护视作本地区经济社会发展的中心，成为崇明生态岛建设和长远发展的文化动力。

二是生态保护成效显著。崇明的空气、水源、土壤等环境要素指标都达到或超过国家标准，明显优于上海平均水准。2018 年崇明全区空气质量优良率超过86%、饮用水水源地水质较为稳定、3 个备选水源地基本达到Ⅲ类水标准，土壤环境质量优于上海市平均水平。2017～2018 年，崇明区完成农村生活污水工程项目对象约 20.5 万户，1595 条段黑臭水体全部完成整治，6364 条段劣Ⅴ类水体（含黑臭水体）已完成整治 5827 条段（2018 年任务量是 2328 条段）。崇明已"成为上海市空气质量最优、绿地面积最广、生物多样性最为丰富的区域"。[3]

三是经济社会发展与生态文明共进。崇明生态环境局设置了环境准入制度，对企业和各类单位实施严格的环境监测。《上海市崇明区总体规划暨土地利用总体规划（2017—2035）》提出："严格限制高耗能工业及低层次利用和输出初级产品的产业，清退能耗高、污染重的传统产业。增强能源科技自主创新能力，大力培育科技创新型企业。提高产业准入门槛，严格限制产能过剩行业项目，特别是落后的高污染、高能耗项目建设。"崇明生态岛建设不仅符合国家对生态文明建设的要求，还在最大程度上保障了当地经济社会的稳定发展。

总之，国家战略极大地推动了崇明生态岛的建设，并为下一步的规划和发展奠定了基础。但同国家生态文明建设目标及国际知名生态岛相比，崇明生态岛仍存在各种差距，这既是崇明生态建设的不足，也是其进一步服务国家战略的方向。

12.1.3　崇明生态岛建设的模式特点和主要经验

2014 年 3 月，联合国环境规划署在上海举办新闻发布会，发布《崇明生态岛国际评估报告》，报告指出："崇明岛生态建设的核心价值反映了联合国环境规划署的绿色经济理念，对中国乃至全世界发展中国家探索区域转型的生态发展模式具有重要借鉴意义，联合国环境规划署将把崇明生态岛建设作为典型案例，编入其绿色经济教材。"[4] 这表明崇明生态岛正在形成具有国际领先水平和广泛借鉴意义的发展模式。

结合崇明世界生态岛的最新进展，可将其模式特点归纳如下。

第一，以生态环境保护为前提，合理控制人口数量。21 世纪以来，崇明的人口一直控制在 70 万左右，为生态保护奠定了良好基础。在未来的发展中，崇明还将保持这一人口总量。从生态角度看，人口数量直接决定着人和环境的关系，人口数量的控制不仅能极大减弱生态保护的压力，还能为当地生态社会建设和生态经济发展提供基础性保障。

第二，以环境指数为标准，严格设置生态红线。崇明在本岛土地利用和城市规划方面严格以国际生态环境指数为标准，在鸟类、鱼类等多个自然保护区内严格禁止任何形式的开发，尽可能维护自然生态环境的原始面貌。生态决策的严格执行和生态指标体系的创立 [5]，虽然会对经济增速产生直接影响，但从长期看，生态系统的保护必将为崇明岛生态经济的循环发展和持续增长提供保障。

第三，以生态建设为目标，合理布局城乡结构。崇明的城镇布局完全依照世界级生态岛的建设标准，合理规划土地，合理布局城镇、街道和交通，做到紧凑利用和平衡发展相结合，一方面解决城乡发展不平衡带来的环境问题，另一方面强调以绿色为宗旨的内涵式发展，推动符合生态环境要求的美丽乡村建设，实现经济发展和生态保护的双赢。

在深入践行国家生态文明建设战略中，崇明岛形成了以下重要经验。

第一，始终秉承循环经济的发展思路。循环经济是崇明生态岛建设的重大措施。2017 年，崇明发布"十三五"循环经济发展规划，布局了"东西南北中"五大特色循环经济区域，并在各区重点布局特定产业，如农业、海洋装备、智慧岛数据产业、固体废物处置、风力发电等。崇明以生态创新服务乡村振兴，形成了新农村循环经济体系，如"种养结合"的养猪新模式，将养猪场废弃物变废为宝；如生态鱼塘不仅提高了水产品品质，也实现了"水在林中流，鱼在水中游，人在林中走，鸟在林上飞"的生态修复目标。崇明的循环经济还体现在绿色能源利用、出行方式变革、低碳生活观念推广等方面，为城乡一体化绿色发展积累了经验。

第二，积极践行垃圾分类政策。崇明在摈弃粗放式经济发展模式的前提下，注重生活生产垃圾和农业废弃物的再利用。[6]2011年，崇明已开展垃圾分类工作，截至2019年，崇明垃圾分类实现了全覆盖。在此过程中，崇明有序推进农村地区"定时定点"和"撤桶计划"，并利用"互联网＋大环卫"的智慧环卫管理平台，实现对垃圾分类各环节的动态智能管理。这些举措较好地解决了垃圾回收处理问题，为生态岛建设解除了后顾之忧，也为上海全市乃至于全国的垃圾分类回收和分类处理的推广提供了先行示范。

第三，大力提高环境保护力度。依靠现代信息技术，崇明建立了综合的信息化体系，形成了以崇明能源互联网项目为代表的"互联网＋"智慧能源实施方案。在保证环境不被破坏的前提下，广泛发掘新兴技术，引进高铁污水处理技术，使农村生活污水就地处理、达标排放。在能源利用方面，自主创新生活湿垃圾处理领先技术，做到湿垃圾不出镇。在节能方面，崇明形成陈家镇生态示范楼工程建设的生态示范经验及节能技术体系。以上系列创新举措，正如联合国环境规划署执行主任特别顾问所言："为其他相似岛屿的发展提供了很好的借鉴模板。"

总之，崇明生态岛的发展理念和建设实践，既是国家实施绿色发展理念、建设美丽中国的直接体现，同时也为"坚持和完善生态文明制度体系"做出了有益尝试和积极探索，深入研究和系统总结崇明的地方经验，在国家战略框架下进一步深化和提炼，对于上海建设生态之城、长三角绿色一体化发展、长江经济带高质量发展等，均具有重要的实践意义和示范价值。

12.1.4 崇明生态岛建设的主要问题和重大机遇

（1）崇明生态岛建设面临的主要问题。

一是整体发展缓慢、动力不足。崇明产业基础较为薄弱，长兴镇是崇明的经济支柱。除了集中建设的四个产业聚集区，崇明本岛主要发展生态农业、生态养殖及生态旅游。财政收入不足直接影响到生态保护投入。由于历史上长期围垦及近年来的开发，"崇明岛 5m 等深线以浅的滩涂湿地资源是有限的，新生湿地潜力缺乏"[7]，这也制约着生态农业、养殖业及旅游业的发展。

二是生态基础和环境保护设施相对落后。生态保护是崇明社会发展的重心，但由于受到周边地区生态环境的影响，崇明岛的整体生态环境仍较为脆弱，加之交通综合体系尚未形成，土地利用不够合理，给崇明生态保护造成了较大的压力。"重环境轻生态、重面积轻质量"[3]是崇明岛在生态保护中存在的突出问题，生态保护在总体上还处在从规模到质量的艰难转型过程中。

三是理论指导和政策供给不足。在生态建设和产业结构调整中，一些养殖业引入新的饲育品种取代旧的，不仅没有起到保护生态的作用，反而造成了更大的污染、形成了新的环境困境。例如，上海造船厂简单的"一停了之"，直接影响到崇明的财政收入，对生态保护进一步的投入造成很大困难。如何提供先进的理论指导和优质有效的政策供给，是崇明生态建设面临的重大难题之一。

（2）崇明生态岛建设的重大战略机遇。

一是国家生态文明制度建设的重大战略机遇。保护生态环境就是保护生产力，"绿水青山就是金山银山"，也包括"大气十条""水十条""土十条"及"生态环境损害赔偿制度""领导干部自然资源资产离任审计"等，为崇明全面协调生态、生产、生活关系，开展生态治理、解决环境欠账，扎实推进世界级生态岛建设提供了理论指导和政策保障。崇明最大的优势是具有优良的水、大气、森林、湿地等自然本底条件，同时也是首批进入全国生态文明先行示范区建设名单的地区，崇明应把握住国家生态文明建设的重大战略机遇，在以生态为导向的空间布局优化、产业结构调整、循环经济模式探索、生态文化体系建设及机制体制创新方面先行先试，争做国家生态城市和生态文明制度建设的排头兵。

二是国家乡村振兴战略的重大战略机遇。乡村振兴作为促进城乡融合发展的国家战略，为农村产业振兴、生态保护、文明建设、治理体系等提供了广阔空间和政策保障。在乡村振兴战略的实施中，作为上海城市化"洼地"的崇明岛将成为上海建设全球城市的新增长极。首先，抓住乡村振兴带来的农业专业化转型新机遇，培育新型农业经营主体，增强世界级生态岛建设的本源动力。其次，抓住乡村振兴带来的城乡融合发展新机遇，促进人口、技术、资本、资源在上海市区与崇明岛之间自由双向流动，提升世界级生态岛的公共服务水平。再次，抓住乡村振兴带来的乡村环境整治新机遇，建设人与自然和谐共生的宜居乡村和生态乡村，助力崇明生态岛的全域环境整治高质量发展。

三是长江经济带发展的重大战略机遇。《长江经济带发展规划纲要》提出"生态优先、流域互动、集约发展",把生态环境置于流域发展的优先位置。崇明地处长江入海口,是长江流域生态保护和新旧动能转换的桥头堡,也是践行长江经济带走"生态优先、绿色发展之路"的核心节点,将是长江经济带绿色发展的直接受益者。首先,长江经济带上中下游在生态保护举措上的不断强化,对于改善崇明入海口的生态质量必然发挥积极影响,有助于崇明生态环境的进一步优化。其次,长江经济带上中下游在环境治理上的协同机制的不断完善,对于促进崇明入海口的环境治理必然发挥积极的作用,有助于崇明环境治理水平的进一步提升。再次,长江流域上中下游之间产业协调发展和产能更新升级逐渐形成一盘棋,对于引领崇明产业升级和实现新旧动能转换必然产生积极影响,有助于世界生态岛建设走上高质量发展之路。

四是长三角高质量一体化的重大战略机遇。2019 年,中共中央、国务院印发《长江三角洲区域一体化发展规划纲要》,明确提出要推动长三角区域在科创产业、基础设施、生态环境、公共服务等领域实现一体化发展。崇明位于长三角区域的重要位置,地处江苏、上海交界地带,面临着与南通地区在环境治理、长江口区域协作及城镇协同发展等方面的挑战。长三角一体化发展的深入实施为崇明协调与周边省市关系、破除行政壁垒注入了新动力。同时,由于绿色一体化发展是长三角高质量一体化发展的重要组成部分,长三角一体化发展也为崇明推进环长江口生态环境治理提供了有力支撑。其中最主要的问题,如探讨跨行政区的生态共享和环境共治,在生态修复、生态保护、生态建设、生态发展上走出一条多区域协调共建的新路径,都和崇明世界级生态岛建设密切相关,同时也必然赋予崇明岛更多的发展机遇和更大的话语权。

五是上海全球城市建设的重大战略机遇。《上海市城市总体规划(2017—2035 年)》提出把上海"建设成为卓越的全球城市和具有世界影响力的社会主义现代化国际大都市",其核心是提升城市能级和核心竞争力,具体包括经济、金融、贸易、航运、科创、文化等方面。在城市硬件方面,崇明海洋装备制造基地是上海全球航运中心建设的主要载体之一,在城市软件方面,崇明良好的生态环境和世界级生态岛建设则可为上海建设令人向往的"生态之城"提供重要依托。它们既可以从上海全球城市建设中获得新动能,也可以从服务上海全球城市建设中获得更大的发展空间和机会。与纽约、伦敦等全球城市相比,上海在全球要素集聚、门户通达性等方面尚有一定差距,拥有崇明生态保育基地的上海可致力于打造"生态优先、绿色发展"的全球城市建设模式,为全球城市建设提供一个"生态型"全球城市发展的中国案例。

12.2　生态农业服务国家战略的经验和机遇

12.2.1　崇明生态农业发展的总体情况与主要问题

崇明是上海重要的"菜篮子""米袋子"。新中国成立以来,崇明人锐意进取、开拓创新,从解决温饱到寻求生态健康,实现了从"赶上时代"到"引领时代"的伟大跨越。

（1）崇明生态农业发展的总体情况。

一是粮食产量逐步增长。1949 年,崇明粮食种植面积约为 66 万亩,产量近 5 万 t;至 2018 年粮食种植面积下降到 33.1 万亩,但粮食产量却达到 18 万 t,增长了 2.6 倍。1949 年,崇明水稻种植面积近 15 万亩,产量仅 1 万余 t;到 2018 年,水稻种植面积增加了 0.86 倍,产量增长了近 14 倍。1949 年,粮食单产为每亩 75kg,2018 年达每亩 544kg,增加了 6.3 倍,年均增长 2.9%。水稻单产由每亩 72kg 提高到每亩 578kg,增加了 7 倍,年均增长 3.1%[8]。

二是农产品更加丰富优质。1949 年,崇明蔬菜产量仅为 4.74 万 t,到 2018 年达 79 万 t,增长了 15.7 倍,尤其是 20 世纪 90 年代增速极快。1949 年,水果产量仅为 400t,到 2018 年达到 12.5 万 t,增长了 300 多倍。1949 年,水产品仅 0.15 万 t,到 2018 年近 5 万 t,增长了约 32 倍[8]。

三是农业总产出持续攀升。新中国成立以来,崇明农业总产值由 1949 年的 0.18 亿元提高到 1978 年的 2.13 亿元,增加了近 11 倍。同时,形成了农林牧渔业全面繁荣的局面。2018 年,牧业总产值达 8.44 亿元,是 1949 年的 39 倍,年均增长 5.5%;渔业产值达 12.32 亿元,是 1949 年的 79 倍,年均增长 6.5%。2001 年启动生态岛建设以来,林业从无到有,取得长足发展,2018 年林业产值达到 6.73 亿元。1949 年,崇明蔬菜仅 4.74 万 t,到 2018 年达 79 万 t,增长了 15.7 倍,年均增长 4.2%[8]。

四是农业生产效率大幅提高。1949 年,崇明农业劳动力人均产值仅 102 元,2018 年达到 5.35 万元,增长了 500 多倍,扣除物价因素影响,实际增长 63 倍,年均实际增长 6.2%。同时耕地利用效率大幅提升:2018 年,崇明土地流转率高达 88.3%,水稻种植规模化率达到 74.6%,分别为 2010 年的 3.1 倍和 2.7 倍。农民专业合作社 1414 家,家庭农场 525 家,博士农场 10 家,开心农场 7 家,农业龙头企业 25 家，形成了"三场一社一龙头"的发展新格局[①]。

五是生态农业地位日趋凸显。绿色食品和有机农产品认证面积达 37 万亩，占上海市面积的三成以上；"三品"认证量约占上海市三分之一，绿色食品认证量占上海市一半，以"无化肥、无化学农药"为特色的"两无化"生产模式加快推广普及。以化肥施用量为例，1949～2018 年，化肥施用量呈现出倒"U"形趋势，崇明启动生态岛建设以来下降趋势更加明显。

六是新业态新模式持续涌现。近年来，崇明农业新业态不断涌现，特色种养业不断发展，涌现出一批以"两无化"崇明大米等为代表的特色农产品，形成了清水蟹、西红花、沙乌头猪、白山羊、柑橘等优势产品品牌，一批"叫得响、卖得好"的优质农产品脱颖而出。同时，休闲农业和乡村旅游加快发展，农村电子商务蓬勃兴起，稻田养蟹、养虾、养鱼等模式不断创新升级，出现了一大批三次产业融合发展的新型经营主体，农业结构持续优化，生态农业逐步向纵深发展[9]。

（2）崇明生态农业发展的主要问题。

一是产业整体支撑力不强，居民增收缺乏有效途径。崇明现代农业能级偏低、生态旅游层级不高、海洋装备"一业独大"的局面依然存在，财政收入依赖生态转移支付和注册企业税收收入占比过高等，严重制约了当地就业和农民增收[10]。以 2017 年为例，区级地方一般公共预算收入 67 亿元中，其中招商注册型企业税收收入 58.3 亿元，占 87.01%。长兴岛虽有振华港机和江南造船厂等大型国企，但对崇明税收贡献有限，这些企业占用了 1 万多亩土地，但地方税收贡献不足 1 亿元。外出务工人员占户籍人口比例较高，户籍大学生毕业回崇工作就业的比例偏低，居民人均收入水平在上海市排名垫底。人才"引进难、留不住"等突出问题，是困扰世界级生态岛建设的突出"短板"。

二是农业产业化基础薄弱，农业转型发展面临瓶颈制约。"稻虾共作"模式财政扶持力度有限。为支持崇明打造世界级生态岛，光明集团在 4 万亩土地上试行"稻虾共作"循环水养模式，但试点成效仍有待检验。渔民安置问题亟待破解。崇明岛渔民的经济来源依赖每年 2 个月的集中捕捞期，2018 年长江流域全面禁捕工作启动，渔民生存技能单一，转型就业问题急需解决。

三是综合交通网络布局尚不完善，内部交通网络亟待完善。随着长三角一体化进入实质性推进阶段，上海与周边城市的基础设施互联互通正加速推进，苏州、南通、嘉兴等城市已进入上海 1 小时交通圈，但崇明不少区域在 1 小时内仍无法抵达上海中心城区。尤其是西线缺乏与上海市区和与南通的快速通道，节假

---

① 参见《2018 年崇明区国民经济和社会发展统计公报》。

日期间交通拥堵较为严重。此外，从内部交通看，现有交通体系不尽完善，公共交通出行比例远低于其他远郊区[10]。交通基础设施的不完善在一定程度上限制了生态农业的发展。

四是配套资金压力加大，生态基础设施相对薄弱。一方面，由于"新建建筑限高"原因，崇明的土地出让收益较为有限，财政资金平衡存在困难，生态农业建设资金面临较大压力。另一方面，崇明基础设施建设并不均衡，乡村中小河道治理仍有待加强。村庄布局较为分散，导致基本公共服务配置不均衡，土地集约化利用有待加强。

五是生态建设制度体系有待健全，配套保障能力亟待提升。当前，崇明生态岛建设进入关键阶段，但还缺乏有效的制度保障体系，尤其是生态补偿、产业导入、土地开发、人才引进等方面亟待建立完善的体制机制。此外，在与国企特别是央企、驻地部队及南通之间的关系方面，也亟须建立相应的协调发展机制。

12.2.2　现阶段崇明生态农业发展的主要特点和经验做法

（1）树立全域全生态发展理念。

作为首批国家农业可持续发展试验示范区[11]，崇明明确树立全域全生态发展理念，积极推动绿色食品全覆盖，2019年绿色食品认证率达到85%；努力推动农林废弃物资源化利用全覆盖，大力推广秸秆饲料化、燃料化、肥料化等循环农业发展模式；推动绿色投入品管控，制定并落实高于国家标准的绿色农药目录，投建统一标准的绿色农业投入品门店，依托智慧管控平台加强流向追溯，进一步推广"两无化"生产种植，为"绿水青山就是金山银山"提供鲜活的崇明案例。

（2）积极探索优质农产品品牌整合监管。

以"两无化"大米生产为突破口，打造以"崇明"为地域标识的绿色农产品联盟和公共品牌，实现从"售谷"到"售米"的升级，"崇明大米"已成功进入盒马鲜生、我厨网等新零售平台[11]。针对划定的1万亩左右的生产基地，制定"两无化"生产标准，实现种源准备、智慧农业、质量鉴定等领域的全流程管控。推广"崇明大米"品牌打造经验，通过保种育种、技术升级等手段，提升清水蟹、翠冠梨、白山羊等重点特色品种的品质和知名度。

（3）盘活农村"沉睡资源"，推动六次产业发展。

组织开展崇明"最美乡村"和"最美生态廊道"设计大赛，挖掘提炼崇明乡村的个性化元素和共性特点，打造产业特色明显、文化内涵丰富的美丽乡村"升级版"。创新美丽乡村建设模式，打造以菜园、果园、花园为主的"共享村庄"。挖掘农业非传统功能，加快田园风光、乡土文化与旅游、文化、体育、教育等深度融合，引导以庙镇香朵开心农场、三星镇"海棠花溪"生态廊道等为代表的生态绿道、生态廊道、生态水系、开心农场、特色小镇、田园综合体等项目建设，推动"六次产业"发展[11]。

（4）不断完善经营主体引进培育的各项配套服务。

出台《关于促进崇明绿色农业加快发展的政策意见》等，构建农业发展政策支撑体系，做好各项配套服务工作。建立农业重点工作督查推进机制，制定"贯彻落实乡村振兴战略实施意见""都市现代绿色农业发展三年行动计划"等，明确目录式发展目标和计划。以"土地招商推介"为着力点，引培新型农业经营主体。以"店小二"的态度加强服务，全力扶持"三场一社一龙头"。构建包括"农业招商热线、服务窗口、微信公众服务号、土地流转信息平台"在内的公共服务平台，并对各类农业经营主体开展分类评估[11]。

（5）大力实施绿色农业封闭式管控。

以大生态引领大农业，按照"高科技、高品质、高附加值"的目标，以"农林废弃物资源化利用全覆盖"为落脚点，构建生态大循环的崇明模式。加快对"全生态理念"在农业的实践探索，探索构建农林废弃物循环利用体系，并在向化镇进行试点。围绕农林废弃物资源化利用，引进市场与社会力量参与"全覆盖"，打造全域农业生态系统大循环崇明模式[12]。实施绿色农业封闭式管控，明确农药使用标准，制定绿色农药推荐目录，实现源头管控；建立农药供应网络，形成由 1 个总仓和 16 个门店组成的绿色农药供应网络，实现绿色农资"销配收"一体化运营；完善农药追溯体系，依托集生产主体、农资需求、监测检测信息库为一体的信息化管理平台，对接农业 GIS 系统数据，实现农药配销全程智能化管控[13]。

12.2.3　新时代的国家战略要求与崇明生态农业的发展机遇

（1）绿色发展成为时代主题，崇明生态农业的地位更加突出。

崇明地处长江生态廊道与沿海大通道交汇的重要节点，依托生态农业探索生态文明建设新模式，对长三角、长江流域乃至全国沿海地区的绿色发展都具有示范引领作用。崇明在落实绿色发展理念、优化绿色资源配置等方面具有先天优势，有条件在更高的起点上发展生态农业、提供更为优质的生态农业产品，成为全国生态农业创新发展示范区，探索建设国家生态文明发展先行区。

（2）长江经济带建设首在生态保护，崇明生态农业理应成为产业标杆。

推动长江经济带发展，核心是走生态优先、绿色发展之路。作为长江经济带的"龙头"，在新一轮发展中，上海一直将绿色发展作为出发点，勇当长江经济带生态大保护的排头兵。崇明岛位于长江口，依托良好的生态环境，充分发挥已有的生态农业优势，探索构建生态岛环境保护和崇明生态农业良性循环机制，对于落实长江流域"共抓大保护，不搞大开发"的发展理念，同时避免世界级生态岛建设缺乏生态产业支撑，具有重大的示范和引领意义。

（3）长三角进入高质量一体化新阶段，为生态农业提供了重大发展机遇。

长三角一体化发展国家战略具有极大的区域带动和示范作用，能带动整个长江经济带和华东地区发展，形成高质量发展的区域集群，是实现两个"一百年"奋斗目标的有力抓手。在长三角一体化进程中，生态农业作为传统农业高质量发展的重要模式之一，同样面临上升为国家战略的重大发展机遇；崇明已有的生态农业探索则由上海之"边"变为上海之"巅"，在长三角一体化绿色发展中的战略地位进一步凸显。崇明应进一步发挥自身在生态农业等方面的潜力，加强与长三角地区的联动发展，成为长三角乃至全球生态农业产业系统的重要节点。

（4）上海全球城市建设加快推进，为生态农业国际化创造广阔空间。

当前，上海正在加快推进全球城市建设，加快提升城市能级和核心竞争力。上海要建成卓越的全球城市，农村地区是上海国际化建设的最大短板。崇明应明确树立建设卓越全球城市、打造"创新之城、人文之城、生态之城"的重要承载区，在生态农业上紧紧围绕世界级生态岛建设，以服务全球对优质农产品的需要为目标，变"上海的菜篮子"为"世界的菜篮子"，探索生态农业的国际化战略，实施更高水平的对外开放，助力上海全球城市建设目标的全面实现。

12.3　生态旅游业服务国家战略的经验和机遇

崇明面积约占上海市的20%，拥有上海30%的自然资源，保育上海40%的生态资产有效当量，提供近50%的生态服务功能，森林、农田、淡水湿地、滩涂湿地等生态资产约占崇明总面积的85%[14]。崇明以其丰富的自然生态资源为抓手，在生态旅游业发展方面取得了一些进展。在此基础上，崇明将以服务国家战略为目标,优化和调整生态旅游策略,突破发展瓶颈,走出一条发展生态旅游的新路子。

12.3.1 崇明生态旅游业的发展历程与主要问题

(1)崇明生态旅游业发展历程。

崇明生态旅游业起步较早,从以农家乐为代表的早期休闲旅游,到长江隧道开通后的爆发式增长,再到如今世界级生态岛的建设,实现了从粗浅到专业、从景点到全域、从地方到迈向国际的蜕变。

第一阶段主要以农家乐为代表。1994 年上海第一个农家乐项目——崇明前卫村农家乐开始对外经营,2004 年 7 月胡锦涛总书记在参观时对此给予充分肯定,崇明生态旅游业发展受到重视。2005 年上海市出台《崇明、长兴、横沙三岛联动发展规划纲要》和《崇明三岛总体规划(崇明县区域总体规划)2005—2020 年》均提出崇明三岛要坚持"三一二"产业发展方针,重点发展以旅游业为龙头的第三产业。这一时期,以东滩湿地、东平国家森林公园和崇明岛国家地质公园为代表的一大批重要的景区和公园获得批复和命名。2008 年,《崇明县旅游业发展总体规划》进一步提出开发七大主题的旅游产品,为崇明生态旅游开发奠定了坚实基础。

第二阶段生态旅游井喷发展期。2009 年长江隧桥建成开通,交通制约问题得到缓解,崇明岛游客一度出现爆发增长,高峰时日接待游客数突破 8 万人次。2010 年初,上海市政府发布《崇明生态岛建设纲要(2010—2020 年)》提出"改善景区环境质量,发展以生态旅游为龙头的现代服务业",崇明生态旅游在上海市整体布局中的重要地位开始凸显,对崇明"生态旅游"的强调逐渐超过"崇明农家乐"。

第三阶段以 2010 年为界标,崇明生态旅游开始进入国际化发展新阶段,崇明生态旅游的定位从上海和长三角扩展到了"国际"和"世界"。这一定位直接得益于崇明世界级生态岛的建设。崇明一直高度重视生态环境建设。早在 2005 年,《崇明三岛总体规划(崇明县区域总体规划)2005—2020 年》就明确提出"现代化的生态岛区"的目标;2010 年发布的《崇明生态岛建设纲要(2010—2020 年)》确立了生态岛建设的战略部署,通过三年行动计划,崇明生态建设取得重大进展。2014 年联合国环境规划署发布《崇明生态岛国际评估报告》,认为其核心价值与联合国环境规划署的绿色经济理念高度一致,将崇明生态旅游传播到全世界。2016年《上海市旅游业改革发展"十三五"规划》明确提出将崇明生态岛打造成国际化旅游新地标。2018年发布的《崇明区全域旅游发展总体规划》为崇明设计了"世界级生态旅游岛"和"国际大都市近郊休闲旅游目的地"[15]的目标愿景。可以说，经过前两个发展阶段的积累，崇明生态旅游业已进入一个全新的发展阶段。

（2）崇明生态旅游业的发展现状。

第一，旅游产业保持快速增长。2019年接待游客691.5万人次，实现旅游直接收入14.65亿元，同比分别增长8.9%和10.2%。如图12-1所示，从2011年开始的8年间，崇明接待游客人数翻了一倍多，旅游收入也翻了近一倍。2015年，崇明旅游收入实现了45%的跳跃式增长，并持续保持高速增长。除2014～2015年出现了人数降低和收入增加现象，总体来说，崇明生态旅游的接待人数和旅游收入常年保持稳步增长。

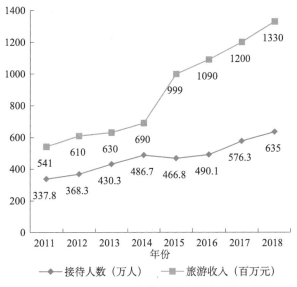

图 12-1　2001～2018年崇明旅游接待及收入情况

第二，"1+3+X"全域旅游空间布局初步形成。根据崇明全域旅游发展总体规划，1指一环，即环崇明岛滨江生态景观大道周边区域，3指三大旅游重点发展区域，即西沙－明珠湖旅游集散区、东平旅游集散区、东滩－陈家镇旅游集散区，X指重点培育的若干旅游特色空间，如静谧西沙、活力东平、闲趣北湖、雅致东滩、多彩长兴、原味横沙等[16]。未来崇明生态旅游发展将"由点及面"，从几个集聚区向三岛全域拓展，逐步从小景点走向大景区。

第三，旅游项目亮点纷呈。生态旅游新业态层出不穷。开心农场建设卓有成效，成为崇明推动乡村振兴的新途径。农家乐转型加速、生态民宿崛起、浦江游览崇明航线等成为崇明生态旅游发展的新亮点。旅游节庆活动丰富多彩。崇明森林旅游节、文化艺术节、自行车嘉年华等老牌旅游节事活动已形成区域性品牌。一些特色节庆活动（如二月二龙抬头节、崇明芦穄节、红枫节等）丰富了崇明旅游产品供给，形成了"镇镇有节庆，周周有热点，天天有活动"的良好氛围。

第四，生态旅游服务水平得到稳步提升。在旅游公共服务配套方面，崇明推进立体化的全域旅游交通体系、区级旅游道路交通导览标识、旅游咨询服务体系、旅游厕所建设，使旅游公共服务配套日趋完善。在旅游服务管理方面，崇明成立了多种形式的旅游纠纷处理平台和消费维权平台。

（3）崇明生态旅游发展存在的主要问题。

第一，生态旅游产业发展中大项目、优质项目较少。由于崇明生态旅游产业规模较小，硬件配套相对薄弱、市场号召力弱等原因，崇明引进大型旅游项目比较困难。旅游产业中传统低端旅游产品基数较大，优质产品占比不高，缺乏具有竞争力的世界级旅游产品。

第二，生态旅游设施的辐射区域较窄。崇明缺少可以带动区域整体发展的大型旅游设施，难以形成较大的市场吸引力。区级的公共旅游设施点位也相对不足，覆盖面相对较小。岛内公共交通枢纽站较少，直达长三角城市群各大旅游景点的公共交通线路选择有限。

第三，乡村旅游服务水平有待进一步提高。一是乡村旅游专业人才较缺乏，农民本身不具备专业旅游管理的基本素质，难以适应农家乐转型后的新模式。二是崇明生态乡村文化特色难以彰显，新一代农民较少继续从事传统农业，民间传统文化传承面临后继无人的困境。三是农家乐规模不大，服务水平不高，服务形式和内容不够丰富，难以满足长三角游客的多样需求。

12.3.2　现阶段崇明生态旅游发展的主要特点和经验做法

（1）花博会举办下自然生态优势的拓展。

丰富的生态资源保有是生态文明战略实施的基础。崇明对其原有自然生态资源优势进一步拓展：一是加强植树造林的力度，通过"一镇一树、一镇一特色、一镇一公园"增加崇明树木的森林郁闭度。二是聚焦主要交通出入口、骨干道路、重点河道等重要空间，丰富植物多样性，形成生态景观带。三是利用 2021 年第十届花博会在崇明举办的契机，加快全岛形象提升。启动实施"海上花岛"项目建设，以"花田、花路、花溪、花宅、花村"为重点，打造"一镇一园""一村一园"特色景观，形成多姿多彩的乡村风光带，吸引更多游客体验花文化。

（2）多旅融合下特色体育旅游的开展。

《崇明世界级生态岛发展"十三五"规划》提出打造"多旅融合"的大旅游格局，体育产业与旅游产业相结合是崇明一大特色，崇明先后举办环崇明岛国际自盟女子公路世界巡回赛、世界铁人三项赛和摇滚马拉松等国际著名赛事。而且，举办频率也非常高，每年有数十支世界顶尖自行车队到崇明参加比赛，每年在崇明举办的马拉松比赛也有 30 多场，全年累计开展足球比赛 400 余场，网球、垂钓、皮划艇等赛事举办频率也相当高。2016 年崇明第一届休闲体育大会，参与人数达到 7 万多人[17]。2007 年，崇明的"国际马拉松特色小镇"（绿华镇）和"体育旅游特色小镇"（陈家镇）成功入选全国首批体育特色小镇试点，体育休闲旅游成为崇明生态旅游的又一亮点。

（3）农家乐转型驱动下开心农场建设。

2015 年起，崇明开始探索开心农场建设，按照"田宅路统筹、农林水联动、区域化推进"的思路，有效整合农村土地、房屋、农业等，通过实施区域规划、风貌设计、整体改造，打造集体验、休闲、科普等功能于一体的新型农旅结合发展模式[18]。开心农场实行"一场一风格、一场一设计、一场一特色"，将所有开心农场做成一个整体，统一设计风格。在开心农场，游客可体验到各国乡村文化。崇明开心农场等激活了农宅、农地、农业等生产生活要素，为市民创造出了享受高品质生活的空间，激发了文化旅游消费的潜力。

12.3.3　新时代的国家战略要求与崇明文化旅游业的发展机遇

（1）上海建设世界著名旅游城市与崇明生态旅游的发展机遇。

在全球城市建设要求下，上海必然要成为世界著名旅游城市，崇明必然要成为世界著名旅游城市的重要承载地。崇明生态旅游的发展机遇主要体现在两方面：首先，崇明作为国际大都市近郊休闲旅游目的地，是上海远郊区中少数主打生态旅游的区，在服务上海都市旅游中具有独特和重要的作用。随着上海全球城市建设带来的城乡一体化进程加速，崇明的地区能级也将进一步提升，为其生态旅游发展带来更多机遇。其次，上海全球城市建设助推崇明生态旅游走向更加广阔的国际市场。上海"全球旅游目的地"的形象已基本树立,崇明也随之升格为"全球生态旅游目的地"。在此机遇下,崇明应再努力树立一批国际旅游品牌,持续打响崇明生态旅游在国际上的知名度。

（2）国家乡村振兴战略与崇明生态旅游的发展机遇。

2014 年,《国务院关于促进旅游业改革发展的若干意见》提出要大力发展乡村旅游,创新文化旅游产品。2018 年,国务院印发《乡村振兴战略规划（2018—2022 年）》再次提出"发展乡村旅游和特色产业,形成特色资源保护与村庄发展的良性互促机制"。在国家实施乡村振兴战略的背景下,崇明生态旅游的重要性日益凸显,成为当地农业发展、农民增收的重要渠道。崇明开心农场建设卓有成效,港沿镇园艺村已成为上海市乡村振兴示范村。下一步,崇明应利用其得天独厚的乡村自然资源及在乡村旅游方面的深厚积淀,高起点谋划、高标准打造一批乡村旅游精品工程、特色旅游名村。

（3）国家长江经济带战略与崇明生态旅游的发展机遇。

崇明是长江经济带生态保护的标杆和典范,在"共抓大保护、不搞大开发"的背景下,崇明生态旅游同样也可以成为长江经济带生态旅游发展的核心。在《长江国际黄金旅游带发展规划纲要》中,明确提出要以上海为龙头来打造世界级旅游品牌,其中崇明国际旅游生态岛是其主要依托之一。与崇明作为长江航线的起点相匹配,崇明生态旅游也要承担起长江黄金旅游带重要平台的职能。同时,崇明生态旅游应结合上海国际航运中心建设和上海国际航空枢纽建设,推动"邮轮＋长江游"旅游产品创新,以崇明为首带动长江国际黄金旅游带建设。

（4）长三角旅游一体化战略与崇明生态旅游的发展机遇。

《长江三角洲地区区域规划（2010—2015）》提出"加强旅游合作,以上海为核心,逐步形成'一核五城七带'的旅游业发展空间格局"。随着长三角旅游一体化进程的推进,上海与江苏、浙江、安徽三省旅游联动日益密切,崇明与江苏南通由于历史渊源必然成为长三角旅游一体化发展的重要的连接点。2019 年 5 月 21 日,黄浦江游览崇明线开通,实现了黄浦江游览和崇明旅游的联动发展,表明崇明在长三角旅游一体化方面已迈出关键一步。未来,崇明生态旅游应依托长三角城市群广阔的客源、完善的配套、丰富的水系资源（长江、大运河、杭州湾等）和旅游资源,通过联动河、湖、海打造国际黄金水道,将长三角城市群旅游资源串联起来,为推动长三角旅游一体化做出重要贡献。

12.4 科创发展服务国家战略的经验和机遇

12.4.1 崇明科创发展历程与主要问题

崇明的科创职能发展主要与过去传统农业、工业驱动到生态岛建设的发展路径相伴而生。结合崇明发展实际，科创发展主要聚焦生态与农业科创和海洋装备研发两个方向。

（1）崇明科创的发展历程。

受产业发展基础实力的影响，崇明的科创功能发展历史较短，基础相对薄弱，可以分为两个发展阶段。

一是科创功能起步发展阶段（2005～2015年）。2005年7月，胡锦涛总书记在视察崇明时提出要加快经济结构转型，大力发展高技术含量和高附加值的农业产品，对崇明农业科创发展给予厚望，标志着新时期崇明科创功能发展启航。同年8月，一个集科技研发、自主创新和产业孵化为一体的科技示范项目——崇明生态科技创新基地揭牌仪式在前卫村举行。在该基地的支撑下，一系列生态产业化和产业生态化项目推动实施。同时，《崇明生态岛建设科技支撑实施方案（2005—2007）》正式发布，由复旦大学、同济大学等高校牵头筹建的湿地科学与生态工程、环境科学与污染防治、生态农业与食品安全、河口海岸科学与自然资源、生态人居与健康5个实验室落户崇明，为崇明生态保护和农业建设献计献策。海洋装备科创方面，2007年长兴海洋装备产业园区正式成立，集成了装备制造、生产服务、高新产业集聚和综合配套四大功能，致力于建设高新技术船舶及海洋工程装备产业集群，壮大已有研发基础。

二是科创功能快速发展阶段（2015年至今）。上海提出建设具有全球影响力科创中心以来，崇明积极响应，致力于打造"生态农业科创中心"，科创发展迈入快车道。2015年上海市启动"汇创崇明"项目，在崇明工业园区、长兴海洋装备产业园区等六大产业园区内开设创客基地，免租提供给来崇明创业的人才和企业，并提供了配套优惠措施，吸引了腾志中国、阁敦思集团等一系列企业入驻。在生态农业方面，2015年崇明县被科技部批准为第七批国家农业科技园区，近年来，崇明科创建设以都市现代绿色农业和高科技农业基地为重心，引入外部资本，打造龙头项目。例如，与恒大集团合作，建设恒大·上海崇明高科技农业基地，同正大集团携手打造了 300 万羽蛋鸡场项目，进行种养结合、生态环保的全产业链运作。在海洋装备研发方面，2018 年上海市提出围绕海洋高端装备产业，打造集成果转化、技术转移、人才培养、资源共享为一体的研发和转化功能中心，为崇明（长兴）海洋产业研发基地迈入新台阶提供了有力支撑。

（2）崇明科创发展面临的主要问题。

一是产业基础相对落后，科创发展自身动力不足。崇明现有科创型产业多是依托农产品深加工，缺少具有特色的新型农产品育种体系。即使是生态研发型产业，研发主体也往往不在崇明，且主要应用于崇明生态建设和环境保护工程。造成这些问题的主要原因是崇明企业对研发创新的重视程度不够，多是政府等外源驱动，而企业自身尚未形成足够的创新动能。很多当地企业对外研发合作注重对成品的引进，缺少对技术的消化、吸收和自主研发等。

二是人才储备不足，缺乏对高层次科创人才的吸引力。由于崇明经济发展相对落后，缺乏对本地人才吸引力，人才外流问题比较严重，在很大程度上削弱了崇明科创的发展潜力。同时，由于自身硬件配套措施和文化软环境的不足，无法为外来高层次人才定居和研发提供舒适生活与工作空间，即使短期引来人才落户，也很难留住人才。这两方面都是未来崇明科创发展需要研究和解决的重大瓶颈性问题。

12.4.2　现阶段崇明科创发展的主要特点和经验做法

（1）现阶段崇明科创发展的主要特点。

在生态与农业科创方面，以生态保护、农业发展为重点，主要集聚在四个方面。首先，吸引国内外知名高校和科研机构在崇明建设生态领域的研究院、实验室等，为崇明生态建设和环境保护提供智力支撑。其次，鼓励龙头企业在崇明建设符合生态要求的产业集群，利用这样的经济模式，将农业产品高科技化、产业化（包括吸引正大、万科、恒大等农业科创企业落户崇明）。再次，围绕农产品的引进和改良，进行科技攻关和科技成果转化，实现以质取胜。最后，积极创建国家农业科创园区，重视国际化与国际交流，成立了包括中荷农业与食品研究院在内的国际合作研究机构，选派农业技术骨干国际交流等。

在制造业科创方面，主要包括以重点制造板块为依托，推动海洋装备科创中心建设，以及引进高新技术企业，带动传统园区向生态产业园区转型两个部分。首先，崇明的制造业主要集聚在长兴岛，其科技创新主要体现在长兴岛传统海洋装备产业的智能智造升级。长兴岛紧密围绕打造"世界先进海洋装备岛"的目标定位，聚焦产业创新和科创升级，集聚研发资源，努力完善海工装备科技研发体系。其次，通过吸引外部资本和高科技企业，驱动传统园区的生态转型。例如，临港长兴科技园大力引进 AI 智能智造、生命健康科技等优质资本；上海长兴海洋装备产业基地开发有限公司建设天安智谷综合性科创园区，聚焦大健康、智能家居、海洋装备和新材料等产业板块，吸引包括总部企业、中小型初创企业和创客工作室在内的多层次业态入驻。

（2）现阶段崇明科创发展的主要经验。

在生态与农业领域科技创新和海洋装备制造科技创新两个领域，崇明形成了一批可推广、可复制的经验模式。

——通过湿地保护、监测和修复技术的综合应用，进行西滩和东滩湿地生态保育区建设，为国内外湿地保护提供示范作用[19]。

——集成建筑节能、资源循环、智能化调控关键技术，建设陈家镇生态示范楼工程技术体系，使综合节能率和资源循环利用率均达到 60% 以上[19]。

——结合崇明特有的农田环境，建立集土壤修复、病虫害防治为一体的种养结合的生态农业发展模式与技术体系[19]。

——推进智慧农业建设，推广云平台、大数据、物联网等新型信息技术在农业企业的应用，对产销模式、循环农业等模式方面创新的企业给予资金扶持和配套，营造农业园区和农业企业自主创新的良好氛围。

——以自然生态环保为理念，通过低成本民居改造，并综合运用节能集成技术和生态鱼塘、种养结合等技术，发展农家乐、渔家乐等生态旅游产品，打造瀛东生态村、黄杨园艺村等美丽乡村发展模式。

——建立崇明生态环境综合监测平台和生态环境预警监控体系，对区域综合环境监测具有示范和引领作用。

——崇明博士农场建设，以资金补贴和科技专家辅导咨询等形式培育具有较强创新能力和市场扩展能力的农业经营主体，具有可复制、可推广价值。

——长兴岛海洋装备制造和临港海洋工程配套产业基地，瞄准国际海洋装备先进水平，以传统海洋制造的智能转型升级为依托，并辅以海洋科技港等生产性服务业做配套支撑，致力于建设全国高端海洋装备产业的创新集群，对上海增强国际辐射能级具有重要支撑作用。

12.4.3　新时代的国家战略要求与崇明科创的发展机遇

（1）生态经济发展与崇明科创的发展机遇。

在从高速增长向高质量发展的转换过程中，协调产业发展同生态环境保护的关系具有重要意义。"产业发展生态化"与"生态建设产业化"是发展生态经济的核心，并同崇明生态岛建设的目标定位与发展路径不谋而合。崇明最大的优势是良好的生态环境，如何将生态环境资源转变成持续的生产力，既是引领国家生态经济发展、也是提升崇明服务国家战略能力的重要课题。而实施科技创新驱动则是其关键所在。崇明提出建设世界级生态岛的目标，将科技创新融入农业产业化发展、生态建设和环境保护等方面，积累了丰富的实践经验，可以为国家推进生态经济建设提供样本和素材。同时，"产业发展生态化"，注重传统产业生态改造和转型升级，持续释放新的发展动能也是生态经济的有机组成部分。崇明积极利用国家发展生态型经济的政策优势，做好生态发展和科创驱动融合，积累了不少成功经验。例如，崇明岛传统产业园区，以"科创+"为核心，找准智慧数据产业为新生替代产业，建设智慧岛数据产业园区，提升世界级生态岛的产业能级和核心竞争力等。这两方面都是未来需要加大力度建设的。

（2）上海全球城市建设与崇明科创的发展机遇。

提升上海的城市能级与辐射力，增强全球资源配置能力，塑造全球网络的关键节点和枢纽通道是上海建设全球城市的主要目标。具体来说，上海的全球城市定位主要是建设国际经济、金融、贸易、航运和科创中心。作为五大核心领域的关键一环，崇明在航运中心建设方面承担着重要任务。首先，崇明的区位优势独特，位于长江的出海口，是长三角一体化建设的重要桥接地带，是贯穿内陆市场和海外市场的枢纽。其次，上海的航运产业还处于发展阶段，崇明长兴岛的海洋装备智造基地是上海航运中心建设的重要产业支撑基地。此外，宜居环境和生态保障是全球城市建设的有机组成部分，崇明应承担起上海全球城市建设中宜居后花园的重要角色；而将科技创新基因植入崇明生态保护，则可为培育全球城市绿色发展"上海样本"提供有力支撑。

（3）上海科创中心建设与崇明科创的发展机遇。

2014年，习近平总书记做出上海"要加快向具有全球影响力的科技创新中心进军"的重要指示。五年来，上海在科创环境营造、制度供给、人才培育和成果转化等方面形成了全链条科创发展的"上海模式"，成为卓越全球城市建设的重要组成部分。上海科创中心建设不仅带动张江科学城等市区主要科创功能板块迅速发展，也为定位为世界级生态岛的崇明带来了重要机遇。在农业科创、环保科创和高端海洋装备制造业等领域，崇明具有其他市区不可比拟的优势，应为上海科创中心建设做出重要和不可替代的贡献。崇明积极推动农业科技创新同都市农业深度融合，推动海洋装备制造业智能化和高端化，推动生态环保产业研发基地建设，依靠科技打造全方位发展的新引擎，成为上海科创中心建设的重要支撑模块。上海科创中心建设的成就，也为崇明生态岛建设提供了持续的创新动力和科技支撑。例如，通过与市区高等院校、科研机构合作建立生态方向的研究院、实验室等各类生态科技研发公共载体，助力崇明生态建设与环境保护高质量发展。

12.5　绿色制造业服务国家战略的经验和机遇

12.5.1　崇明制造业发展历程与主要问题

（1）崇明制造业的发展历程。

近年来，崇明制造业发展模式和规模不断变化，大致可分为 20 世纪 90 年代以前、90 年代至生态岛建设初期、21 世纪初生态岛建设以来三个时期。

一是 20 世纪 90 年代以前的快速发展阶段。90 年代以前，崇明制造业以纺织、电力、电器、机械、金属制品、塑料制品和粮食加工为主，发展基础较好，在市郊各区县中名列前茅。同时，崇明利用岸线优势和滩涂资源，大力发展拆船业，对经济和就业有较强带动作用，但环境污染较大。随着经济体制改革的逐步推进，受市场和交通等约束，崇明制造业的相对优势逐渐衰退，发展开始整体滑坡[20]。

二是 90 年代至生态岛建设初期的粗放发展阶段。这个时期的崇明制造业主要是黑色金属、机械、纺织等，以高能耗、高污染、低附加值的乡镇企业为主体。尽管产值较高，如 2004 年崇明制造业产值占地区生产总值的比重在 44% 左右，同上海市的整体水平基本持平[20]，但由于以乡镇企业等中小规模企业为主，缺乏龙头企业的带动作用，生产效益相对低下，不可持续性日益凸显。

三是 21 世纪初生态岛建设以来的产业升级改造阶段。自"生态立岛"的定位确立以来，按照崇明生态岛建设的整体要求，高能耗、高污染、高危险、低产出的落后产业不断被淘汰，产业发展模式向高端化、科技化、绿色化、服务化转型。同时，中小企业向园区集中，形成了以长兴岛为主要制造基地，集海洋工程装备研发、船舶修理，海洋工程装备零部件制造为一体的海洋工程装备产业体系。

（2）崇明制造业发展面临的主要问题。

虽然现阶段崇明制造业在产业升级方面取得了一定进展，但从"世界级生态岛"的发展定位的角度看，除了资源闲置和低效利用、产业人才匮乏，高端人才引进难等，还有以下三个方面的问题亟待得到解决。

一是园区产业规模亟待提升。虽然传统制造企业或淘汰，或升级改造向园区集中，但由于生态约束，园区企业多以劳动力密集的中小企业为主，缺少大型龙头企业，无法实现规模效益。

二是生态产业链尚未形成。崇明尽管实现了企业向园区的集中，但其生态产业多为零散布局，缺乏上下游企业间的相互配合，企业间和行业间关联度低，无法发挥出生态产业集聚的效能。

三是缺少实体产业支撑。"世界级生态岛"的发展定位使得崇明淘汰了大量落后产能，破除了无效供给，但其先进产能并未实现同步的有效增加。崇明区生态产业促进办公室 2019 年编写的《关于崇明区加快生态实体产业发展的调研报告》显示，现阶段的支柱型企业以注册型经济为主，缺少实体经济发展内生动力，难以接受市区产业辐射的影响[21]。如何实现区市联动，也是未来崇明制造业需要破解的重大问题。

12.5.2 现阶段崇明绿色制造业发展的主要特点和经验做法

（1）现阶段崇明绿色制造业发展的主要特点。

一是强化生态约束，推动产业绿色提升。崇明大力实施"产业腾退"和"腾笼换鸟"政策，推动低效产业园区整体转型和企业入园政策并行；充分利用新产品、新工艺提升能源利用效率，推行节能生产全覆盖。

二是创新政策制度，服务制造业转型升级。结合世界级生态岛建设，制定出台了《崇明区红榜企业制度实施办法》《崇明区全力打造"上海制造"品牌，加快建设生态制造功能区三年行动计划》《关于促进崇明区绿色工业、文化创意和体育健康产业发展的若干政策意见》等规章制度[21]，推动制造业绿色化发展。

三是把握海洋经济发展机遇，推动海洋产业集群发展。推动海洋装备产业向长兴岛空间整合，实现产业集群发展；加快产业转型升级，关停上海船厂等；拓展和延伸海洋装备产业链条，打造全要素的海洋产业生产基地。

（2）现阶段崇明绿色制造业发展的主要经验。

一是提升改造传统优势产业，推进生产方式向数字化、网络化、智能化转变。综合运用大数据和物联网技术，推动建设能源互联网示范项目，通过智能化管理，逐步形成"互联网＋"的智慧能源实施方案，实现能源高效率管理。该项目同生态岛建设紧密结合，将成为城市能源管理的试验田，具有重要的示范引领功能。

二是推进制造业开放发展，探索共建产业园、品牌引进等园区合作、城区合作新模式。利用上海市区、成熟园区先发优势，推动智慧岛数据产业园与张江、金桥合作，长兴产业基地与临港产业园共建，复旦张江研究院崇明创新园建设，借助外力激活岛内，带动生态经济发展。

三是配合"上海制造"品牌建设，打造与上海全球卓越制造基地相匹配的生态制造功能区，实施"四名四创"行动计划，加强名品、名企、名家、名园引领，推动技术创新、品牌创响、质量创优和绿色创先工程等[21]。这些因地制宜的探索，对其他城区服务上海全球城市建设具有一定的示范和借鉴意义。

12.5.3　新时代的国家战略要求与崇明绿色制造业发展机遇

（1）长江经济带建设与崇明绿色制造业发展。

坚持生态优先，推进长江经济带绿色发展是长江经济带建设的主基调，对具有优质生态本底条件、以生态立岛的崇明，既提出了更高要求，也提供了新的发展机遇。首先，长江经济带绿色发展要求沿江产业升级，推动新旧动能转换，成为创新发展的驱动带。这为进一步优化长兴岛制造业布局，加快要素投入驱动向创新驱动转化创造了有利条件。其次，长江经济带绿色发展强调体制机制创新，推动区域合作协调发展。这为崇明与长江中上游城市在产业分工、生态保护、岸线利用等方面协调发展创造了更为广阔的腹地。再次，长江经济带绿色发展汇集了整个区域的人才智力等优势，并具有较为成熟的产业体系，这也有利于推动崇明产业落后产能转移、升级和引入更多的优秀人才参与本岛建设。

（2）"上海制造"品牌打造与崇明绿色制造发展。

为建设卓越全球城市提供实体产业支撑，上海全力打响"上海制造"品牌，加快全球卓越制造基地建设。崇明长兴岛产业基地作为国际海洋装备绿色制造的主要板块及生态制造示范区，依托世界最大的港口机械供应商振华港机、中国船舶工业的排头兵江南造船厂等，致力于打造世界领先的集总装集成、系统模块、核心配套、生产服务等为一体的海工装备制造基地，为崇明建成"上海海洋装备制造"基地提供了重大战略机遇。同时，"上海制造"品牌建设在产业发展政策、资金投入等方面形成的优势，也为崇明发展以先进制造为支撑的实体经济、构建世界级产业集群提供了良好土壤。

（3）长三角一体化建设与崇明绿色制造发展。

交通互联互通、产业协同创新、公共服务均等普惠、环境联防联治等是推进长三角一体化协同发展的重点领域。由于长三角沿江和沿海城市的装备制造与海洋产业发展基础较好，过去长期存在的问题是"各自为战"，长三角一体化正式上升为国家战略，为长三角地区推进产业合理分工、避免同质化竞争、充分发挥长三角企业集聚优势、增强区域整体服务能级创造了有利的外部环境和社会氛围，这不仅为崇明绿色制造业的高质量发展带来重大战略机遇，也为解决一些长期困扰崇明岛的疑难问题，如与周边省市在节水减排治污方面的联防联治等创造了良好条件。

12.6　崇明生态岛建设服务国家发展的战略定位

近 20 年来，崇明生态岛建设取得了突出的成绩，走在了国家生态文明建设的前列。但也存在着一些深层次的问题和亟待弥补的短板。在新时代，崇明应摒弃"今日格一物，明日格一物"的惯性发展思维，以建设与上海全球城市相匹配的现代化世界级生态岛的格局和视野为出发点，以"坚持和完善生态文明制度体系"和建设美丽中国为着力点，研究和制定具有重大战略布局和战略突破性质的发展战略，更多更好地服务国家现代化发展大局，同时实现自身的跨越式和高质量发展。

12.6.1　崇明生态岛建设服务国家发展的基本思路

上海作为全国改革开放排头兵和创新发展先行者，崇明作为上海生态文明建设的核心功能区和主要承载者，要深入把握生态文明建设、乡村振兴战略、长江经济带、长三角一体化、上海全球城市建设的五大国家资源集于一身的独特优势，充分发挥通江达海的先天区位优势、整体生态定位的政策优势、优良水土气生条件的生态优势、多年生态发展的工作基础优势，从服务国家战略和高质量发展的高度，研究和提出具有系统集成和资源整合性质的战略发展目标，统领崇明生态岛的生产、生活和生态，在服务生态文明建设、经济高质量发展、区域一体化进程、城乡融合发展等方面探索形成一系列可复制、可推广的政策体系和实践模式，建设以绿色、人文、智能和可持续为特征的自然生态优美、人居生态和谐、生态经济发达、文化魅力独特的现代化世界级生态岛，为国家生态文明建设和绿色城市发展提供示范引领作用。

2014 年《国家新型城镇化规划（2014—2020 年）》将绿色城市、智慧城市、人文城市列为新型城市三大类型，提出"加快绿色城市建设"。2016 年《中华人民共和国国民经济和社会发展第十三个五年规划纲要》将"新型城市"扩展为绿色城市、智慧城市、创新城市、人文城市、紧凑城市五种类型。与新型城镇化工作的其他方面相比，尽管相关政策、战略和规划会或多或少地涉及绿色城市的规划建设，但从总体上看，作为新型城市形态的"绿色城市"还没有"破题"。

作为首批全国生态文明示范区创建单位和国家实施绿色发展战略的先行者，以西滩湿地保护与开发双赢模式实践区、东滩湿地生态保育与修复示范区、陈家镇生态示范楼工程集成技术体系、崇明"互联网+"智慧能源实施方案、"生态、海岛、乡村"三位一体的"生态文化功能区"规划、长江口跨区域环境污染联防联治机制、全球城市康养旅游和运动休闲新模式为代表，崇明在中国生态保护和生态岛建设中积累了较为深厚的经验，具备了规划建设"中国新型绿色城市"和"全球现代化高品质生态示范岛"的基本条件。未来应进一步加强理论研究、顶层设计和政策供给，走出一条符合国家生态文明建设总体要求、长江经济带和长三角一体化发展内在要求、上海和崇明岛现代化和新型城镇化建设实际需要的绿色发展之路。

12.6.2 崇明生态岛建设服务国家发展的战略定位

以习近平新时代中国特色社会主义思想为指导，全面贯彻党的十九大和十九届二中、三中、四中全会精神，坚持党中央集中统一领导，按照党中央、国务院决策部署，统筹推进"五位一体"总体布局，协调推进"四个全面"战略布局，坚持稳中求进工作总基调，坚持新发展理念，坚持绿色引领经济高质量发展主线，以建设中国新型绿色城市和全球现代化高品质生态示范岛为目标，切实加强崇明生态岛建设，加快培育现代化生态经济体系，探索构建中国特色生态文明制度体系，打造绿色发展引领产业升级、环境保护治理与经济高质量发展试验区，走出一条体现国际视野、承载国家战略、肩负上海使命和彰显崇明特色的绿色城市发展道路。

（1）具有世界一流的生态环境品质。厚植生态基础，持续开展生态治理，植入生态元素、体现低碳理念，促进循环经济发展，提高资源产出率，引领绿色低碳生活方式，打造人与自然和谐共生发展新格局，创建生态节能智慧的和谐人居绿色城市环境。

（2）具有全球竞争力的生态经济能级。依托上海全球城市的综合优势，把握全球科技和产业新一轮变革机遇，运用绿色发展理念谋划新型生态经济布局，完善生态产业链，形成具有全球竞争力、与上海全球城市相匹配的生态产业集群，在全球岛屿生态经济圈中具有影响力和话语权。

（3）具有全国影响力的生态创新示范效应。坚持市场主导、政府引导，在国家战略中抓住区域发展新机遇，率先走出一条生态优先、绿色发展的新路，率先打造人与自然和谐共生的美丽中国典范，成为中国新型绿色城市建设的试验区。

（4）具有全国辐射力的生态引领带动功能。依托独特的地理区位和先发优势，争当长江流域绿色生态发展的排头兵和先行者，成为长江经济带和沿海经济带的"生态桥头堡"，在绿色发展引领区域和城市发展上探索形成系列经验，为中国和全球推进生态文明建设和实现绿色发展提供崇明模式。

12.7　崇明生态岛建设服务国家发展的优化策略

在全面梳理各部门和主要产业的发展历程和经验，明确建设中国新型绿色城市和世界高品质生态示范岛的战略定位之后，可以就崇明生态岛建设服务国家发展提出相关优化策略，促进崇明绿色城市建设充分发挥已有优势，进行新的战略布局，实现又快又好的发展。

12.7.1　崇明生态岛建设服务国家发展的总体优化策略

在建设中国新型绿色城市和世界高品质生态示范岛的战略定位下，按照国际生态示范岛、国际生态旅游岛、国际生态科技岛协同推进、协调发展的总体思路，按照城市发展的思路和框架，对崇明20年来在生态保护、生态农业、生态科技等方面的探索进行系统集成，具体如下。

打造国际绿色低碳示范岛。顺应全球绿色低碳发展大势，引领世界生态岛发展趋势，践行生态文明发展理念，以全域生态化发展为统领，探索生态友好型发展模式，将生态优势转化为经济社会发展优势，率先实践绿色低碳发展与乡村振兴有机结合的新路子，打造上海全球城市生态价值新高地，引领长三角和长江经济带绿色低碳发展，树立全国岛屿绿色低碳发展典范，为世界生态岛开发建设树立新标杆。

打造国际生态科技创新岛。实施创新驱动发展战略，服务上海全球科创中心建设，依托优美风光和生态优势，加快集聚人才、资金、技术等生态创新资源要素，积极推进各类生态科技研发公共载体建设，推动产学研深度协同联动，构建生态友好型产业创新体系，加快布局物联网等新型基础设施，打造国际一流的生态科技创新系统，引领世界生态岛创新发展新方向。

打造国际生态休闲旅游岛。顺应国际生态休息旅游市场发展潮流，立足上海、面向国际，发挥区域生态环境优势，树立全域旅游发展理念，充分挖掘产业、山水、田园、民居等特色资源，完善生态休闲旅游综合配套服务功能，以旅游业带动相关产业和业态融合创新发展，形成多元化特色休闲旅游产品格局，按照国际通行的旅游服务标准，提升休闲旅游服务品质，成为全国生态休闲旅游新名片，打造世界一流的海岛休闲度假旅游目的地。

12.7.2　崇明生态农业服务国家发展的优化策略

（1）构建现代化农业生产体系。

一是推行农业绿色生产方式。推进高标准农田建设，提升农作物综合机械化率。加强农田水利等基础设施建设，实施休耕提质，改善耕地质量。加快推进化肥农药减量化。二是推进生态循环农业基地建设。打造农业生产、加工、流通等相协调的生态循环农业体系。探索生态循环水产养殖模式，支持标准化上规模畜禽养殖场建设。三是高标准塑造特色农产品。制定一批绿色食品生产技术操作标准，加强农产品质量安全追溯体系建设，加大绿色优质农产品推介，推进地产农产品绿色食品认证。四是加强现代农业人才队伍建设。加快培育新型经营主体带头人和职业农民队伍，加强绿色农业科技领军人才队伍建设，培育一批市级绿色农业产业技术创新团队。鼓励"农二代"回乡创业，培育带农作用突出、稳定可持续发展的农业产业发展联合体。

（2）加快打造现代智慧农业。

一是搭建农业公共信息平台。实施"互联网+"生态农业，构建农业公共信息化平台，实施推进"一图、一库、一网"（农业地理信息管理系统、农业大数据库、农业门户网站）建设。完成农业数据资源库建设，建立以人、土地、资金等为关联应用的主题应用库，实现绿色认证地产农产品全产业链的数字化、在线动态监管。搭建专业的农产品互联网营销平台，免费或低费用吸引农企入驻使用。二是实施"互联网+"创新人才培育行动。采取区级集中轮训、镇级重点培训、村级以会代训等方式，充分发挥新型职业农民的辐射带动、示范引领作用。出台符合农村互联网人才引进的奖励政策，引进国内外"互联网+农业"人才和创业创新团队。三是建立互联网农业保障体系。鼓励互联网企业建立农业服务平台。支持新型农业生产经营主体利用物联网技术，对农业生产经营过程进行精细化管理。鼓励互联网企业与农业生产经营主体合作，建立互联网农产品质量安全追溯系统。建立"互联网+农业政务服务"安全保障体系。

（3）做大做强"两无化"生态农业。

一是在合理利用崇明的农业资源优势基础上，优化农业生产布局。具体应"根据永久基本农田划定，选择相对集中连片的区域建设'两无化'生态农业基地。由大米种植扩展到优质蔬果种植、特色水产和禽畜养殖，将'两无化'延伸到崇明都市现代绿色农业全品类、全区域。"[22] 二是在支持农业产业专业化发展的基础上，加快"两无化"统一标准的制定。该标准应"涵盖培育、生产、加工、销售全流程，形成可认证、可识别、可追溯的品牌体系。建立'两无化'生态农业产品标识体系，对生态农业产品外包装上统一加注标识。加强'两无化'分级指标的系统化，明确分级标准，提高生态农业产品的级差区分度和生态附加值。"[22] 三是实施保障措施，探索单一财政补贴形式到多元政策优惠的转型，具体应"考虑细化奖补规则，按改善土壤用地等级加上产量作为奖补标准，也可根据农户减少农业用水、用电量、化肥农药用量等数据进行补助，还可鼓励合作社和农民研发申报新生态种植技术取得政府补助，对培养传授生态农业技术的机构给予奖补。"[22]

（4）加快推动"田园综合体"建设。

一是协调崇明区政府各部门就"田园综合体"建设的核心内容、规划方案及相关建设要求达成共识，并出台相关配套政策。具体应包括"崇明区农业农村委员会、崇明区建设和管理委委员会、崇明区规划和自然资源局、崇明区财政局等共同形成联动机制，在用地、融资、人才、基础设施等方面出台系列配套激励措施。落实乡村振兴战略，科学编制'田园综合体'项目发展规划，合理制定年度实施方案，推动'田园综合体'建设。"[22] 二是协力破解"田园综合体"项目建设的资金难题，创新融资模式并开拓融资渠道。具体应"出台相关优惠税收政策，推进政府和社会资本合作，吸引社会资本投向'田园综合体'。同时加强'田园综合体'项目的资金监管和考核评价。"[22] 三是筑牢农业专业人才的根基。具体应"加强与相关高校、职业院校合作，定向培养城乡规划、建筑设计等专业人才，着力培育一批专业型乡村工匠。"[22]

12.7.3　崇明生态旅游服务国家发展的优化策略

（1）进一步培育一批世界级旅游精品。

服务上海建设全球城市的战略需求，培育一批具有世界级竞争力的旅游精品，打造具有国际竞争力的生态农业休闲度假旅游目的地。一是以开发高品质、高质量的旅游产品为目标，创建国家 5A 级景区、开发邮轮入境精品线路、全面提升崇明世界级生态岛的旅游能级。二是进一步激活浦江游览，在浦江游览打造"中外游客必看项目"的背景下，为崇明争取更多的国际客源。三是加强崇明生态旅游的国际宣传，开展与国际知名旅游城市的旅游营销合作，提升精品路线和特色产品的国际知名度和影响力。

（2）进一步推动全域旅游与跨区域联动。

服务长江经济带建设和长三角旅游一体化的战略需求，进一步优化崇明生态旅游服务功能，推动崇明全域旅游发展。一是在旅游市场监管、公共服务设施制定、智慧旅游体系建设等方面消除区域壁垒，优化行政服务措施。二是以花博会为契机，根据 2018 年上海发布的《崇明区全域旅游发展总体规划》的要求，进一步深化"1+3+X"空间布局，整合现有景区和景点，新开辟若干特色旅游空间。三是在现有的优质旅游产品基础上，延伸或拓展浦江游览崇明线，并配合轨道交通和北沿江高铁的投入使用，开辟一批新线路，为长三角城市群客源提供多样化选择。

（3）进一步提升崇明乡村旅游水平。

服务乡村振兴的战略需求，着力挖掘崇明乡村文化内涵，提升崇明乡村旅游水平。一是进一步深化农家乐转型，探索更多具有崇明特色、符合游客期待的新型农家乐模式，反哺农业发展。二是凝练乡村文化，挖掘崇明特色生态农业资源，将其融入崇明生态旅游产品宣传中，提升乡村旅游的品牌效应。三是提高农家乐服务水平，提升崇明农家乐档次，通过农户联动，扩大经营规模，提升接待能力，为国际和长三角游客提供更好的服务。

12.7.4　崇明科创服务国家发展的优化策略

（1）着力打造农业科创技术和海洋装备研发两个主题园区。

崇明现有科创资源相对零散和薄弱，集中现有资源，凝练出农业科创和海洋装备研发两个主题园区，将现有资源规整合并，吸引农业科创技术、海洋装备研发机构、高等院校研究机构进园，形成规模化发展和集聚优势，提高崇明科创职能、增强支撑上海全球城市建设能级。

（2）吸引龙头研发机构和研发企业落户。

除了吸引一般科创业态落户外，重视吸引龙头企业，因为龙头企业具有很大示范效应和吸聚能力，能带动各环节科创要素的集聚。崇明要下大力气，利用美好生态环境和低廉商务成本等优势，推动创新创业环境营造，在交通、生活等配套设施成熟的条件下，积极吸纳龙头研发企业的落户，带动相关产业集群化发展。

（3）推动建立崇明产学研结合示范区。

崇明生态岛要充分利用上海科创中心和全球城市建设提供的良好机遇，吸纳更多上海市区优质高校和研究机构资源落户崇明，通过设立分支机构，共建实验室等模式，借用外部智力资源，建立产（生态农业、海洋装备制造业）学（高校）研（科研机构、研发企业）结合示范区，助力崇明科创发展。

（4）加快推进崇明智慧城市建设。

围绕花博会各主题模块，推动网络管理平台建设，搭建多要素集成，集引导、服务、推广、洽谈等多功能的一体化智慧平台。依托在横沙建立的生态智联项目，促进水、土、气、生等生态数据自动采集、分析，为其他地区建立生态监测体系提供先行、示范作用。

12.7.5　崇明绿色制造业服务国家发展的优化策略

（1）推动产业实体化，壮大总部经济。

盘活现有产业资源，加快低效闲置用地和存量资产处置，促进园区要素资源高效配置，为引入符合生态约束的实体经济腾出空间。发挥现有总部经济的优势，进一步吸引高质量生产服务企业落户，重点吸引与现有实体制造业相匹配的高端服务型总部经济，如航运服务业等，打造全产业链的产业集群，形成船舶和海洋装备制造业行业的生态制造品牌汇聚地，支撑上海国际航运中心建设。

（2）以海洋装备制造为中心，寻找未来产业发展动能。

在经济全球化背景下，产业发展正日益向科技创新驱动转型。信息化、数字化、智能化、绿色化和高端化成为抢占制造业行业制高点的利器，崇明绿色制造业发展应同"上海制造"的整体定位紧密结合，聚焦发展新一代智能制造（智造）、信息技术等产业，针对海洋制造领域，形成一批面向未来的关键技术和领先优势。

（3）加强与自贸区的功能对接，推动长江口区域联动协作。

借助同临港自由贸易区在海洋经济方面的紧密联系，从货物流动、资金流通、信息互通等方面实现长兴岛海洋装备产业同临港片区的连接互通，打造临港－长兴两大海洋经济发展核呼应发展的空间经济形态，主动服务上海整体发展战略。立足崇明生态立岛的要求，加强与长江口周边省市在产业发展、环境治理方面的合作，通过长江口区域联动协作辐射带动长三角一体化建设。

（执笔人：刘士林、王晓静、苏晓静、张维阳[①]、

谈佳洁、毕晓航、常如瑜、盛蓉、张懿玮）

参 考 文 献

[1] 崇明统计年鉴委员会.崇明统计年鉴2018.上海，2018.

[2] 崇明县委宣传部.崇明生态岛建设：国家战略坚定不移.http://shzw.eastday.com/shzw/G/20130826/u1ai113487.html[2013-08-26].

[3] 赵敏.生态文明视角下崇明生态环境状况评估.环境与可持续发展，2019（1）：50-54.

[4] 王琳琳.联合国环境规划署发布《崇明生态岛国际评估报告》.http://www.gov.cn/xinwen/2014-03/10/content_2635556.htm[2014-03-10].

[5] 顾惠明.从生态立岛到建设世界级生态岛.上海党史与党建，2018（11）：32-35.

[6] 黄臻.崇明全方位推进世界级生态岛建设.上海农村经济，2019（1）：19-20.

[7] 杨世伦，吴秋原，黄远光.近40年崇明岛周围滩涂湿地的变化及未来趋势展望.上海国土资源，2019（1）：72-75.

[8] 上海崇明.数说崇明新传奇——崇明农业70年发展之路.http://www.sohu.com/a/344383559_391450[2019-09-30].

[9] 郑健.崇明探索世界级生态岛建设农业供给侧结构性改革之路.上海农村经济，2018（3）：26-28.

[10] 解放日报.崇明生态岛应跨越"大规模造城"，当下五大瓶颈亟需打破！http://m.sohu.com/a/109125655_391450[2016-08-04].

---

① 张维阳负责撰写12.4和12.5。

［11］ 宋学梅 . 崇明杀出一条绿色农业的血路 闯出一条生态经济的新路 . http://www.moa.gov.cn/
xw/qg/201805/t20180530_6148655.htm［2018-7-24］.

［12］ 佚名 . 崇明区：发展现代农业 打造乡村振兴引擎 . http://www.shanghai.gov.cn/nw2/nw2314/
nw2315/nw15343/u21aw1307147.html［2018-04-27］.

［13］ 范洁 . 崇明探索最严生态管控下现代农业发展 . http://xmwb.xinmin.cn/html/2019-03-02/
content_7_4.htm［2019-03-02］.

［14］ 苏敬华 . 崇明生态岛生态环境评价及指标优化分析 . 广东农业科学，2018（10）：159-165.

［15］ 朱竞华 .《崇明区全域旅游发展总体规划》正式发布 . 崇明报，2018-04-21（1 版）.

［16］ 上海市人民政府 . 崇明世界级生态岛发展 "十三五" 规划 . http://www.shanghai.gov.cn/
nw2/nw2314/nw2319/nw2404/nw41462/nw41463/u26aw51038.html［2016-12-16］.

［17］ 徐雯雯 . 崇明岛休闲体育与旅游融合发展研究，上海体育学院硕士学位论文，2018.

［18］ 佚名 . 崇明面临三大发展机遇，欢迎来崇明投资乡村、发展旅游 . http://www.shanghai.gov.
cn/nw2/nw2314/nw2315/nw15343/u21aw1350828.html［2018-11-20］.

［19］ 佚名 . 上海：科技引领崇明生态岛建设成效显著 . 硅谷，2013（4）：17.

［20］ 曾刚，等 . 生态经济的理论与实践——以上海崇明生态经济规划为例 . 北京：科学出版社，
2008.

［21］ 崇明区生态产业促进办公室 . 关于崇明区加快生态实体产业发展的调研报告，内部资料 .
2019.

［22］ 佚名 . 发展现代绿色农业 助力乡村振兴 . http://zhengxie.shcm.gov.cn/cmzx_tagz/2019-08-01/
Detail_607628.htm［2020-07-25］.

第十三章

崇明生产、生活、生态空间协调发展

崇明生态环境条件优越，是上海重要的生态屏障，对长三角地区更高质量一体化发展和长江经济带"共抓大保护、不搞大开发"发展战略的实施具有重大意义。崇明岛发展目标定位为在生态环境、资源利用、经济社会发展、人居品质等方面具有全球引领示范作用的世界级生态岛。这就要求，在良好的生态环境之外，世界级生态岛还必须拥有集约高效的生产空间和宜居健康的生活空间作保障，"三生"空间协调发展才能体现出生态岛的"世界性"。对比现实情况并参照国内外典型地区的发展轨迹，崇明岛建设世界级生态岛的差距主要在于，作为立岛之本的生态环境资源没有被充分保护和利用，以至于不发达的经济水平和不完善的生活空间无法满足人民日益增长的对富裕、幸福生活的向往，主要表现在生态空间仍需优化，世界级生态示范效应尚未显现；生产空间动力不足，生态经济引领作用有待加强；生活空间品质不高，居民获得感、幸福感仍有待提高。为此，从"三生"空间协调发展及生产、生活空间的完善入手，崇明要坚持"生态立岛"，推进环境综合整治，打造世界级生态岛；稳步推进"生态+"，发挥靠近中国（上海）自由贸易试验区优势，促进旅游与养老、会展、医疗、体育等相关产业的融合发展，营造国家级生态经济特区；加大"生态惠民"，改善对外交通条件，融入上海1小时都市圈，优化调整区内交通，并大力推进绿色交通发展，塑造崇明魅力生态人居。以生态空间为基础，最终实现生产、生活和生态空间的协调发展。

13.1 "三生"空间协调发展的阶段演变

崇明岛土地肥沃，水系平直，"沙""河""溇""港"形成了典型的乡村型生态发展格局。改革开放至今，崇明岛的生态、生产和生活空间的发展演变大致经历了三个阶段。

13.1.1 以经济发展为导向的矛盾冲突阶段（20 世纪 60 年代至 90 年代中期）

20 世纪 60 年代，上海对崇明的建设要求为"农副产品原料生产和加工基地"。通过大规模围垦兴建农场、林场，崇明岛大量的森林和湿地被转换为农用地和轻工业用地，八大国有农场在此期间初步建成，逐渐开始了规模化的农业生产。由于生产和生活资料的普遍短缺，生态空间被迫让渡以满足经济发展的需要。

与此同时，大量主营小家电的中小企业蓬勃发展，驰名中外，高峰期达到 1700 余家。但由于缺少全岛层面的总体规划，大部分乡镇企业都集中在城桥镇，生产活动在崇明全岛不均衡的空间分布，造成两个严重后果：一是在城桥镇及其他重点镇，生产空间大大挤压居住和休闲空间，影响当地居民的生活满意度；二是在其他地区，生产空间的严重缺失降低居民的就业水平和经济收入，也不利于生态环境的维护。

13.1.2 开始注重生态空间的矛盾缓和阶段（20 世纪 90 年代中期至 2015 年）

由于生产、生活资料的严重匮乏和生态环境遭受侵蚀，从 90 年代开始，上海市从全局考虑，开展了广泛的生态保护保育工作，在《上海市城市总体规划（1999 年—2020 年）》中将崇明区确定为重要的战略储备空间，提出了生态涵养及粮食储备的职能定位。这是首次将生态功能赋予崇明，并在之后的历次崇明规划中得到延续。

《崇明区域结构规划（2000—2020）》提出，将崇明岛建设成为"具有上海国际大都市远郊特色、面向 21 世纪的生态型海岛"；《崇明岛岛域概念规划》（2003年）提出了"绿岛"的发展愿景，并依据生态资源特色将全岛划分为南部密集城镇带、中部乡村旅游带和北部农业带；《崇明三岛总体规划（崇明县区域总体规划）（2005—2020）》设置了"现代化生态岛区"的发展目标，并提出"森林花园、生态人居、休闲度假、绿色食品、海洋装备和科技研创"六项功能。从这一版规划开始，崇明已经在加强生态空间的基础上，有意识地培养和促进生活空间和生产空间的发展。《崇明城乡总体规划（2010—2020）》在延续之前规划的基础上，重点强调了城桥、陈家和长兴三镇的发展，从以往生产空间单中心分布的格局向多中心战略转变。

2007 年，时任上海市委书记习近平在崇明调研时要求，要把崇明建设成为环境和谐优美、资源集约利用、经济社会协调发展的现代化生态岛区。[①] 这就为崇明的发展指明了方向，即以生态环境保护为发展基础，生产和生活空间兼顾的协调发展格局。2015 年 10 月，时任上海市委书记韩正调研崇明时强调，在规划实施中，一定要坚持底线思维，凡是与生态岛建设不相符的项目与产业都要拒之门外。[②] 同时，崇明成为上海市唯一没有 GDP（国内生产总值）考核要求的区县，解除了崇明专注于生态环境保护的后顾之忧。

整体来看，在此阶段，崇明区已经开始通过规划体现对生态环境的重视，并将生态空间的修复与保护作为发展的基础。虽然经济增长和人居环境建设也作为规划建议被提出，但是并没有作为与生态保护相提并论的功能得到实际实施。

13.1.3 推进"三生"空间协调发展阶段（2016 年至今）

2016 年 11 月，上海市委组织成立了世界级生态岛建设专家委员会，指出"崇明生态岛建设应当成为长三角城市群和长江经济带生态环境大保护的标杆和典范，体现生态岛建设的'中国智慧'"。2016 年 12 月，《崇明世界级生态岛发展"十三五"规划》发布，提出"到 2020 年，形成现代化生态岛基本框架；到 2040年，成为与上海全球城市地位和功能相匹配，以绿色、人文、智慧和可持续为特征的世界级生态岛"。2018 年 5 月，《上海市崇明区总体规划暨土地利用总体规划（2017—2035）》发布，愿景是"至 2035 年，把崇明区基本建设成为在生态环

---

① 新华网.习近平的长江情怀.http://www.xinhuanet.com/politics/leaders/2018-04/28/c_1122755653.htm.

② 东方网.韩正：崇明要坚定建好生态岛 横沙岛"留白"给后人.http://sh.people.com.cn/n/2015/1016/c134768-26807696.html.

境、资源利用、经济社会发展、人居品质等方面具有全球引领示范作用的世界级生态岛"。

从这一阶段开始,生态功能已经成为崇明的立岛之本,生产和生活空间也被重视并当作崇明发展的重要功能来建设。更为重要的是,崇明的生态环境保护已经不仅仅被当作上海市环保事业的重要组成部分,而且被当作长三角,甚至是长江经济带生态文明战略的标杆和典范。从这个层面讲,单纯的生态环境保护和修复并不能满足对崇明岛的定位的需求,而是需要在生态保护的基础上,综合推进就业、就医、就学、养老等多领域的发展,即需要生态、生产和生活空间的多维协调发展。崇明岛单单拥有良好的生态环境是不够的,更有意义的是在生态良好的基础上,生产发展、生活宜居,这才是世界级生态岛的真正内涵之一,才具有真正的示范推广意义。当前,崇明岛在生产空间和生活空间优化方面还有大量工作亟待完善。

13.2 "三生"空间协调发展的现状与问题

经过几十年的生态发展与城镇建设,崇明区在生态、产业、旅游和民生方面均取得明显的成效。特别是 2016 年崇明撤县设区之后,崇明的经济增长和民生建设都进入快车道,这对于优化生产和生活空间,实现"三生"空间协调发展多有助益。

13.2.1 发展现状

根据《崇明世界级生态岛发展"十三五"规划》,崇明区建设用地占比为 17.4%,本岛湿地与农田生态系统占比均超 30%,为上海市提供了约 40% 的生态资源、50% 的生态服务功能和 80% 的达到功能区目标的河道资源。据《上海市崇明区总体规划暨土地利用总体规划(2017—2035)》,由 2015 年崇明区空气质量指数(AQI)计算的空气优良率达到 75% 左右,森林覆盖率达 22.53%,至 2016 年,这两项指标分别增至 78% 和 23.2%。崇明是上海市空气质量最优、绿地面积最广、生物多样性最为丰富的区域,获得联合国环境规划署高度评价,是上海及长三角重要的生态屏障。良好的生态环境也带动了旅游业的发展,2016 年全区接待游客数已增至 490 余万人次。

从空间分布看，生态用地占上海市总面积的 80.8%，是崇明区规模最大的用地类型，以耕地为主，林地、水域、园地和休闲用地为辅，如图 13-1 所示。生态空间整体均匀分布，遍及崇明区的各个地方。生产空间是崇明经济增长的主要载体，约占上海市总面积的 8%，由交通运输用地、公用设施用地、公共建筑用地、商服用地和工矿仓储用地构成，主要分布在城桥镇、长兴岛和陈家镇。产业类型以农业、生态旅游业、船舶和海洋工程装备业为主，重工业主要分布在长兴岛。生活空间主要分为城镇住宅用地和农村居民点用地两大类，约占崇明区总面积的 11.2%，城镇住宅用地分布相对集中，而农村居民点用地均匀分布。

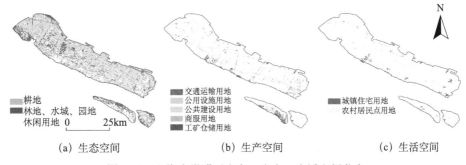

图 13-1　上海市崇明区生态、生产、生活空间分布

注：绘图所用 300m 分辨率土地利用数据来自欧洲航空局（European Space Agency）提供的土地覆盖气候变化项目（Land Cover Climate Change Initiative）产品。图形为作者自绘

13.2.2　存在问题

（1）生产、生活与生态空间不匹配。

尽管崇明区生态环境不断改善，但生产空间和生活空间发展滞后，人民收入和生活水平亟待提高。虽然崇明拥有良好生态环境，但依然面临经济增长乏力、人口流失严重、民生基础设施落后的局面，主要表现在以下几个方面。

在保持和维护生态环境之余，崇明区的经济发展水平和居民生活福祉还有很大提升空间。农业生产模式向"生态化"方向转型，但其能级和层级不高，增长动力不足，乡村风貌管控效果与预想差别较大。依据《崇明统计年鉴 2020》，2019 年崇明区城镇常住居民人均可支配收入为 54 105 元，农村常住居民人均可支配收入为 27 895 元，其中城镇常住居民人均可支配收入远远低于上海市城镇常住居民人均可支配收入 73 615 元。崇明区户籍人口逐年减少，至 2019 年末，共有 67.8 万人。截至 2019 年，崇明区没有一所三级甲等医院，没有一所大学本部，在基础医疗和教育资源方面也是远远落后于上海市区的平均水平，居民就学难、就医难问题突出。崇明区产业发展聚焦在传统制造业上，再加上本身的人才和技术相对匮乏，不仅不利于技术积累，更不利于新兴产业的培育与引进。崇明区对内没有环岛高速公路，对外只有两条公路连接上海市区和南通，交通不便影响了崇明区与上海市区通勤。有些百姓调侃"生态好是好，就是吃不饱"。

（2）生产与生活空间不匹配，职住失衡。

二元结构明显，中小企业发展活力不足，特别是容纳就业能力强的第三产业的落后，导致崇明区就业岗位严重不足，基础设施的覆盖率和利用率低，高水平教育和医疗资源不足，优质师资和医护人才引进困难。另外，产业配套体系落后，生产、经营、销售过程中，以及上下游的支持产业相对缺乏，营商环境亟待改善，由此导致青壮年很难在本地找到工作，被迫转移到崇明区其他城镇就业，造成每日远距离通勤，崇明区户籍人口离岛就业的比例达到 54.1%。另一些劳动力则到上海市区或远赴周边省份就业，周末或数月回家一次。对外交通通道少且易拥堵，尚未融入上海 1 小时交通圈，一方面造成崇明区本地劳动力和人才的流失，另一方面，老人、儿童留守在本地，"空心村""老人村"随处可见，不利于社会安定。

（3）生态空间还有待完善提高。

第一，在可见的未来，崇明岛面临萎缩的风险，环岛滩涂湿地侵蚀与退化的形势严峻。在流域人类活动和自然过程的共同影响下，到 20 世纪末，长江入海泥沙通量将较以往下降 20%。在此背景下，围垦多少，海岸滩涂湿地面积就会减少多少。大部分海塘堤高小于 7.5m，在堡镇附近还有部分位置是小于 6m，风暴潮和寒潮仍是崇明岛安全的重要威胁。第二，自然生态不够稳固，大气、水体、土壤、生物多样性和自然保护区等生态要素品质有待进一步提升。根据《崇明统计年鉴 2020》，2019 年崇明区空气质量指数（AQI）显示空气质量达标天数为 299 天，优良率为 81.9%。细颗粒物（$PM_{2.5}$）年均浓度为 $34\mu g/m^3$，根据上海市监测，外部输送和地区二次生成是影响 $PM_{2.5}$ 浓度的重要原因。2018 年，崇明区地表水平均综合污染指数为 0.57，属于轻度污染，与 2017 年相比轻微恶化，三星镇中心横河 - 三协村的水质相对较差。崇明区农田土壤面临的主要问题包括盐渍化、重金属污染，以及以多环芳烃、多氯联苯和农药残留为代表的有机污染。这些土壤问题一方面会影响农业生产和居住环境，另一方面会通过吸收在农作物中富集，并通过食物链进入人体，危害居民健康。崇明岛的长期围垦使得滩涂面积不断缩小，直接干扰和破坏了鸟类的栖息地和觅食地，造成湿地鸟类数量的下降。渔业资源的过度捕捞利用和富营养化导致渔业再生能力受到限制，渔业资源面临枯竭，还导致一些重要经济鱼类的局域性种群灭绝（如鲥鱼）。由于外来种入侵（如互花米草），崇明东滩的许多土著种正遭受区域灭绝威胁，生物入侵已成为岛屿物种灭绝的主要影响因素之一。截至 2018 年，崇明区主要有崇明东滩鸟类国家级自然保护区、崇明东滩湿地公园、崇明中华鲟自然保护区和崇明东平国家森林公园等自然生态保护区。作为世界级生态岛的核心组成要素，以自然保护区为主体的生物多样性保护建设比较落后。第三，现有监测体系的覆盖范围、站点量、监测要素、监测技术、预警能力均亟待提高。长江河口及外延海域水面和水下尚未有监测网覆盖，三岛仅有 12 个水环境自动监测站，新型污染物（如纳米颗粒物等）未纳入观测范围，遥感观测技术在应用中缺失，生态环境监测信息平台数据集成分析、共享、模拟及预测、预警能力仍有不足。

13.3 "三生"空间协调发展的理论和经验借鉴

崇明世界级生态岛的建设与"三生"空间协调发展需要理解与借鉴已有的理论知识和国内外的先进经验。

13.3.1 "三生"空间协调发展的理论基础与地区适应性

（1）生态与生产、生活空间关系的理论演化过程。

自 20 世纪 60 年代当代环境保护主义兴起以来，关于环境保护与经济社会发展的争论经历了三次不同意识形态和话语特征的大浪潮。

第一次浪潮：20 世纪 60 年代至 70 年代，经济增长被认为是环境恶化的元凶。在这之前，世界各国正在如火如荼地进行资源开发和工业建设，由于技术不完善和环保意识淡薄，过度开采和工业排污严重威胁着生态环境的安全。比如 1948年发生在美国宾夕法尼亚州的多诺拉烟雾事件、1952 年发生在英国的伦敦烟雾事件等，都是过度工业排放造成的悲剧。

第二次浪潮：20 世纪 80 年代开始，对经济增长的激进批判逐渐被生态环境可以与经济增长脱钩的观点所取代，这被称为生态现代化理论（ecological modernization theory）。其主要观点是，当前环境恶化并不是经济增长导致的，只要经过适当的改革和重建，一个生态健全的绿色增长模式是可以实现的。实现生态现代化社会的基本方法是，在经济发展过程中实施技术创新，通过技术的提升来减少或消除经济增长对环境的影响。

第三次浪潮：在生态现代化被提出和讨论的过程中，一种被称为去增长（degrowth）的理念也随之兴起。去增长学者认为环境破坏的根源是生态被商品化，资本主义追逐利益导致生态环境被破坏。经济增长与环境污染之间的脱钩，并不会如预期那样发生，仅仅依靠技术创新来解决环境问题是不够的。因此去增长学者认为应该在满足基本需求的基础上，通过福利分配实现公平，这样就不会过度消费生态环境。去增长的首要目标不是经济增长，而是在全球范围内保障所有人的基本需求被满足，但是这种被满足的需求无疑是低水平的，是以降低人类经济收入和生活福利为代价的不可持续的生态平衡。

纵观上述三次浪潮，我们认为主张经济增长和生态环境协调发展的生态现代化理论的观点适合指导崇明世界级生态岛的建设。首先，生态现代化理论强调了生态的重要性，并以绿色增长作为最终的追求目标。生态现代化所倡导的绿色增长是高水平的、是与经济增长良性互动的，这样的生态是可持续的，也是可以为人类造福的。崇明岛拥有良好的生态环境基础，所欠缺的就是提升生态品质和将生态福利造福于人民。

其次，生态现代化理论强调技术创新的重要性，有助于实现生产资源绿色化。技术创新作为经济增长的伴生物已被证实可以通过改变资源投入结构和提升产出效率来实现清洁生产和绿色增长，这样既不会损耗经济增长和社会进步效率，还能够实现生态环境水平的提升，是一种双赢的环境策略。相比于去增长理论，以技术创新为主要特征的生态现代化理论是一种更加积极主动的方法论，它并不被动地妥协于"经济增长造成环境恶化"的观念，而是采用积极的技术提升策略改善经济增长与生态环境的关系。对于崇明而言，世界级生态岛建设必须辅之以高效的生产空间和宜居的生活空间，而技术的变革和创新就是生产、生活与生态空间协调发展的有效润滑剂。

根据《崇明统计年鉴 2020》，2019 年崇明区的人口密度为 480 人 /km²。至 2035 年，崇明区的城市建设规划用地面积为 265km²，基本相当于上海市中心 7 个区之和。这说明现在的崇明已经不是一个单纯的自然生态岛和自然保护区，已经具有了一定的人类活动强度。而且，22.3% 的规划建设用地占比，70 万的规划人口，都要求在建设世界级生态岛的过程中，必须要考虑生产发展和生活宜居的问题。

（2）"三生"空间协调发展导向的人居环境理论。

快速城市化背景下催生的城市生态环境问题，推动着城市生产空间、生活空间与生态空间协调优化理论的演进。19世纪中后期，得益于工业革命和经济全球化，西方城市快速发展，但同时，城市蔓延、城市生态环境恶化等问题接踵而至。1898年，霍德华提出"田园城市"理论（garden city theory）[1]，就上述问题提出合理开发土地、控制城市增长、城市四周设置永久性农业用地等解决方案，为城市生产、生活空间发展与城市生态环境优化提供启蒙思想。田园城市是为健康、生活及产业而设计的城市，其实质是实施严格的环境规制以控制环境污染、保护生态，在城市内部以分区的形式布局工业生产、居住休闲和农业生态用地，在合适的用地比例下实现空间协调发展。

宜居城市理论（livable city theory）正逐渐成为中国城市协调发展目标。宜居城市研究起源于对居住环境的研究，最早可追溯至"田园城市"理念引导的田园都市研究。1985年由Lennard发起建立国际宜居城市研究组织，把宜居城市研究推向新的高度。Crowhurst等人[2]从可持续的角度发展了宜居的概念，认为宜居城市链接了过去和未来，既继承了过去的自然资源和生产发展能力，又规划了未来的生态环境和经济社会。Hahlweg[3]指出宜居城市是这样一个城市，能有健康的生活，能够轻易地交通，对孩子和老人来说很安全，能够轻易地接近绿地，宜居城市是所有人的城市。Palej[4]从建筑和规划的角度讨论了宜居城市，认为宜居城市是社会组织的元素能够被保存和更新的城市。宜居城市是经济、社会、文化、环境协调发展，人居环境良好，能够满足居民物质和精神生活需求，适宜人类工作、生活和居住的城市，其目的是实现人文环境与自然环境协调，经济持续繁荣，社会和谐稳定等。

人居环境（human settlement）是人类与自然之间发生联系和作用的中介，是人与自然相联系和作用的一种形式，理想的人居环境是人与自然的和谐统一。人居环境科学既强调生态环境的基础作用，又注重乡村、集镇和城市经济和生活品质的提升。

人居环境是人、建筑、自然、环境与社会之间可持续和和谐的一种社会生存状态，它融入了和谐共生的生态观和经济社会可持续发展理念，是人类生存的理想模式，其至少包含以下几点特征：自然性、多样适应性、人文品质和可持续发展[5, 6]。人居环境科学把人类聚居作为一个整体，倡导建立正确的人与自然关系，一方面尊重自然、保护生态，最大限度地保持生态环境特色；另一方面，将人居聚落融入自然环境中，在保护自然生态的基础上满足人居活动的必要的空间需求，用不断调整变化的人居环境系统来适应总体环境的变化。

对崇明区"三生"空间的协调发展而言，人居环境科学能够提供更多新的建设思路。对于已经拥有较大生态空间规模的崇明要想实现人居环境水平的提升，最重要的是要培育与生态功能相适应的经济水平、居住品质等生产和生活功能，并形成"三生"空间之间的良性互动。

可持续发展（sustainable development）强调环境与经济社会的双可持续，这是其能够指导崇明岛"三生"空间协调发展的重要原因。可持续发展不仅仅是指通过保护和修复生态环境使自然环境在人地关系中得到长久维持，更为重要的是，作为可持续发展重要组成部分的人类，其对于生产资料的需求、高品质生活的向往也应在可持续发展的实施过程中得到满足。

因此，在崇明世界级生态岛建设和"三生"空间协调发展过程中，除了要把生态环境保护放在首要位置，也要加强就业和产业等经济增长措施、发展交通和生活基础设施等民生工程，只有良好的生态环境而经济落后、民生凋敝，并不符合可持续发展思想和崇明世界级生态岛建设的要求。

（3）地区适应性。

宜居城市、人居环境科学理论和可持续发展的思想要因地制宜。拥有不同的先天地理优势和经济社会状况的城市或地区，在发展规划目标驱动下，根据人居环境科学理论可以被大致分为以下三类。

生产功能为主地区，如经济较为发达的上海市金山区，2016 年 GDP 已达到 922.9 亿元 [7]，石化是其主导产业并容纳大量的就业，但是区内至今尚未开通地铁，居住生活设施的不足导致大量的本地就业者职住分离，承受长距离通勤，2015 年 37% 的绿化覆盖率也低于上海市平均水平。因此对于金山区而言，生产空间已经相对完备，应该将规划和发展的重点转向提升生活和生态空间品质，完善生活配套基础设施，维持生态环境的基本平衡。

生活功能为主地区，如拥有稠密居住人口的上海市区，交通便利、生活基础设施完善，但是高地价也驱逐了大量的就业密集型产业，连续的不透水面也阻碍了绿色开放空间的建设。因此，对于上海市区而言，空间优化应该要适当增加就业和高品质的生态资源，且高品质生态是吸引高附加值企业、提升居民生活幸福感的必要条件。

生态功能为主地区，如自然生态资源丰富的崇明区，区内 80.8% 的土地被生态空间占据，但是作为上海市面积最大的市辖区之一，2017 年的地区生产总值和户籍人口只有 378.5 亿元和 67.8 万人 [8]，大量青壮年离岛就业，医疗教育等基础设施落后。因此对于规划建设世界级生态岛的崇明而言，要在生态保育的基础上兼顾产业发展，积极培育和引进环境友好型高科技产业以吸引高素质就业人才，并且增加和提升交通、居住和休闲等民生基础设施。

由此可见，对于局部地区而言，拥有相对单一的主导功能可能是常态。但是，这并不意味着该地区只能发展主导功能，而不可以拓展其他必要功能。生态是崇明的基础和立岛之本，但这并不妨碍崇明适当地发展产业、改善交通、教育、医疗等基础设施。没有哪一个具有世界影响力的地区是经济和民生落后的，只要合理筛选绿色高科技产业、科学规划民生工程建设，不仅能提升居民的经济收入和生活满意度，也有助于世界级生态岛建设和提高崇明整体的世界影响力。

13.3.2　生态功能为主的地区"三生"空间协调发展的国内外经验

以生态为主要功能的崇明，在建设世界级生态岛的道路上，协调"三生"空间有序发展不仅要根据自身条件因地制宜，还需要学习和借鉴国内外其他生态环境优越同时拥有高品质生产和生活空间的城市和地区的经验。结合崇明区的自身特点，主要介绍东莞华为松山湖基地、九寨沟县、美国纽约长岛、德国巴斯夫所在的路德维希港四处案例。其中，华为松山湖基地的例子说明良好的生态环境是高科技企业的首选，通过规范化的技术、规划和管理手段可以保证科创企业在绿色生态区域良好地发展；九寨沟县的案例意在强调，不发达地区可以围绕当地特色的生态资源合理发展生产和生活空间，做强做大"生态+"战略；纽约长岛与崇明岛有着极为相似的区位特征，紧紧联系纽约大都市，长岛在交通、人才引进、产业塑造等方面做出了良好的表率；路德维希港的事例告诉我们，曾经遭受过污染的地区，依靠产业升级和环保技术进步，不仅可以实现产业绿色化，还可以保护生态环境不受到破坏。

（1）松山湖位于东莞市大朗镇境内，是一座大型的天然水库，河网纵横、湿地密布，自然生态环境优美。8km^{2}水面的松山湖，14km^{2}的生态绿地，湖水清澈，湖鸟轻鸣，湖岸超过60%的植被覆盖率，使得这里绿树与蓝湖相得益彰，美不胜收。优越的生态环境是科创企业首选地，以华为为代表的高科技企业纷纷落户松山湖。

东莞华为松山湖基地是华为的终端总部，占地面积1900亩，投资100亿元，现已基本建设完毕。依据东莞松山湖的自然地形和水系走向，华为松山湖基地在不破坏原有生态的基础上，因地制宜地模仿欧洲的牛津、温德米尔、卢森堡、布鲁日、弗里堡、勃艮第、维纳罗、巴黎、格拉纳达、博洛尼亚、海德尔堡和克伦诺夫这 12 个小镇建设了 12 个特色鲜明的建筑组团（图 13-2），各个组团之间以列车（小火车）相连。300m 的建筑物间距既保证了组团内的密切沟通交流，又避免了巨大建筑带来的空间压迫感，是一种宜居的建筑群空间尺度。华为在生态如此脆弱的松山湖地区建设生产研发基地并取得成功，说明即便是以生态空间为主的地区，通过合适的产业选择和空间规划，也能够最大化地降低对环境的影响，生态与生产、生活之间实现互利共赢。

图 13-2　华为东莞松山湖基地示意图[9]

最为可贵的是，华为松山湖基地通过技术、规划和管理手段典范地处理好了生态、生产和生活空间的关系。作为生态友好型的高科技企业，华为不仅将终端总部带进松山湖基地，带动地区就业和经济增长，并且在不影响环境的基础上兴建居住、医疗、交通、休闲等基础设施，大大改善了地区的生活状况。职住均衡、生态维持稳定、生产和生活空间的改善激活了松山湖的活力，提高了人居环境水平，这就是华为松山湖基地在"三生"空间协调发展上的成功。

华为东莞松山湖基地对于崇明世界级生态岛"三生"空间协调发展的启示在于，首先，生态环境的维护是生态岛建设的基础和保障，一切的经济建设和生活活动都要在不影响原有环境的基础上进行，河流、湖泊、森林和湿地等脆弱的自然资源是崇明岛的宝贵财富，一旦遭受破坏，不可恢复；其次，通过培育和引进技术密集型产业（企业）和人才来满足崇明岛生产和生活空间的建设，因为高素质人才拥有相对较高的环保意识，且高技术（包括清洁技术）企业可以做到生产对环境零污染，只要合理选择产业就可以将对环境的影响降到最低；最后，"三生"空间协调发展并不是将所有类型土地都堆在一起，其也可以被组织为不同的空间结构，如华为东莞松山湖基地采用的组团式多中心形式，每个中心对内被赋予不同的特色功能（如研发、制造、居住、休闲等），彼此协作，紧凑但不拥挤。更为重要的是，紧凑多中心的形态将经济活动限制在每个中心之内，减少对外部环境的影响。

（2）九寨沟县位于青藏高原东部边缘，隶属于四川省阿坝藏族羌族自治州，总面积 5288km²。《九寨沟县 2018 年国民经济和社会发展统计公报》显示，2018年九寨沟县常住人口 8.15 万人，地区生产总值 25.3697 亿元，三次产业结构比为9.2∶33.3∶57.5，人均地区生产总值 31 052 元。

九寨沟县内原始生态环境保护良好，基本没有遭到大规模破坏，地势西北、西南高，东南低，海拔 1000～4500m，气候冬长夏短，夏无酷暑，冬无严寒，春秋温凉。境内拥有获"世界自然遗产""世界生物圈保护区""绿色环球 21 可持续旅游标准体系"三项国际桂冠和国家首批 5A 级风景名胜区称号的九寨沟，还有省级勿角大熊猫自然保护区、白河金丝猴自然保护区、贡杠岭自然保护区、甘海子国家森林公园和神仙池风景区、甲勿天池、黑河风光带、玉瓦石碏红叶风景区、喇嘛石大峡谷风光、杜鹃山、勿角白马藏族风情园等众多生态人文资源。

九寨沟县与崇明岛类似，辖区内自然资源与生态环境保护非常好，但是人口相对稀少、经济发展较为落后。九寨沟县并没有盲目地发展工业和开展城市化，1978 年国务院国发〔1978〕34 号文件规定将九寨沟划为自然风景保护区，保护区面积为 620km²，并将进驻九寨沟的两个林场迁出。1984 年，国务院以国发〔1984〕136 号文件将九寨沟划为第一批国家重点风景名胜区，相应建立了南坪县九寨沟风景名胜区管理局，九寨沟正式对外开放。2007 年被命名为"中国旅游强县"。2016 年，以九寨沟风景区为代表，全年接待海内外游客突破 500 万人次大关，实现旅游收入 8.05 亿元。围绕生态资源和旅游业，九寨沟县建立起强大和完善的交通和服务业，大大改善了城镇形象，也提高了居民的收入和认同感。2019年 4 月 28 日，九寨沟县退出贫困县序列[10]。

保护生态环境和发展旅游服务产业两手抓，这是九寨沟县实现脱贫致富和生态、生产、生活可持续发展的关键。如今，生态资源和旅游业已经成为九寨沟县的两大支柱，两者并没有任何矛盾和冲突，相反，生态资源可以服务于旅游业，而旅游业的壮大也有利于生态资源的保护和修复。九寨沟县的案例，一方面说明守着丰富的自然生态资源而不进行合适的开发，只会带来"优雅的贫困"，并不利于当地人民生活的可持续；另一方面，开发并不一定意味着破坏，只要科学地选择合适的产业就能将对环境的影响降到最低。对于崇明岛来说，围绕生态资源，做强做大"生态＋"战略或许是必然的战略选择。

（3）长岛（Long Island）是位于美国东海岸的岛屿，从纽约港向东北方向伸入北大西洋（图 13-3），长 190km，宽 20～30km，面积 4356km²。岛上无大湖、大河，供水主要靠地下水和降雨（年均降雨量达到 1060mm），以滨海休闲旅游为主，葡萄酒闻名遐迩。长岛在行政上隶属于纽约州，西与纽约市的布鲁克林区（Brooklyn）及皇后区（Queens）相邻，包含拿骚县（Nassau County）和萨福克县（Suffolk County）。长岛自第二次世界大战后城市化进程加速，至 2010 年人口已达到 756.8 万，成为美国人口最密集的地区之一。长岛交通发达，与纽约市曼哈顿区有多条隧道和桥梁相通，距离皇后区南端的肯尼迪机场只有不足 20km。布鲁克海文国家实验室就设立在萨福克县。

借助于国际化大都市的溢出效应，长岛在教育、医疗、交通等基础设施和人口流入等方面得到了长足的发展。崇明岛同上海主城区的区位关系类似于长岛之于纽约。在确保生态环境不受到破坏的前提下，崇明岛必须进一步联系并依托上海市，为上海市乃至长三角地区提供休闲、康养、接触自然的空间；发展绿色环保的高科技产业，引进高技能人才，提高研发投入，吸引科技公司总部落户。快速并积极地融入上海大都市圈的发展战略中，并准确找到自身的功能定位，才能实现世界级生态岛的目标。

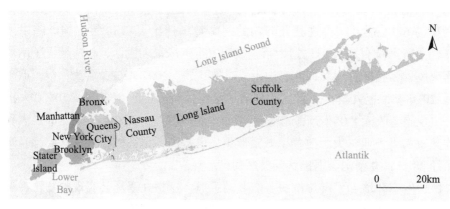

图 13-3　美国纽约长岛示意图

（4）路德维希港位于德国西南部，是德国莱茵兰-普法尔茨州的第二大城市，德国莱茵河上的第二大港，2016 年人口 16.66 万，世界最大的化工企业巴斯夫（BASF）总部即位于此。

20 世纪 80 年代，在路德维希港的化工产业区，空气中常常充斥着刺鼻的气味，氯、硫化合物浓度超过 180g/m^3，悬浮颗粒物达到 100g/m^3 [11]，附近的河流、地下水遭到严重污染，部分受污染的土地至今还无法恢复。90 年代初，政府痛定思痛，抛弃"先污染后治理"的错误理念，主要采取以下两种措施改善生态环境：首先，国家主导并促进企业的技术升级换代；其次，淘汰大批落后产能，对效率低下的企业进行了拆并。

虽然以上措施大大缓解并提高了路德维希港的企业环保水平和生态环境，但是这并不足以让路德维希港成为一座简单雅致、艺术气息浓厚、宾至如归的宜居城市。如今的路德维希港早已摆脱了化学工业的束缚，繁荣的饮食文化带动旅游业发展是这里的一大特色。除此之外，许多艺术品分布在城市当中，它们把路德维希港变成一座现代艺术的活动舞台，如威廉·哈克博物馆（Wilhelm-Hack-Museum）凭借其收藏的 9000 件艺术品在国际上享有盛名。此外，城市公园随处可见，这是市内休闲的世外桃源，拥有芬芳四溢的玫瑰园（rosengarten）、盲人花园（blindengarten）和有着各种水池的喷泉花园（quellgarten）。

从一个化工污染严重的重工业城市转型升级为"艺术之都"和旅游城市，路德维希港可以提供给崇明岛很多有益的发展经验。首先，即使是传统有污染产业的地区，通过适当的技术升级、环境规制等手段，也可以做到对生态环境的无影响。过去的崇明岛粗放式发展，生活污水和工业废气对环境造成很大的破坏，这就要求政府和企业升级治污技术、引进绿色高科技产业和循环产业发展绿色经济；其次，一座城市的生命力和活力在于文化，崇明岛要打造符合自身特点的文化特征（如基于崇明岛徐根宝足球基地打造国家足球青训中心），这样不仅有利于经济增长、旅游发展，更加有利于增强崇明岛在全国甚至世界的认同感。

国内外这些地区没有盲目地加入疯狂城市化的浪潮中，而是结合自身特点，走出了一条符合自身特色的发展道路，对崇明岛"三生"空间协调发展有重要的借鉴意义：第一，保护生态资源，清洁环境，这是崇明岛发展生态经济的本钱。升级治污技术、培育和发展技术密集型产业，从源头上减少甚至杜绝工业排放对生态环境的破坏；第二，在发展中选择合适的产业，经济发展中注重创新引领和科技提升；第三，注重城镇建成环境的规划和建设，加强地区文化建设，这是崇明岛区别于千篇一律的"水泥城市"的关键手段，是吸引国内外游客和资本投资的主要途径，也是提升居民幸福感和满意度的重要内容；第四，崇明岛紧靠中国经济中心上海，拥有高品质生态环境的先天优势，在产业结构调整中要发展绿色高技术产业，进一步提升崇明生态岛的国际影响力。

这些国内外案例给崇明岛发展的启示在于：生态是崇明的立岛之本，可以通过科学的发展达到"三生"空间协调发展的格局，实现生态空间山清水秀、生产空间集约高效、生活空间宜居适度，关键取决于在科学开发和建设过程中对于产业类型的培育和引进、生产技术的升级和监管、城市和产业规划科学合理等。只要通过合理方式发展，既可以实现"三生"空间的协调有序，还可以促进世界级生态岛的建设。

13.4 "三生"空间协调发展的指导思想 与目标内涵

13.4.1 指导思想

习近平新时代中国特色社会主义思想，尤其是关于生态文明建设的一系列真知灼见和以人民为中心的发展思想是崇明岛"三生"空间协调发展的指导思想。

2012 年 11 月召开的党的十八大，首次把"美丽中国"作为生态文明建设的宏伟目标，把生态文明建设摆在了中国特色社会主义"五位一体"总体布局的战略位置。生态文明建设的重要性贯穿于习近平新时代生态文明建设思想的始终，2013 年 5 月 24 日，习近平在主持中共中央政治局第六次集体学习时指出："生态兴则文明兴，生态衰则文明衰。生态环境保护是功在当代、利在千秋的事业。"这是对生态文明重要性的鲜明阐释。2014 年 11 月 10 日，习近平在 APEC 欢迎宴会上致辞时表示："希望北京乃至全中国都能够蓝天常在，青山常在，绿水常在，让孩子们都生活在良好的生态环境之中，这也是中国梦中很重要的内容。"生态优先已经作为一种政治理念贯穿于经济社会的发展过程中，并作为实现中华文明伟大复兴和中国梦的重要先决条件而被认可。

但是，生态优先理念并不意味着生产和生活质量的提升不重要。2017 年，党的十九大报告中提出："新时代我国社会主要矛盾是人民日益增长的美好生活需要和不平衡不充分的发展之间的矛盾"，"必须坚持以人民为中心的发展思想，不断促进人的全面发展、全体人民共同富裕"。因此，经济发展和全体人民共同富裕是当今时代，乃至于可预见的未来最重要的国家工作。生态保护并不是为了保护而保护，而应当是以改善人民的生活质量、提高社会生产力、提升人民的幸福感为最终目标。

事实上，生态优先和生产、生活发展并不矛盾。2013年9月7日，习近平在哈萨克斯坦纳扎尔巴耶夫大学发表演讲后回答学生提问时说："中国明确把生态环境保护摆在更加突出的位置。我们既要绿水青山，也要金山银山。宁要绿水青山，不要金山银山，而且绿水青山就是金山银山。我们绝不能以牺牲生态环境为代价换取经济的一时发展。"习总书记的指示传递出两个重要而明确的信号：首先，生态保护与生产发展同样重要，不可偏废。生产发展带来的金山银山是人民生存与安居的保障与目标，而绿水青山则是生产发展和生活幸福的前提和基础。其次，绿水青山可以转化成金山银山。良好的生态环境是生产和生活品质提升的基本内涵，环境友好型的生产活动也并不会危害生态环境，通过合理的产业转型与规划，在生态保护和优先的前提下，生产和生活也能够得到增长和提升，实现"三生"空间的协调发展。

13.4.2　崇明岛"三生"空间协调发展的目标内涵

（1）崇明世界级生态岛的建设目标。

《崇明世界级生态岛发展"十三五"规划》中要求，崇明岛要建设成为上海重要的生态屏障和21世纪实现更高水平、更高质量绿色发展的重要示范基地，长三角城市群和长江经济带生态环境大保护的标杆和典范，未来要努力建成具有国内外引领示范效应、社会力量多方共同参与等开放性特征，具备生态环境和谐优美、资源集约节约利用、经济社会协调可持续发展等综合性特点的世界级生态岛。

《上海市崇明区总体规划暨土地利用总体规划（2017—2035）》提出至2035年，把崇明区基本建设成为在生态环境、资源利用、经济社会发展、人居品质等方面具有全球引领示范作用的世界级生态岛。因此，要建设世界级生态岛，崇明就必须要构建协调的生态、生产和生活空间关系。

（2）崇明岛"三生"空间协调发展的目标内涵。

坚持生态优先，生态立岛，以生态为基础引领生态文明建设，这是崇明世界级生态岛建设的前提；同时，坚持全体人民共同富裕和生活幸福的最终目标，在不损害生态功能的前提下，努力实现生产集约和生活宜居，改善和提高百姓民生，这两者共同构成了崇明"三生"空间协调发展的实质内涵。要深入贯彻落实习近平总书记"绿水青山就是金山银山"的战略思想，把生态资源与生产、生活相互转化，相得益彰，构建与世界级生态岛目标相匹配的生态、生产和生活协调发展的格局。

"三生"空间的关系是怎样的？生产、生活、生态三者相互影响、密不可分，如图 13-4 所示，生态空间是自然基础，生产空间是发展动力，生活空间是根本目的。在绿色、低碳、可持续发展的时代主题下，实施"生态＋"发展战略，倡导绿色经济、低碳出行和环境保护，构筑生产空间、生活空间、生态空间三位一体、互相促进的生态发展格局。崇明世界级生态岛建设要以生态保护为基础引领生态文明建设，同时追求服务百姓民生：在不损害生态功能的前提下，努力实现生产集约、生活宜居。

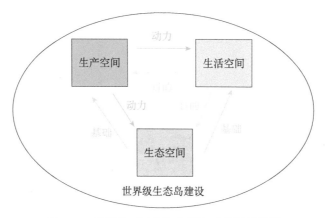

图 13-4　崇明岛"三生"空间协调发展示意图

为什么要实现"三生"空间协调发展？崇明世界级生态岛的建设意义重大，而实现生态空间、生产空间和生产空间的协调和有机融合是其中的关键之一：首先，生态是立岛之本，也是支撑世界级生态岛建设的物质基础，任何经济活动都要建立在生态不受破坏的基础之上。其次，生产不可或缺。合理充足的就业岗位和丰富多样的商品是居民生活的保障，也能够大大增加地区的活力。再次，美好生活是人民的向往。一切对于生态的保护、工业的发展、基础设施建设等活动都是为了提升人民的生活满意度和幸福感，因此，世界级生态岛也一定是人民安居乐业岛。最后，崇明"三生"空间协调发展是可行的。通过合理的产业培育和引进、工业技术升级改造、教育医疗基础设施的合理建设、居住和就业空间的均衡布局，是能够在生态环境不被破坏的前提下实现生产发展和生活宜居的。

什么样的生产、生活空间符合崇明世界级生态岛的建设要求？首先，生态环境的保护和维护是崇明发展的底线，也是世界级生态岛建设的基础和本钱，那些不损害或有利于生态环境的生产和生活空间的建设和布局在崇明岛应被鼓励发展。其次，生产和生活要素的培育和引进要围绕生态环境和绿色可持续进行。生产方面，改造升级原有工业基础，发展绿色和循环产业、引进对环境零污染的高技术企业、依托崇明岛多样的动植物资源发展前沿的生命科学产业，同时可以充分开发并利用崇明岛丰富的森林、湿地资源提升崇明岛的生态旅游业和服务业，等等。对于生活空间而言，开发节能环保的绿色建筑、倡导非机动化的低碳出行方式，优化健康休闲的基础设施设置，合理布局居住和商业区以减轻"热岛效应"，优化教育医疗等民生设施的建设和合理布局等。

崇明世界级生态岛如何建设？2017年10月18日，党的十九大报告中指出，"我们要建设的现代化是人与自然和谐共生的现代化，既要创造更多物质财富和精神财富以满足人民日益增长的美好生活需要，也要提供更多优质生态产品以满足人民日益增长的优美生态环境需要"。综合国内外经验和崇明岛已有的发展基础，从生产、生活、生态空间协调角度，以乡镇特色为突破口是崇明建设世界级生态岛的必由之路。乡镇特色并不是限制崇明岛的现代化，而是与过度城市化相对，摒弃千篇一律的钢筋水泥城市风格，根据地区自身特点，形成小而精、乡村特色鲜明的发展风格。

首先，"三生"空间协调发展，以乡镇为主要载体，形成多中心的城镇体系和城镇内部的多中心化，巩固生态农业的优势地位并加强绿色产业和循环经济的培育、优化居民生活空间的建成环境、优化生态空间以达到绿色、清洁和安全；其次，从生产空间优化看，打造现代化的生态农业生产链，将生产资源绿色化，围绕生态系统打造信息技术产业、清洁技术产业和循环产业，并依托丰富多样的自然生态资源发展旅游业；再次，从生活空间优化看，以乡村风貌为特色，形成有江南特色的建筑风格和城镇居住环境，倡导非机动化的出行方式，优化饮食结构以改善健康水平，提高居民的幸福感和健康指数；最后，从生态空间优化看，将生态资源产业化，以绿色乡村、清洁乡村和安全乡村理念为指导，构建点线面结合的立体化城镇绿化体系，创建郊野公园，以达到增加绿色空间、减少污染排放和缓解热岛效应的目标。

13.5 "三生"空间协调发展的对策与保障

2018 年 4 月，习近平总书记视察长江经济带发展时指出，长江经济带发展要"坚持共抓大保护、不搞大开发"。在此基础上，习总书记进一步强调，不搞大开发不是不要开发，而是不搞破坏性开发，要走生态优先、绿色发展之路。要正确把握生态环境保护和经济发展的关系，探索协同推进生态优先和绿色发展新路子。正确把握自身发展和协同发展的关系，努力将长江经济带打造成为有机融合的高效经济体。作为长江经济带的东方桥头堡，上海崇明世界级生态岛建设也必须找到符合自身情况的发展道路。一方面，要将生态保护和生态优先的思想贯彻到生态岛建设的方方面面，另一方面，也要注重环境友好型产业的增长和发展，以期为人民的幸福生活添砖加瓦。崇明区实施"三生"空间协调发展的主线是保护、修复和提升自然生态功能，而发展生产、改善生活则是补齐世界级生态岛建设这个大木桶的"短板"，要层次分明，重点有序。

13.5.1 协调发展："三生"空间互利共赢

统筹全区发展，优化组织崇明生态、生产和生活空间布局。崇明区内，确立城桥镇的核心地位，培育和引进循环经济和高技术产业，提升城桥镇的经济和人口首位度，将城桥镇打造成为崇明的 CBD，并同时差异化各个城镇的特色功能定位；在各个城镇内，以紧凑组团的多中心形式发展，严格控制建设用地规模，复兴老城区，改善城镇形象，积极布局发展绿色经济，混合布局产业用地、居住用地，保证生态用地，激活崇明的发展活力。

13.5.2 绿色安全："生态立岛"，打造世界级生态示范岛

（1）严禁围垦滩涂湿地，实行最严格的生态底线管控，以环境承载力为前提，在土地利用和城市规划方面严格以国际生态环境指数为标准，在鸟类、鱼类等多个自然保护区内严格禁止任何形式的开发活动，尽可能维护自然生态环境的原始面貌。提高海塘建设标准，加强监测和预警体系及应急措施，构建海塘（硬）和滩涂－盐沼－森林（软）相结合的生态防护体系。

（2）强化顶层设计，深化河湖污染治理与生态修复，以水系规划、水环境生态健康评估为抓手，加快河网水文动力基础设施建设，推进智慧水务建设，创新村级河道治理模式，健全河湖长管理机制，营造江南水乡文化氛围。

（3）加强农田土壤的全程监管，构建以生物保育为核心的农田土壤监管网络。研发和推广农田土壤重金属污染的植物修复及生物强化技术，分类管理，有效宣传，发挥社会合力，共同维护土壤安全。

（4）构建绿色基础设施网络，引导农业特色景观与社区园林绿地网络联动发展，打造社区的复合绿色基础设施网络。

（5）建设生物多样性（生态环境）监测和大数据平台，实时监控生物生存环境与风险。建立监测评估制度，评估结果应作为优化生物多样性保护格局、实施生态补偿和领导干部生态环境损害责任追究的依据。

（6）提高现有监测体系的覆盖范围、站点量、监测要素、监测技术、预警能力。加强外来入侵种的检测监测、风险分析、绿色防控、扩散阻断、根治灭除和生态修复等技术研究和实施，针对已成灾入侵种的生态修复，重点开展新型替代种的筛选及其修复功能评估，构建以替代更新和生态恢复为核心的入侵受损生态系统修复体系，打造成为国际性大都市上海的生态后花园。

13.5.3　集约高效：稳步推行"生态+"，营造国家级生态经济特区

（1）促进乡村振兴，重点培育一批具有国际影响力的农业生产基地和农产品品牌，实行"一镇一业"，发展乡村旅游业。

（2）聚焦绿色生态、生物等新技术，积极发展生物相关的高科技新兴技术产业。提高生物制造产业创新发展能力，推动生物基材料、生物基化学品、新型发酵产品等的规模化生产与应用，推动绿色生物工艺在化工、医药、轻纺、食品等行业的应用示范。

（3）促进旅游与养老、会展、医疗、体育等相关产业的融合发展，形成以"休闲"为特征的著名旅游承载地。

（4）尝试开创中国第一个真正意义上的生态经济特区，以生态型经济为导向，坚持以生态保护为动力、推进产业结构的持续完善和废弃物处理技术的不断升级。

13.5.4　宜居健康：加大"生态惠民"，塑造崇明岛魅力生态人居

（1）引导农民集中居住，探索农村宅基地退出机制，促进城镇集约紧凑发展。推行集中安置、拆村并点，落实自愿有偿退出宅基地制度，探索"宅基地换房"等农村资产置换为城镇住房的机制，探索"土地换社保"等农村资产置换为城镇社会保障的多样化的征收补偿方式，采用集中建房置换式和资金补贴式的方法鼓励退出宅基地。

（2）改善对外交通条件，积极推进崇明岛与上海市区互通地铁，融入上海1小时都市圈，优化调整区内交通，建设自行车专用道，倡导步行和非机动化出行，并大力推进绿色交通发展。

（3）加强优质教育、医疗等公共服务建设。引导上海市区的三甲医院、中学和高校到崇明岛设立分院、分校和研究院所，以此培育崇明岛高等级服务设施，提升居民的生活满意度。

（4）争取人才引进直接落户的审批权，打造"绿水青山间"的办公场所，全方位吸引高素质人才；推行"柔性引进人才"，积极促成合作单位专家定期进崇明工作，为崇明世界级生态岛建设储备知识和人才。

（5）打造世界级健康岛，引导居民健康行为、提升公众健康素养、改善日常健康环境。推广城镇绿道建设，提倡非机动化出行；在居民聚居地建设健身和娱乐设施，丰富15分钟生活圈。

（6）乡村振兴。实施"一镇一业"和"一村一品"策略，崇明各乡镇和村庄要依据产业基础和比较优势，科学确定主导产业发展类型，树立精品品牌。积极挖掘现有的乡村特色景点，大力拓展乡村旅游业。

（执笔人：孙斌栋、韩帅帅）

参 考 文 献

［1］ Howard E. Tomorrow，a peaceful path to real reform. Garden Cities of Tomorrow. Cambridge：MIT Press，1965.

［2］ Crowhurst Lennard S H. Designing the Heart of a New Urban Neighborhood//Crowhurst Lennard S H，von Ungern-Sternberg S，Lennard H L. eds. International Making Cities Livable Conference. Carmel：Gondolier Press，1997.

［3］ Hahlweg D. The city as a family//Crowhurst Lennard S H，von Ungern-Sternberg S，Lennard H

L. eds. International Making Cities Livable Conferences. Carmel：Gondolier Press，1997.

［4］ Palej A. Architecture for，by and with children：A way to teach livable city. Vienna：International Making Cities Livable Conference. Vienna Rathaus，2000.

［5］ 吴良镛.关于人居环境科学.城市发展研究，1996（01）：1-5，62.

［6］ 吴良镛."人居二"与人居环境科学.城市规划，1997（03）：4-9.

［7］ 上海市统计局.上海统计年鉴.北京：中国统计出版社，2018.

［8］ 上海市崇明区统计局.2019年崇明区国民经济和社会发展统计公报. http://www.shcm.gov.cn/new_cmweb/uploadpath/xxgk/4bc12d44-7950-4b14-9bfc-a54549f21006.pdf［2020-08-18］.

［9］ 凤凰科技.看完苹果总部再看华为 差别挺大 http://news.creaders.net/china/2018/08/30/1989169.html［2018-08-15］.

［10］ 九寨沟县人民政府.历史沿革.http://www.jzg.gov.cn/jzgrmzf/c100126/l_c.shtml［2020-05-28］.

［11］ 佚名.德国的化工园区当年是怎么做环保的？ http://www.pv265.com/articles/20160301/2863.html［2016-03-01］.

第十四章

崇明人口与住房发展

崇明三生空间的不协调，导致不同空间尺度都存在着人与自然，以及生产与生活之间的矛盾，并衍生出一系列人口问题和住房问题：①人口老龄化趋势加深、人口"半城镇化"问题凸显、人口空间布局相对分散及人才流失等；②居住空间布局不够集约、集中安置推进缓慢、居住品质亟须提升、住房保障体系尚存不足等。这些问题严重影响着崇明地区的可持续发展。借鉴发达国家经典案例，本章着重针对崇明地区的人口半城镇化和人才流失问题、城镇住房保障体系完善问题和居住品质不高问题提出合理建议。未来崇明人口发展应坚持"生态佳"向"生态+"转型和产业多元化调整对解放农业剩余劳动力的双轮驱动；巩固《中华人民共和国土地管理法（修正案）》成果，探索"宅基地换房"机制，实现农业转移人口"带资进城"。此外，强化人才吸引制度的顶层设计，将"安居"作为人才吸引制度的关键一环，完善人才住房保障体系，创造高品质的居住环境以吸引人才集聚崇明。未来崇明可以通过探索农村宅基地退出机制解决农村土地利用不集约问题，按照摸清底数、强化分类、开辟农民增收渠道的思路实现土地的集约利用。未来崇明住房保障体系应建立严格的保障性住房准入和退出机制、监管租赁市场、增加购房补助资金、促进农村住房市场化。

14.1　人口：历史、现状与问题

14.1.1　崇明人口变化

　　崇明户籍人口总量逐年递减，负增长态势明显，2017 年以后稍有上升（图 14-1）。2006～2016 年，崇明的户籍人口总量由 69.98 万人减少至 67.07 万人，人口净减少 2.91 万人。直到 2017 年，户籍人口总量首次实现了正增长。2018 年，崇明年末户籍人口共有 67.86 万人，较上一年增长了 2756 人。

　　2011 年以前，崇明常住人口呈波动增长趋势。2006 年崇明的常住人口为 67.06 万人，2011 年常住人口增长至 72.50 万人，净增长 5.44 万人。而 2011～2016 年，崇明常住人口骤减 2.54 万人，并稳定在 70 万人左右。2017 年以后，崇明常住人口快速增加，至 2018 年末，常住人口达到 76.30 万人。

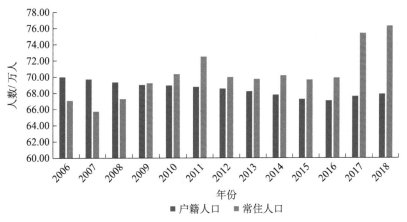

图 14-1　2006～2018 年崇明户籍人口和常住人口数量变化趋势

数据来源：《上海统计年鉴》（2007～2019）、《崇明统计年鉴》（2007～2019）

14.1.2　崇明人口发展现状与问题

　　三生空间紧密相连，作为生态岛的崇明，应优先生态发展，但依旧遵循传统的生产发展模式，由此带来了一些与人民生活息息相关的问题。以第一、第二产业为主的产业结构，已不符合崇明人民及外来高层次人才的就业需求，不少年轻人和高层次人才为了寻找更好的发展环境，不得不离开崇明。年轻人的流失，也加重了崇明人口老龄化程度，区内的社会负担不断加重。同时，由于第一产业增收的局限性，很多农业人口已离开"土地"转而从事非农产业，由此产生了一大批符合条件的农业转移人口，并衍生出一系列社会保障问题，人口"半城镇化"现象凸显。此外，城镇生产和生活用地的利用效率低下，大量土地闲置或低密度蔓延，农村宅基地散落，人口空间分布也较为分散。三生空间未能协调发展，导致人和自然之间、生产和生活活动之间、自然生态系统内部都存在着矛盾，影响着崇明地区的可持续发展。

（1）人口老龄化。

2005 年，崇明人口性别比为 89.8（以女性为 100，男性对女性的比例），男性人口占比 47.31%，低于女性人口占比。2015 年，男性人口占比超过女性人口占比，性别比为 100.58，人口性别结构趋于正常。从人口分年龄段性别比例来看，各年龄段的性别比也均有提高，表明男性人口的占比正在逐步增大，见图 14-2。

从各年龄段人口数量来看（图 14-2），0～14 岁少年儿童占比不断下降，从 2005 年的 10.40% 减少至 2015 年的 7.65%，下降幅度达 10.05%。这与不断降低的人口出生率趋势相吻合，2005 年崇明的出生率为 5.9‰，而 2015 年出生率已降至 4.65‰，人口自然增长率为 −5.49‰，人口负增长趋势明显。15～64 岁劳动力人口占比基本保持稳定，但该年龄段内的人口年龄结构出现了高龄化现象。2005 年 51～64 岁年龄段人口占比为 24.40%，而 2015 年该比值已达到 29.11%。相应地，15～50 岁人口占比 10 年间从 47.75% 下降至 40.19%，减少了 7.56 个百分点。而 65 岁及以上人口的占比一直处于快速增长状态，2005 年该年龄段人口占比仅为 17.45%，而到 2015 年，65 岁及以上人口已达 23.05%。

老龄化程度逐步加重，崇明进入深度老龄化社会（图 14-3）。2018 年，崇明 60 岁及以上老年人口占比为 36.37%，相较于 2017 年的 35.20%，短短 1 年间，上涨了 1.17 个百分点。同时，老年人口抚养比为 64.88%，意味着每 100 名劳动力将要负担近 65 名老年人口，社会抚养负担不断增加，并在未来可能会持续加重。分乡镇来看，新海镇的老龄化程度高达 45.15%，为全区最高。虽然各乡镇的老龄化程度存在较大差异，但总体来说，老龄化程度均超过了联合国设定标准（65 岁及以上人口占比达 14%），进入深度老龄化社会。

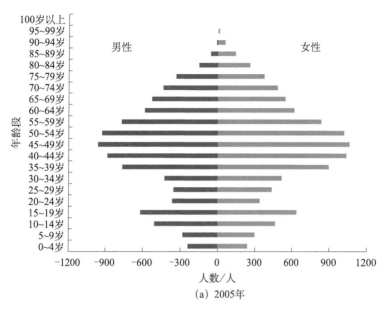

(a) 2005年

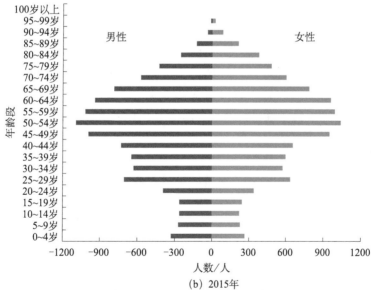

(b) 2015年

图 14-2 2005 年、2015 年崇明常住人口金字塔

数据来源：国家统计局 2005 年、2015 年 1% 人口抽样调查

　　老年人口构成以低龄老人为主（图 14-3）。随着医疗技术水平的提高，人均预期寿命的延长，老年人口比重逐步增加。一般以 80 岁为界限，将老年人口划分

为低龄老人和高龄老人。2017 年，崇明 60 岁以上老年人口占总人口的 35.20%。其中低龄老人约占总人口的 29.56%，80 岁以上的高龄老年比重为 5.64%。

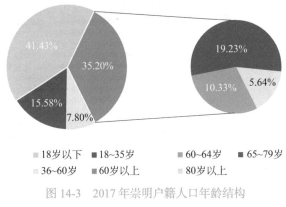

图 14-3　2017 年崇明户籍人口年龄结构

数据来源：《上海统计年鉴 2018》

农村低龄老人多数仍在从事农业生产劳动，另一部分农村低龄老人则直接将土地的经营权转让，从事非农业产业。但这些老人的受教育程度普遍不高，且不具备其他职业技能。他们所从事的岗位多是政府为保障低技能老年人口生存提供的公益性岗位，如河道清理、网格巡查等，薪资处于社会最低生活保障水平。

城镇低龄老人多已退休，享受基本养老保险待遇，他们的健康状况普遍良好，仍具有生产能力，且部分低龄老人拥有丰富的经验和技能优势。这部分低龄老年人口的人力资本有待再开发利用，以更好地实现老年人口价值，提升老年人口生活品质，同时缓解社会养老压力。

新型农村社会养老保险和城镇居民保险制度并轨，但养老保险未达到全覆盖。2019 年崇明居民居住环境与生活方式调查中，医疗保险总覆盖率达到了90.8%，其中城镇居民医保覆盖率为 39%、城镇职工医保覆盖率为 36%，而新型农村合作医疗保险的覆盖率也达到了 23%，基本能够保障老年人口的医疗需求。但养老保险的覆盖率仅为 73%，对于农村地区的部分老年人口来说，其晚年生活的经济来源难以得到有效保障。

纯老年人家庭居多，老年人口多为夫妇独居，生活质量不高且缺乏照料。2019 年崇明居民居住环境与生活方式调查结果显示，77.6% 的受访者表示没有同父母一起居住，76.8% 的受访者表示家中没有 65 岁以上的老人。通过与受访者的交流发现，由于本地产业发展的滞后，崇明青年人口大量流失，他们选择在外工作定居，只有在节假日的时候才会回来探望老人。老年人口的晚年生活更多依赖夫妻间的相互扶持与社区或村组的照料，家庭对老年人口照料的功能弱化。

　　社区养老发展良好，但老年人居住分散，养老服务设施辐射范围有限。《崇明县老龄事业发展"十三五"规划》显示，截至 2015 年底，崇明共有养老机构 52 家，养老床位总数达到 8199 张。同时，崇明累计建成社区老年人日间照料中心 8 家、社区老年人助餐服务点 7 家、社区老年活动室 369 家。但由于老年人口居住较为分散，加之部分高龄老年人行动不便，因此难以获得社区养老服务。

　　（2）人口的半城镇化。

　　崇明城镇化水平不高且进程缓慢。城镇化水平通常由城镇人口占总人口的百分比表征，用于反映人口向城镇的集聚程度。《崇明统计年鉴 2018》显示，2017 年崇明区共有城镇人口 27.38 万人，乡村人口 40.21 万人，城镇化水平为 40.51%，远低于全国水平，且较 2016 年下降了 0.65 个百分点。

　　从人口从事产业的类型看，第一产业从业人员占比大幅下降，2005～2015 年，崇明的第一产业从业人员比重由 48.5% 下降至 24.63%，下降幅度近 50%（图 14-4）。第二产业从业人数占比波动上升，但涨幅并不明显。随着第三产业的快速发展，第三产业的从业人数占比翻了一番，由 2005 年的 20.35% 上升至 2015 年的 39.99%。2017 年，崇明第一产业从业人员大幅上涨，达到 37.68%，这可能与崇明打造农业"高地"的举措有关；而第三产业的从业人员占比恢复到 2005 年水平，约为 23.43%。

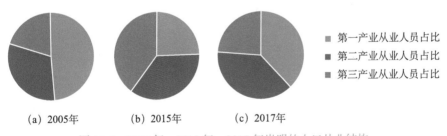

■ 第一产业从业人员占比
■ 第二产业从业人员占比
■ 第三产业从业人员占比

（a）2005年　　　　（b）2015年　　　　（c）2017年

图 14-4　2005 年、2015 年、2017 年崇明的人口从业结构

数据来源：国家统计局 2005 年、2015 年 1% 人口抽样调查，《崇明统计年鉴 2018》

　　伴随着城镇的经济发展和产业升级，崇明地区存在较多符合条件的农业转移人口，他们多半离开"土地"，从事非农业生产活动。但在户籍和居住地域上还未完成向城镇非农人口的转换。由于户籍制度、土地制度、成本、思想观念等障碍，崇明现存农业转移人口的市民化程度较低，难以在政治权利、劳动就业、社会保障、公共服务等方面享受与城镇居民同等的社会公共服务，在生活习惯及思

想观念上也表现出难以融入城镇生活的特征，仍处于半城镇化状态。

尽管存在着较多符合条件的农业转移人口，但 2019 年崇明居民居住环境与生活方式调查中，发现有近 82.45% 的受访者表示不愿意转化为非农业人口。原因主要有三点：66.34% 的人认为非农业户口没有吸引力；36.63% 的人因为不想放弃宅基地而拒绝转化为非农业人口，他们大多习惯了居住在农村自建房内，对居住在城镇楼房有着或多或少的抵触情绪；此外，还有 35.15% 的受访者表示不愿意放弃农用土地。对于农业人口，养老保险还未全覆盖，还有不少依靠土地（耕种自食或租赁）来保障生活。

（3）人口空间布局待优化。

2018 年崇明共有户籍人口 678 631 人，较上一年增加 2756 人，常住人口 762 986 人，较上一年增长 8993 人（图 14-5）。崇明的人口分布主要集中在中南部地区。其中，城桥镇是崇明区政府所在地，也是区内人口最为密集的区域，年末户籍人口共计 88 631 人，密度为每 hm^2 15.41 人，常住人口 114 017 人，密度为每 hm^2 19.82 人。堡镇、建设镇、新河镇和陈家镇的人口分布也较为密集，户籍人口密度均达到了每 hm^2 7 人以上规模。人口稀疏区主要集中在崇明西北部，东平镇、新海镇及绿华镇的户籍人口密度每 hm^2 不足 3 人。常住人口与户籍人口的空间分布规律基本相似。只有长兴镇由于外来人口较多的缘故，其户籍人口密度与常住人口密度存在较大差异，2018 年长兴镇的户籍人口密度仅为每 hm^2 4.91 人，但常住人口密度达到了每 hm^2 12.86 人。

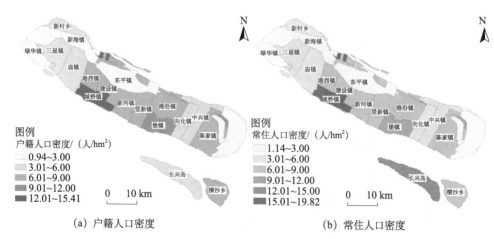

（a）户籍人口密度　　　　　　　（b）常住人口密度

图 14-5　2018 年崇明人口空间分布

数据来源：《崇明统计年鉴 2019》

2018 年，城桥镇的户籍人口密度为每 hm^2 15.41 人，与 2017 年上海市的平均户籍人口密度每 hm^2 38.14 人相比，仍有较大增长空间。同时，对比 2017 年数据，城桥镇户籍人口减少了 456 人，人口密度也进一步缩小。其他几个人口密集区，如建设镇和新河镇，2018 年户籍人口密度约为每 hm^2 7.39 人，虽然较上一年度户籍人口数量有所增加，但总体人口密度较低，人口的集中程度有待提高。

2018 年，崇明部分乡镇户籍人口密度不足每 hm^2 3 人。这一方面是由于崇明作为生态岛，岛内存在众多生态源地（如东平国家森林公园），无法进行开发。另一方面，这些地区的城镇化率不高，农业人口占比较大，住房类型多为农村宅基地。受历史布局影响，农村宅基地呈现出点多面广的布局模式。由于人口分布与住宅布局有较大关联性，故呈现出较为分散的空间分布格局。近年来，虽然政府针对乡村地区推行了拆村并点、集中安置的措施，但经过多轮拆并工作，实施效果并不乐观，人口布局过于分散的局面没有得到缓解。

（4）人才流失。

根据民进上海市委收集的崇明户籍就业人群网络问卷，崇明户籍人口离岛就业的比例达到 54.1%。崇明不止面临着青年人口的大量流失，也面临着本地人才流失的问题。根据《2016 年崇明非公有制领域人才发展报告》，2016 年末，崇明非公领域人才数量整体呈下降趋势，其中大学专科及以上的较高学历人才数量降幅明显。

教育普及率有所提高（图 14-6）。2005 年，崇明的教育普及率为 86.96%，而 2010 年和 2015 年，教育普及率已超过 90%。同时，崇明人口的受教育程度以初中学历为主，占 40% 左右。普通高中以上学历占比逐年提高，2015 年，崇明普通高中以上学历占比约为 9.72%，而 10 年前这一比例仅为 5.46%。但总体来看，大学本科人数占比相对较少，研究生学历人数更是寥寥无几。特别是，对比上海市整体的人口受教育程度，崇明高学历人才明显不足。

科技文化产业（包括信息传输、计算机服务和软件业，科学研究、技术服务和地质勘查，教育，文化、体育和娱乐业）从业人员占比逐年增大（图 14-7），由 2005 年的 2.99% 增加到 2015 年的 4.78%。虽然 10 年间的总体增幅与上海全市的增幅程度相当，但科技文化从业人员的占比水平要远远低于上海。在科技文化产业中，从事教育产业的人数最多，其次是文化、体育和娱乐业，信息传输、计算机服务和软件业的占比仅为 16.91%（2015 年）。

对于崇明本地学生而言，囿于当地优质教育资源及高等教育资源的缺失，部分学生为了获得更好的就学机会而选择外出就学。在完成学业后，因崇明的工作机会少，绝大多数人选择在高校所在地或者其他地区就业生活。相关资料显示，崇明籍大学毕业生返回崇明就业的比例不到 20%[1]。

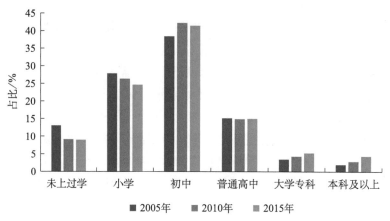

图 14-6　2005 年、2010 年、2015 年崇明 6 岁以上常住人口受教育程度

数据来源：国家统计局 2010 年人口普查，2005 年、2015 年 1% 人口抽样调查

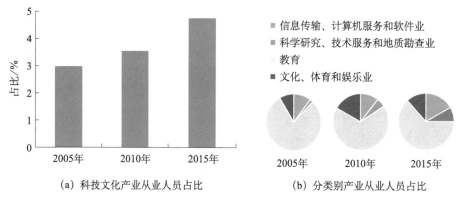

（a）科技文化产业从业人员占比　　　（b）分类别产业从业人员占比

图 14-7　2005 年、2010 年、2015 年崇明科技文化产业从业人员占比和结构

数据来源：国家统计局 2010 年人口普查、2005 年、2015 年 1% 人口抽样调查

　　对于外来的高层次人才而言，崇明的就业前景、薪资水平及发展平台都存在局限。同时，部分人才并未在崇明购置房产，每天需要忍受长距离的往返通勤。崇明对于高层次人才暂未形成较强吸引力。在 2019 年崇明居民居住环境与生活方式调查走访过程中，不少民众反映崇明的优质医学人才正在大量流失。崇明当地医疗水平并不发达，医疗设施也不完善，因此一些医学人才选择前往上海市区寻找更好的就业发展机会。

14.2　住房：历史、现状与问题

14.2.1　崇明住房历史

崇明的城镇化率较低，建设空间呈现大规模的乡村型地域特征。截至 2014 年末，崇明有 270 个行政村和 5920 个左右的村民小组（自然村），村庄多沿道路、河道线性分布（图 14-8）。2016 年，城乡建设用地总面积为 264.6km²，其中宅基地面积 112km²，占比 42.33%。全岛 65.61% 的建设用地（约 173.6km²）分布于开发边界外围。全岛有超过 50%（约 35 万人）的人口居住在乡村地区。

崇明的空间布局呈现出横向分层的肌理，由北向南依次形成田园带、乡野带、城镇带。居民的住房分布也呈现横向分层的特征，乡村主要集中在中部乡野带，而多个城镇分布于南部城镇带。由 2000 年全国人口普查数据（图 14-9）可见，崇明的乡村地区超过 90% 的住房为自建房，南部绿华镇、城桥镇、堡镇的城镇住房（通过购买、租赁或其他渠道获得住房）比例较高，其中，城桥镇的城镇住房占比超过了自建房。而东平镇的住房类型以场部安置房和连队用房为主，因此其城镇住房比例远高于自建房比例。

图 14-8　崇明典型居住村落航拍图

图片来源：无人机航拍

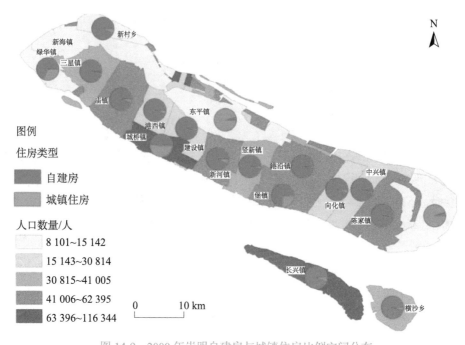

图 14-9 　2000 年崇明自建房与城镇住房比例空间分布

数据来源：国家统计局 2010 年人口普查、《中国统计年鉴 2017》

14.2.2 　崇明住房的现状与问题

（1）空间布局不够集约，集中安置推进缓慢。

崇明的居住用地存在空间布局不够集约问题。城市开发边界外的建设用地规模达到 173.6km²，占比达 65.61%，主要为农村宅基地，其数量大，居住用地点布局分散，除了中心镇集中了较为大片的居住点，其他的村庄沿水渠和道路边零散分布，土地利用不够集约。

崇明的农村地区宅基地管理较为粗放。崇明农村地区存在一户多宅、建新不拆旧现象，部分宅基地处于出租、闲置和废弃状态，由此出现了危房隐患、宅基地空置率高的问题。在农民新建住房过程中，原有的居民点不能被合理有效利用，新建住宅大多集中于村庄外围，而村庄内部存在大量闲置宅基地，居住用地内空外延，形成了空心村。

针对用地低效、布局分散、居住空心化和人口老龄化的自然村区域，根据《崇明区关于推进农民相对集中居住的实施办法》，崇明以乡镇为单位推进全区 16

个涉农乡镇农民相对集中居住工作。推进模式主要是平移集中建房，乡镇可在规划的相对集中建房区域集中建房，也允许农户自主选择在规划区域现有居民点上采取风貌管控的"插花式"自建。补偿方式主要有两种：①实物置换，鼓励在长兴镇等相对城市化地区采取实物置换办法；②货币化置换，鼓励持有商品房的农村住户自愿退出原有宅基地，按标准进行货币化补偿。

过去依托新增建设用地与乡村减量用地增减挂钩的土地政策，主要遵循撤村并点、集中安置的思路在乡村地区开展。而多轮拆并工作的实施效果并不乐观。迁村并点、集中安置工作困难重重，原因在于：其一，崇明居民老龄化程度高，老年人怀有浓厚的安土重迁情结，在情感上不愿意轻易搬离原住地；其二，对于集中安置和宅基地退出的经济回报，村民的满意度普遍不高。2019年崇明居民居住环境与生活方式调查结果显示，78%的村民对现状居住环境满意，而57%的村民表示愿意留守宅基地。村民对宅基地退出政策持观望态度，出现疑虑高、退出要价高、未来期望高的心理。

（2）居住条件有所提升，但居住环境质量有待改善。

结合2019年崇明居民居住环境与生活方式调查和崇明区实景图（图14-10）发现，崇明农村地区的住房存在以下问题。其一，村民住房缺乏科学合理的规划。村民建房选址随意，房屋建设布局较为零乱，出现挤占道路、民居间距狭窄等现象。其二，村庄民居的建筑风貌不佳，村庄道路两旁植物种植杂乱，村民的庭院绿化被农作物替代，村落景观环境有待提升。其三，农村地区的基础设施配套不足。道路交通情况较差，农村与城镇联系不便；文化、体育、娱乐等公共服务设施不完善；通信、网络等基础设施建设不足。

图 14-10　崇明区农村地区实景图

图片来源：无人机航拍

2012～2017 年，崇明城镇居民的人均住房面积由 34.4m² 增至 36.7m²，居住条件得到改善。但城镇居民居住环境的质量水平参差不齐。崇明的城镇里有较多老旧小区，存在着诸多问题。其一，老旧小区内房屋老化严重［图 14-11（a）］。老旧楼房的部分墙面有局部脱落现象，电梯、水泵、配电、消防等设施落后，存在失修、失养现象。其二，小区内部乱搭乱建现象严重［图 14-11（b）］，不仅破坏小区环境，还存在严重安全隐患。此外，公共空间杂乱破旧，配套设施不齐全，停车位不足引发的停车难等问题明显。其三，小区内绿化景观比例偏小、空间的环境品质不高，与崇明优美宜居生态岛的定位相距甚远。

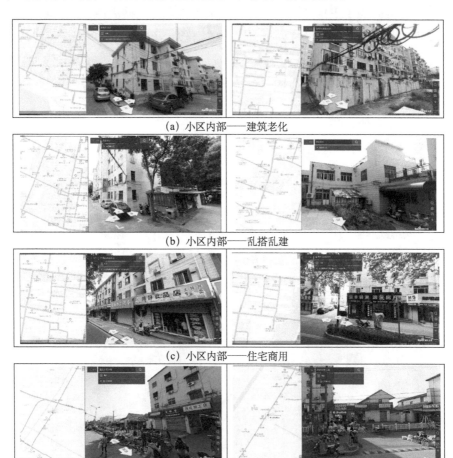

(a) 小区内部——建筑老化

(b) 小区内部——乱搭乱建

(c) 小区内部——住宅商用

(d) 小区周边——集贸市场乱搭建

图 14-11　崇明区居住环境实景图

图片来源：百度街景地图

崇明城镇社区中的公共服务设施不完备。其一，小区建设不规范，小区内部一楼的住宅很多被用作商业用房［图 14-11（c）］，商业环境较为混乱。其二，供老年人和小孩使用的公共设施建设不完备，可用的设施数量少且安全系数不高。其三，社区周边的集贸市场存在乱设摊、乱搭建现象［图 14-11（d）］。

（3）保障性住房体系不完善，商品房市场不健全。

崇明区的保障性住房供应分布不均衡。从保障性住房的数量看，根据崇明政府网提供的 2018 年廉租房、共有产权保障住房和公共租赁住房项目建设完成情况汇总结果[2]，三种保障性住房在数量分配上存在较大差距（表 14-1）。公共租赁住房总套数最多，共有产权保障住房次之，廉租房数量最少。从保障性住房的空间分布看，崇明区各类保障性住房在各城镇的分布不均衡。保障性住房主要分布于城桥镇、陈家镇、长兴镇等，其中城桥镇保障性住房的种类最齐全且数量最多，东平镇、新海镇、新河镇和堡镇的保障性住房数量最少。

表 14-1　2018 年崇明区保障性住房项目完成建设情况汇总[2]

房源性质	分布乡镇	套数	总套数	总面积/m²	已供应/已配租套数	剩余套数
廉租房	城桥镇	60		3 880	51	9
	新海镇	40	140	2 340	27	13
	东平镇	40		2 339	22	18
共有产权保障住房	城桥镇	369	369	24 977	170	199
公共租赁住房	城桥镇	861		49 563	401	460
	堡镇	94		5 300	64	30
	陈家镇	440		35 247	275	165
	横沙乡	88	2 235	4 630	88	—
	新海镇	30		2 026	—	30
	东平镇	30		2 026	—	30
	新河镇	204		9 200	53	151
	长兴镇	488		30 000	446	42

数据来源：上海市崇明区人民政府网，http://www.shcm.gov.cn/

崇明区的商品房市场发展不够完善，主要表现在两方面。首先，崇明不同地区的商品房入住率差异较大。2015 年崇明统计局对商品房、售后房、公房三种类型进行了抽样调查[3]，调查总套数为 12 547 套，其中空置半年以上的有 1933

套，总空置率为17.6%。其中东平镇空置率最高，为61.0%。由于经济活力不足，就业机会较少，大多数业主选择外出打工，因此当地房子多处于闲置状态；还有部分业主同时拥有多套住房，故有许多待出租、待出售或为子女购置暂不使用的房屋。

其次，崇明各城镇间商品住宅价格水平差距较大。根据2017年某房地产网站的二手房房价数据（图14-12），在经济发达、人口密集的城镇，如陈家镇，其房价水平达到了 27 000～34 375 元/m²，而长兴镇、新河镇、城桥镇、堡镇的二手房房价则处于 7000～27 000 元/m² 的水平，中部地区的东平镇和建设镇的二手房房价则在 7000 元/m² 以下，其商品房价格水平相对较低。

崇明的房租水平相对较低，租赁市场待完善。房租收入比在25%及以下水平被认为租金相对合理，大于25%则租金相对过高，大于45%为租金严重过高。根据云房数据研究中心统计的2017年9月上海市各区的租金及房租收入比（图14-13），崇明的房屋租金和房租收入比在上海市处于最低水平。城桥镇、长兴镇、陈家镇等就业集聚地区租赁住房比例较低，租赁市场有待进一步完善。

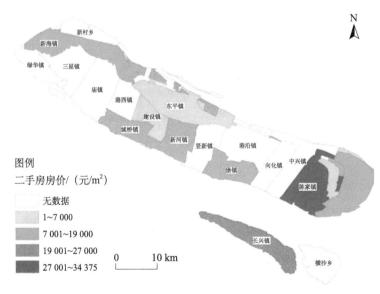

图 14-12　2017 年崇明二手房平均房价空间分布

数据来源：据2017年安居客网站数据绘制

图 14-13　2017 年 9 月上海市各个区租金及房租收入比水平

数据来源：云房数据研究中心

14.3　发达国家生态村落与城镇案例

14.3.1　发达国家生态村落的人口政策

（1）法国的乡村复兴道路。

在发达经济体中，法国城市化进程起步相对较晚。作为一个农业大国，19 世纪法国的乡村人口在总人口中仍占绝大多数。第二次世界大战后，法国经历了一段集中、快速城镇化和工业化的进程，乡村则陷入了人口骤减、功能单一、景观衰败及乡村文化边缘化等危机。但是，有效的政策干预使法国乡村在随后的半个世纪内经历了功能角色、空间形态、人口构成、文化价值等一系列转变，逐步摆脱困境走向"复兴"[4]。自此，法国乡村发生了深刻的变化，呈现出人口回流、功能产业多样、生态环境优越、乡村文化凸显的特点。

提高农业生产力，确立城乡平等的乡村复兴基调，完善农村社会生产制度。20 世纪 50 年代，法国的乡村复兴政策聚焦于推广农业机械化、农业科技，推动农业剩余劳动力转移、建设乡村地区基本服务设施等方面[4]。农业生产力的提高解放了劳动力，产生了大量农业剩余劳动力，随着城镇化的发展，这些乡村人口大量外迁，乡村危机显现。随后的 10 年里，法国政府首先明确了农业与其他产业之间的平等关系，确立了城乡平等的乡村复兴基调。同时，迅速实施了一系列完善乡村社会生产制度的措施，如积极推动土地相对集中和规模经营，保护农民收入和提供农民社会保障，建立农业生产者的退出和培训机制，鼓励农民接受职业教育，并在取得合格证书后授予农业经营的资格并给予国家补贴和优惠贷款[5]。

倡导乡村综合发展，建设高质量服务性设施，着力改善乡村生态、居住、就业环境。70 年代的乡村复兴政策从以农业为重心转向基于乡村经济、社会、生态、空间的综合发展。一方面，在保证农业高效生产的基础上，鼓励乡村工业和服务业等非农产业的综合发展；另一方面，乡村设施的建设不再只着眼于基础服务设施，而是向着改善乡村生态、居住、就业环境及建设乡村高质量服务性设施的方面发展。

形成多元化产业结构，提供大量就业岗位，改善乡村居民生活质量。90 年代，随着生态农业的崛起，法国农业发展有了新的方向。同时，生态农业还衍生出一系列体验式的乡村休闲活动，如农场采摘、生态牧场观光、农产品就地销售等，推动了乡村农业多元化发展。同时，这一时期法国还致力于调整乡村的产业结构，鼓励产业结构多元化发展。第二、第三产业的发展势头良好，提供了大量的就业岗位，也改善了乡村居民的生活质量，使得乡村更加富有吸引力，不断吸引着新的人口流入。而新人口的到来又进一步激发了乡村服务业的发展，形成了良性循环。

（2）日本"绿色硅谷"神山町。

神山町是位于日本德岛县东北山区的一个小村落，距离大阪和神户市中心只有 140～160km 的路程。20 世纪末，这里林业衰退，年轻人纷纷外出打工，只有年迈的空巢老人留守，最终没能逃脱乡村衰落的命运。经过乡村非公益性组织"绿谷"的不懈努力，神山町不仅吸引了越来越多的年轻人涌入，还聚集了以 IT 和广告行业为代表的 33 家卫星企业，活跃着才华横溢的创意人才和商业精英[6]。

完善的基础设施建设，创造一流 IT 环境，利用良好区位优势，兴起"乡土远程办公"浪潮。从 2000 年开始，神山町所在的德岛县在全县内开始了光纤网络的整备工程。随后，神山町建成了首屈一指的 IT 环境，这里的光纤普及率高达 90%，最高网速甚至可达到东京的 10 倍[7]。而此时的东京，由于地价昂贵和市场饱和，很多企业难以为继。神山町因势利导，发挥强大的基础设施优势，抓住日本 IT 风投的"转移浪潮",启动了"乡土远程办公"计划,向周边城市推出出租空房的"卫星办公室"项目,吸引了大批企业搬迁至此。

创造与城市不同的居住和就业环境,革新"半 X 半 IT"的工作方式(X 是指冲浪、狩猎等个人爱好,即提倡在家工作、半天劳动制)。搬到神山町的企业大多是不需要太多人际交流的技术密集型企业和其他企业的技术部门。绿水青山间的办公场所 [8] 及"半 X 半 IT"的工作方式为员工提供宽松的氛围,并大大激发他们的创造性,提升办公效率 [7]。同时,在神山町工作的员工能获得和东京本部员工相同的报酬,仅需要承担每月十万日元左右的房租和生活费,良好的生活和收入保障进一步提升了"远程办公"的吸引力。

吸引"创造性人才",营造人才培育的良好氛围。神山町在发展过程中充分认识到"什么样的人在,决定什么样的人来",只有吸引了人才扎根,才能保证农村长远发展。除了通过企业搬迁带动大批商业精英流入,神山町还开设了教育机构"神山塾",吸收来自首都东京附近的年轻人,并向他们提供关于社区组织、乡村改造和机构管理等方面的培训,以及策划运营空房、造林、自然课堂等根植于当地的活动。同时,神山町注重为人才培育提供良好氛围,以"成年人的合宿场所"为理念的大开间商务旅馆,让不同圈子的人聚在一起,互相激发创意与灵感,成为创造力的孵化器。

14.3.2 发达国家生态城镇的住房体系建设

(1)新加坡组屋计划。

1960 年,为解决中低收入居民的基本住房问题,新加坡政府推出了"居者有其屋"计划。政府主导组屋的开发和建设,建屋发展局负责"组屋"的具体规划、建设、经营和管理等工作,组屋的建设为超过 80% 的居民提供了保障性住房。

政府通过多渠道来缓解购房者资金压力。组屋分为新组屋和二手组屋,新组屋的价格要明显低过市场价(转售价格),这得益于政府为组屋建设提供了土地和资金保障。同时,中央公积金制度也为新加坡人购房提供资金来源,建屋发展局还会为购房者提供远低于市场水平的优惠贷款利率,并根据家庭收入的不同而调整组屋的配售。

在按需分配的基础上推出优先分房计划。新加坡建屋发展局实行家庭优先、首次购房者优先原则,推出了育儿优先配屋计划、多代同堂优先计划、已婚子女优先计划、第三子女优先计划、二次房屋申请者辅助计划、租户优先计划、乐龄优先计划[9]。

制定严格的购房准入申请标准。组屋购房条件主要包括公民的身份、年龄、家庭成员、收入上限、私产情况等。其中，新加坡针对首次购房者的收入水平和拥有房产数量制定了严格的标准。新组屋的购买者总月收入不可以超过 1.2 万新币，且名下无其他房产。

推行严格的住房退出机制。为保障低收入群体的住房权益，新加坡政府制定了严格的退出机制[10]，主要包括组屋的转租和转售两个方面。转租的限定条件包括公民身份、居住年限、配额要求、转租人责任等。转售最主要的限定条件是住房拥有者必须满足 5 年的最低居住年限[11]。

新加坡政府为居民提供性价比高的组屋，让每个人都能住得起房。而我国的社会制度、地理环境、人均收入、政府拥有的资源、人们的住房观念等与新加坡差异较大，因此在借鉴新加坡经验时，强调政府在解决安居房建设用地、融通建房资金、保障安居房分配的公平、公正、公开方面的作用。

（2）德国住房保障体系。

德国统计局资料显示，2015 年德国总人口为 8216 万，住房总量超过 4000 万套，平均每 2 人拥有一套住房，人均居住面积为 46.2m²。2014 年德国住房自有率为 52.5%，有 47.5% 的人口的住房类型为租房，德国成为租房比例最高的欧盟国家。德国政府把住宅建设作为社会福利机制的关键一环，保障居民住房是德国政府的重要目标之一，也是所有房地产政策的核心出发点。德国采取多种方式保证住房市场的稳定，形成了完善的供房体系。

提供建房购房补贴。为减轻政府财政负担，刺激房地产产业发展，吸引社会资金参与住房建设，德国政府提供建房和购房补贴[9]，主要有三种措施。一是积极引入社会资金参与公共住宅的建设，如对非营利性企业建设公共的福利性住宅提供资助。二是鼓励私人建设住宅。为此，德国政府实施了诸如税收减免、建房费用折旧、贷款等一系列奖励措施。三是鼓励居民购买住宅。凡购买住房的德国居民均可获得住房补贴，有儿童的家庭可获得额外的购房补贴。

多种措施稳定房价。德国每年有 25 万套新公寓竣工，联邦、州和地方政府手中拥有公房约 300 万套，这在很大程度上抑制了房价。德国法律规定地产商制定的房价必须在合理房价范围内，不能超过基准价的 20%。将房价或房租定得过高，甚至以此牟取暴利的地产商和房东要承担刑事责任。

监管租赁市场。德国住房租赁市场的繁荣主要得益于两方面[12]。一是房源供应充足，政府规定开发商必须建造占开发总量一定比例的住房专门出租给低收人家庭，住房合作社建造房屋只租不售。二是实行租金管制，通常由市镇相关部门和租赁双方利益代表人等多方，依据房屋地理位置、交通状况、建筑年份、质量及节能情况确定租金价格，管理租赁市场，并通过制度严格禁止租金随意调整。在德国租房和买房享有的公共权益等同，只要居民合法纳税，就能享有本地公共服务。

14.3.3　国内试点的宅基地退出机制案例

2015 年 2 月，国家划定 33 个地区尝试开展农村土地制度改革工作。各试点地区探索和建立了宅基地自愿有偿退出机制，完善了宅基地管理制度，形成了能推广、有可操作性的宅基地有偿退出实践经验。以下分别介绍三种模式：安徽金寨的置换式（精准扶贫）、浙江义乌的变现式（盘活农村存量集体建设用地）和宁夏平罗的"收储式"（盘活农民进城后的闲置宅基地与移民搬迁安置结合）。

（1）安徽金寨的置换式宅基地退出机制。

据统计，截至 2017 年底，安徽金寨县已有 2.09 万户、7.57 万人自愿申请有偿退出宅基地，其中贫困户和移民户占 75% 以上。安徽金寨的置换式是在国家法律政策框架内，按一定的置换标准，农民以宅基地使用权及地上附着的建筑物、构筑物换取在"三区"（即村庄聚居区、集镇规划区、建制镇规划区）内统一建设的住房或一定数额的货币[13]。

实施步骤如下：①对宅基地权利归属性质进行统计，全面了解并掌握金寨县全县宅基地使用情况。②针对申请退出宅基地的农户，以家庭为单位建立档案，将宅基地退出去向分门别类，即购买城市商品房、乡镇社区购房、村庄社区购房等类型。③村民向村委会提出同意退出宅基地申请，并将相关资料提交至村委会与乡镇人民政府进行审核。④签订协议按时腾退。⑤农户领取补偿金。

针对自愿退出宅基地或符合申请条件但自愿放弃申请的农户实行奖励政策。一是针对到县城、建制镇规划区、乡（镇）政府所在地购买普通商品房的农户，按一定标准给予购房补贴；二是针对在乡（镇）统建、联建住房或在规划布点的村庄内新建住房的农户，优先为建档立卡贫困户、移民户及人均建房面积小于 $30m^2$ 的农户分配宅基地。

（2）浙江义乌的变现式宅基地退出机制。

按照农村宅基地制度改革试点的工作要求，在完善农村宅基地退出机制过程中，义乌市开展了"集地券"试点[14]。截至 2017 年 12 月，义乌市已累计回购

"集地券" 1.3024km^2 用于民生和产业项目，为村集体和农民累计增加收入近 4 亿元，让村集体和农民分享到了宅基地制度改革中的土地收益。

"集地券" 是在符合规划的前提下，将农民退出的宅基地及旧村改造、"空心村" 改造退出的宅基地等集体建设用地复垦为耕地，经验收合格后折算成建设用地指标，允许 "集地券" 在上海全市交易平台上进行交易。针对农民退出宅基地所形成的 "集地券"，政府按保护价兜底回购，保障农民退出宅基地的权益，农民也可以用 "集地券" 向金融机构抵押融资。

"集地券" 激励了农民退出宅基地的意愿，退出的宅基地折算成建设用地指标后，开辟了农民和集体增收的渠道。义乌的 "集地券" 有效盘活了农村的闲置低效建设用地，统筹了城乡用地，优化了空间布局，促进了土地节约集约利用。

（3）宁夏平罗 "收储式" 宅基地退出机制。

2010 年以来，平罗县明晰了集体土地的承包经营权、宅基地使用权和农民房屋所有权等多项权属，完成了农村土地和房屋确权，以及土地退出的基础工作。

结合宁夏回族自治区的生态移民工作，实施农村土地和房屋收储。结合自治区的生态移民工作，将农村宅基地自愿有偿退出转让与移民易地搬迁安置相结合。将生态移民插花安置在现有村组，形成了 "本地农民自愿有偿退出、生态移民分散插花安置" 的格局，有效实现了农村闲置宅基地和已批未建宅基地自愿有偿退出。

考虑老年农民的养老需求，创新农村土地和房屋退出制度。农村劳动力老龄化日益严重，为解决农民的养老问题，针对退出农村土地和房屋的老年农民，平罗县做了一些特殊规定[15]。例如，老年农民可以只退出承包经营权而保留宅基地使用权和房屋所有权，老年农民退出的耕地可一次性转让，也可用流转获得的收益缴纳养老金，退出的宅基地可转为集体经营性建设用地，流转交易后可置换养老服务。

鼓励集体组织成员内部交易，尝试农村土地的集体组织回购。平罗县探索建立农村土地承包经营权、宅基地使用权、房屋所有权 "三权" 在集体经济组织内部自愿转让和村集体收储的农村土地退出机制，以盘活农村土地和房屋资源，促进外出务工农民的市民化，推进农业用地适度规模经营。

宁夏平罗有效盘活了进城农民的闲置宅基地，确保农村集体建设用地合理配置和节约集约利用，增加了进城农民的财产性收入，妥善安置生态移民，改善了村民居住环境，实现了多方面共赢。

14.4　安居实现路径

通过对崇明人口和住房的现状及问题的梳理，借鉴发达国家的生态村落和城镇建设案例，结合中国制度背景，本节着重从农业人口市民化、人才吸引制度探索、居住环境品质提升及城镇住房供应体系与保障体系四个方面探索政策路径突破。

人口是可持续发展和产业转型的基石，而实现崇明人口结构优化的关键在于城镇集约化发展。通过优化城镇布局，提升城镇的功能品质，凸显独特的城镇优势，不断增强城镇对人口的吸引力。一方面鼓励和引导崇明本地农业剩余劳动力向城镇集中，促成身份转变，实现人口城镇化目标；另一方面，优化外来人才吸引制度的顶层设计，将"安居"作为人才吸引制度的重要一环，突出崇明的生态优势，营造高品质居住环境，不断吸引外来青年人才定居崇明，进一步引导人口结构向发展型、年轻型转变，缓解人口老龄化带来的问题。

土地和住房制度的深度改革才能真正将人与土地解锁，激活农村土地的市场价值、完善住房保障系统，实现崇明安居。一方面，通过科学制定农村宅基地退出机制规划，开辟农民和集体增收渠道，扩大社会保障覆盖面，增强农村居民的获得感，更好地实现人地协调；另一方面，打造具有"乡村记忆"的舒适家园，完善住房保障系统的准入和退出机制，监管租房市场，保障城镇居民的住房条件，使崇明居民住有所居、居有所安。

14.4.1　农业人口市民化制度方案

提高农业生产力，从"生态佳"走向"生态+"。农业发展应当重视推广农业知识、农业技术、农业科技等，逐步实现农业机械化与现代化，解放农业劳动力，推动农业剩余劳动力的转移。同时，基于崇明世界级生态岛的战略地位，大力发展生态农业，从"生态佳"逐步过渡到"生态+"，打造高附加值的农业产业链，推动一系列体验式乡村休闲活动发展（农场采摘、生态观光、农产品加工等）。

提升农业转移人口的人口素质和劳动技能，发展多元化产业结构，确保转移人口"有事可做""有业可就"。鼓励乡村非农业从业者及农业转移人口接受职业教育，参加就业培训，增强劳动技能，扩展其职业发展空间。同时，城镇应着力打造多元化的产业结构，从提供公益性岗位转向创造多样性的非农产业岗位，确保转移人口"有事可做""有业可就"。

巩固《中华人民共和国土地管理法（修正案）》成果，完善农村宅基地退出机制。抓紧摸清底数，科学制定宅基地退出规划。开展村民的宅基地确权、确数工作，建立村民户数与宅基地信息数据库，对不同区域制定针对性的宅基地退出方案。坚持分类施策，加大宅基地房屋政策扶持。针对较贫困、房屋破损严重的农户，结合集中建房置换式和资金补贴式的补偿机制，鼓励农户退出宅基地；针对生态移民，将农村宅基地自愿有偿退出转让与移民易地搬迁安置相结合；针对自愿退出宅基地的农户，探索"宅基地换房"等农村资产置换为城镇住房的机制，实现农业转移人口"带资进城"或"带指标进城"。激励农民退出宅基地，开辟农民和集体增收渠道。采用"集地"的方式将退出的宅基地折算成建设用地指标。在符合"一户一宅"前提下，考虑将农村宅基地跨村流转和出租。在不改变宅基地土地用途的前提下，允许社会工商资本通过流转宅基地及房屋使用权的方式，发展农村民宿、农家乐和乡村旅游产业，增加村民收益。

推动户籍制度改革，实现社会保障的"全覆盖化"和"无差别化"。户籍制度的改革应具有针对性。对于人口相对密集的城镇，实行积分制，吸引优秀农业转移人口。而对于人口相对稀疏的城镇，则应逐步放宽转移条件，并提供相应的社会保障服务。另外，在社会保障方面，探索"土地换社保"等农村资产置换为城镇社会保障的方式，保障农业转移人口享有与城镇居民同等的教育、医疗、养老等社会保障，提升居民的获得感。

打造具有"乡村记忆"的舒适家园，全方位改善乡村的公共环境，优化城镇布局，打造富有魅力的城镇形象。保留乡村主体风貌，充分彰显乡土风情，并引入现代元素，配备完善的生活给水、环卫、绿化等基础设施，打造具有"乡村记忆"的舒适家园。同时，通过优化城镇布局，积极推进城镇高质量基础设施的建设，改善城镇生态、居住、就业环境，促进"三生"空间的协调发展，不断增强城镇的独特吸引力，吸引人口集聚。

14.4.2　人才吸引制度探索

坚持以需求为导向的人才服务，构建人才精准服务体系，将"安居"作为人才吸引制度的关键一环。先安居才能乐业，解决人才的居住问题，提升人才的居住舒适度是吸引人才的重要环节。坚持以"人才的需求"为出发点，构建多层次人才精准服务体系，对于青年人才，着重解决安家落户和保障的"刚需"问题，构建良好的职业发展环境，而对于精英骨干，则着重解决子女教育、医疗等配套设施不足的问题。

打造"绿水青山间"的居住环境，创造高品质的健康生活，大力提升居住的丰富度和舒适度。突出崇明独特的生态优势，营造有别于城市的独特的居住环境，打造"绿水青山间"的住宅环境，倡导生态健康的生活模式。在医疗资源、商业资源、交通资源、文化资源、教育资源等方面为人才提供高品质的生活配套设施服务，打造高品质社区，增强人才的认同感、获得感和幸福感。对于人才的职业发展需求，搭建知识经验分享的互动传播平台和空间，促进行业内部及行业间的相互渗透，实现人才的创造发展。

扩大覆盖对象范围，提高住房优惠和补贴标准，优化补贴方式，加大对人才保障性安居工程的投资和支持力度，建设各种类型的人才住房以适应需求。按照区域发展和产业导向的人才需求特点，逐步扩大住房优惠和补贴的申请范围，吸引更多人才涌入。提高住房优惠和补贴标准，给予符合要求的人才以优先购买权和至少不低于市区的购房或租房补贴。优化安居补贴方式，安居采取实物配置和货币补贴两种方式实施。同时，增加人才保障性住房用地规模和比例，优先保障人才保障性住房用地需要。集中建设一批类型丰富、配套设施完善的人才住房，就近满足人才居住需求，促进产城融合与职住平衡。

14.4.3 居住环境品质提升

（1）城镇社区环境升级改造。

制定生态岛社区设计导则。根据世界级生态岛的发展定位，着力推进"生态家园"社区创建，提升社区居住环境品质，借鉴世界级生态城市的居住环境建设范例，结合崇明各城镇的区域特色，制定详细的社区规划导则。

调动各方力量推进城镇居住环境整治。充分发挥政府职能，将社区环境治理落到实处；调动专业物业服务机构的力量，推行合适的物业管理模式，把居住环境改善的部分物业服务（治安、清洁、绿化等）承包出去，并进行质量监督；激发社区居民的主观能动性，拓展居民对公共空间改造建言献策的渠道，增强居民参与感。

推进城镇老旧社区的升级改造。推进老旧社区设施设备更新改造，创建文明楼道，新增停车位等；推进公共休闲娱乐场所建设，新增文化墙、建设"口袋公园"，提升居民生活质量；强化社区垃圾综合治理，为环保宣传建设绿色长廊。

（2）农村居住环境品质提升。

制定农村居住环境规划方案。依托崇明优美的自然环境，遵循生态原则，尊重乡村风貌，保留村庄主体现状，凸显地域文化，塑造富有乡土风情和地方特色的住房建筑风貌。在规划建设等部门专业人员的指导下，制定农村居住环境规划方案。

优化农村公共环境品质。改善村庄公共环境和配套设施，完善环卫设施、生活给水设施、交通道路安全等基础设施。配备各类公共服务设施，包括公共教育、医疗卫生、健康养老、文化体育、商贸物流、环境保护等服务。保障村民基本生活条件，优化农村公共环境，提升居住空间品质。

丰富村民精神文化生活。建设文化广场、村礼堂、乡贤馆等文化空间，丰富居民文化生活，提升居民文明素养。激发乡村的社区思维和自治精神，成立社区自治小组，维护绿化、处理违建、管理垃圾等事务。让"乡村记忆"与现代化生活并存，促进当地农民生活方式迈向现代化和市民化。

14.4.4 城镇住房供应体系与保障体系

建立严格的保障性住房准入机制。保证严格的保障性住房准入机制，制定针对性的优先计划，吸引人才定居崇民。鼓励上海年轻就业人才申请崇明人才住房，提高人才住房的比例及模式。丰富公租房、共有产权房、人才公寓等不同类型的人才住房供应类别，满足人才对住房的不同需求。

扩大住房补贴范围并拓展购房融资渠道。为城镇低保、低收入困难家庭、人均住房面积 15m² 以下人员、毕业 5 年内的高校毕业生、新就业无房职工等提供购房补贴。结合拆迁赔款、财政补助和定额无息贷款，降低农民置换新房的成本。完善公积金制度为购房者提供购房资金，降低青年人才购房贷款的银行利率。

完善保障性住房退出机制。强化退出管理，促进保障性住房资源合理配置和有效流转。设立专门的部门对保障性住房的申请者的条件变化进行跟踪审核，定期复核，保证更有需要的人能够进入保障性住房系统。

提高住房租赁市场监管力度。制定法规限制房租价格浮动范围，控制房价，抑制炒房。保护租房者的权益。出台保障性法规帮助低收入者享受租金补贴，租赁住房的投资者和自住房者享受同样的住房补贴。

（执笔人：崔璨、王一凡、吴晓黎）

参 考 文 献

[1] 上海市崇明区人民政府.对市政协十三届二次会议第 0196 号提案的答复. http://www.shcm. gov.cn/cmmh_web/html/shcm/shcm_jyta_zxta_szxta/Info/Detail_1615877.htm［2019-05-27］.

[2] 上海市崇明区人民政府.2018 年度崇明区保障性住房配建及建设项目完成情况（廉租房、共有产权保障房、公租房）. http://www.shcm.gov.cn/cmmh_web/html/shcm/shcm_xxgk_bzfxx/Info/Detail_1611654.htm［2019-01-18］.

[3] 上海市崇明区统计局.2015 年崇明商品房空置率为 17.6%. http://www.shcm.gov.cn/cmmh_web/html/shcm/shcm_xxgk_cmtj/Info/Detail_1527391.htm［2015-07-29］.

[4] 江苏省城乡发展研究中心.法国乡村复兴的历程回顾、政策演进与经验借鉴（一）. https://mp.weixin.qq.com/s?__biz=MzA3NDgxMDQyNQ==&mid=2650995205&idx=1&sn=f0696159 2666fd64a9ca54b9f3410212&scene=0［2016-08-25］.

[5] 中农富通城乡规划设计院.解锁乡村振兴新思路，详解法国乡村振兴经验！ https://www.sohu.com/a/230850373_457412［2018-05-08］.

[6] 筱原匡.神山奇迹.北京：新星出版社，2016.

[7] 周静瑜.乡村振兴战略思考与实践（下）.建筑设计管理，2019，36（6）：27-31.

[8] 王猛.企业"卫星办公室"促进日本乡村振兴.中国社会科学报，2019-08-19，（6 版）.

[9] 罗志拾.德、新住房保障制度的比较及启示.劳动保障世界，2019（18）：14-16.

[10] 惠博，张琦.保障性住房研究——美国、新加坡的经验及其对中国的借鉴.武汉金融，2011（05）：43-46.

[11] 江丹.新加坡组屋的配售、转售和租赁.上海房地，2006（9）：57-59.

[12] 华梅.新形势下德国住房体制对我国的启示.现代农村科技，2018（7）：103-104.

[13] 刘明东，王伟.农村宅基地改革问题探析——以安徽省金寨县为例.安徽农业科学，2019，47（15）：259-261.

[14] 陈彬.农村宅基地制度改革的实践及问题分析——基于浙江省义乌市的实践.中国土地，2017（8）：4-7.

[15] 刘同山，赵海，闫辉.农村土地退出：宁夏平罗试验区的经验与启示.宁夏社会科学，2016（1）：80-86.

第十五章

崇明产业发展与就业

在过去 20 多年中，崇明经济发展经历了从传统路径向"生态化"转型，再向高质量发展的过程，并取得了诸多成绩："生态+"理念不断创新与实践，"崇明模式"形成与发展，以及产业结构生态化、绿色化特征愈发明显等。但与此同时，产业发展与相关联的就业问题也日益突出：二元结构明显，中小企业发展活力不足；技术驱动乏力，缺少新兴产业的引进与培育；产业配套体系较为落后，营商环境亟待完善；人口结构老龄化和本地人口大量外流导致创业活力不足等。因此，为了实现高质量"生态化"发展，推动和完善生态产业体系，解决就业问题，崇明应进一步深化改革和扩大开放，充分利用"双创"和长三角一体化等国家战略带来的政策红利，提升生态岛发展定位，以新技术和国际化为导向，将崇明打造成"创新之岛、创业之岛"，实现智能化、包容性和可持续的增长。

15.1　经济发展历程与成绩

15.1.1　发展历程

产业是地区经济发展的重要基础，崇明也不例外。按照传统的发展路径，崇明如果通过引导资本流入高回报行业（如制造业和房地产业等），在短期内可能会取得较大增长，但崇明没有遵循上述发展模式，转而选择了一条绿色发展道路（图 15-1、图 15-2、表 15-1）。

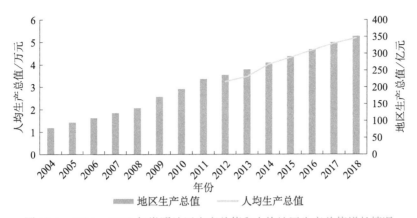

图 15-1　2004～2018 年崇明地区生产总值和人均地区生产总值增长情况

数据来源:《崇明统计年鉴 2019》

注:2012 年以前没有人均生产总值统计数据

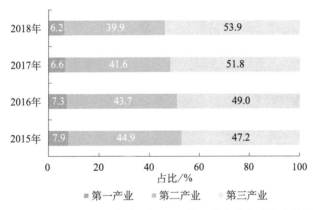

图 15-2　2015～2018 年崇明国民经济三次产业占比演变情况

数据来源:《崇明统计年鉴》(2016～2019)

表 15-1　2015～2018 年崇明产业增加值　　　　　单位:万元

产业	2015 年	2016 年	2017 年	2018 年
第一产业	228 640	226 603	221 498	218 840
第二产业	1 307 410	1 363 585	1 384 130	1 400 440
工业	932 980	957 603	966 910	971 745
建筑业	374 430	405 982	417 220	428 695
第三产业	1 376 108	1 526 660	1 722 730	1 892 138
住宿和餐饮业	29 898	32 279	38 583	37 644
批发和零售业	201 580	221 058	253 360	268 055

数据来源:《崇明统计年鉴》(2016～2019)

1998 年至今，崇明的社会经济与产业发展大致经历了三个发展阶段。

（1）从传统路径开始向"生态化"转型。

《上海市城市总体规划（1999 年—2020 年）》正式提出了崇明岛的战略定位，从此拉开了崇明岛发展绿色经济的序幕。2000 年，上海市启动"把崇明建设成为上海生态绿岛的研究"的课题，首次把崇明开发的规划起点定于生态建设。同年，上海市委、市政府到北京向 13 个部委联席会议汇报了上海新一轮规划。2001 年，国务院批准《上海市城市总体规划（1999 年—2020 年）》，提出将崇明作为"21 世纪上海可持续发展的重要战略空间"。同年，上海市政府开始探索崇明岛的生态发展道路，最终明确将崇明本岛建设为生态岛，此举也奠定了崇明产业发展的总基调与发展方向。

（2）"生态化"产业发展格局初步形成。

2005 年 3 月，上海市科学技术委员会与崇明县召开了"崇明生态岛建设科技重大专项"推进会，希望从国际经验和崇明自身发展需求出发，通过科技支撑建设规划，推进崇明基础设施与人居环境生态化发展，建立崇明岛生态保护、安全、预警保障体系，从而形成生态产业化与产业生态化格局，最终实现崇明岛经济与生态环境的和谐跨越。同年 5 月，长兴、横沙两岛划归崇明县，崇明岛域规划相应调整为崇明三岛总体规划。2006 年，上海市政府批准了《崇明三岛总体规划（崇明县区域总体规划）（2005—2020 年）》。该规划在明确三岛功能定位的同时，强调要把崇明建成环境和谐优美、资源集约利用、经济社会协调发展的现代化生态岛区。该规划还指出要将崇明建设成为现代化生态岛区，这对发展绿色经济与绿色产业提出了更高的要求。具体地，该规划中明确提出了产业发展规划应根据建设生态岛的总体目标，积极创造条件，逐步实现三次产业的融合发展。

2010 年，上海市政府发布《崇明生态岛建设纲要（2010—2020 年）》，明确要求按照现代化生态岛的总体目标，以科学的指标评价体系为指导，到 2020 年形成崇明现代化生态岛建设的初步框架。该纲要指出了产业发展的方向与重点，如发展现代生态农业和绿色农业基地建设；推进清洁生产和高科技环保生态工业体系建设；构建现代服务业体系，调整经济结构。其中，崇明本岛发展要全面提高标准、水平和质量；长兴岛是上海建设高端绿色制造和具有全球影响力科技创新中心的重要基地；横沙岛要成为崇明世界级生态岛的先行示范区。此外，在生态发展能级方面明确指出要以"创造需求、引领消费、提升服务"为导向，重点聚焦生态农业、海洋经济、旅游健康、科技创新等领域，实施"生态 +"发展战略，加快构建更具活力的生态发展格局。

（3）"生态化"增长迈向高质量发展。

2016年1月，习近平总书记在主持召开推动长江经济带发展座谈会时强调："推动长江经济带发展必须从中华民族长远利益考虑，把修复长江生态环境摆在压倒性位置，共抓大保护、不搞大开发，努力把长江经济带建设成为生态更优美、交通更顺畅、经济更协调、市场更统一、机制更科学的黄金经济带，探索出一条生态优先、绿色发展新路子。"[1] 作为长江经济带上重要的生态地区，崇明从此开启了高质量发展的新征程。同年，《崇明世界级生态岛发展"十三五"规划》正式公布。该规划明确指出，崇明作为最为珍贵、不可替代、面向未来的生态战略空间，是上海重要的生态屏障和21世纪实现更高水平、更高质量绿色发展的重要示范基地。该规划中还提出，要全面提升崇明生态发展能级，打造生态农业高地、推动高端绿色制造业升级、提升现代服务业功能品质、繁荣发展创新经济，并且对三岛产业分工进行了进一步明确。崇明本岛定位为世界级生态岛建设的核心载体；长兴岛定位为上海建设高端绿色制造和具有全球影响力科技创新中心的重要基地，要贯彻生态要求，提高绿色发展能级，打造世界先进的海洋装备岛、生态水源岛和独具特色的景观旅游岛；横沙岛应加大保护力度，发展生态农业，引领绿色发展，成为崇明世界级生态岛的先行示范区。

15.1.2 成绩总结

经过20多年的转型发展，崇明在经济社会、产业与就业等方面取得了诸多成绩。

（1）"生态＋"理念不断创新与实践，为生态文明建设提供"中国智慧"。

崇明经过多年的生态岛建设，生态发展的目标越来越清晰、成效越来越彰显、社会美誉度越来越高，生态岛建设发展道路越走越宽广[1]。在发展过程中从上海市、长三角、长江经济带、全国乃至全球的维度，把握世界级生态岛建设的战略定位和目标要求，全力保护好、修复好、建设好生态环境，努力为上海市发展守住战略空间、筑牢绿色安全屏障，为长三角城市群和长江经济带生态大保护当好标杆和典范，为"绿水青山就是金山银山"提供崇明案例，为保护全球生物多样性贡献"中国智慧"。

（2）"崇明模式"正式开启，传递新的生态发展模式。

自世界级生态岛建设启动以来，崇明始终向生态要活力、向创新要动力，

---

① 习近平. 在深入推动长江经济带发展座谈会上的讲话. http://www.xinhuanet.com/politics/leaders/2019-08/31/c_1124945382.htm[2020-06-27].

以生态、生产、生活"三生"领域为突破口,构筑形成了一批具有示范性、引领性的工作亮点。在生态领域,农村生活污水处理项目集成了国内最先进的技术方案。在生产领域,以良田招商为抓手,以开心农场为载体,以"两无化"大米为切口,使"好环境的地方一定有好产品""好风景的地方一定有新经济"逐步化为现实。在生活领域,推进农民相对集中居住。这些模式由点到线、由线及网、由网成面,正呈现出蓬勃发展的良好势头。与此同时,这些点上的突破不仅为上海市面上的推广积累了可复制经验,更为世界级生态岛建设向纵深发展积累了规律性的"方法论"和"操作书",并向世界传递了新的生态发展模式[2]。

(3)产业转型效果明显,生态化、绿色化成主要特征。

随着崇明不断推进世界级生态岛建设,崇明产业结构调整也随之深入推进,"三高一低"企业大力关停并转,落后产能逐步淘汰。与此同时,高效生态农业持续发展,并已形成以有机绿色农业、环保型工业、生态化服务业为特征的生态化产业体系[3]。在农业方面,崇明树立起了"世界工厂、智能制造,大田农业、自然生长"发展理念,积极顺应变革,瞄准"高科技、高品质、高附加值"方向持续努力。此外,实施的一批生态资源整合能力强的多旅融合产业项目,有力激活了农宅、农地、农业等生产生活要素,为市民创造出了享受高品质生活的开心生活空间,打造出了具有经济、社会、民生等多重价值的开心经济。在现代制造业方面,崇明坚持向高处走、向绿色调、向蓝色拓,重视海洋经济发展,依托"世界级""国家队",打造"军民融合重镇",坚决支持做大做强海洋装备,实现海洋经济发展新突破。在现代服务业方面,抓牢新消费机遇,并在坚守生态底线的前提下,坚定不移走现代化与生态化服务业的发展道路。

15.2 产业与就业的现状与问题

15.2.1 产业与就业现状

(1)农业规模增长趋缓,生产模式向"生态化"方向转型。

第一,2013 年崇明乡村人口为 399 182 人,2018 年增长到了 404 726 人;但农业总产值增长趋缓,从 2013 年的 61.05 亿元下降到了 2018 年的 58.80 亿元(图 15-3)。第二,农业经济作物结构调整,近几年中粮食、油菜籽、蛋、禽等农产品产值出现不同程度的下降(图 15-4)。第三,新兴"生态化"农业模式不断出现与发展，通过种养结合的共生产业链构建，不仅恢复了稻田生态系统的生物多样性，实现了水稻的有机种植，还能产出更多更健康、更安全、更优质的农产品，这为崇明农业发展提供了先进农业技术和新的农业发展理念。第四，许多世界级大企业也纷纷落户崇明投资高科技农业项目，助力崇明农业生态现代化发展。

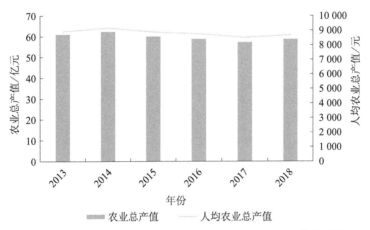

图 15-3　2013～2018 年崇明农业总产值与人均农业总产值变化情况

数据来源：《崇明统计年鉴 2019》

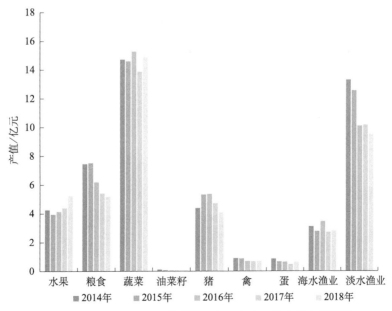

图 15-4　2014～2018 年崇明第一产业各农产品产值变化情况

数据来源：《崇明统计年鉴 2019》

（2）工业整体发展平稳，高端装备制造业"一枝独秀"。

自 2000 年以来，崇明工业整体发展平稳，工业销售收入有大幅提高并在 2010 年后一直保持在 300 亿元以上（图 15-5）。2018 年，崇明战略性新兴产业（制造业部分）工业总产值达到 259.5 亿元，较 2017 年增加了 2.2 亿元。其中，高端装备产业（制造业部分）继续保持主导地位，而其他新兴产业占比偏小，呈现"一枝独秀"格局[4]（图 15-6）。

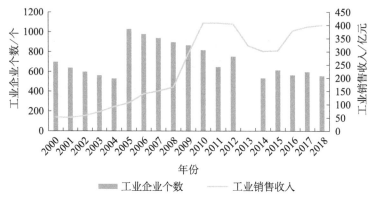

图 15-5　2000～2018 年崇明工业企业个数与工业销售收入变化情况

数据来源：《崇明统计年鉴》（2001～2019）

注：2013 年工业企业个数数据缺失

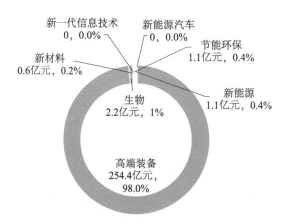

图 15-6　2018 年崇明战略性新兴产业（制造业部分）工业总产值及占比情况

数据来源：《崇明统计年鉴 2019》

（3）服务业增长势头良好，但商贸旅游业有待提升。

整体来看，近五年崇明第三产业增长势头良好（图 15-7），增加值从 2014 年的 120.42 亿元增长到 2018 年的 189.21 亿元，年均增长率到达 11.96%，但在商品销售额方面，近四年崇明在不同程度上出现负增长情况。第三，在旅游业方面，崇明接待中外游客数量呈现一定的增长趋势，但游客人均消费金额处在较低水平，2018 年国内游客人均消费仅 259 元（图 15-8）。

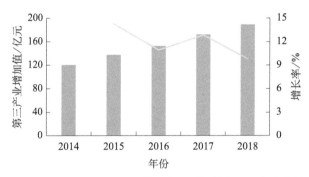

图 15-7　2014～2018 年崇明第三产业增加值与增长率变化情况

数据来源：《崇明统计年鉴 2019》

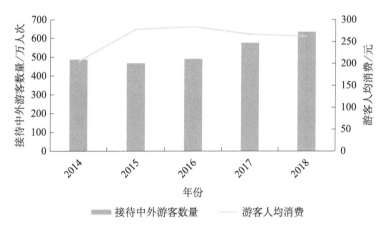

图 15-8　2014～2018 年崇明接待中外游客数量和游客人均消费变化情况

数据来源：《崇明统计年鉴 2019》

（4）产业园区发展多样化，分工特色鲜明。

园区经济是推动区域经济发展的重要增长极，是促进当地经济和就业稳步增长的重要支撑。当前，崇明共有 6 个主要园区，承担着不同的产业发展任务（表 15-2）。近年来，崇明积极引进、培育了一批高科技的研发类企业，推动传统产业园区向多功能、高品质生态型科技园区转型，激发经济发展新动能。与此同时,崇明大力推动产业园区转型发展,临港长兴科技园、海洋科技港、天安智谷科创中心等一批功能性项目建设加快推进,与一批国内知名企业建立了战略合作关系。此外,出台了扶持生态新兴企业发展的实施意见和规范招商工作的相关办法,"一网通办"工作进一步深化。

表 15-2　崇明重要园区与产业发展重点方向[①]

园区名称	产业发展重点/产业导向
上海崇明工业园区	生产服务业:科技研发服务,总集成总承包服务、专业设计服务、节能环保服务,以及商务办公、商业金融配套等服务业; 机械加工及制造业:汽车零部件及各类机械加工设备、工程机械、新型仪表及元器件、精密模具制造、机电一体化产品; 医药工业:各种新型药物、新型药品制剂及生化诊断制剂、新型药用包装材料、医用器械及制药设备; 电子信息:计算机软件及其服务业等; 生物工程:生物技术产品、设备,生物医药工程; 其他:轻工业、食品加工、新材料加工等
上海富盛经济开发区	船舶配套制造、汽车零部件加工,以及金属制品、精密仪器、医疗器械制造等产业
长兴海洋装备产业园区	致力于发展高新技术船舶及海洋工程配套产业;积极引进各类高新技术产业、战略性新型产业等
崇明现代农业园区	以生态农业为主的规模农业区和战略储备区;2019 年,推出 10 万亩良田向全球优秀企业发出邀请,希望引进一批"面向市场有竞争力、面向农民有带动力、面向市民有吸引力、面向未来有促进力"的优质新型农业经营主体
崇明森林旅游园区	利用上海市文化旅游示范区的称号,进一步整合崇明国有旅游资源
上海智慧岛数据产业园	发展聚焦于企业地区总部、数据产业运营中心、智慧产业研发中心、文化创意设计中心、财务结算中心、大数据深度开发中心和咨询服务中心等新型产业

(5)高度重视就业问题,积极开展就业服务。

崇明坚持把就业作为最大的民生工程来抓,积极落实各类就业扶持政策,全力做好就业服务,深入开展职业技能培训。近年来,出台了《崇明区 2018—2021年促进就业扶持政策》,进一步加强了重点人群就业服务和职业技能培训,并推动创业带动就业。2019 年,全区实施更加积极的就业政策,生态就业岗位开发并新招录 2171 人,开展职业培训 9920 人次,为 1587 名建档立卡农民提供职业培训等就业服务。但由于长期以来崇明的新兴产业增长缓慢及本地劳动力基础薄弱,就业问题仍然是推进崇明进一步高质量发展的关键挑战。

---

① 根据崇明区相关政府网站和园区资料整理。

15.2.2　问题分析与总结

在近 20 年的转型发展过程中，崇明在产业和就业方面取得成绩的同时，也暴露出一些问题与发展瓶颈，其背后的原因有待深入分析。

（1）产业方面

第一，二元结构明显，中小企业发展活力不足。全区产业中二元经济结构特征明显（图 15-9），农业能级和旅游业层级都不高，海洋装备制造"一业独大"，其他新兴产业尚处于萌芽状态或发展的初级阶段。由于财力严重依赖生态转移支付和注册企业税收收入，制约了当地就业和农民增收，导致大量青壮年劳动力外流，同时也导致创新创业活力不足，中小企业难以发展。此外，崇明产业（尤其是重工业）过度集中在长兴岛，对拉动本岛就业增长起到的作用微乎其微。

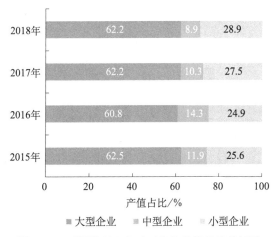

图 15-9　不同类型企业对工业总产值的贡献情况

数据来源：《崇明统计年鉴》（2016～2019）

第二，缺少新兴产业培育和引进，技术驱动明显乏力。新兴产业是关系到长远经济发展的重大战略选择，既对当前经济社会发展起到重要支撑作用，更是引领未来经济社会可持续发展的战略方向。崇明产业发展重点方向聚焦在海洋装备等较传统制造业上，缺乏对其他战略性新兴产业的引进与培育。崇明本身的人才和技术相对匮乏，不仅不利于技术积累，更不利于新兴产业的培育与引进。此外，受开发成本、区位条件及基础设施、城市功能配套等因素的影响，多个园区现阶段难以吸引高端前沿技术密集型企业。与此同时，区级工业发展多以中小企业和个别大企业简单集聚为主（图 15-10），上下游产业布局缺失，难以形成耦合度较高的完整产业链条，尤其缺乏投资规模大、技术含量高、产业链条长、集聚效应强的龙头企业。

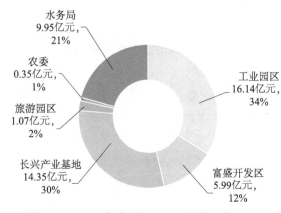

水务局
9.95亿元，
21%

农委
0.35亿元，
1%

旅游园区
1.07亿元，
2%

长兴产业基地
14.35亿元，
30%

工业园区
16.14亿元，
34%

富盛开发区
5.99亿元，
12%

图 15-10 2018 年崇明区级工业产值及占比情况

数据来源：《崇明统计年鉴 2019》

第三，产业配套体系较为落后，营商环境亟待完善。崇明在海洋装备制造等产业方面有一定的实力与基础，但生产、经营、销售过程中，与之有经济联系的上游和下游的相关产业、产品、人力资源、技术资源、消费市场主体等方面支持相对匮乏。与此同时，税收营商环境是营商环境的重要组成部分，优化纳税服务对营造稳定公平透明、可预期的税收营商环境具有重要意义，崇明作为产业发展后起地区，其纳税服务与税收营商环境，以及相应的人才保障与社会福利保障等均有待完善与提高。

（2）就业方面

第一，多行业在岗员工数量逐年减少，产业历史遗留问题依然存在。从2015～2017 年崇明不同行业的就业（在岗）人数变化情况来看，其中制造业、租赁、商务服务业、住宿、餐饮业等行业在岗人数逐年降低（图 15-11）。早在2001 年崇明就开始重视经济发展的生态化，导致生产加工等可以创造大量劳动力的产业发展相对滞后，进而部分造成就业问题成为历史遗漏问题。

第二，人口结构老龄化和大量人口外流影响创业活力。人口年龄构成直接通过不同年龄段人群的创业选择差异影响创业率。崇明当前的人口结构老龄化形势严峻，尤其是农业从业人员以老年人为主，且外来从业人员越来越多[5]。通过图 15-12 可以发现，崇明地区人口老龄化情况进一步加剧，创业主力军（18～35岁）人口数量逐年减少，这直接影响本地区创业活力与活动。

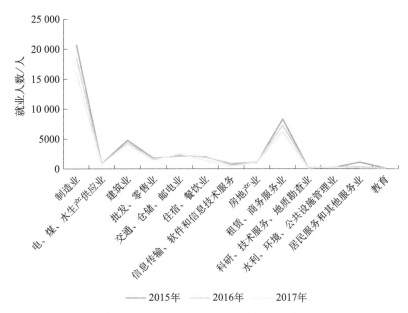

图 15-11　2015～2017 崇明按国民经济行业划分的就业情况

数据来源：《崇明统计年鉴》（2016～2018）

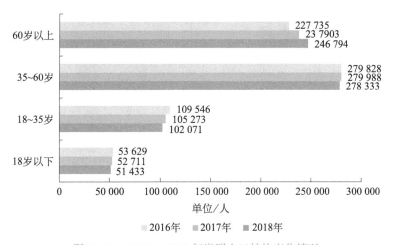

图 15-12　2016～2018 年崇明人口结构变化情况

数据来源：《崇明统计年鉴 2019》

　　第三，受教育程度和就业培训等是影响就业问题的关键因素。基于在 2019 年 8 月上海高校Ⅳ类高峰学科项目课题组对崇明进行的抽样调查数据分析发现，男性"未就业"人员中 16～29 岁和 50～60 岁占比偏高，女性"未就业"人员中 40～49 岁和 50～55 岁占比偏高；在受教育程度方面，有 61.9% 的男性和 52.8% 的女性"未就业"人员学历均在初中及初中以下（图 15-13）。此外，有 81% 的男性和 52.8% 的女性"未就业"人员表示均表示没有受过就业培训。

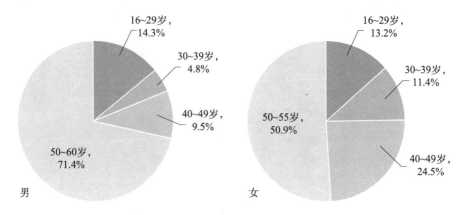

(a)"未就业"人员年龄分布

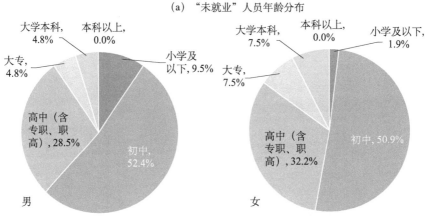

(b)"未就业"人员受教育程度

图 15-13 "未就业"人员年龄分布和受教育程度情况

数据来源：本课题组 2019 年调查数据

15.3　国外岛屿经济的开发经验借鉴

在上海建设卓越的全球城市背景下，崇明面向世界级生态岛的发展规划无法离开这一语境。国际上，一些全球城市和区域内的岛屿已形成各具特色的发展模式。虽然岛屿的自然地理条件与经济社会发展阶段有所不同，但其相关经验仍有借鉴意义[6]。本节将梳理国际全球城市及区域内岛屿的开发模式与特征（表15-3），并提出可供借鉴的经验启示。

表 15-3　国外岛屿经济开发模式与特征

名称	开发程度	主要产业	就业促进策略
安蒂科斯蒂岛 （Anticosti Island）	低限度开发	旅游业	以狩猎和垂钓为主的旅游业是唯一产业，配套发展食宿业、户外运动装备等零售业
菲英岛 （Funen Island）	集中开发	旅游业	充分利用岛屿历史名人、历史建筑与丰富自然风光的旅游资源 通过 The Jutland-Funen Co-operation of Business Development 经营跨县项目与活动
温哥华岛 （Vancouver Island）	集中开发	高新技术产业	通过不列颠哥伦比亚省提名计划（BC PNP）促进熟练外国工人、国际学生和企业家的移民；温哥华岛的人口持续增长技术协会提供创业与就业指导，并帮助企业与政府的资源和待就业的学生与企业间的适配 国际贸易保税区的设立：促进岛内空置工业用地和运输业的振兴；促进先进制造业的发展；使温哥华岛成为魁北克以西唯一可直接进行海洋运输的保税区
斯塔滕岛 （Staten Island）	分区开发	物流运输业、旅游业	建设多样化的住房适应不同人群的需求 建设铁路、BRT，拓宽车道，完善交通网络，提升可达性 开发滨水区空地与历史建筑的新用途，鼓励社区商业、新兴产业、文化产业的发展 提升公园、海滩与商业区域的联系度，加强配套设施的建设
新加坡 （Singapore）	精益开发	高科技产业 高端服务业 制造业	通过产城一体化、产学研联合等方式在城市中开发点状产业园园区，吸引优质人才留在当地生活、工作

15.3.1　案例与开发模式

（1）加拿大安蒂科斯蒂岛：低限度开发，专注开发户外休闲旅游业。

安蒂科斯蒂岛地处北美洲重要水系圣劳伦斯河的河口，行政上从属于加拿大魁北克省北科特地区，面积约 7953km²，2016 年常住人口为 218 人，年平均游客量在 3000～4000 人。

第一，受制于生态保护与地理条件不足，促进户外休闲运动公园的开发。安蒂科斯蒂岛囿于海岸线地理条件的先天不足，无法发展海运，仅有梅尼港进行每周两次的客货运服务，因此梅尼港也成为岛上最大的居住点。该岛也因其地理位置与加拿大淡水资源相关而被反对进行大规模开发。尽管受制于运输及生态保护，安蒂科斯蒂岛在设立国家公园后对自然资源优势进行充分利用，促进户外休闲旅游业的发展。

第二，发展针对户外休闲运动的专业化服务旅游产业。该岛的旅游产业拥有相对完整的专业化服务，安蒂科斯蒂国家公园坐落于岛中部，多河流、湖泊与峡谷，植被繁茂，其旅游业以狩猎与垂钓为主，并有泛舟、徒步、攀岩、野营等户外休闲活动。岛的东、中、西侧各有一小型机场，有常规的定期航班和私人航空服务，进出该岛主要通过航运与船运。配套商业有食宿业、车辆租赁、户外运动装备销售等。专业化的户外休闲活动成为该岛旅游业的铭牌，游客量逐年上升。

（2）丹麦菲英岛：适度开发，打造自然与童话的特色旅游。

菲英岛是丹麦第三大岛，位于丹麦中部，通过铁路与轮渡连通日德兰半岛与西兰岛，岛内以公路运输系统为主。岛屿中心的欧登塞市为该岛的主要城市，其次为 7 个沿海城市。

第一，欧登塞自然风光优美，开发以"都市休闲旅游"为主题的旅游业。得益于地势平坦、土壤肥沃的地理优势，农业与牧业是菲英岛第一产业的重要构成，欧登塞市以食品制造加工和船舶制造作为主要产业，并大力发展旅游业。菲英岛优异的自然风光与保存完好的历史建筑，完善的景点开发与食宿商业的配套成为重要的旅游业组成要素。

第二，利用名人效应，将文化旅游与休闲旅游相结合。欧登塞市以著名童话作家安徒生的家乡作为宣传要点，充分挖掘与名人相关的历史建筑、历史典故与历史场景要素，利用名人效应的同时衍生多样化的旅游产品与文化产品，形成一条以"安徒生"为中心的城市探索旅游产业链[①]。菲英岛具备了"自然"与"童话"的双重魅力，不仅成为都市居民的度假胜地，也吸引了众多的国际游客。

（3）加拿大温哥华岛：集中开发，引流温哥华市高新技术产业。

温哥华岛位于太平洋东岸，作为北美大陆西海岸最大的岛屿，面积达 32 134km²，是一个狭长的南北向岛屿，由加拿大不列颠哥伦比亚省的其中 6 个市镇组成，截至 2016 年，岛上人口为 77.5 万人。位于岛屿南端的省府维多利亚市，与温哥华市隔岸相望。温哥华岛与温哥华市间有频繁的轮渡与飞机相互往来。

第一，维多利亚市发挥首府功能，成为温哥华岛人口与产业的聚集地。位于岛屿南端的维多利亚市是加拿大不列颠哥伦比亚省的首府，温哥华岛上近一半人

---

① 根据丹麦菲英岛旅游网站信息整理，https://www.visitdenmark.com/denmark/destinations/fyn。

口生活在维多利亚都市区。维多利亚市有三所高等院校分别为维多利亚大学、皇家大学和卡莫森学院，顶尖的教育质量及名声吸引了大量的国际学生。制造业、建筑业、商业、高新技术产业近年来在维多利亚都市区迅速发展。

第二，得益于移民政策，引流高新技术产业并得到高速发展。不列颠哥伦比亚省的技术移民政策为留学生、外国技术工人和企业家提供了移居渠道与优惠政策，并以高标准进行筛选，得以持续汇聚高质量人才。相关移民政策要求外国工人拥有独特或创新的技术条件、留学生需有入职录取作为前提，企业家的资本财产与企业发展规划需得到检验[①]。在持续增长的高质量移民流入背景下，又有技术协会提供创业与就业指导，协调企业与政府间的资源和待业学生与企业间适配，温哥华岛以维多利亚市为中心引流了温哥华市与不列颠哥伦比亚省其他地区的高新技术产业并迅速壮大，同时带动了建筑业、商业、服务业的增长。

（4）美国纽约市斯塔滕岛：分区开发，发挥区位优势重塑经济活力。

斯塔滕岛又称斯塔滕岛行政区，是纽约市五个行政区之一，位于纽约港最南端，西、北邻新泽西州，通过三座大桥相连；东靠布鲁克林区，其间有一座大桥。岛屿面积为152km²，截至2018年人口为47.6万人，人口老龄化率略高于纽约市，受教育程度低于纽约市平均值，只有47%的居民是在当地工作。21世纪以来，纽约市政府多年连续出台滨水区重振计划。

第一，通过提升交通运输设施，连通岛内重要地区，发挥斯塔滕岛的过境区优势，主要发展物流运输、装配与仓储业。斯塔滕岛在过去是纽约市造船工业基地。第一次世界大战与第二次世界大战期间，斯塔滕岛的港口优势令该岛西岸与北岸的船舶制造业与港口贸易独占鳌头，战后随着大型运输船和公路运输的投入使用，其港口贸易与船舶装备业逐渐衰落，更因联邦政府对生态用地的保护而使土地破碎且无法及时调整规划，失去转型机会。滨水区重振计划下，过去被荒废的工业用地重新投入亚马逊与宜家的物流中心，配套发展再造纸的循环产业，并加强货运铁路与公路的交通网络建设，在货运与客运铁路的站点周围重新布局，促进商业与服务业的集聚。

第二，建设生态公园与度假海滩，将斯塔滕岛打造为纽约市的"后花园"。20世纪60年代，与布鲁克林区相连的大桥开通，斯塔腾岛东岸迎来持续近20年的人口高速增长，舒缓了纽约中心城区的住房压力，并促进了东岸作为度假海滩的发展。在20世纪70～90年代，斯塔腾岛遭受了严格的生态控制，度假海滩规划让步于生态公园、湿地、滩涂与野生动物栖息地，旅游业衰落。在滨水区重振

---

① 温哥华岛经济年报（2018年）（*State Of The Island Economic Report 2018-Vancouver Island*）。

计划的鼓励下，加速了生态用地、度假海滩与商业、停车场等公共基础设施的适配，增强旅游业与其配套公共设施、配套食宿业与商业的耦合度。

第三，在滨水地带重振商业办公与贸易，加强商业办公区与居民区的联系，提升就业可达性。对滨水地带的船舶、海运工业棕地和历史街道、建筑进行重新利用与开发，转化为商业与办公用地，并通过人行步道等交通设施将滨水地带和相对靠近内陆的居住区进行连通，为当地居民的通勤出行提供便利的同时吸引居民留在当地就业。

（5）新加坡岛：精益开发，产业与生态共存。

新加坡位于东南亚，毗邻马六甲海峡，其领土由主岛和 62 个岛屿组成。经填海造陆工程，其面积为 724.4km^2，截至 2019 年 6 月常住人口有 570.3 万人，其中公民和永久居民约为 402.6 万人。通过对用地规划的高效布局和集约化利用，新加坡的生产与生态能够和谐发展。

第一，将建设"花园城市"作为国策，重视绿色发展。20 世纪 60 年代起，新加坡大力推进绿化街道和公园的建设，很快达到了较高的绿化水平；70 年代制定道路专项绿化规划，增加彩色植物的应用，开展河道治理行动；80 年代制定园林绿化规划总览图，引入科学、系统的绿化管理体系；90 年代加强生态公园建设；21 世纪以来拟定了"公园与河道计划书"，提出将"花园城市"提升为"花园与滨水城市"的策略，拟建成公园、自然保护区、河滨地带与居住区相连的绿色廊道，形成绿色空间体系。新加坡城市绿化率超过 50%，城市园林绿化、森林及自然保护区分别达到国土面积的 15% 和 25%，具备多样性、艺术性、原生态和自然美的特性。

第二，建设产、学、研、城一体化综合园区，推动高科技产业发展。20 世纪 90 年代，为保障土地使用效率与生产力，新加坡经历制造业重组，向"总部基地"模式转型，将劳动密集型企业转移至低成本国家，提升制造业价值链，把制造业从下游的产品生产环节提升到研发和设计等上游等环节，大力推动发展产城一体化、产学研一体化的综合园区[7]。2000 年于裕廊港北岸建设了纬壹科技城，以"产城一体化"为规划理念，以"产学研一体化"为科创重点，企业的研发与研究院、高等学府配合异常紧密。纬壹科技城在生物医药、信息通信、咨询传媒和电子工业方面取得明显成效。新加坡科学园、洁净科技园、大士生物医药园、实里达航空园、晶片园等园区亦有一定规模。此外，自动化、无人机、机械、精制石化、食品制造、家具业等行业正在进一步布局[1]。

---

① 新加坡裕廊集团（JTC）2017 年年报（*JTC Annual Report 2017*）。

第三，根据产业性质规划产业布局，形成特定发展模式。利用天然深水良港和地处马六甲海峡要道的优势，裕廊岛与新加坡本岛西南端区域被设立为裕廊工业区，以"港口＋工业"的模式发展为新加坡最集中、规模最大的工业基地。石油、化工、电子、晶片、计算机等产业的企业巨头在裕廊工业区形成集聚并形成总部经济。园区内的不同产业用地按其污染程度逐次远离居住区，企业间不仅形成内部的废物再利用循环管道，还设立了统一的污物处理公司，降低企业的治污成本，提升治污效率，形成高效的产业生态系统。制造业以外，农业也以"生物技术＋农业生产"的模式于本岛本部设立了 6 个农业技术园区，并在农业技术园区的基础上进行生态公园的拓展，形成以农业技术园为生产研发基地、生态公园为观光休闲及城市绿地功能的复合型都市农业，对有限的土地资源进行高效的利用。本岛东南端的中心城区则以"金融＋商业"的高端服务业为主。新加坡自1958 年首次国土规划起便对产业规划有了分区布局的思想，并在新的规划中不断地强化、更新。

15.3.2　经验总结与启示

第一，生产与生态的共存是可持续发展的前提。根据安蒂科斯蒂岛、温哥华岛、菲英岛、斯塔滕岛和新加坡裕廊岛的历史经验，产业的专业化或多样化发展与生态建设不应产生冲突与倾斜，生产与生态的平衡对可持续发展起到重要作用。

第二，注重岛屿与全球城市区域之间的协调关系。在全球城市区域的发展背景下，岛屿的功能定位应当考虑到其所在城市或都市区其他地区间的发展关系。如裕廊岛与新加坡本岛间利用海港形成重要产业发展区，在规划中就确定裕廊岛作为高度专业化工业岛，对岸作为工业岛的轻工业、居住和商贸等生活区进行拓展。斯塔滕岛通过跨海大桥与轮渡线的搭建承担纽约中心城区居住功能的疏解，并通过多样化的住宅开发吸引不同年龄段、不同需求的人群；更进一步能发挥纽约市–新泽西州间过境区优势发展物流运输业以重振经济活力。

第三，技术创新是产业发展的重要驱动力。以温哥华岛的维多利亚市为例，信息科技、生物医药等高新技术产业成为该市产业的重要组成部分，并吸引了更多的高素质人才，带动了建筑业、服务业的发展。同理，新加坡的纬壹科技城和新加坡科技园等以产、学、研一体化为开发理念的开发园区也获得了成功。可以说，技术创新驱动的产业发展在区域经济发展中充当了磁极作用，源源不断地吸引着配套产业、人口、教育、文化等要素的自发性集聚。因此技术创新的作用不可忽视。

第四，生态旅游业应因地制宜，塑造特色。如安蒂科斯蒂岛以狩猎、垂钓作为户外休闲活动特色发展专业化旅游；菲英岛以名人效应形成旅游文化与衍生产业；斯塔滕岛重塑生态用地价值，化限制为有限开发，形成以生态公园为主的都市休闲度假地。文化、服务、产品是旅游业的重要组成，也是独特性的来源。

第五，政府应通过规划与政策引导发挥扶持和推动作用。以新加坡为例，将稳定的国土规划作为前提，对用地性质与功能的变更进行一定限制，明确产业的布局，并在产业的转型升级中进一步强化产业布局。上位规划在引入企业时应对原料运输、生产加工、销售等各环节各方面进行周到考虑，使其成为具有指导性的发展方针。裕廊工业区经济管理局的"一站式"服务解决了企业在招商、运行与管理等各环节的难题，为企业带来了政策便利。不列颠哥伦比亚省的移民政策为温哥华岛的维多利亚市带来高新技术产业的发展前提，其严格的移民标准保证了高新技术产业的可持续发展动力。因此，政府的扶持与积极协作能够为产业创造有利的发展环境，从而对地方经济带来正面影响。

15.4 产业与就业的发展定位与策略

15.4.1 发展趋势与背景

崇明世界级生态岛的建设迎来了又好又快的发展黄金时代，在全面深化改革和扩大开放的大背景下，"创新创业"、长江经济带和长三角一体化等国家战略又为崇明发展提供了重要的战略支撑。

（1）全球化格局经历重构，为崇明发展提供新机遇。

崇明作为上海建设全球城市的重要组成部分，战略地位日益突出，有利于充分享受全球化带来的红利。上海全球城市能级持续提升，更有利于崇明进一步融入上海市发展大格局，紧密地与中心城区联系，充分对接市区资本、人才和企业。把握全球化趋势并深度参与全球化行动，将以前的孤岛建成枢纽，树立全球新标杆，逐步向世界输出生态建设的"崇明标准"，为今后上海生态技术、生态产业等走出去，尤其是服务"一带一路"倡议奠定基础。

（2）新技术趋势愈发明显，为崇明发展提供新工具。

世界级生态岛的目标定位，是要探索一条体现国际视野、国家战略、上海使命和崇明特色的生态经济发展道路。要实现这个目标，崇明在深入推进"生态＋"战略的同时，应重视新科技的支撑和引领作用。以知识、技术、信息、数据等新生产要素为核心的新动能正在形成，并日益成为经济增长的新引擎[8]。此外，农业物联网、信息技术应用成熟，生物技术前景广阔，"互联网＋""智能＋"等新技术均可以赋予崇明发展新动能[9, 10]。

（3）"双创"潮流引领时代发展，为崇明发展注入新活力。

自 2014 年李克强总理发出"大众创业、万众创新"号召后，越来越多的人加入创业大军，掀起了我国的创业浪潮。崇明早在 2015 年已启动"生态与科创，未来与梦想"为主题的"汇创崇明"活动，旨在通过"生态＋"和"互联网＋"等手段，在生态农业、数据产业、海洋装备、休闲旅游、体育等产业方面为广大创新创业者搭建创业平台。过去几年，崇明积极推进创业型城区创建工作，着力营造"双创"氛围，吸引和集聚更多岛内外优秀人士在崇创新创业。除了举办创新创业大赛吸引人才之外，崇明也正通过政策引导充分释放资源，帮助创新创业人才找准切入点。

（4）区域发展的国家战略实施，为崇明发展提供坚实保障。

当前，长三角一体化发展国家战略进入密集施工的新阶段。依托长三角一体化国家战略可以通过更高起点深化改革和更高层次对外开放，在新旧动能转换的重要关口实现质量变革、效率变革、动力变革，以助力本地区高质量发展。推动长江经济带发展，核心是走生态优先、绿色发展之路，而这一点也正好切中崇明的发展定位。作为长江经济带的"龙头"，在新一轮发展中，上海也一直将绿色发展作为出发点。作为上海绿色发展的代表，崇明可充分享受国家战略的红利，全面推动地区高质量"生态化"和"绿色化"发展。

15.4.2 发展目标与定位

建设崇明生态岛是上海按照中央要求实施的一个重大发展战略，把崇明建设成为环境和谐优美、资源集约利用、经济社会协调发展的现代化生态岛区，成为在世界上具有引领和示范效应的、以现代科技为支撑的、仿生态系统发展和运行的岛屿[11]。实现崇明高质量发展，需要根据生态岛建设的最高要求，发挥崇明自身区位优势，充分利用国家战略与全球化带来的红利等优势，将崇明打造成世界级的"创新之岛、创业之岛"，实现智能化增长、包容性增长和可持续增长。为此要从发展定位与发展举措方面着手。

（1）以新兴技术为导向，打造上海建设全球科技创新中心的新高地。

紧扣生态岛发展定位，聚焦绿色生态、生物领域的新技术。当前，生物技术的应用主要是通过改造遗传物质、转变生物机能以及培育研究新的物种等，对于解决社会发展进步过程中出现的资源短缺、物种濒临灭绝、环境破坏、过度开发建设等问题发挥不可替代的作用[12]。崇明是生态之岛，在建设和发展进程中，崇明不仅要恪守中央"共抓大保护、不搞大开发"的要求，还应积极应用新技术，尤其是积极发展生物产业等新兴技术产业（图 15-14），让其在农业发展、环境保护与治理等方面为崇明发展提供科技保障与支持。在具体实施中，应对标国际一流水平，加强高层级高水平国际合作，重点发展现代农业、生物技术项目，努力打造成为长江经济带生态环境大保护的标杆和世界绿色科技发展的重要典范。

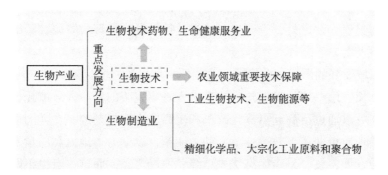

图 15-14 生物技术产业重点发展方向

以海洋装备制造业为动力源，带动高端制造业进一步优化升级。高端装备制造业是以高新技术为引领的战略性新兴产业，处于价值链高端和产业链核心环节，是全球制造业竞争的焦点和我国科技创新的主战场。因此，应充分发挥崇明长兴海洋装备的优势，发挥技术溢出与带动作用，着力增强高端装备自主可控能力、软硬一体能力、智能制造能力、基础配套能力和服务增殖能力，使高端装备成为崇明强国战略、进军全球科技创新中心的主战场。

（2）以"乐业崇明"为目标，打造上海乃至长三角地区创业的新热土。

提升创业孵化服务，为创业提供充分便利。为激发创业者的创业行为，政府应加快构建孵化器评价体系，建立健全质量管理、优胜劣汰的健康发展机制。与此同时，还应加速传统创业孵化机构的升级改造，鼓励网络平台等新型孵化组织的发展，借力 5G 技术打造新一代的数字化轻量级众创空间，充分挖掘和释放互联网的无限潜能[13, 14]。加强与国外孵化机构的学习合作，建立国内外创业人才交流的绿色通道，吸引更多的海外人才来崇创业。

完善创业信息政策与法规。相关职能部门要在摸清本区各类"双创"平台和企业发展情况的基础上，制定更新出符合企业发展需求的新政策和新办法，针对性的为企业排忧解难，促进其发展壮大。要切实抓好政策的落实，督促相关部门定期调研排查制约创新创业的难点，对创新创业政策措施的落实情况开展专项督查和评估，使创业者真正获得政策的好处。

15.4.3　发展策略与建议

（1）全方位吸引高素质人才。

发挥"上海"优势，吸引市外区域人才进入。发挥上海的教育、医疗等资源优势，吸引长三角其他地区的人才落户崇明，为崇明创业创新活动注入新动力，也为崇明发展新兴产业提供一定的人力资源保障。

挖掘"后发"优势，吸引上海其他地区人才进入。作为上海最远的一个郊区，崇明的教育、医疗、卫生、文化等公共服务体系一直偏弱，资源也比较紧缺，这也为崇明发挥"后发"优势提供了初始条件。崇明可以通过"立体式"配套措施的建设，以形成高端基础配套设施来吸引上海城区人才甚至国外高端人才进入，助力崇明高质量、"生态化"发展，为创业提供重要的人力资源保障。

聚焦"崇明"特色，多形式、多途径招揽国际人才。为使崇明创业生态系统聚集高素质人才队伍并确保该区域的技术领先优势，还可以从海外招揽新型科技创业人才，吸引有国际背景的高级人才，为地区创新创业发展提供新鲜血液。

（2）完善"软硬件"基础设施，为创新创业提供立体式保障。

瞄准最高标准、最高水平，打造国际一流的营商环境。为高新技术中小企业营造良好的商务环境，促进主体间的信息流动、降低其商务成本，让中小企业可以有更大的发展空间；同时，要着力引入有发展潜力的高新技术企业，定向培育，力图形成具有全球影响力的产业集群，为创业活动的开展提供良好的创业环境。

重点发展具有国际视野的特色高等教育和技术职业教育。加强与国外高水平大学、科研机构、著名企业、国际基金组织的广泛交流与合作，瞄准生物医药、环境保护、信息通信等特色领域，引入国际优质科研教育资源、国际资本和人力资源，为崇明世界级生态岛建设储备知识和人才[15]。

推进协同创新，构建产学研联盟治理模式。鼓励高校、科研单位成立专业化的技术对接平台或机构；促进企业与高校及科研机构的沟通与合作，最终打造出以联盟为主要形态的一体化的科技、产业、投资融合对接平台，使知识与技术在这些创业主体之间进行高效的转移；加快打通高校、创业企业、投资机构等创业主体之间的联动机制，建立体系化的技术、人才、资本网络，并借助于"互联网 +"思维为这一创新网络赋能，提高技术与资本的转化效率。

（执笔人：汪明峰、张英浩、周媛）

参 考 文 献

[1] 庄志民 . 本土选择：前现代、现代、后现代抑或别现代？——以崇明生态岛发展定位解析为例 . 上海师范大学学报（哲学社会科学版），2018，47（3）：99-108.

[2] 曾刚，等 . 生态经济的理论与实践——以上海崇明生态经济规划为例 . 北京：科学出版社，2008.

[3] 唐海龙 . 运用生态 + 理念 创新生态发展动能 探索富有崇明特色的生态产业发展道路 . 上海农村经济，2015（10）：4-8.

[4] 上海市人民政府发展研究中心课题组 . 崇明世界级生态岛建设调研报告 . 科学发展，2016（8）：35-41.

[5] 郑健 . 崇明探索世界级生态岛建设 农业供给侧结构性改革之路 . 上海农村经济，2018（3）：26-28.

[6] 彭颖，向明勋 . 借鉴国际经验推进崇明世界级生态岛建设 . 科学发展，2016（11）：53-57.

[7] 汪明峰，袁贺 . 产业升级与空间布局：新加坡工业发展的历程与经验 . 城市观察，2011（1）：66-77.

[8] 汪明峰 . 互联网时代的城市与区域发展 . 北京：科学出版社，2017.

[9] 蔡来兴 . 加快崇明世界级生态岛发展的战略思考 . 上海农村经济，2017（10）：4-6.

[10] Salemink K，Strijker D，Bosworth G. Rural development in the digital age：A systematic literature review on unequal ICT availability，adoption，and use in rural areas. Journal of Rural Studies，2017，54：360-371.

[11] 陆一 . 崇明世界级生态岛建设路线图初探 . 科学发展，2017（9）：57-62.

[12] 谭天伟 . 生物产业发展重大行动计划研究 . 北京：科学出版社，2019.

[13] 辜胜阻，曹冬梅，李睿 . 让互联网 + 行动计划引领新一轮创业浪潮 . 科学学研究，2016，34（2）：161-165，278.

[14] Sussan F，Acs Z J. The digital entrepreneurial ecosystem. Small Business Economics，2017，49（1）：55-73.

[15] 张浩 . 对建设崇明世界级生态岛的几点认识 . 科学发展，2017（8）：61-66.

第十六章

崇明交通出行

　　2009年上海长江隧桥建成通车，崇明的市内和省际交通开始由轮渡向陆路交通转变，岛内交通基础设施布局明显加快。崇明已形成以G40沪陕高速、陈海公路为主动脉，县道、乡村公路为支撑的路网体系，以陆上交通为主，水上运输为辅的交通运输格局。但在长三角一体化和崇明打造世界级生态岛的背景下，崇明的潮汐式交通拥堵现象、区域交通边缘化、公共交通失衡及交通基建水平较低等问题越发突出。这些问题的产生，一方面源于自然地理条件对地域交通的桎梏，另一方面是由于日益增长的交通需求与交通供给能力之间的矛盾长期存在。针对上述问题，结合实地调研和国内外案例分析，将崇明交通发展分为进出岛交通和岛内交通两大部分，从近期、中期、远期三个时间维度着眼，提出以下思路：进出岛交通近中期采取截流式交通组织模式，以引导性交通管理政策为主，远期采用通过式交通组织模式，发展市域快速轨道交通，把握北沿江高铁和南通新机场等重大交通发展机遇，加快西线过江桥隧的建设；岛内交通近中期以交通管理创新为主，基础设施建设为辅，远期以交通基础设施建设为主。结合花博会和政府最新规划，就以上思路提出了具体的对策措施。

16.1　交通发展历程与现状

16.1.1　发展历程

崇明区陆域总面积约 1413km²，其中，崇明岛面积最大，为 1269.1km²，是世界上最大的河口冲积岛，也是位列台湾岛、海南岛之后的中国第三大岛屿。崇明岛屿的自然地理条件对其交通发展具有决定性影响，临海的地理区位赋予崇明发展航运业的天然优势，但与之相伴的水患和地面坍塌也阻碍了岛屿内部交通格局的形成和稳定。古代崇明的航海业和水上交通十分发达，崇明沙船曾是我国木帆船四大船系之一，郑和下西洋的船队也曾多次停泊崇明。

根据《崇明县志·交通》，在 15 世纪初或更早的时候崇明出现津渡，明万历年间（1573～1620 年）设置官渡。1886 年，崇明至启东开始有载客轮船，此后崇明跨省客运渐有发展。1896 年，崇明与上海之间开辟定时、定线、定点的客运航班，同时在南门港建起崇明最早的港口轮埠，三岛客运进入轮船运输时代。20 世纪 30 年代上海至崇明的内河轮船客运一度兴旺，经营该线内河客运的有 5 艘轮船及长江航线的挂靠轮船，但此时港埠客运设施较为简陋，仅有两座小型码头。1937～1949 年，崇明轮船客运受战争及社会经济影响，营业不佳，勉强维持。

1949 年 9 月 24 日，崇明至上海航线恢复，航线由上海外滩码头经堡镇到南门靠吴淞，长兴、横沙两岛与上海中心城区的民间木帆船客运亦同时恢复。1966 年吴淞客运站成立，1977 年堡镇港客运站扩建，客运枢纽的成立加速了船舶的周转。20 世纪 80 年代后，随着客运设施的不断更新，崇明客运迅速发展，在岛内形成了五大客运码头和十大货运港口的密集型水上交通网络，从木制船逐渐过渡到机帆船、双体客轮乃至气垫船。

2009 年，上海长江隧桥的建成彻底改变了崇明的出行，与轮渡相比，崇明到上海中心城区的出行时间大大缩短。2011 年，崇启大桥通车，打通了上海崇明与江苏启东的联系。这两座桥的建立从根本上改变了崇明内外的交通状况，崇明的市内和省际交通由轮渡向陆路交通转变，岛内交通基础设施布局开始加快推进。

16.1.2　交通现状

近年来，随着交通基础设施建设不断投入，崇明已形成以 G40 沪陕高速、陈海公路为主动脉，县道、乡村公路为支撑的路网体系，运输体系转变为以陆上交通为主，水上运输为辅的格局。

公路建设方面，G40 沪陕高速连接上海市区与江苏，市管一级公路陈海公路横贯崇明岛东西。根据《崇明统计年鉴 2019》、《崇明综合交通规划——说明书》及上海市崇明区交通委员会数据资料，崇明区内已建成各级公路约 3249.1km，其中乡道 2260km、村道 485.6km，乡村公路占全区公路总里程的 84.5%，总体公路路网密度约为 2.3km/km^2。行政村通硬化路率达 100%，沥青混凝土 462.4km，水泥混凝土为 2786.7km。按道路等级划分，以四级公路为主（图 16-1）。

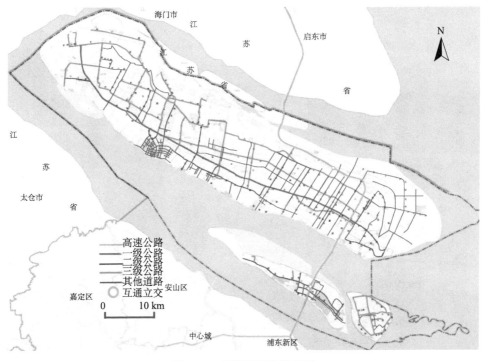

图 16-1　崇明岛道路现状图

资料来源：《崇明综合交通规划——说明书》

公交客运方面，崇明区有长途客运始发站 1 个，为南门客运站，陈家镇有简易配载站。区内公交线路总长 1774km，陆上营运公交线路 64 条，其中崇明岛 44

条，长兴岛 5 条，横沙岛 3 条，市通郊线路 12 条（含区间线和班车线）。崇明区日均公交班次 3393 班，其中市通郊线路日均 981 班次，崇明岛内日均 2412 班次。水上客运方面，属崇明区管辖的客运码头共有 6 座，分别是南门港、新河港、堡镇港、长兴马家港、长兴对江渡及横沙码头。此外，崇明岛西北部还设有永临汽渡码头，属海门市管辖。区属水上客运企业 1 家，投入三岛营运的船舶共 29 艘，其中高速客轮 15 艘，车客渡轮 14 艘。轮渡航线共 8 条，其中申崇航线 7 条，长横对江渡航线 1 条。每天进出航班 204 个，其中申崇之间航班 142 个，长横之间航班 62 个。2018 年崇明区水上交通接送旅客 424.88 万人次，日均 1.16 万人次，渡运车辆 99.04 万辆次，日均 0.27 万辆次。水上运输线路车、客流量如图 16-2 所示。

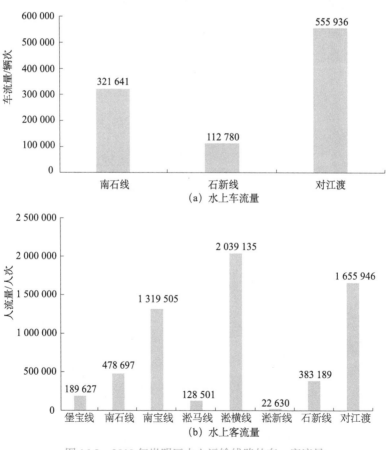

图 16-2　2018 年崇明区水上运输线路的车、客流量

数据来源：《崇明统计年鉴 2019》

在居民出行方面，我们于 2019 年 7 月对当地的 500 位居民进行了问卷调查并前往各社区进行入户访谈，用以反映崇明岛居民交通出行现状。如图 16-3 所示，97% 的居民平均每月前往上海中心城区的次数低于 5 次，其中，基本不去上海中心城区的居民占比 52.2%，出行次数为 1～5 次的居民占比 44.8%，每月出行 10～15 次和每天都出行的居民占比均为 1.2%，出行次数在 6～10 次的居民占比最少，仅为 0.6%。就出行目的而言，73.05% 的居民前往上海中心城区是进行购物、探亲访友及看病等维持型活动，休闲娱乐占 17.15%，上学、上班及公务等生存型活动占 9.8%。其中，对于基本不出岛或出岛频率较低的居民来说，休闲娱乐及探亲访友是其主要的出行目的，而出岛频率较高的居民以上班、公务等生存型需求为主。综上所述，当前崇明岛交通以岛内出行为主，岛内居民出岛频率较低，出行意愿不强烈，且多以生存型、维持型的强目的性出行为主。

对崇明岛居民单趟去上海中心城区所花时间进行调查，发现 95.11% 的居民出行时间超过一个小时，其中出岛交通时间达 100 分钟以上的占 62%，在 80～100 分钟的占 17.33%。在交通工具选择方面，居民前往上海中心城区以乘坐公交车为主，占 74.72%，私家车出行占 18.85%，出租车出行占 1.55%。居民岛内出行则以电瓶车和摩托车为主，占 54.6%，其次是步行，选择公交出行的居民人数仅占 6%。在访谈过程中，居民反映："公交等候时间长、班次过少，超过半小时一班"，甚至有村民表示"公交车班次较以往甚至有变少的趋势"。

在交通费用方面，80.44% 的居民单趟出岛交通费超过 20 元，其中单趟费用在 41 元以上的占 39.11%。候车时间太长是居民乘公交最大的问题，其次是费用太高。这两个问题在岛内公交运营中也十分突出。居民表示："同样属于上海市，崇明在公共交通方面存在着很大的不公平性。一方面去上海中心城区公交车票价太高，从堡镇到南门需要 7 元，崇明去上海中心城区要 17～50 元，对于当地收入水平来说太贵。另一方面到达稍远的地方需要不断转车，并且出行的公共交通方式单一。"当问到是否会因为出行不便而放弃出行时，54.17% 的居民表示不会因此而放弃。综上，崇明岛居民出岛多以公交为主、岛内出行多使用电瓶车和摩托车，面临的主要出行问题是用时长、费用高、公交候车时间长、出行工具种类少，且居民多为强目的性出行，意味着交通"不便"产生的困扰影响较低但是持续存在（图 16-4）。

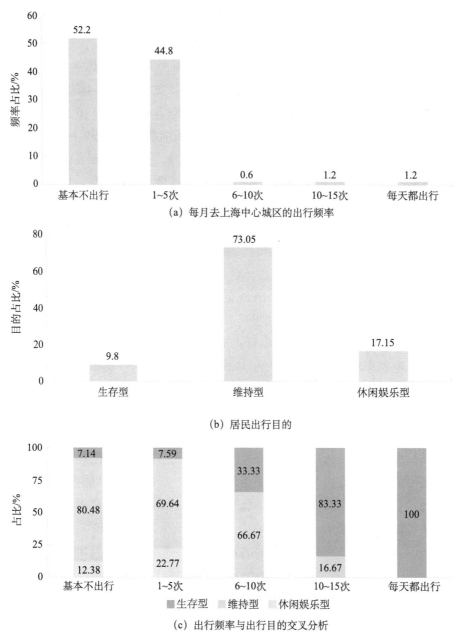

(a) 每月去上海中心城区的出行频率

(b) 居民出行目的

(c) 出行频率与出行目的交叉分析

图 16-3　崇明岛居民出行频率及出行目的

资料来源：本项目组问卷调查

注：生存型指上学、上班、公务，维持型指购物、探亲访友、看病等，休闲娱乐型指文娱体育

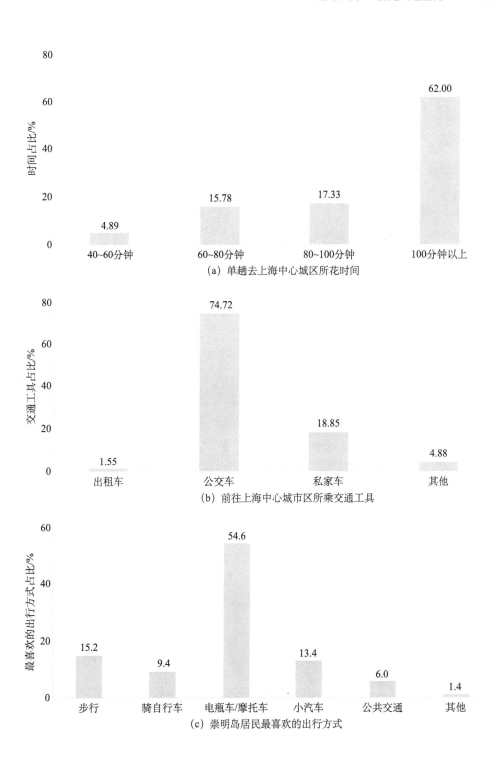

（a）单趟去上海中心城区所花时间

（b）前往上海中心城市区所乘交通工具

（c）崇明岛居民最喜欢的出行方式

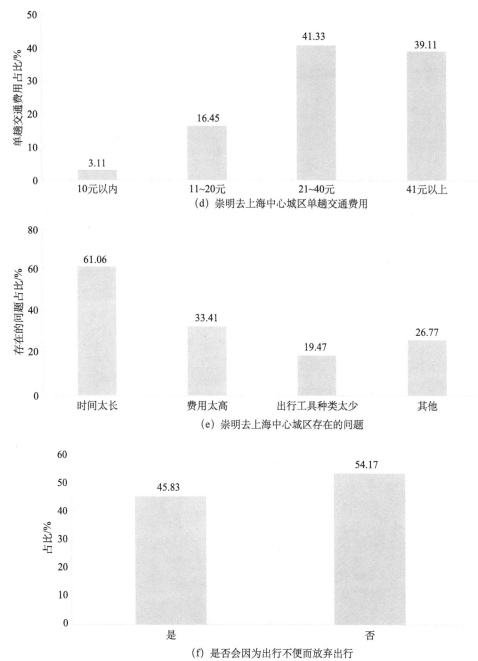

（d）崇明去上海中心城区单趟交通费用

（e）崇明去上海中心城区存在的问题

（f）是否会因为出行不便而放弃出行

图 16-4　崇明居民出行特征分析

资料来源：本项目组问卷调查

16.2　存在的问题及调查结果

结合实际交通状况及当地 500 位居民的问卷调查结果，将崇明岛交通分为出岛交通和岛内交通两大部分，对其存在的问题及现状进行归纳和分析，发现出岛交通存在出行高峰易拥堵、水陆公交体系失衡及交通日益边缘化等问题，岛内交通则存在公共交通出行占比极低、交通基础设施不足及交通网络骨架不完善等问题。

16.2.1　进出岛交通

（1）出岛通道易发生拥堵。

崇明岛在节假日极易发生道路拥堵，这与交通客流的潮汐性特征密切相关。受自然地理条件的约束，崇明岛离上海中心城区的距离较远，居民出行所花费的时间成本和经济成本相对较高，直接导致了出岛意愿弱、出岛需求低。现有的出岛通道和交通系统能对崇明的日常交通量进行有效运转，然而节假日期间，来自上海、江苏等周边地区的车辆大量汇入，仅有的两个连岛通道在交通客流激增后显得捉襟见肘。

崇明拥有丰富的生态景观资源，是上海大都市区周末出行或周边一日游的重要生态旅游集聚地。因此，周末或节假日，崇明的车流和人流显著增加，长江隧桥极易发生拥堵，收费站及服务区附近拥堵情况最为突出，且路况会对 S20 外环高速及 G1503 上海绕城高速路况产生一定影响。根据调查统计，52.2% 的岛内居民基本不出行，44.8% 的居民每月出行 1～5 次。每天出岛的居民多以上班、公务和上学为出行目的，且人数比例仅占 1.2%（图 16-3）。因此，上海长江隧桥日常通道饱和度较小，平日车流量约 3.4 万辆次[1]。但在旅游高峰期间，上海长江隧桥单日车流量超过 4.7 万辆次，西沙湿地公园等热门景点的旅游人数增长 3.8～20 倍[1]（图 16-5）。连接上海与崇明的城市主干道出现交通量激增、道路拥堵等状况：浦东—长兴岛隧道段，平日车流量近 4 万辆 / 日，节假日近 8 万辆 / 日；长兴岛—崇明岛大桥段，平日车流量近 3 万辆 / 日，节假日近 7 万辆 / 日[2]。2019 年清明、中秋和国庆假日崇明巴士公司公交客流情况见表 16-1。国庆七天假期，崇明公交运送乘客 65.8 万人次，可见重大节假日来往崇明的人流量明显增加。

表 16-1　崇明巴士公司节假日客流情况

	公交客运量 / 万人次	日均客流量 / 万人次	申崇线 / 万人次	投放里程 /km
中秋	33.0	11.0	8.4	45.6
清明	36.8	12.3	8.8	45.8
国庆	65.8	9.4	17.2	88.2

数据来源：上海市人民政府官网及上海崇明新闻中心

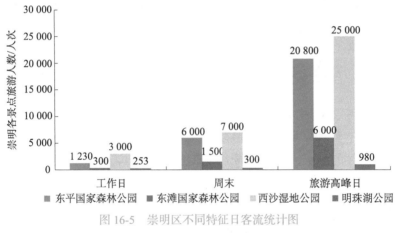

图 16-5　崇明区不同特征日客流统计图

数据来源：文献［2］

同时，崇明岛公共交通设施水平落后，周末及节假日来往崇明岛与上海的客流量大幅度增加，原有的公共交通系统运转能力有限，无法进行及时疏导，导致崇明地区的隧桥拥堵严重。由此可见，崇明区域交通的潮汐性特征明显，交通客流极不均衡，呈现"假日拥挤、平时闲置"的状态[3]。

（2）交通日趋边缘化。

长三角地区交通基础设施建设导向已经由高速公路转变为城际铁路，沪杭、沿江、沿海方向均有城际铁路相继上马。随着城际铁路相继通车，周边地区（如张家港、常熟、太仓、湖州、南通等）将迅速融入上海 1 小时交通圈[4]。就崇明的交通区位而言，崇明区与上海中心城区天然分隔，仅有公路 G40 沪陕高速和水路两种交通设施联系，导致崇明区交通出行时效性较差。

根据调查统计，62% 的居民反映其前往上海中心城区所花时间在 100 分钟以上。受访者表示："大多数居民到上海中心城区会选择乘坐公共汽车，单程平均时间为 3 个小时，自驾至上海中心城区约一小时。"将单次出行时长和出行费用做交叉分析，发现居民付出较高的出行费用，但出行时间在 100 分钟以上的依然占很大比例（图 16-6）。岛内居民认为交通时间太长及费用高是其前往上海中心城区面临的主要问题。随着当地旅游业的大力开发，陈海公路东段等主干道交通呈现日趋拥挤的发展态势。岛内 1 小时交通圈仅覆盖岛域面积的 65%（图 16-7），西部、北部交通不甚便捷，可达性较差。岛内交通出行选择方式过少，岛内城镇和旅游景点分散，在现有路网结构下，除自驾以外其他的交通方式都不易到达。

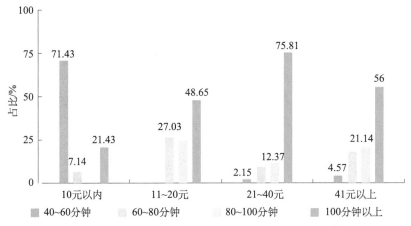

图 16-6　崇明岛居民去上海中心城区的出行时间及出行费用交叉分析

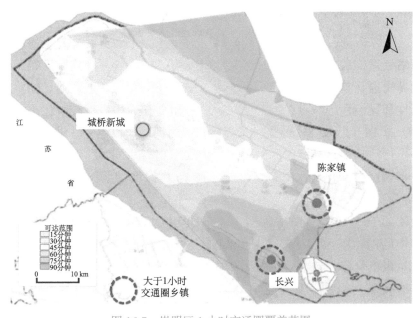

图 16-7　崇明区 1 小时交通圈覆盖范围

资料来源：《崇明综合交通规划——说明书》

　　调查发现，岛内居民前往上海中心城区，多为强目的性的出行，公交、私家车是主要的出行方式，较少使用轮渡出岛。较年轻的受访者去上海中心城区的频率更高，主要是进行休闲娱乐，而较为年长的受访者去上海中心城区以看望儿女孙辈或定期看病为主要出行目的。大多数的居民到上海中心城区会选择乘坐公共汽车，单程平均时间为 3 个小时，费用为 50 元左右。到上海探亲看病的居民的出行意愿不会受到时间和费用的影响，而进城娱乐的受访者可能会因为这些因素而减少出行。少部分居民选择驾车前往上海中心城区，1 小时左右到达，在费用上除汽车油费以外，崇明大桥来回 100 元的过桥费成为出行较大的开支。少量居民选择乘船到达上海中心城区，出行时间在 40 分钟左右，但是这种出行方式的便利性因居民去上海市的目的地而异。受访者表示："轮渡对于到花桥和宝山的居民来说较为方便，如果前往上海中心城区或是更远的目的地，轮渡和陆上客运花费的时间相差不大，并没有缩短单程出行时间和费用。"综上，崇明与市中心城区的交通以公共交通为主，私家车为辅，少量依靠轮渡。出岛公共交通耗时较长、费用较高，影响居民的日常出行。同时，台风、强热带风暴、暴雨、浓雾、冰雹、龙卷风等灾害性天气也会造成出岛交通的阻断。由此可见，崇明对外交通边缘化趋势明显，当前的公共交通设施难以支撑建设世界级生态岛的实际交通需求。

　　（3）水陆出行公共交通失衡。

　　水、陆客运量占比差距大，导致陆上客运压力较大，安全隐患增加，轮渡经营面临亏损，水上和陆路公共交通发展失衡。2009 年长江隧桥开始运营，崇明进出岛交通从单一的水上运输转变为水陆运输。相比水上运输，陆路运输具备便捷性和灵活性等特点，因此，在崇明进出岛交通中占据较大比重。根据调查统计（图 16-8），85.8% 的居民选择陆路交通离岛，以生存、维持和娱乐为目的离岛出行活动中，岛内居民主要选择公交车出行。同时，每月出行频率较低的居民多选择公交出行，每月出岛频率在 10 次以上的居民多选择私家车出行（图 16-9）。

　　比较 2016～2018 年的数据（图 16-10），发现崇明区陆上客流量在总交通流量中的占比极大，一直保持在 87% 左右，水上客流量保持在 10%，而水上车流量极不稳定，占比仅为 2% 左右。水上交通在出行目的地选择、行程时间与换乘便利性上均不具有竞争力，在陆路通行存在局限的情况下，尚具有一定的存在价值。西线通道建成后，全岛域的过江轮渡可能会基本失去存在价值[5]。

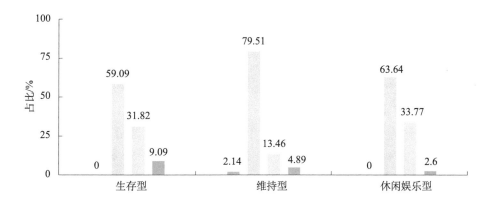

图 16-8 崇明岛居民出行目的与出行方式交叉分析

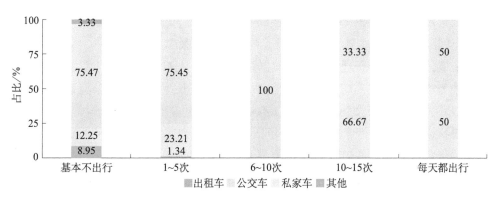

图 16-9 崇明岛居民出行频率与出行方式交叉分析

图 16-10 2016～2018年崇明水路客运流量变化

数据来源：《崇明统计年鉴 2019》

16.2.2　岛内交通

（1）总体交通量和公交配置较低。

区内总体交通量较低，公交客运量呈逐年下降态势。区内公交配置低于上海全市水平，公交出行比例低，竞争力不强。《崇明统计年鉴 2019》显示，2018 年崇明水上客流量 424.88 万人次，比上年减少 5.1%；陆上客流量 3324.9 万人次，比上年减少 2.6%，公交线路 63 条，公交车拥有率每万人 5.8 标台，低于上海全市平均水平。相关研究发现，2011～2015 年，崇明公交客流量呈现年均 1.3% 的下降趋势[6]。此状况产生，一方面是因为居民家中普遍拥有电瓶车或摩托车，因其时间的灵活性和道路状况的适应性，成为大多数居民最喜欢的出行方式（图16-4），导致居民较少选择公共交通出行；另一方面崇明的公交运营模式是以短途公路运输形式为主导的郊区公交，线路平均长度在 30km 以上，导致行车准点率和行车间隔难以保证，造成乘车不便，降低了公交吸引力[7]。

岛域公交系统以普通公交点状放射结构为主，人口主要集中于崇明南岸，且分布较为零散，造成人均建设用地较大、公交线路长度过大。在公交系统规划层面，线路太长导致公交场站难以形成规模，线路覆盖范围不足，运营水平较低，公交投资运营经济性严重不足[5]，对于乘客而言，线路过长引发的问题反映在乘车体验上，如等候时间过长、衔接换乘不便、准点率差、交通可达性低等。调查结果显示，43.2% 的居民反映公交车等候时间过长，个别反映距公交站太远和换乘不便等问题。认为票价不合理和车厢拥挤的居民占比分别为 16.4% 和 13.4%，线路不合理、不准时、车况差和服务态度不佳等问题也占有一定比例（图 16-11）。出行分布上，崇明区以岛内出行为主，约占 93%，三岛之间出行联系尚不紧密。崇明岛内以东西向带状联系较为密切，南北向以城桥、新河与北湖联系为主；对外出行分布以上海中心城区为主[3]。总体上看，崇明岛公交便捷性和直达性不强，服务水平较低，居民对公共交通的选择倾向不高，公交线网密度、平均站距和站点覆盖率等公共交通配置水平较低。近几年，崇明积极引入新能源公交车，倡导慢行交通和低碳出行，但道路等级低，公交线网布局层次不明显，公交硬件设施的建设不足，公交体系不完善，智能交通系统尚未应用的问题依旧存在。

（2）交通基础设施总体水平较低。

崇明岛内拥有国道、省道各一条，交通道路以县级道路为主。东西走向的高等级道路严重不足，车流量较大时，横向主干道经常拥堵。东西走向的陈海公路承担省际交通和区域交通的双重压力，导致其供给压力过大，同时陈海公路上红绿灯较多，通行效率降低，安全隐患增加。区域的道路等级配比也不甚合理。全区公路系统中，乡村公路占全区公路总里程的 84.5%，沥青公路仅占总里程的 14.2%，一级公路为 1.3km，占比极低（图 16-12）。高等级道路缺乏，导致低等级农村公路直接与主干道骨架道路网衔接，造成居民出行不畅。乡村支路较为狭窄，会车困难，没有形成机动车与人行道的分离，且夜间没有道路照明，存在一定安全隐患。

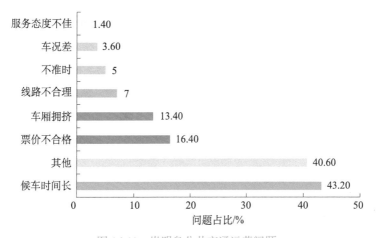

图 16-11　崇明岛公共交通运营问题

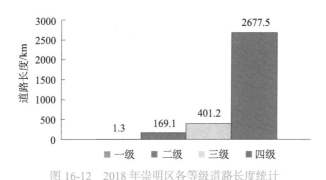

图 16-12　2018 年崇明区各等级道路长度统计

数据来源：《崇明统计年鉴 2019》

　　崇明区的私家车保有量大幅上升，但公共停车位较少，公共停车场数量少、规模小且常处于饱和状态，导致城区停车矛盾逐步凸显。人口流量大的核心城镇出现停车难、停车乱问题。商场、学校、医院附近停车难问题最为显著（图 16-13），导致街区路面、人行道、小区绿化带等地违法停车现象增多。而政府规划的道路停车位压缩了道路宽度，一定程度上给车辆通行带来负面影响。免费公共停车位处于超负荷状态，一些收费停车位却被闲置，存在停车资源浪费问题。近两年，政府出台并落实了停车共享系统、电动汽车分时租赁、增设停车场和降低停车费等措施，以解决岛内停车问题，但当前成效不明显。综上所述，岛内的交通网络骨架还有待形成，路网承载能力趋紧，路网亟待完善，交通基础设施总体水平较低，设施分布不均匀，存在建成区和乡村地区的交通基础设施条件相差较大等问题。

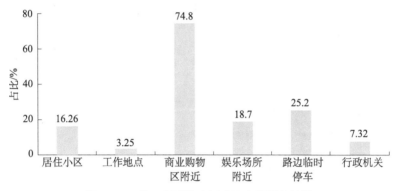

图 16-13　关于崇明停车困难地点的调查结果

16.2.3　问题的成因

（1）崇明岛域空间尺度大，城镇布局分散。

中华人民共和国成立后，崇明面积扩大了一倍，主岛呈条状，西北和东南之间的跨度大，三个岛隔江相望。崇明岛内东西向带状联系较为密切，由于江水分隔，岛屿间联系较少，这引导公交线路以辐射东西轴向各个城镇为主，线路集中在重要城镇的中心，使得区域整体的线网密度低、平均站距长、高重复、覆盖率低，造成公交通车率低，乘车不便，进而导致公共交通出行比例和居民满意程度都较低。同时，崇明岛绿地破碎分散、面积小的分布格局，使得景点空间分布分散[8]。出岛和岛内的公共交通服务水平较低促使游客和居民多倾向于私家车出行，导致区域交通出现潮汐性特征，客流不均衡加剧。

（2）连岛通道偏少，公交和轮渡竞争优势不足。

崇明出岛主要集中在两种方式，一是上海长江大桥（沪陕高速），二是轮渡。轮渡由来已久，包括高速船和车客渡船。崇明出岛码头主要有南门港、堡镇港、新河港、马家港等。崇明轮渡有三个去向：吴淞码头、宝杨路码头、石洞口码头。2009 年长江隧桥开始运营，出岛公交申崇线和大部分私家车经由此处到达上海，同时沪陕高速过境崇明岛还连接了崇明北部与江苏启东。崇明出岛水运线路

7条，出岛公交线路9条，但这两种出行方式不仅费用较高，而且耗时较长、准点率较差，影响了居民的日常出行。因此，私家车成为游客和居民进出崇明的主要交通方式，陆上交通成为出行首选。在同样的道路面积下，私家车的载客量远小于公共交通。因此，交通出行以私家车为主，会使得道路资源利用率降低，上海长江隧桥更易发生拥堵。

（3）长三角地区的重要跨江通道之一。

在跨江客运交通层面，崇启大桥与上海长江隧桥共同构成了"沪崇苏大通道"，是连接上海中心城区和江苏省的唯一通道，是长三角地区的重要跨江通道。同时，长三角地区公路过江通道能力已显不足。从过江通道间距看（图16-14），长三角跨江通道之间的间距较大，两岸的互联互通备受制约，跨江通道布局亟待优化。江苏省铁路办公室主任陆永泉在《江苏过江通道建设回顾与展望》报告中提出：跨江通道的间距在10km之内能较好地满足经济社会发展要求[①]。从供需情况看，随着长三角经济迅速发展，交通需求大幅增加。近十年，公路过江交通量增加2倍，但通道能力仅增加1倍（图16-15），节假日期间南京二桥、江阴大桥及苏通大桥平均通过时长在2小时以上。在重大节日期间，江苏省对这三座桥实施限行交通管制，上海与江苏之间的往来车辆转经崇明，进一步增加了长江隧桥的通行压力。由此可见，崇明岛长江隧桥的交通压力一方面来自岛内居民的日常出行和游客短期集中的出行需求，另一方面也来自其承担的上海至江苏的出省交通需求。

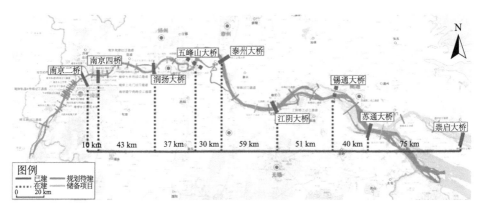

图 16-14　长江下游过江通道间距图

资料来源：底图为《江苏省长江经济带综合立体交通运输走廊规划（2018—2035年）》中的过江通道规划建设示意图，数据来源于网络[①]，作者自绘

---

① 资料来源：https://k.sina.cn/article_1759394923_68de3c6b02700kiiv.html?subch=onews。

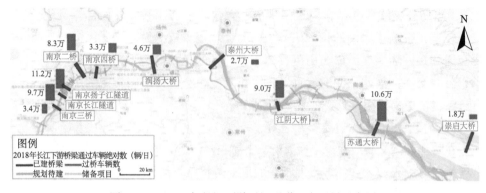

图 16-15　2018 年长江下游过江通道日交通量示意图

资料来源：底图为《江苏省长江经济带综合立体交通运输走廊规划（2018—2035 年）》中的过江通道规划建设示意图，数据来源于网络[1]，作者自绘

　　长江大桥与上海绕城高速直接相连，其交通状况也受到上海中心城区的交通状况影响。通过对上海绕城高速节假日交通路况的观测，发现五洲大道与上海绕城高速相连路段的拥堵状况跟长江大桥的拥堵状况关联密切。上海市交通委员会交通指挥中心发布的 2019 年 7 月份数据显示，在中心城区快速路运行状态中，上海绕城高速的客货车流量最大，拥堵等级也较高。车流疏散通道不畅也是长江大桥易发生交通堵塞的重要原因。另外，在已建成的过江桥梁中，苏通大桥和崇启大桥都仅是公路桥，沪通铁路、盐通铁路和通苏嘉甬铁路合用沪通长江大桥。从长三角一体化的发展进程来看，现有的跨江通道难以适应未来上海与江苏日益频繁的交通需求。

16.3　案例分析

16.3.1　国内外案例

（1）南京江心洲——绿色交通理念下的生态科技岛。

　　南京生态科技岛地处南京市江心洲，是长江里的一座洲岛，全岛面积 15.21km²，东岸毗邻南京主城，西侧为长江主航道，其地理区位、地质地貌条件、生态环境及空间形态均与崇明岛有相似之处。

---

① 资料来源：https://k.sina.cn/article_1759394923_68de3c6b02700kiiv.html?subch=onews。

　　南京生态科技岛位于河西 CBD 主城与江北新区的交通走廊节点处，与南京主城彼此独立又密切相关[9]。交通方面，岛内规划打造由 3 条轨道交通、1 条有轨电车、9 条公交线路、3 座步行桥、1 条空中走廊及鱼背索道构成的交通网络，但有限的道路通行能力依然制约着其交通发展。在自然地理条件方面。江心洲呈南北狭长的空间形态特征，地势两边高、中间低，由于是洲岛，其地基由泥沙沉积而成，含沙量大、透水性强，因此生态和水系资源丰富多样，但生态环境敏感脆弱。基于以上原因，南京江心洲确定了其发展定位目标——构建以绿色交通方式主导、限制小汽车发展、对生态环境冲击低的综合交通体系[10]。明确了大力发展公共交通与非机动交通，南京江心洲的南北距离长，采用公共交通出行，东西距离短，采用非机动交通出行。采取对环境冲击小的交通发展模式，即避让和截流两种交通组织模式。

　　截流模式是在跨江通道与岛上的衔接处布设交通换乘设施，对进入岛内的小汽车进行截流、限制、调控小汽车的通行数量[9]。同时沿岛中部客流走廊布设中运量的有轨电车，满足岛城之间的公共交通服务需求。将有轨电车作为岛内公交系统的主轴和核心，与城市轨道交通、公交车站及慢行交通节点等人流集聚地的形成良好衔接，促进有效换乘。

　　避让模式是通过交通组织措施将私家车引至南京生态岛西岸，形成机动车走廊，与非机动车及公共交通实行有效分离[9, 10]。机动车交通走廊分布在最西侧，远离建设用地，公共交通走廊分布于洲岛核心，串联岛城；非机动车交通走廊分布在临江，保障步行与自行车出行者的安全，也有利于滨水自然景观与慢行空间的结合[10]。

　　（2）纽约长岛——跨越式发展的城市化郊区。

　　长岛地处纽约的东南方向，西侧隔着 1km 宽的东河与曼哈顿和布朗克斯（Bronx）相连，它是美国沿海地带最大的岛屿。全岛东西长 190km，南北最宽处约 30km，总面积约 4463km²。全岛行政上分属 4 个县，其中 2 个县属纽约市管辖。全岛人口约 800 万人，人口密度每平方千米 1792 人。长岛仅占纽约州面积的 3%，但拥有纽约州三分之一以上的人口。

　　长岛靠近美国最大的城市——纽约，具有良好的区位优势，拥有众多的旅游景点，涵盖文化、体育和历史足迹等多种类型，同时，长岛内部及沿岸广布公园、绿地和沙滩，且旅游设施完善，是纽约中心城区市民周末度假游的理想去处。长岛和曼哈顿虽一水之隔，但东河曾是长岛发展的重要障碍，随着 1830 年绿港铁路和 1833 年布鲁克林大桥等建成，交通条件的改善，长岛的经济开始迅速发展，现下已成为美国经济发达、交通便捷、人口稠密、旅游业兴旺、城市化水平较高的地区之一。长岛通过 5 座大桥和 2 条越江隧道与曼哈顿岛相连（表 16-2），可以说长岛的腾飞在很大程度上得益于交通建设的巨大成就。

表 16-2 纽约长岛至曼哈顿过江通道一览表

英文名称	中文名称	开通年份
Brooklyn Bridge	布鲁克林大桥	1883
Williansburg Bridge	威廉斯堡大桥	1903
Manhattan Bridge	曼哈顿大桥	1909
59th Street Bridge	皇后大桥或第 59 街大桥	1909
Triborough Bridge	罗伯特·肯尼迪大桥或三区大桥	1936
Queens Midtown Tunnel	皇后中城隧道	1940
Hugh L. Carey Tunnel	休·L. 凯里隧道	1950

数据来源：文献［11］

　　长岛铁路隧道将曼哈顿的地下铁路与长岛铁路系统连接成一个统一的整体，长岛和布朗克斯之间有三座桥梁，使得长岛与大陆之间的交通也十分便捷[11]。长岛铁路于 1834 年开通，该铁路网连接纽约中心城区与长岛地区，主要服务于纽约都市区内城区与郊区间的通勤，是全美最忙碌的通勤铁路。美国大纽约交通运输管理局（MTA）数据显示，2016 年长岛日均客运量达到 35.48 万人次，年客运量为 1.03 亿人次，每日列车班次 728 次。1965 年建成的纳罗斯吊桥连接了长岛与斯塔滕岛。长岛之所以能迅速发展，关键在于建设了一个现代化的交通网络，与纽约中心区和全国各地都有高速公路、航空线相连。

　　历年来，随着长岛至曼哈顿地区的跨江隧桥数量的不断增加，长岛的人口快速增长，经济迅速腾飞。同时，其凭借位于纽约近郊的特殊区位优势，成为疏解纽约人口和经济的理想去处，与纽约建立了便捷的交通走廊是其经济崛起的重要条件。纽约长岛在地理区位、空间格局及生态环境资源等方面，与崇明岛具有一定相似性。长岛的跨越式发展得益于毗邻纽约的区位、独特的滨海资源及对外交通条件的改善，对照崇明的发展，提高崇明区与上海中心城区的交通便捷联系应是其交通规划的首要目标。

16.3.2　案例可比性及借鉴意义

　　在地理区位、地质地貌条件、生态环境及空间形态等方面，崇明与南京江心洲、纽约长岛具有极大相似性，但通过对比地区基础指标（表 16-3）可以看出，崇明岛的岛屿面积和人口规模介于南京江心洲与纽约长岛之间，其产业结构及跨江通道建设水平明显落后，且跨江宽度远高于这两个案例地区。

南京江心洲东西宽度平均为 1.9km，最大不超过 2.6km，南北长 12km，全岛面积 15.21km²，规划居住人口 11 万。纽约长岛东西长 190km，南北最宽处约 30km，总面积 4463km² 左右。长岛共 4 个行政区：西部的皇后区和布鲁克林两区属美国纽约州纽约市区，人口约 500 万；中、东部的拿骚县和萨福克县属于纽约大市区，人口约 300 万。崇明岛东西长 76km，南北宽 13～18km，全岛总面积 1269.1km²，户籍人口 67.86 万，崇明岛南部与启东之间的跨江宽度为 1.2～5.3km，北部跨江宽度为 6.8～8.5km，远高于南京江心洲和纽约长岛的跨江距离。

表 16-3　南京江心洲、纽约长岛及崇明岛基本情况对比

岛屿名称	面积/km²	人口/万人	长/km	宽/km	跨江宽度/km	主导产业
南京江心洲	15.21	11	12	1.2～2.6	0.25～1.45	水科学、信息科技产业
纽约长岛	4463	800	190	20～30	1～5.3	专业、科学和技术服务业
崇明岛	1269.1	67.86	76	13～18	南支 1.2～5.3 北支 6.8～8.5	农业、旅游服务业

注：数据来源于文献［9，11］、《崇明统计年鉴 2019》或使用百度地图测距工具所得

南京江心洲从自然条件、容量约束的角度，提出对进入岛内的小汽车交通采取"截流式"交通组织模式，此措施有效减少小汽车的过境总量，提高过江通道利用率，降低能源消耗和废气排放。同时，采取"避让式"交通组织模式，对轨道交通走廊、公共交通走廊及机动、非机动车道进行空间分离，有助于准确定位不同出行方式的交通职能，发挥各自优势。纽约长岛的交通发展则以跨江桥隧和市域铁路建设为主要特征，跨河大桥、铁路及隧道的开通成功打破了东河带来的交通障碍，将纽约人口和经济引入长岛，加速了长岛城市化建设。如今，长岛已拥有较高的交通基础设施水平和相对成熟的交通体系，大量的桥隧及密集的铁路、轨道交通路网为纽约长岛经济社会的持续繁荣发展提供源源不断的动力。

综合案例的交通技术路线及交通发展现状，崇明近中期的交通规划应参考南京江心洲案例，以交通管理创新为主，基础设施建设为辅，采用"截流式"交通组织模式，快速引导、调控车流，疏解跨江拥堵路段，遵循交通与生态环境协调统一原则。崇明远期的交通发展应参考纽约长岛案例，以快速轨道交通为主，加

强交通基础设施建设，采取"通过式"交通组织模式，推进区域交通发展进程，加强崇明与上海中心城区的交通联系。

16.4　对策及措施

16.4.1　指导原则

（1）坚持以人为本。

交通发展必须坚持以人为本的指导原则，以满足人的需求为第一要务，满足各类人群的交通需求，为社会生产和居民生活提供交通便利。随着长三角一体化战略和崇明世界级生态岛的建设推进，崇明的潮汐式交通拥堵现象、区域交通边缘化、公共交通失衡及交通基建水平较低等问题越发突出。这些问题的产生，一方面源于自然地理条件对地域交通的桎梏，另一个重要原因是日益增长的交通需求与交通供给能力之间存在矛盾。坚持以人为本的原则，一是妥善处理好需求和供给之间的关系，二是综合协调各类交通方式结构，交通供应、设施布设及管理政策更加人性化。

（2）近、中、远期相结合。

交通作为城市重大基础设施对城市各方面影响较大，故要根据实际，统筹规划；同时，交通建设又有投资大、周期长等特点。坚持近期引导、中期建设与远期发展相结合的原则，使规划具有实用性、高效性、发展性、前瞻性和可操作性。坚持远近结合、先近后远、中期过渡，妥善处理好不同时间维度上的交通规划关系。近期重点解决崇明当前遇到的交通现实问题，突出重点、注重高效性和针对性；中期侧重引导和控制，注重发展性和灵活性；远期从区域发展的视角，侧重地方协调发展、区域协同发展，借助国家发展战略提高其交通网络地位，规划具备前瞻性和国际性。

（3）坚持可持续发展。

《崇明生态岛建设纲要（2010—2020）》明确提出建设世界级生态岛的总体目标，以及力争2020年形成崇明现代化生态岛建设的初步框架。崇明自然旅游资源丰富，但同时其生态环境十分脆弱，坚持经济、社会与生态环境的持续协调发展在可持续发展中至关重要。城市交通与城市环境之间达到动态平衡，充分发挥各种运输方式的特点和优势，各展其长，协调发展，顺应当代发展绿色低碳交通的国际趋势，也满足了世界级生态岛的发展要求。

16.4.2　岛内交通

在区域一体化和长江生态大保护的背景下，崇明迎来了长三角一体化、乡村振兴战略实施、世界级生态岛建设及第十届花博会承办等诸多新发展机遇。高铁及城际轨道入岛将助力崇明融入长三角城际铁路网，生态保护推动其绿色智能交通发展，"四横七纵"路网规划及花博会保障交通基础设施建设将全面提升崇明交通基础设施水平。这些机遇对岛内交通发展意义重大，同时，如何有效承接以提高崇明的战略地位和独特价值，亦是当前崇明交通规划所面临的新挑战。

1.近期对策

崇明自然环境优美、空气清新怡人，素有上海后花园的美称，凭借其秀丽的自然风光，成为第十届花博会的举办地。作为我国花卉园艺领域等级最高的盛会，花博会将于 2021 年在崇明岛东平国家森林拉开帷幕。花博会期间，伴随着五一小长假及周末节假日等客流高峰的来临，崇明交通将面临极大的挑战，借鉴往届花博会及上海世博会交通组织的成功经验，对崇明近期交通发展提出建议。

采取管控手段，合理组织车客流。通过截流和分流两种交通组织模式，应对花博会交通。在花博会周边利用现有路网或水域等隔断设施，划定交通管控区范围（交通管制区、交通缓冲区），分区执行相应的管理措施。交通管制区坚持削减交通总量原则，优先保障集约化交通出行方式，内部仅公交车和持证车辆（展会工作用车、周边小区、单位或团体车辆）通行，一切社会车辆禁止通行。交通缓冲区以疏导分流为原则，采用微循环、禁停限制及路口转向控制等交通管控手段实现车辆分流。根据空间分离和分时段管控原则[12]，利用信号灯、标志、标线、天桥、地道等设施及交通管理措施，处理好车流、人流的分离转换关系，保证公交站点、停车场与花博园入口的有效衔接，尽量减少两者冲突，保证交通安全。同时，可对上岛的非新能源车辆征收生态环境费，促使游客选择公共交通出行，对入岛车辆进行截流。从 2018 年和 2019 年的客运数据来看，节假日期间崇明水上客运流量增加明显，水路分流作用不可或缺，尤其对缓解中西部地区居民出岛压力发挥了重要作用。因此，可充分利用水上交通，在轮渡附近开辟大型停车场，设置水陆交通换乘站，车辆旅客均可乘坐轮渡上岛，后坐专线前往岛内景点。这样可在入岛前对路面的车、客流实施有效分流。

推动岛内东西向的交通道路及横沙通道建设。崇明岛"四横七纵"规划中，东西向交通包括陈海公路、崇明生态大道、新北沿公路及潘圆公路，当前主要依靠陈海公路。陈海公路是崇明岛主要的东西向交通干线以及唯一的市管一级公路,在道路功能定位上,主要承担崇南地区对外交通出行,并部分兼顾较偏远城镇的集散交通,但其交通状况不佳,运营车速相对较低,行程耗时较长。崇明生态大道是崇明三横中的重要一横,从陈家镇至城桥镇,其功能定位为交通骨干路和景观干道,建议采用快速公交客运走廊模式,可集公交走廊、生态廊道、绿道慢行交通于一体。其建成后能够有效提升南部城镇带的发展实力,缓解陈海公路的道路压力,加速世界级生态岛形成过程。崇明生态大道新建工程预计将在 2021年花博会举办前建成通车。北沿公路是服务崇明北部城镇、旅游景区及产业区的重要交通走廊,同时也是崇明岛"双环"骨架路网体系中重要的组成部分,该道路也是 2021 年花博会主进场道路,在整个崇明生态岛建设中将起到至关重要的作用[13]。建议加快推动岛内东西向交通道路建设,疏解岛内横向交通需求,对现有交通干线进行优化,如增加车道数,提高道路的通行能力;对车道进行封闭,减少路口和红绿灯,增加天桥、地道等隔离设施,提高车辆通行速度。

建设横沙通道,推进横沙岛与长兴岛的连接。横沙岛、长兴岛和崇明岛为上海市三大岛屿,横沙岛位于长江口,位于长兴岛以东 1km。从规划的角度看,横沙岛留白,但岛上还有数万居民,长兴岛和横沙岛之间的交通长期依靠长横车客渡码头,居民日常交通出行方式单一,出行受限。根据《上海市骨干路网深化规划》和《上海市崇明区总体规划暨土地利用总体规划(2017—2035)》,长兴岛和横沙岛之间已规划有隧道及轨道交通,应加快横沙通道的建设。

2. 中期对策

秉承"多模式、高集约、富特色"的规划理念,利用城桥镇、陈家镇等节点,构建高效运转的轴辐式交通网络,强化"站点—路径—枢纽"轴辐式公共交通网络基本格局。

在交通枢纽层面,构建"枢纽—节点"公共客运枢纽体系。《上海市城市总体规划(2017—2035 年)》指出:以城桥为城市级客运枢纽,承担主城区、城镇圈与长三角区域的城际交通与市内交通的衔接功能,辅助中长距离城际交通出行。建议以轨道交通为重心、北沿江高铁建设为契机,以城桥镇、陈家镇等主要集镇为枢纽节点,形成崇明东西向骨干快速客运线,优化公交线网布局,重点完善公共服务与交通设施配置,突出公共交通对城镇发展的引导作用,通过客流量在枢纽间轴线运输上的高度集聚,扩大轴线运输规模经济效应。

在道路建设层面,不断优化道路结构系统。以交通出行需求为指导,构建快速路至支路的"金字塔"形路网结构体系，合理建设改造，协调道路功能与等级。建议新建高速通道，连通崇启大桥至崇西。沪陕高速崇明段由南向北共有高东、长兴、陈海、向化和沪苏四个收费站，崇明岛的陈海、向化收费站皆位于崇明东部，因此车辆前往崇西，必须由沪陕高速进入东部公路网再行驶至崇西，导致崇东交通道路被严重挤占，加剧了岛内道路的通行负担。沪苏省际收费站无高速出入口，原设计为客货车分道收费，随着高速公路省界收费站取消工程的推进，其近期将被拆除。第十届花博会位于崇西的东平镇，其距离崇启大桥的陆上距离为 50km，但最短直线距离仅为 20km，两者之间最短距离的交点位于沪陕高速原沪苏收费站附近。可利用此交点，增设崇启大桥至花博会主会场的快速路线。方案一，在沪苏收费站附近新建高速通道，连接崇西，并与西线接轨，一方面极大缩短了沪陕高速与崇西的路上交通距离，减少花博会车辆的岛内通行时间，节约道路资源，另一方面在崇西增加高速出口，将有效缓解陈海、向化收费站的日常拥堵状况。同时有助于实现沪陕高速与西线通道的贯通，加速融入长三角区域交通一体化进程。

方案一与 S12 崇海高速原线路相类似，但《上海市崇明区总体规划暨土地利用总体规划（2017—2035）》对 S12 崇海高速做了重新规划，降低其道路等级，其线位与新北沿公路共线，仅预留与海门对接的过江通道（图 16-16）。这意味着在行政区划和投资成效等因素影响下，崇明交通优先发展经济更为发达、人口分布更加密集的南岸，S12 崇海高速在短期内不会开工建设。然而，从建设条件及人居环境影响的层面，人口稀少的崇北，更适合铺设高速公路，且越早上马，建设成本越小。

2019 年 12 月 1 日，中共中央、国务院印发的《长江三角洲区域一体化发展规划纲要》中指出协同建设一体化综合交通体系，强调加快省际公路建设并提高通达能力，若严重拥堵可实施改扩建。同时完善过江跨海通道布局，规划建设苏通第二、崇海等跨江通道。崇海过江通道已正式纳入长三角一体化规划中，预计其建成后，崇明西部将迎来重大发展机遇，届时崇明东西向高等级公路及崇明区域内的省际公路均会出现供给缺口。

方案二：考虑 S12 崇海高速在短期内无法建成，而花博会开幕迫在眉睫。由此，我们提出了方案二，即在沪苏收费站的货车收费通道或高速拐点处新建高速出口匝道（图 16-17），将崇启大桥方向的花博会车辆引入北沿公路或附近的 P+R 停车场。且沪苏收费站的货车收费通道长期闲置，相比崇海高速全线建设，此措施投资小、见效快，可在花博会期间实现交通分流，减轻向化、陈海收费站的拥堵状况，亦遵循崇明当前的综合交通规划，即沪陕高速沿南北方向的陈高公路接入北沿公路，此方案可提前接轨岛内公路网。

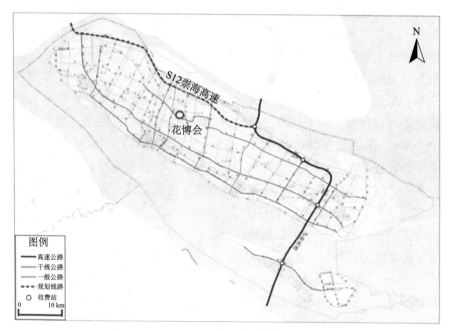

图 16-16　S12 崇海高速的原路线（方案一）

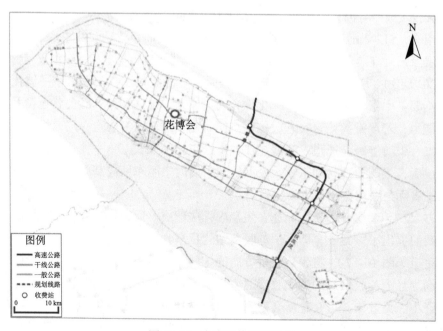

图 16-17　方案二线路示意图

　　根据表 16-4 中的上位规划，在长三角一体化背景下，崇明的发展定位由区域生态功能区升级为沿江、沿海通道的交汇战略性地带，由边缘地位向节点地位转变。《长江三角洲区域一体化发展规划纲要》指出，完善崇海过江通道、推动北沿江高铁及规划建设南通新机场，同时，2019 年，江苏政府部门表示将全力推动北沿江高铁经崇明，连接南通新机场和上海。崇明原有路网规划是通过高速公路和主要公路构建"十字格"干道骨架，随着区域重大交通项目的出台，《上海市崇明区总体规划暨土地利用总体规划（2017—2035）》将崇明路网规划调整为"构筑分区组织的公路运输网络，形成以城桥城市级客运枢纽，陈家镇和长兴岛两个地区级客运枢纽为主的布局体系"。可见，轨道交通崇明线建设开工、北沿江高铁入崇方案敲定及长三角一体化发展规划出台对崇明交通规划产生了巨大影响，尤其是崇明西部、北部地区的原有路网规划。

　　崇明西、北部的交通主要依靠东西向的陈海公路和东部公路网，缺乏对外联通的快捷通道，沪崇高速（S7）和崇海高速（S12）的修建将有效解决这一制约。最新规划中，沪崇高速定位为对外西线通道，崇海高速从省际快速路降为地方干线公路。沪崇高速从南向北进行建设，2019 年 10 月沪崇高速（S20- 月罗公路）已经通车，为宝山区再添快速通道，之后再向北拓展，通到崇明还需要很长时间。建议，沪崇高速崇明段与上海段共同建设，"两头并进，共同推进"；重新提升崇海高速等级，此措施将极大增加崇明西、北部交通供给能力，促进城桥镇枢纽的形成，扩大上海交通的辐射溢出效应。

表 16-4　崇明交通相关规划

上位规划	规划定位	相关交通项目
《长江三角洲区域一体化发展规划纲要》	生态岛	崇海过江通道；北沿江高铁；南通新机场
《长江三角洲城市群发展规划》	沿海发展带	上海 - 南通跨江通道
《上海市城市总体规划（2017—2035 年）》	长江口战略协同区、世界级生态岛	沪崇高速；北沿江高速
《江苏省长江经济带综合立体交通运输走廊规划（2018—2035 年）》	沿江城市群城际铁路重要节点	崇海过江通道；通沪过江通道；南通（启东）- 上海（崇明）线纳入沿江城市群城际铁路网
《上海市崇明区总体规划暨土地利用总体规划（2017—2035）》	世界级生态岛	轨道交通崇明线、沪崇线；沪崇高速；原崇海高速崇明路段降级

　　在长三角一体化发展新形势下，崇明路网未来的发展方向建议以轨道交通和

北沿江高铁建设为契机，交通资源配置优化为主要任务，融入长三角一体化交通网络为目标，积极构建合理完善、通行无阻、便捷发达的交通路网体系。

在站点设置层面，形成高效便捷的多元化公共交通枢纽网络。城桥枢纽、陈家镇枢纽、长兴枢纽连接市域客运交通枢纽，突出市域交通的快捷性及交通换乘的高效性，南门、明珠湖、东平、新河等主要站点需与局域线轨道站点、客运码头等设施进行有效连接，其他站点则对镇区中心、商场、医院等人流集聚地区进行覆盖。同时，根据《上海市崇明区总体规划暨土地利用总体规划（2017—2035）》，鼓励乡村地区结合人口集聚和功能布局需求，适度增补公共交通用地。

3. 远期对策

以生态保护和可持续发展为基本原则，打造高效清洁的环岛城际列车，加快推进绿色交通、智能交通系统的建设工作，打造特色慢行交通，积极融入市域轨道交通网络，尽快实现交通的转型升级，推进"世界级生态岛"的建设。

严格控制入岛车辆。崇明岛生态基础薄弱，自我调节功能差，且易受外部环境影响。大量车辆入岛必将对岛内的空气、水、土地等造成严重污染，产生不可逆的环境污染问题。崇明以生态岛为发展定位，生态保护是其发展的首要任务也是长期任务。在交通管理上，可通过行政经济手段，对汽车排放量较大的入岛私家车征收生态环境费，并根据车辆类型设置收费标准。同时，做好集约式公交换乘和接驳的规划、建设。这一方面，有利于加强居民的环保意识，鼓励居民和游客选择公共交通出行，有效减少岛内的汽车尾气排放，同时有助于降低当地政府维护生态环境的成本，坚持以生态保护为重点的长期可持续发展，早日实现世界级生态岛的建设目标，另一方面也有助于减少入岛交通流量，减缓交通拥堵。

建设环岛城际列车。以环岛城际高铁列车连接上海中心城区和崇明岛外沿，大小站间隔分布，控制站点及路网密度，结合交通需求合理布设。环岛城际列车的开通，将扩大崇明交通半径，提升出行效率，大大完善崇明旅游基础设施，满足崇明不断增长的运输需求，为建设世界生态岛提供有力支撑。同时，研究已证明，环岛铁路能够降低地区第三产业发展的总差异水平，促进区域第三产业协调统一发展[14]。崇明自身经济发展格局存在着东强西弱的特点，环岛城际列车将有助于打破现有的经济不均衡分布格局，引导区域协调发展。且高铁无废气排放，能源消耗低，能在崇明生态建设方面发挥积极作用。环岛城际高铁列车在异地通勤、旅游观光、疏解拥堵及节能环保方面有显著优势，但也面临施工技术要求较高、客流量不稳定易引起亏损等挑战。从区域长远发展的眼光看，具备出行亮点或交通优势是崇明在长三角交通一体化网络中取得一席之地的重要条件。

交通绿色化、智能化、特色化。崇明岛内交通应加快推进绿色交通、智能交通系统的建设工作，打造特色慢行交通。崇明已投放大量新能源公交车及共享电动汽车，然而现有的交通设施配套与建设世界级生态岛的需求和理念仍有较大差距。远期，崇明主干线可采用节能环保的快速公交，支线以公共交通汽车为主，并全部使用纯电动、零排放的新能源汽车，统筹规划共享汽车特别是共享电动汽车的分时租赁专用网点和停车位，布设在以交通枢纽和旅游景点为核心的人流聚集地附近。同时，加快提高智能化交通建设水平，加强交通信息化建设，搭建综合交通信息平台，构建动态监控、快速响应、多方协同、高效换乘的智能公共交通系统。同时，崇明岛具备相对独立且封闭的区域，可以在智能网联汽车、无人驾驶汽车等新技术领域率先建立示范区，开发智能交通新模式。结合区域生态环境优势，打造具备地方特色的高品质慢行交通线路。串联河流水系、生态廊道、景观道路等重要的公共空间，形成灵活多样、完整连续的慢行交通网络，营造友好的慢行交通环境。

16.4.3　连岛交通

近中期采取截流式交通组织模式，以引导性交通管理政策为主，力求达到短期见效快、长期成效好的最终目的。远期采用通过式交通组织模式，加快过江桥隧的建设，发展市域快速轨道交通，把握北沿江高铁和南通新机场等重大交通发展机遇，积极融入长三角一体化交通网络。

1. 近期对策

上海至崇明的交通出行已经从"节日堵"逐步向"周末堵"蔓延，长江隧桥通行时长由原本的一小时延长至三四个小时，严重阻碍了居民出行，与此同时花博会日期临近，崇明的进出岛通道将面临更大挑战。由于交通设施建设周期较长，近中期崇明应针对道路运营现状、存在问题，采取强有力的交通管理手段，以保障进出岛通道的交通安全与畅通。

提升替代线路的道路等级。从上海中心城区至崇明的私家车大多自翔殷路隧道、五洲大道入高东收费站，再经由长江隧桥进入崇明，如今这条快速路线逢假必堵已成常态。其中，最易拥堵的路段是翔殷路、五洲大道至高东收费口路段，严重堵车时会蔓延到长江隧道及长江大桥。在常态化拥堵的情况下，出行者和交通组织者总结并实践了多个绕行方案。当翔殷路发生拥堵时，车辆可绕行军工路隧道、金桥路、张扬北路，再上五洲大道至长江隧桥。当车辆途经五洲大道至高东收费口路段遇到道路拥堵时，可从申江路、杨高路匝道下高架，改走东靖路、东川公路，从地面道路绕行至金海路收费站，或从浦东国际机场方向出口下，改走浦东国际机场方向出口，自金海路下匝道，沿金海路行进，由金海路收费站上G1503绕城高速前往长江隧桥至崇明。但在节假日期间，由于地面绕行线路的车辆行驶速度较慢、交叉路口多，巨大的车流量汇入也导致绕行线路易发生严重拥堵。因此，建议提升替代线路的道路等级，对其进行改造升级，尤其是与五洲大道平行的金海路、东靖路，升级后可直接连接 S20 外环高架及 G1503 上海绕城高速，为上海中心城区至崇明的车辆提供多条快速出行线路，缓解沿途的道路拥堵现状。

扩建收费站、服务区及应急车道。节假日期间，道路拥堵极易引发交通安全事故，而事故频发往往导致拥堵加剧。上海至崇明方向的事故多发路段有两段，一是由公路网进入高速路的过渡路段，二是 G40 与 G1503 交汇处。车辆由公路网进入高速路需减速上垮桥、变道等，匝道狭窄、通行复杂，当车流过大时，车辆前后安全距离难以保持，易发生追尾碰擦，且事故发生后，应急车道不存在或空间较小也会对所在道路的通行造成阻碍。G40 与 G1503 交汇处，即经过高东收费站进入长江隧道后的 1.3km 下坡路也是事故易发路段之一。由于其坡道角度平缓，车主容易对刹车距离产生误判，加之过收费站后车速较快，弯道存在视觉盲区，导致此路段追尾事件频发。隧道空间狭窄，不利于救助和疏散，极易导致隧道拥堵效应叠加。建议扩建事故多发路段的应急车道，在高峰时段开放应急车道使用权，扩大通行空间，快速转移事故车辆，将事故产生的交通影响降到最低。扩建高东、长兴和陈海收费站，合理扩大长兴服务区的停车场容量，利用收费站、服务区对隧道车流实施限流。

加快推进导向公交建设。长江隧桥预留的轨道交通通道由于空间不足，现有地铁车辆难以通行，随着长江隧桥路况拥堵常态化，专家提出利用预留通道开通导向公交。导向公交是在普通公共汽车的前轴两侧各装一个侧向导轮，以构成车辆行驶导向装置，使其既可以在普通道路上行驶，又可以借助该装置在专用道路上实现人工操纵行驶和自动导向行驶的城市公共交通系统[2]。导向公交走预留通道过江，在车速、运量、舒适度及灵活性等方面比普通公交更有优势，加快推进导向公交建设，不仅能改善长江隧桥的拥堵现状，还能避免公共资源的浪费，为崇明公交优先培育客流。

2. 中期对策

崇明近期交通发展，建议以制度管理为主导，明确"源头减少，中途消化"的基本思路，围绕截流式交通组织模式，制定引导性交通管理政策，同步推进交通设施建设，疏解拥堵现状，加快构建崇明绿色交通体系。

施行交通管制，减少小汽车通过率。制定引导性的交通需求管理政策，合理利用制度管理手段，在源头上减少小汽车入岛交通需求。例如，在节假日或周末，提高小汽车的入岛交通费用，对部分货车实施限行，禁止空车入岛等。这样，一方面，避免了小汽车的过度使用，提高利用率，另一方面引导居民选择公共交通出行，更有效地利用道路资源，减少道路交通压力。崇明生态环境脆弱，机动车涌入不仅会破坏崇明原有的优质生态环境，还将阻碍重要生态环境建设工作。因此，减少小汽车的通过率，既可以提高公共交通的效能、减缓交通拥堵，又可以减少车辆污染物排放、降低能耗，是快速缓解崇明过江交通压力，促进绿色公共交通发展的有效途径。

采取截流模式，消化路面现有车辆。对即将入岛的私家车采取截流式交通组织模式，引导客流在交通换乘点乘公共交通入岛，从而实现截流。积极打造绿色交通工具换乘体系，在高速出口、码头、车站等交通设施附近规划换乘枢纽，布设"P+R"停车点，推广分时租赁等换乘措施，通过换乘消化即将入岛的路面现有车辆，减少上岛的机动车数量。建议从供需和实际路况角度，合理增设换乘枢纽或停车设施，实现二者功能和空间布局的双重平衡；构建以建筑物配建停车场为主，公共停车为辅，道路泊车相补充的供给体系，推广"P+R"停车模式，鼓励资源错时共享，扩大新能源车位配置比例。根据上海市交通委员会《崇明区绿色交通发展指导意见》，实现社会停车分区差别化管理，构建管控区（生态旅游区）、引导区（重点城镇）和统筹区（一般城镇）三类管理区域，实行不同强度的停车管理措施。

3. 远期对策

崇明作为长三角区域一体化发展的重要节点，是承接上海中心城区辐射和对接江苏省的重要节点城市，城市能级的提升，区域交通条件的改善，社会经济的发展将助力崇明构建内优外畅的综合交通体系，实现地区的跨越式发展。因此，在长期发展视角下，建议采取通过式交通组织模式，加快过江桥隧的建设，特别是西线建设和轨道交通的建设，发展市域快轨，提高对外交通联系的便利性，主动疏解上海中心城对崇明的交通功能溢出。借助北沿江高铁、南通新机场等区域一体化发展的重大机遇，积极融入长三角一体化交通网络。

依托北沿江高铁和南通新机场建设，加快上马西线通道。北沿江高铁，是最早规划的四纵四横高铁网中最后一条施行的高铁。根据规划方案，北沿江高铁由上海引出，全程约540km，设计时速为每小时350km，是上海都市圈连接江北沿江城市、合肥及南京的快捷通道。2019年4月，北沿江高铁与上海市就北沿江高铁经崇明岛中线方案达成一致意见。北沿江高铁沪苏段（上海—江苏）全线从上海北站出发，过太仓，在崇明西部上岛设站点，两次跨越长江，过江方式为北桥南隧。采用隧道方式连接上海中心城区与崇明西部高铁站，在崇明北岸新建大桥直通江苏境内。《长江三角洲区域一体化发展规划纲要》明确提出，由于上海浦东、虹桥等枢纽型机场、沪杭、沪宁两条高铁和高速公路等交通系统的运输能力正在逐渐接近饱和，将在南通建设新机场，新机场定位为上海国际航空枢纽的重要组成部分，和上海虹桥机场、浦东机场共同组成上海航空主枢纽。2019年，江苏相关部门表示将全力推动北沿江高铁连接南通新机场和上海。因此，北沿江高铁不仅是沿江通道和长三角城际轨道交通网的重要组成部分，也是南通新机场与江北城市、南京都市圈和上海都市圈直达的快捷通道。这两项区域交通项目为崇明交通，尤其是崇明西部交通带来了重大发展机遇，对崇明融入"长江经济带"、"一带一路"及沿海开发等国家战略和倡议具有重要意义。

崇明整体上东部较发达，西部较为落后。崇明东部有工业发达的长兴岛，以及旅游业发达的陈家镇东滩地区，但西部除了行政中心城桥镇之外，无大型城镇。因此北沿江高铁将崇明站点设置在西部地区，对于推动崇明岛西部发展十分有利。同时，长江隧桥和崇启大桥的运输能力正在逐渐接近饱和，北沿江高铁与新隧桥的建设有益于分担上海、江苏、安徽等省份之间的跨省交通需求，加强区域交通体系的网络密度，提升运输能力和区域服务能力，也能够极大缓解长江隧桥的道路拥堵状况。崇明的对外系统较为薄弱，仅有公路G40和水路两种交通方式，易达性和时效性都较差。崇明对外通道主要集中在东线的G40沪陕高速，主要承担陈家镇、长兴岛等东部乡镇的对外联系功能。但由于崇明具有东西向狭长的地理特征，上述东线通道对改善崇明西部地区的出岛交通作用不大。《上海市崇明区总体规划暨土地利用总体规划（2017—2035）》提出由S7沪崇高速和轨道交通沪崇线组成西线通道，但据调研，这条西线通道短期内并不会被提上议事日程。因此，建议借助北沿江通道建设和南通新机场的契机，加快推进西线通道建设，提高对外交通可达性，打造城市级客运枢纽，完善崇明岛对外交通组织结构，高效承接过境交通流，助力崇明融入长三角一体化交通网络。

发展市域快速轨道交通。随着大城市的郊区化及都市圈的建设，介于城际铁路与城市轨道交通之间的市域快轨正迎来巨大发展机遇。地铁和轻轨适用于在中心城区的 50km 范围内运行，而市域快轨适用于中心城与外围城镇组团之间的交通连接，是高速化、大容量、公交化的新型交通方式。崇明位于上海郊区，仅东部和中部区域完全处于上海市 60km 大都市区外围区范围内，因此上海的市域轨道交通若沿用地铁连接上海中心城区与崇明两地，其辐射范围仍难以覆盖崇明全境。建议崇明未来交通以时速 160～200km 的市域快轨为主，并以大站车、普通车交替运行模式，缩短运行时间，这将进一步紧密崇明与上海中心城区的交通联系，极大地促进崇明内部及崇明与上海中心城区的联动发展，打破其在区域交通中日趋边缘化的态势，积极融入长三角区域交通，提高崇明在长三角一体化中的功能地位。

（执笔人：王列辉、张楠翌）

参 考 文 献

[1] 刘志伟.基于生态优先理念的交通发展策略——以上海崇明为例.交通与港航，2017，4（02）：41-44.

[2] 余喜红.利用预留隧桥越江通道开行快速公交的方案设想.交通与运输，2015，31（05）：30-32.

[3] 顾杨.城市公交客运走廊规划探析——以上海崇明区为例.交通与港航，2018，5（04）：47-51.

[4] 张纯.崇明"世界级生态岛"定位下的交通规划探索与实践.交通与港航，2018，5（01）：49-54.

[5] 张海晔.崇明世界级生态岛交通规划发展研究.上海建设科技，2017，（04）：8-12.

[6] 顾煜，程微，孙世超.崇明生态岛绿色交通发展思路.交通与运输，2018，34（05）：11-13.

[7] 陆磊，李彬，黄鸣.上海郊区新城公共交通发展战略研究——以崇明新城为例.上海城市规划，2008，（05）：55-58.

[8] 杜钦，巩晋楠，王开运，等.核合和——崇明岛绿地系统规划.城市规划，2009，（05）：89-96.

[9] 曹国华，夏胜国.绿色交通规划关键问题研究——以中新生态科技岛为例.上海城市规划，2011，（05）：103-108.

[10] 夏胜国，王树盛，曹国华.绿色交通规划理念与技术——以新加坡·南京江心洲生态科技岛为例.城市交通，2011，9（04）：66-75.

[11] 汤建中.美国纽约城市化郊区——长岛的发展概况.国外城市规划，1987，（02）：37-41.

[12] 陈小鸿，涂颖菲.2010年上海世博会交通管控措施效果及经验.城市，2011，（09）：58-63.

[13] 郭阳洋.生态理念在崇明生态岛道路规划、设计中的应用——以北沿公路为例.城市交通，2019，（03）：82-85.

[14] 秦炳涛，陶玉.环岛铁路对海南省第三产业地区差异的影响——基于泰尔指数的测度.中国发展，2016，16（03）：24-28.

第十七章

崇明就医就学

多年来，随着崇明医疗事业的逐步发展，在基础医疗基本满足居民就医需求的同时，积极实施医联体改革，推动技术发展及下沉。但也存在一些问题：总体医疗水平一般，优质医疗资源相对缺乏；医疗机构可达性在空间上极度不均，东部地区缺医现象严重；高水平医护人员流失，人才引进存在困难；居民不信任医院现象存在，医疗专业水平满意度较低。建议崇明区高度重视医疗水平提高与质量的提升，积极引入三甲医院合作办医；加强东部地区医疗服务配置，引导民营医疗机构正规化；邀请合作办医单位专家定期坐诊，重视医疗人才的引进；发展医养结合产业，将医疗与健康、疗养产业有机衔接、融合发展；全面建立远程医疗应用体系，大力发展智慧健康医疗服务。

崇明教育历史悠久，义务教育资源充沛。而发展中存在的问题主要有：总体教学质量和水平有待提高；部分成熟师资与优质生源流失；课外教育资源相对缺乏；科研机构与高校开设的分校资源利用率不高。建议崇明区加强与国内外高层次学校合作办学，构建服务科创人才的全套教育科研体系；加强师资队伍建设，吸引优秀师资力量；完善教育人才培养、管理与流动制度，建立健全长效机制；强化小学与中学间的衔接，吸收较为稳定的优质生源；强化世界级生态岛特色办学，结合实践教学环节，加强综合素质教育，提高学校竞争力；鼓励民办教育、远程教育资源的发展，加强引导和监督。

17.1 医疗与教育的发展历史概述

17.1.1 医疗资源的发展历程

（1）社区卫生服务中心的发展历程。

1958 年崇明县改隶上海市，城桥镇等 13 个乡镇纷纷建立卫生院。这一时期的卫生院基础设施较为简陋，装备水平差强人意，勉强满足人民基本就医需求。此外，该时期的行业规章、技术规范、评价标准，以及机构、人员、服务技术的准入管理等都尚不完善。

21 世纪初期，各卫生院纷纷改革升级，创建成为集预防、保健、医疗、康复、健康教育、计划生育技术指导于一体的标准化社区卫生服务中心。社区卫生服务是适应医学模式的转变而产生的，是整体医学观在医学实践中的体现。其主要内容是初级卫生保健，是整个卫生系统中最先与人群接触的那一部分，因此社区卫生服务是卫生体系的基础核心。

（2）综合医院的发展历程。

20 世纪七八十年代，堡镇人民医院、庙镇人民医院先后建立。堡镇人民医院创建于 1972 年，担负着崇明东部地区的医疗保健工作。庙镇人民医院始建于1984 年，是崇明西部的医疗中心，1996 年达标被评为二级乙等综合性医院。

2009 年上海市医疗卫生体制改革"5＋3＋1"建设工程，授权上海交通大学医学院附属新华医院全面负责崇明三级医院建设和管理工作，2012 年新华医院崇明分院通过三级乙等综合医院评审。崇明分院与新华医院紧密合作，联合办医，新华医院派遣多名学科专家前往崇明分院提供知识、技术。医院各学科特色明显，肿瘤科、超声科、骨科等多学科发展为上海市医学重点专科。经过多年建设，新华医院崇明分院已逐渐发展为崇明地区规模最大、设施最先进，集医疗、教学、科研和预防保健为一体的现代化综合性医院。

2015 年，堡镇人民医院和庙镇人民医院分别与上海市第十人民医院、上海中医药大学附属岳阳中西医结合医院合作办医。堡镇人民医院与上海市第十人民医院两院融合，实现数据汇总、资源互通，优质的管理和医疗专家入驻崇明分院。同时完善医院的学科布局，加快人才队伍建设，增加设备投入。努力打造以骨科、心内科、普外科、妇产科、中医肿瘤科为中心的学科群，逐步形成神经内科、神经外科等学科优势，成为医院品牌。岳阳医院注重崇明分院专科及学科发展，着力打造具有中医药特色优势专病、专科门诊，并与崇明分院错位发展，岳阳专家坐堂分院。开设了痛风科等 11 个专科门诊，并派遣了岳阳医院内科、外科、康复科的三位临床大科主任进入分院相关科室查房带教，以此提升崇明分院的医疗水平和内涵质量，为崇明人民提供了三甲医院水平的高端中医药治疗和养生服务。崇明地区医疗资源进一步得到改善。

　　总的来说，社区卫生服务中心历史演变可分为两阶段（表 17-1），第一阶段为 20 世纪 50 年代，建立卫生院；第二阶段在 21 世纪初，随着经济的发展，为满足人们日益增长的医疗及保健需要，各卫生院纷纷改革升级，创建成为集预防、保健、医疗、康复、健康教育、计划生育技术指导"六位一体"的标准化社区卫生服务中心。综合医院历史演变也可分为两阶段。第一阶段在 20 世纪，为满足人民就医需求，先后建立崇明县中心医院（新华医院崇明分院旧称）、堡镇医院、庙镇医院；第二阶段在 21 世纪初，为改变就医环境、提高医疗质量，三所医院先后与上海交通大学附属新华医院、上海市第十人民医院、上海市中医药大学附属岳阳中西医结合医院联合办医，在原有医院基础上打造崇明分院，进一步改善居民就医质量。

表 17-1　公立医疗机构基本情况汇总表

医院名称	医院等级	初建年	最后定级年
新华医院崇明分院	三级综合	1915	2012
上海第十人民医院崇明分院	二级综合	1972	1992
上海中医药大学附属岳阳中西医结合医院崇明分院	二级综合	1984	1996
崇明区精神卫生中心	二级专科	1961	2015
崇明区传染病医院	二级专科	1985	2015
崇明区康乐医院	二级专科	1958	1981
长兴镇社区卫生服务中心	一级	1951	2001
中兴镇社区卫生服务中心	一级	1958	2003
新河镇社区卫生服务中心	一级	1958	2002
向化镇社区卫生服务中心	一级	1958	2004
竖新镇社区卫生服务中心	一级	1958	2005
三星镇社区卫生服务中心	一级	1958	2003
庙镇社区卫生服务中心	一级	1958	2005
建设镇社区卫生服务中心	一级	1958	2005
横沙乡社区卫生服务中心	一级	1958	2001
港沿镇社区卫生服务中心	一级	1958	2004
港西镇社区卫生服务中心	一级	1958	2008

续表

医院名称	医院等级	初建年	最后定级年
城桥镇社区卫生服务中心	一级	1958	2005
陈家镇社区卫生服务中心	一级	1958	2005
堡镇社区卫生服务中心	一级	1958	2005
绿华镇社区卫生服务中心	一级	1972	2004
新村乡社区卫生服务中心	一级	1974	2008
东平镇社区卫生服务中心	一级	2008	2008
新海镇社区卫生服务中心	一级	2008	2008

（3）医疗床位与接诊量的发展变化。

综合崇明区卫生健康委统计月报近十年统计数据来看，崇明区公立医疗机构核定床位总和略有上升（图17-1），由2011年的2812张，增长到2019年6月2992张，增幅6.40%。其中社区卫生服务中心床位总数不变；综合医院的总床位数有所增加，由2011年的1799张，增长至2019年6月的1979张，增幅10.01%（图17-2）。总体来看接诊量持续增长，增长幅度较大，由2011年的5175.78千人，增长至2018年的6894.91千人，增幅为33.21%。其中基层医疗机构（社区卫生服务中心和村卫生室）接诊人数由2011年的3863.15千人，增长至2018年的5101.05千人，增幅为32.04%；综合医院接诊量由2011年的1312.63千人，增长至2018年的1793.85千人，增幅为36.66%。观察综合医院接诊量的月变化情况可以发现每年2月份接诊量最低，3月份接诊量最高，呈现出周期性变化（图17-3）。医护人员总体呈现逐年平稳增长趋势。整体来看，由2011年的2964人，增长至2019年6月的3325人，增幅为12.18%。总的来说，崇明区医疗事业稳中有长，不断发展。

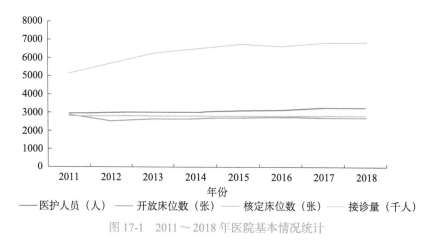

图 17-1　2011～2018 年医院基本情况统计

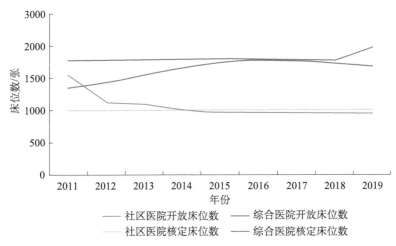

图 17-2　2011～2019 年社区医院和综合医院床位数变化

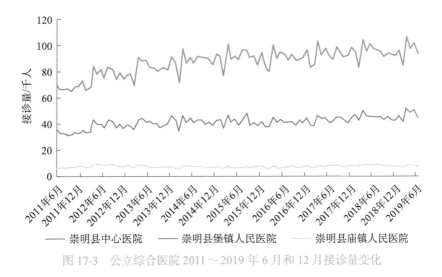

图 17-3　公立综合医院 2011～2019 年 6 月和 12 月接诊量变化

17.1.2　教育资源的发展历程

（1）学前教育发展历程。

崇明地区幼儿园自 20 世纪 70 年代开始兴建，80 年代一大批幼儿园如雨后春笋般纷纷建立，之后随着社会发展逐渐增加。截至 2018 年末，崇明先后建立了 41 家幼儿园。其中包括民办幼儿园 3 家。幼儿园的园区环境、师资力量不断优化。

（2）小学教育发展历程。

崇明地区小学教育历史悠久，其中不乏百年老校。以登瀛小学为代表，其前身登瀛书院创办于 1869 年，1949 年 10 月中华人民共和国成立后改定为现名。至 2020 年，登瀛小学已有 151 年的历史。中华人民共和国成立前崇明地区已有登瀛小学等大批小学，中华人民共和国成立后又根据各地方需求陆续建立一批小学，经过不断调整，截至目前共建成小学 29 所。

（3）中学教育发展历程。

崇明地区中学教育历史悠久，中华人民共和国成立前已有一批中学建立。1958 年崇明改隶上海，这一时期为满足教学需求，建立了向化中学、三烈中学等多所学校。改革开放以后，经济建设取得卓越成就，人民生活水平日益提高，人民对教育的需求也更为强烈，因此港西中学、城桥中学等一批学校应运而生，以改善居民就学条件，满足教育需求。之后又随着教育需求陆陆续续建立了一些学校，截至目前共有中学 30 所。

17.2 医疗与教育的发展现状分析

17.2.1 医疗现状分析

（1）医疗资源总量较为充足，满足居民就医基本需求。

截至 2018 年底，崇明区共有各级各类医疗机构 348 家（图 17-4）。其中，三级乙等综合医院 1 家，二级综合医院 2 家，二级专科医院 3 家，社区卫生服务中心（分中心）35 家、服务站 4 家，村卫生室 218 家，社会办医 56 家、企事业内部医疗机构 22 家、医疗急救中心 1 家、专业卫生机构 6 家。2018 年底，本区卫生机构拥有卫技人员 3573 人，其中医生 1258 人，注册护士 1581 人；每千人医生数 1.89 名，每千人护士数 2.37 人；核定床位总数 3116 张。

崇明区社区卫生服务中心（分中心）共有卫技人员 1493 人，其中医生 607 人，注册护士 486 人，实际床位 972 张。2018 年总治疗人次数 3301.59 千人，其中门诊人次数 3258.44 千人，急诊人次数 17.68 千人，家庭病床上门服务及其他人次数 25.47 千人，门诊和急诊预约诊疗 11.88 千人。急诊抢救总人次数 62 人，其中抢救成功人次数 40 人。总体而言，社区基础医疗资源充沛。目前社区卫生服务中心在满足居民基本就医需求的基础上，进一步推进社区卫生综合改革，力求实现以"预防、医疗、保健、康复、健康教育、计划生育指导"为主要内容的"六位一体"服务工作，为社区居民提供全方位、多角度的卫生服务。

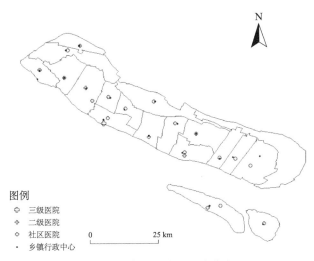

图 17-4　崇明区公立医院分布

在综合医院方面，崇明区综合医院共有卫技人员 1764 人，其中医生 544 人，注册护士 939 人，实际床位 1730 张。2018 年总治疗人次数 1793.85 千人，其中门诊人次数 1509.86 千人，急诊人次数 283.99 千人，家庭病床上门服务及其他人次数 0 人，门诊和急诊预约诊疗 13.30 千人。急诊抢救总人次数 564 人，其中抢救成功人次数 507 人。综合医院以新华医院崇明分院为领头羊，协同庙镇医院和堡镇医院形成"一体两翼"格局，使医疗资源服务范围由中心向两端辐射，带动多乡镇医疗共同发展。

总体来说，崇明区医疗资源总量较为充足，满足居民就医基本需求。本地医疗的能级已大幅提升，正在向市中心水平不断靠拢。

（2）以医联体为抓手，各级医院齐发展。

2011 年 4 月，为贯彻落实国家和上海医改工作要求，按照市卫生健康委《关于本市区域医疗联合体试点工作指导意见》精神，本区结合实际情况积极响应上级号召，推动医联体建设，以新华医院崇明分院为核心，联合区域内二级综合医院、二级专科医院、辖区内 18 家社区卫生服务中心，启动 1.0 版"以医疗为中心"的新华—崇明区域医联体，帮助基层医疗机构提升"造血"功能。经过多年蓄力，全区在医院管理、医疗质量和服务及人才建设方面成效显著，优质医疗资源全面覆盖，形成治疗与预防并重的立体医疗格局，基本实现"大病不出岛，小病不出镇"的目标任务。

党的十九大召开后，为切实落实国家和市委、市政府部署，进一步促进优质医疗资源下沉，不断提升崇明基层医疗服务能力，2018 年 1 月 19 日，在原先 1.0 版医联体基础上，上海在全国率先建立 2.0 版"以健康为中心"的新华—崇明区域医联体，"升级版"医联体主要从医联体管理、健康管理、分级诊疗和医保支付模式四方面进行探索，推行全人群、全流程、全生命周期的健康与疾病管理，为崇明 70 万百姓提供更加安全、有效、方便、优质的卫生与健康服务。

（3）基础防控良好，多项指标领先。

2018 年，本区居民平均期望寿命 83.35 岁，高出全国平均寿命 6.35 岁，崇明发挥优越的自然环境，被评为"中国长寿之乡"，并成为中国第一个"长寿之岛"。婴儿死亡率 2.97‰，孕产妇死亡率连续 5 年为 0，基本建立妊娠风险筛查与预警评估机制。城市孕产妇危重报告与救治机制、死亡调查与评审机制、责任问责与通报机制等一系列工作机制也随之确定。母婴安全报告、专案专病追踪等，实现了孕产妇救治严谨、严格、公平、客观的三级评审机制，不放过每个环节；各类传染病得到有效控制，2018 年全区报告甲类传染病 0 例，乙类传染病发病 775 例，发病率为 110.88/10 万。崇明区对传染病防治一直落实"早发现、早诊断、早报告、早隔离、早治疗"要求，在预防接种管理、传染病疫情报告、传染病疫情控制、消毒隔离措施落实、医疗废物管理、二级病原微生物实验室生物安全管理等方面落实良好。指标优于上海全市平均水平。总体而言，崇明区基础防控情况良好，多项指标达到发达国家水平。

（4）技术不断革新，推动资源下沉。

为提升崇明地区医疗水平，促进各区域均衡发展。崇明地区现已陆续开展"5G 诊疗"、专家义诊等项目，同时积极引进国内外先进治疗技术，不断为医疗事业注入新鲜血液。

5G 诊疗技术在医疗系统的应用，可以实现专家远程会诊，并且加强了新华医院崇明分院对基层社区医生的指导，对提高医疗技术水平、提升医院诊疗效率以及医疗资源下沉、助力崇明分级诊疗体系的建立，建设健康崇明，将起到积极的促进作用；崇明本地医院连同上海中山医院、岳阳医院、武警上海总队医院、东方医院等知名医院，多次开展专家义诊、医疗下乡活动，实现老百姓在家门口同名医面对面问诊，为老百姓带来了基础疾病防治的科普，同时也为医院塑造良好的社会口碑打下坚实基础；上海新华医院派遣多名资深、高学历、高职称学科带头人及技术骨干前往崇明分院任职，崇明分院积极选派医生赴外学习培训，引进先进的医学技术和治疗经验，为崇明医疗技术事业注入新鲜血液。

总的来说，崇明区基础医疗资源较为丰富，形成了公立医院与民营医院、综合医院和专科医院共发展的局面。多年来各级政府十分重视基础医疗发展，积极推动医疗技术及医疗制度革新，不断夯实基础医疗建设。但提高医疗人员专业水平，促进资源下沉、合理配置仍是改善崇明区居民就医条件的必由之路。形成以公立医院为主体、社会医疗机构为补充，建成分工明确、功能互补、密切协作、运行高效的整合型医疗服务体系是崇明医疗事业发展之大计。

17.2.2　教育现状分析

（1）师生比高于国家标准，但师资队伍质量仍有待提高。

2018 年，崇明在校学生中有高中生 4261 人，初中生 11 557 人，小学生 15 486 人，幼儿园儿童 9569 人，中专职校学生 6016 人，特殊教育学校学生 185 人，工读学校学生 30 人；高中教师 619 人，初中教师 1440 人，小学教师 1731 人，幼儿园教师 829 人，中专职校教师 335 人，特殊教育学校教师 59 人，工读学校教师 40 人，进修院校教师 116 人，成人学校教师 28 人。

从师生比来看，小学生师比 8.95：1，初中生师比 8.03：1，高中生师比 6.88：1。中小学校师生比高于国家规定标准师生比。

从教师学历及职称来看，幼儿园专任教师专科学历达标率 99.9%，幼儿园专任教师本科学历达标率 90.1%，小学专任教师专科学历达标率 99.1%，小学专任教师本科学历达标率 67.2%，初中专任教师本科学历达标率 98.3%，高中专任教师本科学历达标率 99.8%；幼儿园中级以上技术职务专任教师比重 25.3%，小学中级以上技术职务专任教师比重 49.5%，初中中级以上技术职务专任教师比重 70.2%，高中中级以上技术职务专任教师比重 88.3%。小学教师队伍本科学历达标率较低，教师队伍能力有待加强。

（2）教育设施相对充沛，各学龄学生入学率高。

2018 年，全区共有中小学、幼儿园、职校和特殊教育学校 123 所。其中高中 7 所（教育部门办 6 所），初中 30 所（教育部门办 29 所），小学 29 所（教育部门办 29 所），幼儿园 41 所（教育部门办 39 所），中专职校 3 所，特殊教育学校 1 所，工读学校 1 所，进修院校 2 所，成人学校 2 所，其他教育 7 所；3～6 周岁儿童入园率 99.9%，小学学龄人口入学率 100%，高中阶段教学入学率 99.3%；小学招生数 3230 人，小学毕业生数 3337 人，初中招生数 3233 人，初中毕业生数 2445

人，普通高中招生数 1355 人，普通高中毕业生数 1650 人。

（3）外来随迁人口较多，流动人口教育不容忽视。

幼儿园非沪籍幼儿占比 33.7%，小学非沪籍学生占比 33.4%，初中非沪籍学生占比 25.8% [1]。尤其以长兴镇、城桥镇、堡镇外来人口数量多。流动人口的教育关系社会公平和能否依法在我国行使九年义务教育权利。忽视流动人口教育，不利于国家和地区的长治久安。因此崇明地区应重视流动人口的教育问题。[2]

（4）群众对教育设施基本满意，但教育质量有待进一步提高。

根据实地调查发现 ①，学前教育及小学基本满足幼童上学需求，就学较便利，居民在就学便利程度方面满意度较高，但对教育质量满意度略低于其他指标（图 17-5）。

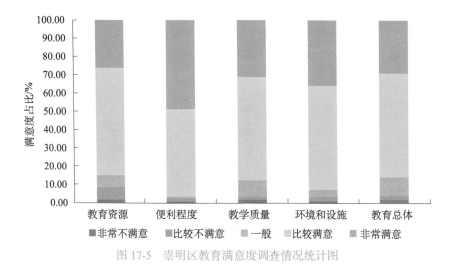

图 17-5　崇明区教育满意度调查情况统计图

17.3　医疗与教育存在的问题

过去的几年里，崇明区医疗、教育建设成果斐然，但仍存在一些问题。

17.3.1　医疗问题分析

（1）总体医疗水平一般，优质医疗资源相对缺乏。

---

①　教育（医疗）满意度数据来源于上海高校Ⅳ类高峰学科项目 2019 年 8 月华东师范大学崇明生态研究院开展的"崇明居民居住环境与生活方式"调查。

由于历史原因，上海 30 多家大型三级甲等医院多集中在市中心，而郊区则缺乏优质医疗资源。崇明地区的新华医院崇明分院虽然是一所三级乙等医院，但医生专业水平和医疗设备配备等方面与总院相比都稍逊一筹。岛上医疗可以满足居民基本就医需求，但当居民患有较为严重的疾病时，通常倾向于下岛赴上海市区就医。"庙小不可能有大菩萨，看病还得到'三甲'！"反映出居民患病就医时的心理，也揭示出本地优质医疗资源相对缺乏。

（2）医疗机构可达性在空间上极度不均，东部地区缺医现象严重。

通过可达性评价发现东平镇、港西镇、竖新镇等中部地区可达性良好；陈家镇、中兴镇等东部地区可达性较差（可达性评价方法详见专栏 17.1）。

专栏 17.1 计算医疗设施可达性

可达性指从一点到另一点的便捷程度[3]，是评估公共服务资源配置是否合理的重要指标，因此结合医院与居民点的实际情况测算医疗服务设施的空间可达性对于合理配置医疗资源，促进城市发展，提高居民生活水平具有重要意义[4]。崇明区主体崇明岛，东西较窄，南北狭长，导致岛上可达性不均。我们通过借助 GIS 空间分析，运用两步移动搜寻算法，对各镇的医疗设施情况进行科学测算。第一步：以任一医院位置 j 为中心，就医出行的极限距离（d_0）为半径，建立搜寻域 j。然后查找搜寻域 j 内所有的人口位置（k），计算搜寻域内病床数与人口的比值。第二步：以任一人口位置 i 为中心，就医出行的极限距离（d_0）为半径，建立搜寻域 i，然后查找搜寻域 i 内所有的医院位置（j），将这些位置的病床数与人口比值汇总求和[5]。

医疗设施可达性从整体上呈现自中部地区向东西部两端边缘地区降低趋势（图 17-6）。分析其原因，早些年，城桥镇因处于与上海市宝山区隔江相望的良好地理位置，率先建立渡口，社会经济得到良好发展，对应建立了相对完善的配套医疗设施。但受狭长地形影响，海岛两端居民很难被优质医疗设施服务范围覆盖。陈家镇缺医现象尤为显著，调查数据显示，居民前往城桥镇就医的时间平均约为两小时，崇明区居民就医便利程度满意度平均值为 78.4%，城桥镇、港沿镇就医便利性满意度较高，分别为 87.6%、87.5%，而陈家镇就医便利性满意度仅为 54%，由此可见陈家镇居民就医便利性亟待提高（图 17-7）。

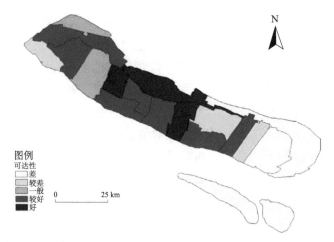

图 17-6　崇明区各镇（乡）医疗设施可达性情况

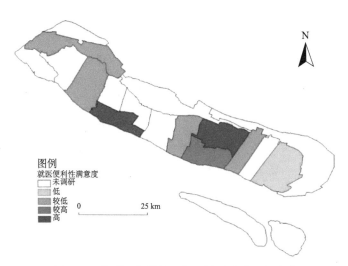

图 17-7　崇明区各镇就医便利性满意度空间分布

此外，由于海陆位置限制，崇明岛、长兴岛、横沙岛三岛之间及三岛与上海主城区相对隔离。近年来，跨海大桥改善了崇明地区只能轮渡通往上海主城区的局限，很大程度上改善了崇明地区下岛的交通条件，但下岛通道单一，过桥费用较高，一般群体很少选择下岛，因此对上海市区的优质医疗资源并不能很好地利用。

（3）高水平医护人员流失，人才引进存在困难。

崇明地区高等教育资源较少，大部分学生外出就学，并在完成学业后，选择留在上海市区。崇明的就业、收入和发展机会对外来高层次人才缺乏吸引力。在经过短暂停留后，他们往往选择离开崇明。整体上，高学历的医疗人才更倾向于选择前往上海市区医疗机构，而低学历或没有专业学历的卫生人员则在乡镇一级医疗机构所占的比重较大。

随着经济的发展，人们的生活水平得到了很大程度的提高，对生活质量的要求也越来越高，位于乡镇的一些基层医疗机构不仅工作环境较大城市逊色，且工资福利待遇也要低得多。这种基层与城市预期收益之差，使得许多新毕业的专业人才宁愿冒着失业风险去上海市区激烈的竞争中求得一个职位。此外高学历的人才往往认为自己掌握的知识丰富，因此求职时，对于工作单位的要求更高，也就出现了在基层医疗机构高学历人才短缺的现象。

（4）居民不信任医院现象存在，医疗专业水平满意度较低。

调查发现，一部分居民对崇明本地医院存在不信任的情况。而社区卫生服务中心就显得尤为冷清。调查数据显示，受访者对医疗人员和设备专业水平的满意度较低，"非常满意"和"比较满意"的样本比例仅为35.2%。部分患者已形成固有的就医观念，已对上海市区大医院形成心理依赖。很多人不信任社区卫生服务中心的诊疗技术，生病时不愿意前往社区卫生服务中心就诊。虽然事实上很多三级医院的门诊病人和住院病人均可分流到社区卫生机构，但大家还是更倾向于前往大医院就医。因而出现大医院人满为患，社区卫生服务中心病人寥寥无几的现象。最主要的原因是人们对社区医生的能力仍存顾虑。

对不同社会经济属性群体进行分析发现：①高收入人群医疗满意度低于低收入人群。分析其中原因，上海市区消费水平远远高于崇明，低收入群体往往考虑交通成本、就医成本等问题，更倾向于就近治疗，对崇明中心医院等本地公立医院的信任程度较高。②受教育程度高的人群医疗满意度低于受教育程度低的人群。受教育程度高的人群往往获得更多的就业机会和更丰厚的薪酬，同时也较低收入人群有更多的资讯和更宽阔的眼界，对医疗资源有更高的要求。③年轻人医疗满意度低于老年人。在调研过程中，我们发现老年人群体对于教育、医疗、购物、养老、交通等的满意度都比较高，这部分群体会因为个人经历产生时间对比，通常认为目前就医状况相较于之前已有很大改善，从而满意度更高。此外老年人行动不便，更倾向于选择交通方便、环境熟悉的地方治疗。年轻人在经济收入、教育程度等方面与老人不同，且看病多为带家里的年幼子女看病，儿童对医疗的要求更高，因而满意度更低。④患重病人群医疗满意度低于患轻微常见病或者不患病人群。就医情况大概可以分为三级，轻微常见病及老年慢性病患者前往乡镇卫生服务中心买药；常见病患者前往崇明中心医院（上海交通大学医学院附属新华医院崇明分院）、堡镇医院（上海市第十人民医院崇明分院）等公立医院就医；较严重的疾病前往上海市区治疗。患重病患者对于医疗水平要求更高，对崇明医疗资源满意度更低。⑤非农业户口医疗满意度低于农业户口。此次调研前往的地点既有城镇社区，也有村庄。总体而言村庄的交通便利程度、受教育水平、收入水平都要低于城镇，村庄群体对崇明医疗资源的满意程度更高。

17.3.2　教育问题分析

（1）总体教学质量和水平有待提高。

目前崇明地区义务教育资源可以满足学生就近上学需求，但优质学校多集中在城桥镇和堡镇。访谈发现小学教育资源可以满足幼童上学需求，小学生步行上学时间基本控制在十分钟以内。但到了初中阶段，成绩好、家庭条件好的学生更倾向于前往堡镇、城桥镇的中学读书，以获得更好的教育资源。由此可见，优质教育资源分配不均现象仍然存在。提高学校整体水平，促进教育资源均等化是崇明生态岛建设的重难点。

（2）部分成熟师资与优质生源流失。

上海市区更完善的服务设施、更优质的生活条件和更好的就业机会，对崇明本地教师存在着巨大的吸引力，近年来师资流失现象在崇明变得普遍。而中小学生适应能力较差，依赖性较强，频繁更换教师，打破学生既有学习习惯，不利于学生持续良好的学习。师资流失，尤其是引进若干年以后的成熟型教师的流失打乱了学校既有的教学安排，影响学校教学活动的正常开展，不利于学校的长久发展。崇明地区师资流失对不同学校造成了不同层面、不同程度的影响。

崇明区一些学校生源流失现象显著。生源流失原因主要有两方面：其一，上海市区优质的教育资源吸引更多学生离开崇明，前往上海就读；其二，崇明地区外来人口较多，随迁子女小学、初中前半阶段在崇明读书，但受户籍影响限制，随迁子女面临中考时，必须回到户籍所在地就读。因而造成一些学校初中生源流失。

（3）课外教育资源相对缺乏。

课外教育资源在学生成长过程中具有重要作用，能够激发学生学习兴趣，开发学生智力，有利于学生综合素质的培养。通过深度访谈，一部分家长认为崇明公立学校教育多以文化课为主，舞蹈、乐器、书画等素质拓展满足不了孩子需求。私立学校相关课外培养方案更为全面，学习内容更加丰富，但私立学校往往学费很高，一般家庭难以承受。部分家长选择周末送孩子前往上海市区学习，时间成本、经济成本都较高，长此以往，为生源流失埋下隐患。

（4）科研机构与高校开设的分校资源利用率不高。

崇明区引进高等教育及科研机构的落户地主要在陈家镇。目前岛上高等教育机构有全日制本科大学上海外国语大学贤达学院，以及华东师范大学建设的崇明生态研究院。高等院校在崇明区设立科研站点有复旦大学、上海交通大学、同济大学等高校成立的新农村发展研究院。近年来，崇明区围绕发展创新经济，努力争取科技载体落户，希望为崇明区建设带来科技助力，但由于崇明区与上海市区相对隔离，距离远，通勤时间长，科研工作者前往不便，一些科研机构资源利用率并不高。科研机构的引入没有显著为该地区注入真正的科技创新力量。

17.4 就医就学经验借鉴

17.4.1 新加坡医疗与旅游结合模式 [6]

崇明地区生态环境良好，在建设世界级生态岛过程中，应充分发挥其环境优势。新加坡医疗与旅游相结合的发展模式对崇明医疗发展具有重要借鉴意义。

新加坡主张健康服务与旅游业结合发展，曾连续两年获得《旅游周刊（亚洲）》产业奖"最佳医疗旅游目的地"殊荣。多年来，数十万世界各地的各类病人来到新加坡寻医问药。这些病人并非自己孤身而来，多有其他人陪伴，进一步吸引更多外来人口前往新加坡。而以医疗为目的的旅行者，通常需要做手术，其停留时间比普通旅游者要长，除了医疗服务的支出，还会派生从基本的食宿消费到观光、购物等多项需求。随着海外患者队伍的壮大，在新加坡更是逐渐形成了第三方组织，专门帮助海外患者处理来新加坡治疗的签证、机场接机和食宿安排，使得新加坡针对海外患者的健康服务业形成了一条完整的产业链。为新加坡提供了更多的就业机会，进一步巩固新加坡作为区域医疗中心的地位。因而新加坡卫生部将医疗保健旅游视为振兴新加坡经济的一个引擎。

新加坡健康服务业享有如此高的国际知名度，分析其主要原因有如下四点。

（1）通过国际认证，突破服务贸易的技术壁垒。新加坡主要的健康医疗机构都通过了 JCI 国际认证，占全亚洲通过该认证的医疗机构总数的 1/3。同时，新加坡作为著名的国际旅游城市，其成熟的旅游环境、健全的法制、稳定的社会状况、以英语为官方语言的语言环境为海外的患者及陪护人员提供了安全、便利的大环境。

（2）出色的健康医疗服务。新加坡从事临床服务的医生非常出色，大都在国际上最好的医疗中心接受培训，还在国际医学界享有盛誉。比如，在新加坡的蒙特·伊丽莎白医学中心，所有 25 个科室的 50 名专家都具有国际认可的职业证书，并在国际领先的医学机构接受过培训。以新加坡牙科服务为例，新加坡所有的海外病人中，寻求牙科服务的占 20%，而新加坡的牙科服务并不具有明显的价格优势。究其原因，是由于新加坡牙科医生在世界各地从事教学活动、学术活动，在业界树立了良好的形象和声誉，吸引了很多来自亚洲乃至西方国家的消费者。

（3）价廉物美的健康服务。对于很多国际病人而言，医疗服务的成本是其寻求海外医疗服务重要的考虑因素。新加坡在某些领域的健康服务的确价廉物美。以血管成型手术为例，在美国如果有保险，这样一种手术的价格在 26 000～37 000 美元，如果没有保险，价格则高达 57 000～83 000 美元。而在新加坡，同样的手术仅花费 13 000 美元。因此即使考虑到患者及其陪伴人员旅行和住宿的费用，成本的节约还是非常可观的。

（4）政府成立高层委员会全力促销保健旅游。由新加坡经济发展局、新加坡旅游局和新加坡国际企业发展局成立的委员会通过旅游局设在多个国家的办事处及展销会，向外国病人推销保健旅游。

新加坡的发展模式启示，提高崇明地区医疗水平，不仅可以解决社会民生问题，还可以结合本地的区位优势和环境优势，发展医疗旅游经济。

17.4.2　加拿大中小学环境教育

建设世界级生态岛是崇明的重大战略目标，人人都应当树立环境保护意识，青少年是祖国的希望、民族的未来，中小学环境教育尤为重要，崇明在环保知识教育、环保实践活动开展方面都取得了一定的成绩，但中小学环境教育也存在很多困难，不免存在一些学校将环境教育视作任务来被动完成，部分教师甚至认为环境教育的时间占用学生文化课学习时间。在中小学环境教育方面，加拿大起步早，经验丰富，取得了显著的社会效益，可以为崇明基础教育阶段环境教育的实施提供有益的借鉴。

（1）加拿大的政府机构注重环境教育的开展。中小学校是加拿大青少年环境教育的主要基地，加拿大中小学通过开设环保课程、在相关课程中渗透环保内容、建设环保学校等举措广泛地开展环境教育。多个层面的不同类型的机构在组织和推动中小学环境教育方面发挥着不可或缺的作用，共同推动了环境教育的开展。加拿大从事环境教育的机构主要有加拿大环保署、加拿大自然资源部等联邦政府部门、加拿大教育部长联席会议，以及省级和地方政府。总而言之，从联邦政府到省级和地方政府，都非常重视环境教育。

（2）加拿大非政府组织也积极参与推动中小学环境教育的开展，对整个加拿大环境教育的开展起到了重要作用。一是从事全国性环境教育的机构，如加拿大环境教育和通信网络专门环境教育机构；二是在省内从事环境教育的机构，如安大略环境教育机构；三是在某一领域从事环境教育的机构，如萨瑟特户外活动组织；四是对中小学环境教育进行资助的公益基金会。

（3）加拿大环境教育实施过程中很注重高校的积极加入和倡导。加拿大高校，特别是与教师教育有关的高校和专业非常重视环境教育，主要体现在两个方面。一是对加拿大中小学教师入职前和入职后进行环境教育，将环保理念、知识和方法纳入中小学教师入职前和入职后的教育课程中。例如，2011 年，西蒙·弗雷泽大学（Simon Fraser University）教育学院举办了旨在强调可持续发展和环境保护的教师职前教育项目[7]。二是不少高校设立了环境教育学位，以培养专门从事环境教育的教师。例如，2010 年，加拿大康考迪亚大学（Concordia University）开设了环境教育硕士学位；阿拉斯加太平洋大学（Alaska Pacific University）开设了户外和环境教育科学硕士项目。

（4）加拿大也很注重学区和社区的支持和参与环境教育。学区是加拿大最基层教育行政单位，负责管理学校事务。社区分布在学校周围，社区与学校存在着紧密联系。学区和社区主要通过两个途径参与环境教育。一是支持中小学开展环境教育。例如，加拿大伯纳比（Burnaby）学区积极支持那些能够开发学生的环保技能、增长学生环境知识、养成学生环保习惯的教育项目活动和创意。二是积极参与到中小学环境教育的行动中来，引导中小学生参与社区的环保项目，参与学区的环境教育行动。为了引导社区参与中小学环境教育，有些省份出台了专门的政策。例如，安大略省要求学校董事会提供与社区相关的环境教育经验和项目，以此鼓励学生家长提供环境教育的建议，与社区组织加强联系和建立伙伴关系，将环境教育的经验与更多的社区共享。要求学校与父母、学校委员会、社区组织和其他利益相关者一起培养学生的环保意识。

加拿大在中小学环境教育过程中，首先明确中小学环境教育的目标。其次制定了中小学环境教育的立法和规划，开设中小学环境课程。积极实施中小学环境教育项目。并推动环保学校建设。此外还将校外作为中小学环境教育的重要阵地，实施校外环境教育。

加拿大中小学的环境教育启示崇明应该明确各主体环境教育法定职责，发挥学校主阵地和课堂主渠道作用，要改变学校评价方式，将可持续发展理念、生态文明观念融合进对学生和学校的评价当中，大力推广"绿色评价"，把学校从应试教育中解放出来。鼓励学校与大学、社会组织等合作开发环境教育校本课程、综合实践课程，并将生态文明教育更多渗透到各学科课程、教学应当强化社区环境教育功能，积极鼓励社会组织参与，建好用好环境教育基地[8]。

17.5　发展背景与政策建议

17.5.1　发展背景

医疗卫生和教育事业作为关系到国计民生的基础性事业，始终是各级政府关注的重点。崇明区在着力建设世界级生态岛的过程中，建立与世界级生态岛定位相匹配的公共卫生与医疗服务体系，完善崇明教育体系，推进各级各类教育协调发展是重中之重，要积极落实。从国家健康中国战略，到上海《崇明世界级生态岛发展"十三五"规划》，以及《"健康崇明 2030"实施意见》，无不指出发展崇明医疗、改善居民就医条件、促进医疗设施均等化的重要性。多年来我国坚持实施科教兴国、人才强国战略，各级政府积极促进教育事业的发展，教育问题不容小觑。基于此，站在历史和全局的战略新高度，厘清医疗与教育的供需问题，有利于资源的合理配置，从而改善居民就医、就学条件，促进社会公平。

（1）医疗发展背景。

国家战略：健康中国战略。习近平总书记在十九大报告中提出，实施健康中国战略。要完善国民健康政策，为人民群众提供全方位全周期健康服务。深化医药卫生体制改革，全面建立中国特色基本医疗卫生制度、医疗保障制度和优质高效的医疗卫生服务体系，健全现代医院管理制度。加强基层医疗卫生服务体系和全科医生队伍建设。医疗建设与居民健康状况息息相关。加强崇明地区医疗建设有利于改善居民就医条件，提高居民健康水平。

上海战略：《崇明世界级生态岛发展"十三五"规划》。上海市委、市政府在《崇明世界级生态岛发展"十三五"规划》指出，崇明是上海重要的生态屏障和

21世纪实现更高水平、更高质量绿色发展的重要示范基地，是长三角城市群和长江经济带生态环境大保护的标杆和典范，未来要努力建成具有国内外引领示范效应、社会力量多方位共同参与等开放性特征，具备生态环境和谐优美、资源集约节约利用、经济社会协调可持续发展等综合性特点的世界级生态岛。建立与世界级生态岛功能定位相匹配的公共卫生与医疗服务体系，是崇明建设世界级生态岛的基础。

崇明战略：《"健康崇明2030"实施意见》指出，强化公共卫生服务建设，推进基本公共卫生服务均等化。结合实际根据需求适时调整和完善公共卫生服务项目和内容，提升服务的公平性和可及性。积极推广公共卫生适宜技术。到2030年，全区基本形成匹配世界级生态岛的公共卫生服务体系。崇明医疗设施建设应注意服务的可及性与公平性。

（2）教育发展背景。

教育强国战略。2018年，在全国教育大会上，习总书记进一步提出了"加快推进教育现代化、建设教育强国"的新要求。发展教育是国家建设的需要，也是人才培养的需要。建造优质的教育设施、营造良好的教育环境，有利于崇明地区的人才培养，是提高崇明地区人口素质，与崇明世界级生态岛公共设施建设的需要。

基本公共服务均等化战略。社会发展的基本宗旨是人人共享、普遍受益。而推进基本公共服务均等化，是实现人人共享社会发展成果的必然选择。通过实现基本公共服务均等化，让人民共享改革发展成果，是解决民生问题、化解社会矛盾、促进社会和谐、体现社会公平的迫切需要。注重教育设施均等化，让人民平等地享受优质的教育资源，是崇明生态岛建设的一大重点。

由此可见，提高公共服务质量、保障和提升民生水平是崇明世界级生态岛建设过程中的重要内容。在健康中国、教育强国等国家战略的指导下，在以人为本和基本公共服务均等化理念的引领下，将医疗、教育设施与服务的供给与居民实际的需求相结合，对崇明的医疗、教育资源进行优化配置具有重要的现实意义。同时，考虑到崇明重要的战略地位及其相对独特的区位和交通条件，公共服务可获得性的提升及与上海市资源的协调配置研究具有重要意义。

17.5.2　医疗发展的政策建议

（1）高度重视医疗水平提高与质量提升，引入三甲医院合作办医。

医疗水平和医疗质量是医院赖以生存的根本，是病人选择医院最直接、最主要的标准。提升医疗质量和水平是管理医院的核心和主题。在医疗建设方面，要从数量提升型向高水平、高质量型发展，在保证数量的情况下，提高医院医疗水平；从规模扩张型向内涵建设型发展，单纯扩张医院规模只是流于形式，切实提高医院质量才是根本。要高度重视医疗水平与质量的发展，只有狠抓质量、技术和服务，增强医院的内涵品质，不断提升服务能力，才能真正满足居民的就医需求。崇明地区可进一步加强与上海市区三甲医院合作，合作办医，开设分院，以此为契机引进优质医疗人才和先进技术经验，提高医院服务能力。

（2）加强东部地区医疗服务配置，引导民营医疗机构正规化。

公共卫生服务体系的完善需要政府之外的社会力量广泛参与，这是社会发展的客观要求。国务院《"十三五"卫生与健康规划》明确要求大力发展社会办医，支持力度比以往更大。目前以陈家镇为代表的东部地区就医条件亟待改善，为满足群众多层次医疗服务需求，崇明区政府应鼓励社会力量提供健康服务，优先支持兴办非营利性医疗机构，推进非营利性民营医院和公立医院同等待遇。适当放宽社会力量兴办医疗机构的服务领域要求，支持社会力量以多种形式参与健康服务。同时要对民营医疗机构加强引导，使其正规化、合理化。

（3）邀请合作办医单位专家定期坐诊，重视医疗人才的引进。

通过"柔性引进人才"，柔性引进上海市区知名专家定期来院坐诊、教学查房、疑难病例讨论、会诊、讲座及手术等，提高崇明区医院医务人员医疗技术水平，同时，方便崇明百姓在家门口就能得到上海大医院专家的诊疗服务，为患者节约看病时间和往返费用，避免了来回奔波的辛劳。"柔性引进"是人才引进的重要方式，也是优质医疗资源下沉的良好方式，能够助推崇明基层医院构筑人才高地、提升人才队伍建设。同时通过柔性引进人才，将快速帮助崇明地区医院掌握先进医疗技术，提升医院服务能力，为崇明百姓谋福祉，为健康崇明做出更大的贡献。

（4）发展医养结合，将医疗与健康、疗养产业有机衔接、融合发展。

党的十九大报告提出，积极应对人口老龄化，构建养老、孝老、敬老政策体系和社会环境，推进医养结合，加快老龄事业和产业发展。崇明地区老龄化率高，发展医养结合产业，将医疗与健康、疗养产业有机衔接、融合发展将有利于推动崇明地区医疗建设。医养结合事业要从多方面齐开展，首先要明确医养结合管理机构；其次要培养医养结合专家队伍，培养一批有志于养老服务事业，并具有医疗、护理专业知识的大中专毕业生，到各乡镇从事老龄养老服务事业。再次要加快医养结合供给侧改革，提供多元化、多维度的养老服务，满足老人日益提高的养老需求。

（5）全面建立远程医疗应用体系，大力发展智慧健康医疗服务。

智慧医疗利用物联网与云技术来推动医疗信息化模式的创新，通过医务人员、患者、医疗设备、医疗机构之间的有机互动，最终实现实时、自动化、智能化的动态服务[9]。与传统的医疗服务模式相比，智慧医疗能够主动采集各类人体生命体征数据；数据能够自动传输与远程分析应用；数据集中存放管理、便于实现数据共享和深入挖掘；能够提供低成本、长期、稳定的健康监控和诊疗服务[10]。

中共中央、国务院发布的《"健康中国2030"规划纲要》中，明确提出推动"互联网＋健康医疗"服务，创新健康医疗服务模式。崇明地区地形狭长，部分区域缺医现象明显。在新冠疫情防控常态化的阶段，远程医疗发挥了重要作用。因此应借助5G网络的覆盖，推进远程医疗基础设施的建设，大力发展远程医疗，全面建立远程医疗应用体系。同时积极推进基于物联网和云技术的智慧医疗服务。

17.5.3　教育发展的政策建议

（1）加强与国内外高层次学校合作办学，构建服务科创人才的全套教育科研体系。

加强与国内外高层次学校的合作办学，可以引进先进的办学理念和教育经验，有利于学校之间的交流互通。引进高水平科研院校，有利于推动崇明产学研一体化建设。政府要给予充分的政策优惠，吸引高校或国际学校来崇明开设分校。例如，2018年崇明区人民政府与华东师范大学签署了全面战略合作框架协议，为合作打下了坚实的基础，未来，应加快推进华东师范大学崇明分校建设。此外，生态教育是崇明的，也是上海的、中国的乃至世界的，还需要搭建更大的生态教育交流平台，以拓展我们的研究与实践视野。国内外高层次学校的合作办学可以提供更广阔的交流平台，使崇明的相关经验能走出本岛，在更大范围发挥引领作用。

同时，需要与教育集团开展深度合作，引进附属中小学及幼儿园，为大力引进科技创新人才提供相应的公共服务保障，构建从幼儿园、中小学到大学的全套教育科研体系。

（2）加强师资队伍建设，吸引优秀师资力量；完善教育人才培养、管理与流动制度，建立健全长效机制。

师资力量薄弱，优质师资流失是崇明教育面临的一大难题。政府应重视师资队伍建设，改善教师工作条件，提高教师福利待遇，既可以留住既有师资，又能吸引新的优秀师资力量。要完善教育人才培养、管理与流动制度，建立健全长效机制，不仅让要让优秀师资"来"，更要让他们长久"留下来"。尤其对于义务教育阶段学生而言，对新环境适应性较差，频繁更换老师不利于学生良好的学习，"留住"老师是目前崇明教育的一大重点。

（3）强化小学与中学间的衔接，吸收较为稳定的优质生源。

初中学校教育教学质量的整体提升离不开小学学习阶段的坚实基础。九年制义务教育是连续的教育，中小学衔接这一环节既影响到义务教育阶段教育教学工作的完整性和系统性，也关系到学生能否尽快适应中学学习生活和顺利地度过青春期，中小学衔接工作的重要性不言而喻。因此，应强化小学与中学间的衔接。

（4）强化世界级生态岛特色办学，结合实践教学环节，加强综合素质教育，提高学校竞争力。

强化各级学校培育"生态人"的教育理念，深刻领悟培育"生态人"的价值意义，对生态教育要主动参与，不能被动应付；生态教育的落实要提供充足的共享的生态教育资源，为学生学习提供优质的读本、视频等资源，可定期邀请相关专家开展专题讲座；优化生态教育课程，强化对校本课程建设的引领，生态是活的，是变化着的，此课程内容也需要及时更新。随着生态教育课程实践的深入，对这类课程的特征与建设规律的认识也要不断丰富完善。要实现崇明教育主动服务于"生态文明社会"的构建和"生态岛"建设的伟大实践；为全国其他地区开展生态教育实践提供成功范例。

（5）鼓励民办教育、远程教育资源的发展，加强引导和监督。

鼓励和支持民办教育发展，有利于更好配置教育资源。政府应加大对民办教育的政策扶持，消除对民办教育的歧视。义务教育阶段不应设立营利性民办学校，对非营利性学校实施充分的政策倾斜和差别化扶持，旨在保障教育的公益属性，鼓励和引导举办者坚守教育情怀，回归育人本位，追求办学品质，办出优质学校。同时，远程教育和在线教育的发展，有利于教育体系的完善，应予以鼓励和支持。但民办教育和远程教育在发展过程中也出现了许多问题，存在着鱼目混珠、杂草丛生的乱象。因此政府应加强引导监督，有序推进分类管理，促进民办教育和远程教育规范、健康、高质量发展。

（执笔人：申悦、李亮）

参 考 文 献

[1] 崇明统计年鉴委员会.崇明统计年鉴 2019.上海，2019.

[2] 王佳.要重视流动人口子女教育.中国统计，2006（02）：23-24.

[3] McGrail M R，Humphreys J S. Measuring spatial accessibility to primary care in rural areas：Improving the effectiveness of the two-step floating catchment area method. Applied Geography，2008，29（4）：533-541.

[4] 傅俐，王勇，曾彪，等.基于改进两步移动搜索法的北碚区医疗设施空间可达性分析.地球信息科学学报，2019，21（10）：1565-1575.

[5] 刘钊，郭苏强，金慧华，等.基于 GIS 的两步移动搜寻法在北京市就医空间可达性评价中的应用.测绘科学，2007（01）：61-63，162.

[6] 高汝熹.上海健康医学产业创新集群研究.上海：上海社会科学院出版社，2009：31-33.

[7] Ormond C G，Zandvliet D B，Mcclaren M，et al. Environmental education as teacher education：Melancholic reflections from an emerging community of practice. Canadian Journal of Environmental Education，2014，19：160-179.

[8] 徐新容.加拿大中小学环境教育的经验和启示.教育研究，2018，39（06）：154-159.

[9] 刘晓馨.我国智慧医疗发展现状及措施建议.科技导报，2014，32（27）：12.

[10] 倪明选，张黔，谭浩宇，等.智慧医疗——从物联网到云计算.中国科学：信息科学，2013，43（04）：515-528.

第十八章

崇明健康岛建设

在"健康中国"战略的指引下，崇明在居民疾病防控和健康促进方面取得了重大进展，大幅改善了居民健康状况。但上海高校Ⅳ类高峰学科项目华东师范大学调查组 2019 年的调研数据显示，崇明仍面临着超重和肥胖及其伴随的慢性病问题的挑战，其原因主要有四个方面，即不良饮食习惯、缺乏体育锻炼、机动化出行为主和设施布局分散。建设崇明世界级生态岛，必然要通过打造世界级健康岛来保障居民和未来人口的高质量健康生活。这既是世界级生态岛建设的必然趋势，也是打造崇明世界级休闲基地的必然选择。一方面，世界级生态岛的居民必将拥有世界一流的健康水平，崇明健康岛既是推行全民健康生活的先行试验区，更是彰显健康乐活文化的样板示范区，应力争为上海乃至全国的健康建设提供可复制的崇明经验；另一方面，环绕健康乐活氛围的世界级健康岛不仅是崇明的健康岛，更是上海卓越全球城市的有机组成部分，是长三角居民的后花园、世界级的休闲基地。为此，本章提出了三点对策，即坚持以政府为核心，加快打造"政府－社区－学校－企业"全方位的健康宣传和管理网络；坚持以运动为重点，积极营造"青少年－成人－老年"全年龄段居民的健身氛围，提高民众的接受度与参与度；以体育小镇为试点，努力推进"乡镇－街道－设施"全域性健康支持环境的建设。

18.1　居民的健康状况演变与现状

近年来，在"健康中国"战略的指导下，崇明在居民疾病防控和健康促进方面取得了重大进展，居民健康状况得到了大幅改善。一方面，崇明成功创建慢性病综合防控示范区，加强对居民健康的管理，落实"防治结合，预防为主"的健康策略；另一方面，崇明加大了体育设施的供给，并积极营造"全民运动、全民健康"的社会风尚，成功举办了一系列国际体育赛事。具体表现在如下几个方面。

第一，人均预期寿命稳步提升。根据 2014～2019 年的《崇明统计年鉴》，崇明人均预期寿命从 2013 年的 81.2 岁上升到 2018 年的 83.35 岁。超过上海市平均水平，比全国平均水平更是高出 6.35 岁，位居全球前列。其中，崇明男性居民平均预期寿命 81 岁，女性居民平均预期寿命 85.7 岁。与 2013 年相比，分别提高了 2.48 岁和 1.75 岁。

第二，传染病发病率明显降低。2016 年发布的崇明《慢性非传染性疾病综合防控示范区慢性病及其危险因素监测报告》、《崇明统计年鉴 2019》显示，崇明居民甲乙类传染病发病率呈降低趋势，远低于上海市的平均水平。

第三，慢性病防控阶段性成果显著。2014 年，崇明成功创建全国慢性非传染性疾病综合防控示范区。近年来，崇明采取健康促进教育、健康生活方式行动、基层慢性病管理等系列措施，崇明社区的健康教育氛围不断得到强化，慢性病患者管理率得到了进一步提高。

第四，居民生活环境不断优化。在自然环境方面，崇明不断加强对环境保护和生态建设的力度。《崇明统计年鉴 2019》显示，崇明全年空气优良率达 86%，饮用水源水质达标率为 100%，均优于上海市的平均水平。在建成环境方面，崇明努力打造促进健康的高品质居住环境。自 2016 年入选国家首批健康促进县（区）以来，崇明在乡镇社区累计新建 150 个健身点、更新 217 个健身点、改建 50 片多功能球场、新建 41 条市民健身步道，大幅改善了居民的健身环境，有效提升了建成环境的健康品质。

18.2　居民面临的主要健康问题

18.2.1　崇明正面临着肥胖挑战

肥胖可以简单定义为"可损害健康的异常或过量脂肪累积"[1]，并基于身体质量指数（body mass index，BMI）判断。BMI ≥ 24kg/m^2 的成年个体可判定为超重（肥胖前状态），BMI ≥ 28kg/m^2 的成年个体可判定为肥胖[2]。肥胖问题不仅严重危害个人的健康，而且也会增加社会的整体负担。一方面，肥胖不仅是高血压、糖尿病、冠心病等多种慢性病的重要危险因素之一[3]，显著提高了慢性病患者的死亡风险[4]；另一方面，肥胖所引发的慢性病也会导致巨额的医疗费用，造成直接的社会经济负担[5]。

上海高校 Ⅳ 类高峰学科项目华东师范大学调查组 2019 年的调研数据表明，崇明成年居民的超重率和肥胖率分别为 43.89% 和 10.82%。其中，肥胖率较 2013 年略有降低，但这一水平仍显著高于全国平均水平（$p < 0.001$）、全国乡村地区平均水平（$p < 0.001$）和上海市区平均水平（$p < 0.001$）（表 18-1）。从反映中心性肥胖的腰围指标来看，2019 年的调研数据显示，崇明居民的腰围也显著高于全国平均水平（$p < 0.01$）和全国乡村地区平均水平（$p < 0.01$）。

表 18-1　崇明与全国、全国乡村、上海市区的居民肥胖程度比较

肥胖指标	崇明	全国	全国乡村	上海市区
BMI/（kg/m^2）	24.17	23.21***	23.07***	22.78***
超重率 /%	43.89	35.37***	33.09***	31.84***
肥胖率 /%	10.82	6.99**	6.32***	5.04***
腰围 /cm	81.39	78.71**	79.11**	—

$p < 0.01$，*$p < 0.001$
—表示数据缺失

从崇明肥胖的人口社会学特征来看，肥胖人口以中老年人、男性、村委会居民为主。上海高校 Ⅳ 类高峰学科项目华东师范大学调查组 2019 年的调研数据显示（表 18-2），测度肥胖的各项指标在中老年人（46 岁及以上）中都显著高于青

年人（18～45 岁）。肥胖的性别差异主要表现在腰围上，崇明男性居民的中心性肥胖更为严重，男性居民的腰围比女性宽 6.7cm（$p<0.001$），中心性肥胖率男性比女性高出 14.15%（$p<0.01$）。村委会居民样本的 BMI、肥胖率、腰围和中心性肥胖率都显著高于来自崇明居委会的样本（$p<0.1$）。

表 18-2　崇明居民肥胖程度分性别、村居委的比较

肥胖指标	18～45 岁	46 岁及以上	男性	女性	村委会居民	居委会居民
BMI/（kg/m²）	22.54	25.11***	24.44	24.01	24.66	23.79†
超重率 /%	30.77	51.42***	48.70	40.85†	45.95	42.24
肥胖率 /%	5.49	13.88**	10.36	11.11	14.41	7.94*
腰围 /cm	78.08	83.28***	85.49	78.79***	82.57	80.45†
中心性肥胖率 /%	37.99	57.14***	58.85	44.70**	55.45	45.99*

†$p<0.1$，*$p<0.05$，**$p<0.01$，***$p<0.001$

18.2.2　与肥胖相关的慢性病比率较高

随着社会经济的发展和人们生活方式的改变，以心脑血管疾病、恶性肿瘤、慢性阻塞性肺部疾病、糖尿病等疾病为主的慢性病已成为影响居民健康，阻碍社会经济发展的重大公共卫生问题。随着人口老龄化的加剧，尤其是与肥胖相关的慢性病正进一步危害崇明居民的健康。自 2008 年以来，循环系统疾病在崇明居民的主要死亡原因中的占比有明显的增长趋势。

与肥胖相关的糖尿病、心脑血管疾病等慢性病比率在崇明地区偏高。上海高校Ⅳ类高峰学科项目华东师范大学调查组 2019 年的调研数据显示（表 18-3），崇明成年居民自报糖尿病患病率为 6.20%，显著高于全国平均水平（$p<0.001$）、全国乡村地区平均水平（$p<0.001$）和上海市区平均水平（$p<0.001$）。此外，2019 年崇明成年居民自报心脑血管疾病的患病率为 17.00%，也显著高于全国平均水平（$p<0.001$）、全国乡村地区平均水平（$p<0.001$）和上海市区平均水平（$p<0.001$）。

表 18-3　崇明与全国、全国乡村、上海市区的居民糖尿病、心脑血管疾病患病率的比较

慢性病	崇明	全国	全国乡村	上海市区
糖尿病患病率 /%	6.20	1.58***	1.22***	1.24***
心脑血管疾病患病率 /%	17.00	9.21***	9.60***	5.13***

***$p < 0.001$

　　从患糖尿病人口的年龄结构来看（表 18-4），崇明各年龄段居民的糖尿病患病率都显著高于全国平均水平（$p < 0.01$）及全国乡村平均水平（$p < 0.01$）；从患心脑血管疾病人口的年龄结构来看，崇明 46 岁及以上居民的心脑血管疾病患病率显著高于全国平均水平（$p < 0.01$）及全国乡村平均水平（$p < 0.01$）。因此，崇明的慢性病防控形势不容乐观，尤其是 46 ～ 60 岁的中老年人口具有很高的慢性病患病风险。

表 18-4　崇明与全国、全国乡村、上海市区的居民糖尿病、心脑血管疾病患病率的比较

慢性病患病率	样本年龄分布	崇明	全国	全国乡村	上海市区
糖尿病患病率 /%	18 ～ 45 岁	1.65	0.36**	0.30**	0.68
	46 ～ 60 岁	7.83	2.41***	1.69***	2.52**
	60 岁以上	11.36	3.51***	2.48***	—
心脑血管疾病患病率 /%	18 ～ 45 岁	2.75	2.18	2.34	1.50
	46 ～ 60 岁	21.74	13.31***	12.75***	13.52*
	60 岁以上	34.09	21.95**	20.70**	

*$p < 0.05$，**$p < 0.01$，***$p < 0.001$
—表示数据缺失

　　就慢性病患病率而言，乡村中年居民的糖尿病问题更为严重。上海高校Ⅳ类高峰学科项目华东师范大学调查组 2019 年的调研数据显示，来自崇明村委会和居委会的样本在糖尿病和心脑血管疾病的患病率方面没有统计学差异。但分年龄比较后发现，崇明中年村委会样本（46 ～ 60 岁）糖尿病患病率显著高于中年居委会样本（$p < 0.05$），表明乡村中年人罹患糖尿病的风险更高。此外，两种疾病的患病率在男女之间也没有统计学差异。

18.2.3　崇明居民肥胖及慢性病问题的原因分析

能量摄入与消耗不平衡是导致个体肥胖的主要原因，肥胖则是多种慢性病的重大危险诱因[6]。在居住环境的客观影响下，个人的主观选择将决定能量的摄入与消耗。因此，崇明居民的肥胖及慢性病问题既与个人的健康素养和健康行为息息相关，也与其居住环境密不可分。

第一，崇明居民的饮食习惯不够健康。良好合理的饮食习惯是保持健康的重要途径之一。同时，适量均衡的膳食摄入，能够起到预防肥胖及慢性病的效果[7]。基于上海高校Ⅳ类高峰学科项目华东师范大学调查组的调研数据（表 18-5），崇明成年居民食用零食的频率显著高于上海市区的平均水平（$p<0.001$），且中年居民（46～60 岁）对于零食的偏好显著高于同年龄段上海市区居民的平均水平（$p<0.05$）。从营养学的角度来说，零食一般具有高热量、高糖分的特点，过多摄入会增加个人的肥胖风险。另外，通过上海高校Ⅳ类高峰学科项目华东师范大学调查组实地走访发现，在崇明的乡镇和农贸市场中，随处可见以贩卖各种零食特别是油炸食品、腌制品为主的小商铺，这直接促进了居民不健康饮食习惯的养成。

表 18-5　崇明居民对零食的偏好及食用零食频率与上海市区平均水平的比较

样本年龄分布	崇明居民对零食的偏好	上海市区居民对零食的偏好	崇明居民食用零食频率均值	上海市区居民食用零食频率均值
全年龄	2.49	2.54	0.15	0.09***
18～45 岁	2.80	2.71	0.15	0.10 †
46～60 岁	2.40	2.15*	0.17	0.07***

† $p<0.1$，*$p<0.05$，***$p<0.001$

第二，崇明居民的体育锻炼较为缺乏。通过适量运动，可以加快人体血液循环与热量消耗，从而增加体内多余脂肪的消耗，进而起到预防肥胖的效果[7]。此外，适量运动还可以使身体各器官得到锻炼，增强身体机能，从而起到预防慢性病的效果[8, 9]。基于上海高校Ⅳ类高峰学科项目华东师范大学调查组的调研数据（表 18-6），发现崇明居民缺乏体育锻炼的意识，其对体育锻炼的偏好显著低于上海市区的平均水平（$p<0.001$），导致健身苑点利用率低下。同时，崇明居民实际体育锻炼的频率也显著低于上海市区居民的平均水平（$p<0.001$），尤其是中年居民（46～60 岁）体育锻炼的频率显著低于同年龄段

上海市区居民的平均水平（$p<0.05$）。

表 18-6　崇明居民对锻炼的偏好及体育锻炼频率与上海市区平均水平的比较

样本年龄分布	崇明居民对体育锻炼的偏好	上海市区居民对体育锻炼的偏好	崇明居民体育锻炼频率均值	上海市区居民体育锻炼频率均值
全年龄	3.49	3.76[***]	0.55	0.63[***]
18～45 岁	3.43	3.73[***]	0.56	0.63
46～60 岁	3.52	3.84[***]	0.53	0.63[**]

$**p<0.01$，$***p<0.001$

第三，崇明居民日常出行以个体机动化方式为主，体力消耗较少。基于上海高校Ⅳ类高峰学科项目华东师范大学调查组的调研数据［图 18-1（a）］，75% 的崇明居民选择电动车 / 摩托车、小汽车等机动化方式出行；不到 20% 的崇明居民选择步行、自行车等非机动化方式出行；仅有 3% 的崇明居民选择公交出行。这与上海市居民总体交通出行结构具有明显差异［图 18-1（b）］。此外，上海高校Ⅳ类高峰学科项目华东师范大学调查组实地走访发现，崇明乡镇间和乡镇内均缺乏安全的步行环境。在城市化地区，机动车道两旁的人行道狭窄，且常被停车挤占，居民可步行范围有限，甚至被迫行走在机动车道上；在乡村地区仍然存在断头路的现象。这些都会抑制居民日常出行采用步行或骑行的意愿，减少居民日常出行时的身体活动水平，增加久坐行为的时间，进而导致内脏脂肪的堆积，造成肥胖风险的提高。

第四，崇明的设施布局分散，进一步促进居民以个体机动化方式出行。崇明人口分布零散，居民点不集中，且设施布局分散。因此，崇明居民日常出行不得不依赖电瓶车、小汽车等机动化交通工具，或减少日常出行频率，由此降低了居民交通性质的身体活动水平。崇明设施的空间分布呈现出以"城桥－堡镇"为中心的双核结构（图 18-2）。具体来看，崇明的购物场所大多集中在乡镇，呈现出零散的点状分布［图 18-2（a）］；公交站点在崇明有带状分布的特点，但仍以城桥、堡镇的密度最高［图 18-2（b）］。公共设施和公共交通可达性不足，使得崇明居民的出行方式以个体机动化出行为主，从而增加了居民的肥胖风险。

总的来说，由于不健康的饮食习惯、不充分的体育锻炼，崇明居民日常的能量摄入超过能量消耗，故而增加了他们肥胖的可能。除此之外，人口、设施分布较为分散，使得居民日常出行主要依靠个体机动化交通方式，降低了他们的交通性体力活动，这也加剧了他们的肥胖风险。

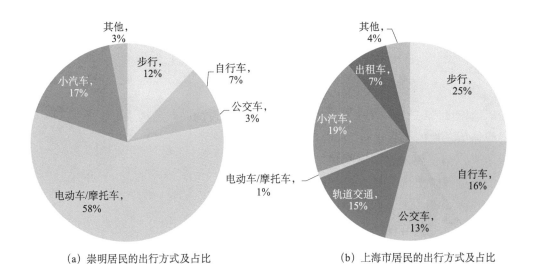

（a）崇明居民的出行方式及占比　　　　　（b）上海市居民的出行方式及占比

图 18-1　崇明居民和上海市居民出行方式对比

资料来源：（a）的数据来源于 2019 年上海高校Ⅳ类高峰学科项目华东师范大学调查组的抽样调查，（b）的
数据来源于 2015 年上海第五次综合交通调查

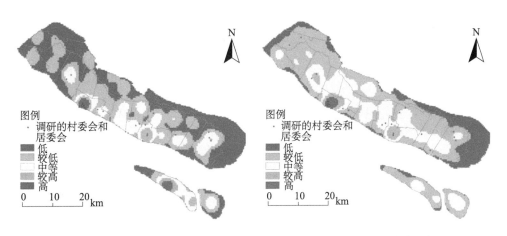

（a）崇明购物场所的密度分布　　　　　（b）崇明公交站点的密度分布

图 18-2　崇明购物场所和公交站点的密度分布

资料来源：上海高校Ⅳ类高峰学科项目华东师范大学调查组 2019 年调研数据

18.3 世界级健康岛的建设目标

建设世界级健康岛既是崇明世界级生态岛建设的必然趋势，也是打造崇明世界级休闲基地的必行之路。一方面，世界级生态岛的居民必将拥有世界一流的健康水平，不仅要满足崇明居民对健康长寿的向往，而且要成为推行健康生活方式、营造健康文化氛围的试验区、先行区和示范区；另一方面，环绕健康乐活氛围的世界级健康岛不仅是崇明的健康岛，更是上海卓越的全球城市发展的一部分，是长三角居民的后花园、世界级的休闲基地。

18.3.1 构建健康氛围浓郁的先行示范区

崇明健康岛的建设将以推行健康生活理念为抓手、以提高居民健康水平为目标，致力于营造健康氛围浓厚、健康文化流行的先行示范区，努力为"健康上海"乃至"健康中国"战略提供可推广的崇明经验。未来的崇明将是推行全民健康生活的先行试验区，以健康促进为导向的公共政策将充分考虑各年龄段人群的不同健康需求，并推动居民形成科学健康的生活理念和行为习惯。未来的崇明将是彰显健康乐活文化的样板示范区，崇尚健康的居民将会在富有活力的街道上漫步，在景色宜人的公园内运动，并将幸福乐活的社会文化塑造为崇明的新风尚。在打造健康岛屿的过程中，每一位崇明居民既是建设者也是受益者。他们将通过对自身健康的把关，共同推进崇明的整体健康水平，同时他们也将在健康崇明的建设过程中享受更舒适的人居环境、更完善的健康服务、更优质的医疗资源等一系列"健康红利"。因此，崇明建设世界级健康岛具有以下几方面的重要意义。

（1）崇明世界级健康岛是建设世界级生态岛的基础保障和必然趋势。崇明居民既是世界级生态岛建设的直接受益者，也是世界级生态岛建设的直接推动者，更是保障生态岛成功建设的人力资源基础，他们的健康水平决定着崇明能否达到世界级生态岛的建设目标。同时，世界级生态岛建设的重要目标之一是促进人与自然的和谐相处，提高居民的生活福祉和健康水平。这与崇明世界级健康岛的建设目标不谋而合。因此，建设崇明世界级健康岛既能有效保障崇明世界级生态岛的建设，也是崇明世界级生态岛未来发展的必然趋势。

（2）打造崇明世界级健康岛是实现健康崇明战略的客观需要。《"健康崇明

2030"实施意见》指出，到 2030 年，崇明全民健康水平大幅提高，生活质量不断提升，争取早日实现可持续健康发展目标，形成以大健康为引领的创新发展新格局。近年来，在"健康中国"战略的指引下，崇明在居民疾病管理和健康促进方面的工作取得了重要进展。然而，崇明依然面临着肥胖及与之相关的慢性病带来的公共健康挑战，这不仅会对居民健康产生不利影响，而且也阻碍了健康崇明战略目标的更好实现。因此，建设以积极推行健康生活方式、努力营造健康文化氛围为核心的崇明世界级生态岛，是缓解目前的健康问题，实现可持续健康发展目标的一条重要途径。

18.3.2　打造上海乃至长三角居民的休闲基地

崇明健康岛的建设将不只为本地居民服务，简单提高他们的健康水平，更致力于打造成为上海乃至长三角居民共享的运动休闲基地，努力成为"共建共享，全民健康"战略主题的一个生动注解。未来的崇明将是城市居民放松身心的乐园，市民们既可以在广阔的田野上骑行，领略沿途的景色，也可以在森林氧吧中慢跑，呼吸清新的空气。未来的崇明将是休闲运动爱好者的圣地，人们既可以搭载着热气球、驾驶着滑翔翼凌空俯瞰优美的田园风光、独特的城乡风貌，也可以乘着帆船、快艇去畅游碧海蓝天、观赏金色夕阳。在健康岛的建设过程中，崇明将会拥有更优质的自然基底、更宜人的居住环境、更丰富的休闲设施、更乐活的社会风尚，这也必将使其成为崇尚健康者的聚集地，并把积极向上的健康氛围感染给更多慕名前来的人。因此，崇明建设世界级的健康岛需要打造世界级的运动休闲基地。

（1）打造世界级的运动休闲基地是健康岛建设的有力支撑。运动休闲基地的打造有利于提高群众整体所享受体育服务的水平，营造健身休闲的社会文化环境。同时，运动休闲基地的打造有利于形成体育特色全产业链，从而发展运动健康的衍生服务产业，如提供健康检测、评估、指导等针对高水平人群的健康管理服务，以及开展生态康养、养生运动、养老度假等针对老年人的健康养生服务。建设世界级运动休闲基地所带来的诸如健康氛围的营造、健康服务的普及等效应，将进一步提高崇明世界级健康岛的品质，完善世界级健康岛的内涵。

（2）打造世界级的运动休闲基地是满足广大人民群众对美好生活的需要。国际经验表明，当人均地区生产总值超过中等收入国家和地区的平均水平时，区域内的居民对体育产业的需求开始迅速增长，当人均地区生产总值进一步增长，则区域内体育产业会由于需求的增长而加速发展。作为中国经济最为发达的区域之一，上海及其周边的地级市人均地区生产总值均已超过中等收入国家和地区的平均水平，意味着区域内的居民在体育运动方面具有较大的需求。然而，2018 年的长三角地区，较为成熟的运动休闲基地仍然较少。因此，崇明建设能够辐射周边地区的世界级运动休闲基地，不仅可以满足区域内广大人民群众对运动休闲方面的需求，而且可以打响崇明的体育品牌，加快向体育旅游方向的转型升级，增加体育服务相关的就业需求，实现崇明本地居民和周边居民的双赢。

18.4 世界级健康岛的建设路径

为响应"健康中国"所倡导的"共建共享，全民健康"的战略主题，建设"健康崇明"势在必行。顺应崇明建设世界级生态岛所处的发展新趋势，通过打造世界级健康岛以提升崇明居民的健康水平，同时通过建设世界级休闲基地以扩大崇明的辐射影响力，现提出以下几条建设路径。

18.4.1 打造全方位健康宣传管理网络

健康素养的提高有助于居民自发地养成健康的生活习惯[10]，从而有效预防肥胖及慢性病的产生。近年来，崇明不仅通过报刊、广播、电视、网络、公告栏等平台积极宣传健康知识，而且支持乡镇举办形式多样的健康宣传活动，如控烟大讲座、健康科普早市、健康生活方式周、"健康自我管理知识竞赛"等，使居民的健康知识有了一定提高。但是，居民健康素养的提高是一个长期的过程，既需要坚持不懈地宣传教育，也需要进一步探索长效机制。此外，现有平台的宣传效果有限，居民的接受程度有待提高，尤其表现在健康饮食及体育锻炼方面的意识依然比较薄弱。因此，崇明应继续坚持以政府为核心，加快打造"政府－社区－学校－企业"全方位的健康宣传和管理网络，有力推动居民健康素养的提高。

第一，政府应继续坚持健康知识的发布，增加健康宣传的力度、广度、精度。国内外的实践经验表明，健康知识的有效宣传仍然是解决居民低健康素养的最佳途径。具体来说，政府可制作预防肥胖及慢性病的健康知识宣传动画、广告，并在公共交通、政府机关、社区公共设施等地进行循环播放，加强宣传力度；与电视台合作推出健康生活电视节目，并充分利用官方微博、微信公众号等新媒体平台传播，扩大宣传广度；印发《健康生活月报》，每月向家庭、社区免费寄送，及时向居民宣传最新的健康资讯，增加宣传精度。

第二，社区应承担起提高居民健康素养的主要责任，加强对居民健康的管理和指导。提高健康素养所采取的各种行动，其本质是在政府的支持下，基于社区自下而上地开展并实施。具体来说，政府应定期为社区居民提供免费体检，提高居民对自身健康状况的了解，并通过建立电子档案加强对慢性病的预防和管理；社区可聘请专职营养师、体育教师、健康咨询师为社区居民提供全方位的健康饮食和运动指导，培养居民的健康技能；给家庭免费发放限盐勺、控油壶、体重指数计算器等健康支持工具，并指导社区居民正确使用这些工具，增加居民的健康生活意识。

第三，学校在加强学生健康教育的基础上，应努力扩大影响，积极促进家长的健康意识提高，形成家校联动的良性循环。学校通过印发《告家长书》，向家长宣传健康知识与理念，并鼓励家长与学生互相监督健康饮食和体育运动，构建"学校－家庭"的互动关系；组织学生健康知识竞赛，并邀请家长观摩，提高学生和家长的健康素养；开展以家庭为单位的周末校园活动，如亲子运动会、家庭烹饪大赛等，以此增进亲子交流，帮助家长与孩子共同养成强身健体、健康饮食的良好习惯。

第四，企业应在提高民众健康素养方面起到积极的作用，承担起特定的社会责任。均衡膳食、适度运动对促进个人健康具有关键作用。因此，加强营养和运动指导，对提高居民的健康素养十分必要。政府可通过倡导餐饮店在菜单上标记菜品提供的卡路里及消耗所需要的运动量，并用饮食红绿灯的形式来体现食品的能量和营养评级，以此将相关的健康饮食理念和体育锻炼意识传达给消费者，从而潜移默化地提高居民的健康素养水平（专栏 18-1）。

专栏 18-1　伦敦"饮食红绿灯标签"行动

2012 年，伦敦成年人的肥胖率已达 20%，其中高热量的饮食习惯是导致伦敦肥胖形势严峻的重要原因。因此，伦敦健康委员会建议伦敦各行政区利用自身条例和许可权，在伦敦所有餐饮连锁店的菜单上引入强制性的红绿灯标签和营养信息（图 18-3）[11]。这一举措受到了伦敦人的欢迎：73% 的伦敦受访者表示，他们将支持餐馆和外卖连锁店展示有关卡路里、盐和脂肪的营养信息。82% 的人说这样的标签会鼓励他们选择更健康的食物。

图 18-3　饮食红绿灯标签示例

资料来源：文献 [11]

18.4.2　营造全年龄居民健身乐活氛围

健康文明的生活方式和行为习惯是保障身体健康、预防重大疾病的有效手段。近年来，崇明通过加大群众性体育赛事供给，加强社会体育组织建设，推动"全民健身日"徒步活动等方式，积极促进居民进行体育锻炼，养成健康的生活方式。然而，由于身体状况及生活模式的差异，不同年龄段的人群所能接受的活动形式会有所不同。因此，针对不同年龄段的人群，坚持以运动为重点，营造"青少年－成人－老年"全年龄的居民健身氛围，提高民众的接受度与参与度，从而提升措施的效果。

第一，以学校为重点，营造适合青少年的运动健身氛围。青少年正处于生长发育的关键阶段，而学校作为他们日常活动的主要场所，是引导青少年从小养成运动健身习惯的重要环节。同时，青少年时期的健康状况对个人未来的长远发展具有举足轻重的作用，因此建设健康促进学校十分必要。具体来说，学校应保证学生每天30 分钟的体育活动时间，培养他们的运动习惯；通过编制特色课间操或开展特色体育课，增加学生的运动兴趣，使他们掌握一项运动技能，并能够长期坚持锻炼。

第二，以单位为抓手，增加成年职工的健康行为。由于工作带来的身心压力及不健康的生活方式，崇明成人慢性病患病率较高，因此引导他们养成健康的工作、生活方式十分必要。用人单位需加大对职工健康的投入，改善职工健康状况，进而减少政府医疗支出、提高企业声誉，最终惠及企业自身，形成双赢局面。具体来看，用人单位可开展多样化活动，促进职工的健康行为，如推行"散步会议"、配备可站立工作位等方式，减少职工上班久坐的时间，增加他们上班时的身体活动；成立运动兴趣社团、建立减肥互助小组，通过定期举行活动加强人际交往，促进职工的身心健康；为职工提供乒乓球、羽毛球等常规运动服务，并不定期举行爬山、长跑等集体健身活动，让职工在闲暇时也能开展运动。

第三，以社区为基础，形成积极乐活的氛围，促进老年居民开展健身活动。老年人群的健康快乐是社会文明进步的重要标志，而社区作为他们日常生活的最主要场所，是鼓励老年人逐步增加健康行为的重要阵地。社区可评选"老年运动标兵"，并通过宣传"运动标兵"的事迹，在中老年群体中树立榜样，从而引导并带动中老年群体进行体育运动；制定社区激励政策，采取"运动积分制"鼓励中老年人更多地参与体育锻炼，积分可兑换粮油等奖品。

18.4.3　推进全域性健康促进建成环境

建成环境与个人健康密切相关。医学研究表明，改善建成环境，有助于增加居民外出体力活动的可能，从而消耗更多的能量，减少许多慢性病（如肥胖、Ⅱ型糖尿病、心脏病等）的患病风险[8, 9]。近年来，崇明在改进居民健身环境方面，取得了阶段性的成果，使健身设施与场所在乡镇实现了全覆盖。但是，生活服务设施布局分散、不利于居民步行的道路环境、健身设施维护管理不足，使得崇明的可步行环境、体力活动环境不佳，而两者是健康促进环境的重要评价方面。因此，为进一步提升崇明健康促进环境的品质，以体育小镇为试点，推进建成"乡镇-街道-设施"全域性的健康环境。

第一，加快推进体育小镇建设，传播体育小镇运动乐活的氛围，吸引更多热爱运动的居民、游客在崇明运动、健身，以此带动更多的人参与体育锻炼。结合体育小镇的资源优势，提供多样化的休闲体验项目，有利于吸引不同需求的消费者前来游憩。此外，发展适合低空、水上、陆地开展的运动体验项目，形成全时段、全天候都有项目可供选择的局面，有利于吸引运动爱好者前来体验，增加运动乐活的氛围。

第二，促进村镇紧凑型空间布局，加快构建城乡居民"15分钟日常生活圈"，促使居民主动采用步行、骑自行车等积极的出行方式，转变依赖机动车出行的现状。崇明可借鉴新加坡提出的"城市村"理念，提高居民的设施可达性，尤其是提高老年居民获取服务的便利程度（专栏 18-2）。具体来看，崇明城镇化地区需要合理配置社区的服务功能，使得居住区周边步（骑）行可达范围内就有能够满足居民购物、就学、就医等需求的公共服务设施。对于崇明广大的乡村地区，需要结合实际情况，集中公共服务和生产服务设施的布局，从而满足乡村居民文化交流、科普培训、卫生服务等需求。

专栏 18-2　新加坡"城市村"理念

新加坡是世界人口老龄化最快的国家之一。为了满足老年人的日常生活需求，新加坡政府提出了"城市村"（All in One Village）的概念（图 18-4）[12]。该理念强调城市综合体的设置使得居民在家门口就能享受丰富便利的设施，打造"垂直村庄"，从而方便居民外出进行各种日常活动。除此之外，"城市村"也促进了不同年龄人群的互动，营造一种积极互动、充满活力的邻里氛围。例如，村庄将老年护理和托儿中心设置在一起，并为年长者和孩童设置了共享的社区花园空间。"城市村"模式受到了新加坡人的追捧，第一批公寓的房源就异常紧张，政府只能依靠抽签进行分配。

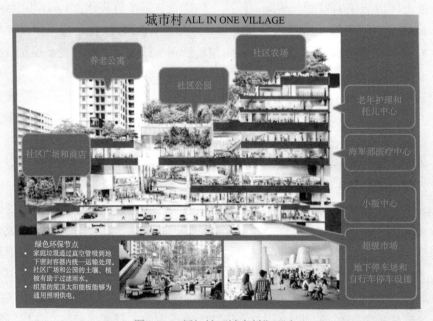

图 18-4　新加坡"城市村"理念

资料来源：文献［12］，略有修改

　　第三，促进部门间沟通与合作，进一步开放学校体育资源，增加体育设施及场地的供应，争做上海首个公办学校体育资源向全民开放的地区。截至 2018 年底，崇明已尝试向公众开放大部分学校体育场地。但与此同时，居民日益增长的运动休闲需求与不充分供给、不完善管理之间的矛盾依然突出。因此，进一步向公众开放公办学校，提供优质、免费的体育资源仍然十分必要。

　　第四，针对性改进，努力营造高品质街道步行空间。优质的街道步行空间是保障居民非机动化出行的物质基础，然而崇明目前的街道空间存在人行道狭窄、人车混行等问题，亟须改变。具体来说，在商业中心设立无车区，保障行人的步行空间；在道路两旁设置围栏隔离机动车和行人，防止出现人车混行的现象，使行人拥有安全的步行空间；设置绿色植物、艺术雕塑等景观小品，增加街道可观赏性，营造高品质街道步行空间，更好地吸引居民以步行方式出行。

　　第五，精细化管理，积极打造健康友好型社区。丰富多样的健身器材、安全完善的健身场所、步行可达的健身地点是吸引居民外出体育活动的重要因素，同时也是健康友好型社区的基本特征。具体来说，进一步丰富社区健身器材的多样化供给，以满足不同年龄、不同身体状况居民的健身需求；在健身苑点增设遮雨棚、防滑步道、休息长椅等公共设施，以满足居民不同天气条件下的运动需求，并加强对社区健身苑点的后期管理与维护。

（执笔人：孙斌栋、尹春、姚夏劼）

参 考 文 献

[1] 林旭，刘鑫，黎怀星，等 . 肥胖的膳食控制策略 . 内科理论与实践，2017，12（04）：245-255.

[2] 翟凤英 . 营养改善工作管理办法 . 营养学报，2010，32（05）：422-424.

[3] Field A E，Coakley E H，Must A，et al. Impact of overweight on the risk of developing common chronic diseases during a 10-year period. Archives of Internal Medicine，2001，161（13）：1581.

[4] Calle E E，Thun M J，Petrelli J M，et al. Body-mass index and mortality in a prospective cohort of US adults. New England Journal of Medicine，1999，341（15）：1097-1105.

[5] 赵文华，翟屹，胡建平，等 . 中国超重和肥胖造成相关慢性疾病的经济负担研究 . 中华流行病学杂志，2006，27（7）：555-559.

[6] 贺媛，曾强，赵小兰 . 中国成人肥胖、中心性肥胖与高血压和糖尿病的相关性研究 . 解放军医学杂志，2015，40（10）：803-808.

[7] 阮菁，李乃适 . 肥胖是一种慢性病——从近年来各国指南解读肥胖的诊治 . 中国临床医生

杂志，2015（10）：1-4.

［8］《中国高血压防治指南》修订委员会 . 中国高血压防治指南（2018 年修订版）. 中国心血管
杂志，2019，24（01）：24-56.

［9］中华医学会糖尿病学分会 . 中国 2 型糖尿病防治指南（2017 年版）. 中国实用内科杂志，
2018，38（04）：292-344.

［10］秦美婷 . 健康传播对提升国民健康素养的理论运用与实证分析——以新加坡为例 . 现代传
播（中国传媒大学学报），2011（12）：51-56.

［11］London Health Commission. Better Health for London. https://www.london.gov.uk/sites/default/
files/london-health-commission_better-health-for-london.pdf［2014-12-30］.

［12］梁凯雁，孙诒钦 . 健康城——新加坡式养老 . 城市住宅，2016（01）：6-15.

第十九章

崇明乡村振兴

崇明区制度化推动的乡村建设主要始于 2007 年，经过 10 多年的发展，经历了由点及面，由村庄向村域，由基础设施建设改造向人居环境、产业、文化等综合建设不断升级的发展演变历程，大致可划分为村庄建设改造、美丽乡村建设、乡村振兴示范村建设三个阶段。2018 年，崇明区有 269 个村民委员会，5899 个村民小组，约 66% 的建设用地分布于开发边界外围乡村地区，超过 50% 的人口居住在乡村地区。

近年来，崇明区按照"产业兴旺、生态宜居、乡风文明、治理有效、生活富裕"的总要求，全力推动乡村振兴，已取得一定的成效，主要体现在以下几个方面：农村生态环境治理成效凸显、绿色农业初具规模、农民生活条件不断改善。但目前崇明区乡村发展仍存在一些问题，如基础设施建设不充分，资金统筹不足；乡村风貌管控效果与预想差别较大；产品品牌"多、散、小"，乡村文旅缺少创意；老龄化、人才流失，存量土地利用低效。

崇明区要建设具有全球引领示范作用的世界级生态岛，必须把生态要求、生态元素植入乡村振兴战略实施的各方面、全过程，打造"有机舒朗、生态宜居、独具魅力、全球卓越、可持续发展的都市品牌海岛乡村"。要实现以上目标愿景，需要围绕"绿色乡村、创智乡村、文化乡村、宜居乡村"这四个子目标进行打造。具体发展策略包括六个方面：乡村提质策略、资金统筹策略、"一镇一业"策略、旅游带动策略、人才兴村策略和资源盘活策略。

19.1　乡村发展与建设历程

在 2005 年之前，崇明区主要聚焦于加强农村基础设施建设，改善农业生产条件和农民生活环境。崇明区制度化推动的乡村建设主要始于 2007 年，经过十多年的发展，经历了由点及面，由村庄向村域，由基础设施建设改造向人居环境、产业、文化等综合建设不断升级的发展演变历程，大致可划分为三个阶段。

19.1.1　村庄建设改造阶段

2005 年 10 月，中共十六届五中全会提出建设社会主义新农村是中国现代化进程中的重大历史任务，2006 年中央一号文件《中共中央　国务院关于推进社会主义新农村建设的若干意见》对社会主义新农村建设做出了总体部署。2006 年，根据中共中央、国务院的意见精神，上海市确定金山区廊下镇、嘉定区华亭镇等 9 个地区为新农村建设先行试点区。2007 年，借鉴嘉定区毛桥村经验，上海市启动了自然村落综合整治试点工作，首批确定 27 个村，市、区财政对试点村予以专项扶持。2008 年，经市级主管部门研究，将自然村落综合整治试点更名为农村村庄改造，并纳入上海市村级公益事业一事一议财政奖补政策，建立了稳定的财政投入机制，并逐步向基本农田保护地区的村庄全面推开[①]。

2007 年以来，崇明深入推进新农村专题建设和村庄改造[1]，2009 年新农村建设取得阶段性成果，为期三年的农户改厕、棚舍整治、沟河清洁、庭园绿化等新农村专项建设基本完成。2010 年崇明编制了由 14 个村级专题组成的《2010 年新农村村级专题建设实施方案》，方案确定了新农村专题建设的任务，明确具体实施办法和保障措施。2010 年共有 6 个行政村列入村庄改造计划（表 19-1），分别为陈家镇花漂村、中兴镇㳠中村、堡镇南海村、竖新镇春风村、新河镇卫东村和庙镇联益村，涉及 38 个村民小组，1821 户农户，总投资 3049.49 万元。村庄改造项目主要包括：乡村公路"村村通"工程、有线电视"村村通"建设、危桥改造计划、"万河整治"工程、"村村通公交"、农户改厕、棚舍整治、沟河清洁、宅边绿化等。2007～2013 年，崇明区村庄改造主要针对部分村民小组，2014 年以后则是整村改造。

---

① 上海社会科学院城市与人口研究所，上海市美丽乡村建设标准和工作规范制定（成果汇编），2018。

表 19-1　崇明区村庄改造试点村、美丽乡村、乡村振兴示范村数量　单位：个

年份	村庄改造试点村数量	区级美丽乡村数量	市级美丽乡村数量	市乡村振兴示范村数量
2007	2	0	0	0
2008	2	0	0	0
2009	4	0	0	0
2010	6	0	0	0
2011	28	0	0	0
2012	21	0	0	0
2013	32	0	0	0
2014	16	0	2	0
2015	39	21	4	0
2016	57	34	5	0
2017	20	25	5	0
2018	31	0	5	1
2019	35	0	0	3

数据来源：《崇明统计年鉴》（2008～2019）、上海市崇明区农业农村委员会

19.1.2　美丽乡村建设阶段

2012 年 11 月，党的十八大提出大力推进生态文明建设，努力建设美丽中国；2013 年中央一号文件《中共中央 国务院关于加快发展现代农业 进一步增强农村发展活力的若干意见》提出努力建设美丽乡村；2013 年 2 月，农业部办公厅发布《关于开展"美丽乡村"创建活动的意见》，决定从 2013 年起组织开展"美丽乡村"创建活动。2014 年 3 月，上海市人民政府办公厅转发市农业农村委员会、市财政局《关于本市推进美丽乡村建设工作的意见》，提出大力推进美丽乡村建设工作，以农村村庄改造作为上海市美丽乡村建设的重要载体，聚焦规划保留的基本农田保护地区，计划到 2020 年，在已完成基本农田保护地区的约 32 万户农户村庄改造的基础上，进一步完成其余农户的改造，从 2014 年起，依据美丽乡村建设导则，每年评选 15 个左右美丽乡村示范村，累计形成 100 个左右的美丽乡村示范村。

自 2014 年开始，崇明区在新农村专题建设和村庄改造的基础上，全面推进美丽乡村建设[2]。2014～2018 年，累计建成上海市美丽乡村示范村 21 个（表 19-1），占上海全市 85 个市级示范村的 24.71%，建成区级示范村 80 个。2018 年，完成

了 17 个美丽乡村试点村村庄规划编制审批，制定了《崇明区美丽乡村建设考核评估办法》《崇明区美丽乡村建设区级示范村创建考评验收细则》，对于成功创建并巩固到位的美丽乡村市、区级示范村，每年分别按照 150 元 / 户和 100 元 / 户标准给予奖励，强化美丽乡村长效管理机制。

19.1.3　乡村振兴示范村建设阶段

2018 年，中共中央、国务院出台了《关于实施乡村振兴战略的意见》，出台了《乡村振兴战略规划（2018—2022 年）》。2018 年初，上海开展乡村振兴示范村建设标准和工作规范编制工作，上海市乡村振兴示范村建设正式启动。2018 年 8 月，上海市认定了全市首批 9 个乡村振兴示范村。2018 年 11 月，上海市委常委会审议通过了《上海市乡村振兴战略规划（2018—2022 年）》《上海市乡村振兴战略实施方案（2018—2022 年）》。

2018 年 2 月，崇明区委、区政府召开全区实施乡村振兴战略推进大会，制定出台了《崇明区关于贯彻落实乡村振兴战略 深入推进世界级生态岛建设的实施意见》（崇委发［2018］7 号）。2018 年编制了《崇明区乡村振兴战略规划（2018—2022 年）》，同年 8 月，港沿镇园艺村入选首批上海市乡村振兴示范村。2019 年，港西镇北双村、三星镇新安村、庙镇永乐村被列入 2019 年上海市乡村振兴示范村年度建设计划名单。此外，崇明区针对乡村振兴产业项目用地方面存在的瓶颈问题，创新了"点状供地"举措，形成《崇明区乡村振兴发展规划土地管理方案》，初步筛选 8 个产业融合发展示范项目，采取"点状供地"方式，对每个项目提供约 20 亩国有经营性建设用地，着力解决乡村振兴产业发展用地问题。

19.2　乡村发展现状和基础

2018 年，崇明区有 269 个村民委员会，5899 个村民小组，2005 ～ 2018 年，村民委员会的数量总体上呈现下降的趋势（图 19-1）。崇明区有约 66% 的建设用地（约 173.6km²）分布于开发边界外围乡村地区，超过 50%（约 35 万）的人口居住在乡村地区。崇明区的自然肌理呈现出横向分层的特质，由北向南依次形成田园带、乡野带、城镇带这样独具特色的资源空间。北部田园带是由规模化经营的现代农场构成；中部乡野带是崇明区乡村的主要集中区域（图 19-2）；南部城镇带分布着多个滨江城镇。

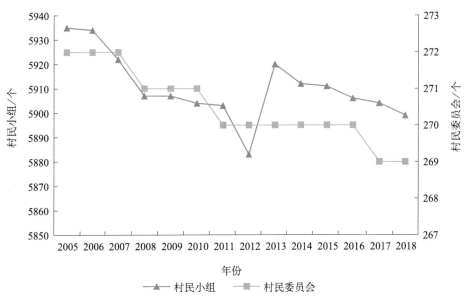

图 19-1　2005～2018 年村民委员会、村民小组数量的变化

数据来源：《崇明统计年鉴》（2005～2019）

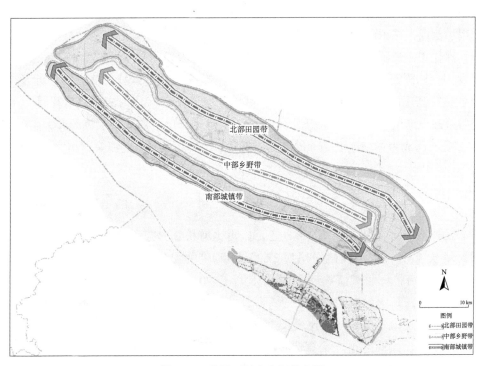

图 19-2　崇明区村庄空间分布图

近年来，崇明区按照"产业兴旺、生态宜居、乡风文明、治理有效、生活富裕"的总要求，全力推动乡村振兴，已取得一定的成效，主要体现在以下几个方面。

19.2.1　乡村环境和风貌独具魅力

崇明区具有"中国元素、江南韵味、海岛特色"，包括"沙、河、溇、港"的水网格局，一字形、三字形等村庄水系沟渠和建筑肌理，沟-堤-宅-田-塘的传统风貌乡村建筑，农场地区特有的大地景观，"沿路沿河、局部集聚"的乡村格局。

19.2.2　农村生态环境治理成效凸显

在农村环境整治方面，已经实现"三个全覆盖"：一是农村生活污水处理全覆盖，将农村生活污水处理的出水水质从"二级"提升至"一级 A"；二是生活垃圾分类减量全覆盖，建成运行村级湿垃圾处理点 52 处，新建镇级湿垃圾集中处理站 27 座，已实现生活垃圾分类减量全面覆盖，收运处理设施自成体系，减量利用自我消纳；三是农林废弃物资源化利用全覆盖，已建成向化镇废弃物综合利用示范点，并积极探索秸秆肥料化利用途径。此外，崇明区还加大农村水环境治理，深化"河长制""湖长制"，加强水岸联动综合治理；推进绿化造林和生态廊道建设，森林覆盖率达 25.7%。2018 年已落实生态廊道建设区域 2.74 万亩，涉及 17 个乡镇，已建成 0.23 万亩（三星镇）。其中，三星镇已探索形成"海棠花溪"，把公益林建设与生态休闲、生态旅游、海棠产业发展等结合起来，引进的海棠品种达 60 多类，已成为华东地区品种最全、规模最大、展示最丰富的海棠"植物园"。

19.2.3　绿色农业初具规模

2018 年完成农业总产值 58.8 亿元，同比增长 2.6%。种植业产值 28.4 亿元，同比增长 4.5%，水稻种植面积为 27.35 万亩，"两无化"种植 1 万亩，绿色标准种植 2.8 万亩；林业产值 6.7 亿元，同比增长 20.8%；畜牧业产值 8.4 亿元，同比下降 11.8%，其中，白山羊出栏 9.5 万头；渔业产值 12.3 亿元，同比下降 4.4%；农业服务业产值 3 亿元，同比增长 37.3%。

近年来，崇明区重点培育建立以"崇明"为地域标识的绿色农产品区域联盟和公共品牌。2018 年全区共有国家地理标志保护产品 2 个（崇明老白酒、崇明老毛蟹）、地理标志商标注册 6 个（崇明水仙、崇明香酥芋、崇明金瓜、崇明白扁豆、崇明白山羊、崇明老毛蟹）。此外，为强化崇明优质农产品品牌建设，崇明区先后整合推出"崇明大米"、"崇明清水蟹"及"崇明金沙橘"等区域公共品牌。2019 年，全区种植业累计绿色认证面积 214.7km²，绿色食品认证率达 80% 以上。

近年来，崇明区大力引培新型农业经营主体，重点扶持"三场一社一龙头"（家庭农场、博士农场、开心农场、农民专业合作社、农业龙头企业）[3]。2018 年，全区共有 12 家开心农场取得立项审批，其中已营业 3 家、正常推进 4 家、新增 1 家。有博士农场 10 家，完成复评 5 家。申请和备案家庭农场 525 家，其中水稻种植型 369 家，11 家家庭农场获评市级示范家庭农场。

19.2.4　农民生活条件不断改善

农民的生产、生活、生态条件不断改善，农民的获得感持续提升。2005～2018 年，农村常住居民人均可支配收入从 6185 元上升到 25 474 元，总体呈向上增长趋势（图 19-3）。近年来崇明区积极推进新型职业农民培训工作，截止到 2018 年，全区共认定新型职业农民 2488 人，其中生产经营型 619 人、专业技能型 906 人、专业服务型 963 人。农民职业化特征逐步显现，随着农村土地流转不断推进，以及"三场一社一龙头"等新型农业经营主体逐步涌现，农民从务农者逐步转变为职业农民，农民收入结构从以往销售农产品的单一收入，转变为由劳务工资、房屋土地租金、集体资产分配及其他转移性收入构成的多元化收入。

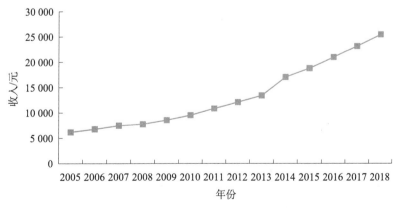

图 19-3　2005～2018 年崇明区农村常住居民人均可支配收入情况

数据来源：《崇明统计年鉴》（2006～2019）

19.3　乡村发展存在的问题

19.3.1　基础设施建设不充分，资金统筹不足

（1）基础设施建设和公共服务发展不充分。基础设施方面，农村道路偏窄，难以容纳大型农机进入田间作业；农村电力系统在高峰时段容量不足、供电不够仍然存在；部分乡镇还未接通天然气管网；农村中小河道整治面广量大。水体自净能力继续弱化。防汛设施存在较大风险隐患。公共服务方面，基本养老床位缺口大；教育、体育、养老设施建设及服务难以满足人民日益增长的美好生活需求。

（2）镇村对于性质相同、用途相近、交叉重复的涉农资金没有进行有效整合，另有些环境整治项目没有资金支持，存在死角，如村沟宅河治理。

19.3.2　乡村风貌管控效果与预想差别较大

由于上位规划多变且经常偏离农村实际，村民建房依法办证比例偏低，存在违法违规建设；二是在改革开放后，村民经济条件、审美取向快速变化，导致同一聚落内农民自建房风格差异很大；三是建房风格管控问题，无论是官方提供的农民住宅标准化图纸，还是由知名建筑师设计的集中建房住宅方案，都存在不符合农民实际需求的情况，在实际建设中业主擅自改动方案，风貌管控效果与预想差别较大，破坏了原始的农村景观。

19.3.3　产品品牌"多、散、小"，乡村文旅缺少创意

在品牌方面，农产品虽然有柑橘、老白酒、清水蟹、白山羊等传统优势产品（表 19-2），但没有区域公共品牌和高度知名的企业品牌，存在品牌"多、散、小"的问题。受经营主体规模实力限制，农产品注册商标多，尤其是一些优势特色农产品有多家合作社、多个牌子同时在做，但普遍产品规模小、市场分散，无法形成培育品牌的合力。例如，崇明老白酒作为特色产品，一个厂家生产的老白酒就有好几个牌子，没有形成拳头产品，整体品牌竞争力不强。

此外，乡村文旅活动简陋，缺少文化及创意使得经营方式呈现同质性。同时，乡村的整体景观没有吸引力，与开发建设中的旅游产业无法联动，与设想目标有很大距离。

表 19-2　崇明特产

特产	特征
大白菜	俗称黄芽菜，清道光年间从山东胶州引进种植，是崇明主要经济作物之一。大白菜色绿或黄白，叶球一般重 8 斤左右，主要品种有城阳青和青杂三号等
金瓜	三、四月播种，六、七月收获。金瓜呈卵状，色金黄或奶黄
大红袍赤豆	与玉米间作。大红袍赤豆粒大，色红紫，皮薄、肉细、易酥，是上海各食品厂、店制作赤豆棒冰、猪油豆沙汤、赤豆粽子、赤豆糕等特色食品的重要原料。营养价值很高，三萜皂苷和烟酸含量尤其丰富，对烟酸缺乏症（俗称糙皮病）患者有较佳疗效，所含铁质丰富，有补血功能，中医作利尿、消肿、去毒、排痛药用
白扁豆	俗称洋扁豆，荚扁平，每荚有籽 2～3 粒，籽白皮白肉，也有红皮白肉，干扁豆可入药，有补血功能。亩产在 15 担左右
香芋	椭圆形，常与肉红烧，香而味美。三月播种，次年一、二月收获
老黑皮西瓜	有数百年栽培历史，主要产于向化、汲浜、陈家镇等地。瓜圆、肉厚、个重。一般的重 7～10 斤，大者重 20～30 斤；瓜肉一般的厚 1.5cm 左右，也有厚达 3cm 的，是制作蜜饯的原料
甜芦粟	俗称甜芦穄，高粱别种，明正德年间纂修的《崇明县志》上已有记载。甜芦粟茎青，汁多而甜，肉质松脆。品种可分青壳、黄壳、黑穗、红穗和糖穄等近 10 种。江口乡七家村芦穄最为有名。芦粟含有碳水化合物、脂肪、蛋白质、铁、钙、磷等多种营养成分
海仔水牛	又称崇明水牛，性温和，结实健壮，繁殖率高。成年牛（18 个月）体重达 600 余斤，每天使役 8 小时，可耕地七八亩。肉可食，皮可制革，角可雕刻
白山羊	白山羊体型中等偏小，体格健壮，具有适应性强、繁殖率高、肉质鲜美等特点，属皮毛肉兼用型品种。经国家批准被命名为 "长江三角洲白山羊"，系我国重点保护和发展的家畜品种，列为我国重要出口商品
沙乌头猪	母猪品种，体型中等，体格结实，具有性成熟早，繁殖率高，母性好，耐粗料，杂交优势明显等特点
水仙	水仙花别名天蒜、雅蒜。花期一至两个月，花清香，经月不散。崇明水仙株型较矮，球根略小、紧密，香味浓郁，在国际市场上与英国玫瑰齐名。崇明至少已有 400 多年的水仙种植历史
蟹苗	形体如小蜘蛛。大小如芝麻，每斤苗 5 万～6 万只。蟹苗一般 2～3 日后即脱壳变态为幼蟹。每年夏天，蟹苗溯江而上，进入淡水生活，从惊蛰到立夏为捕捞季节。蟹苗经济价值很高，主要销往国内 22 个省市，供各地养殖
鳗苗	一般 2 月底至 3 月初可在长江出现，惊蛰至谷雨旺发，约在 5 月上旬结束汛期。鳗苗身长 5～6mm，1 斤苗约有 3000 条。崇明南北沿江都有出产，以北沿为多。除供国内人工放养外，还远销日本、菲律宾等国家和香港地区

续表

特产	特征
老白酒	老白酒的酿造已有百余年历史。它以糯米为原料，经淋饭精心酿制而成，因味甜，色呈乳白，又有甜白酒、水酒之称。老白酒风味独特，有别于白酒与黄酒，上口甜而微酸，香味醇，酒度适中（12～13 度），食后有回味，后劲足，是深受欢迎的低度酒，其中以"菜花黄"和"十月白"为最佳
酱包瓜	清朝皇宫贡瓜，是我国出口贸易中的传统商品之一。其特色是条条晶亮，甜味特浓。生瓜皮色乳白，肉厚皮薄，水多味淡，质地细密，使用纯面粉制作的甜酱，采取特殊工艺精心腌制，便成酱包瓜，具有特殊风味

资料来源：上海市地方志办公室编撰的《崇明县志》

19.3.4　老龄化、人才流失，存量土地利用低效

农村地区老龄化、空心化现象较严重，缺乏人才支撑（表 19-3）。一是青壮年人口长期外流，崇明区户籍大学毕业生回乡就业的比例不高。面向崇明区户籍就业人群的网络问卷显示，离岛就业占比达到 54.1%[①]。二是老龄化加重，存在"三个农民两百岁"的现象[4]。农业生产经营人员中，年龄 55 岁及以上的占64.2%，且受教育程度偏低，初中及以下学历占 87%。三是农民知识结构和生产方式跟不上形势发展，缺乏好的带头人，人才引进难、留住难问题突出，存在教师、医生等人才流失现象。农村专业化人才缺乏，乡村管理型人才和掌握新技术、新知识的人才俱缺，成为发展的一大制约因素。

存量土地利用低效，农村宅基地利用率较低。城镇建设用地严重紧缺，但乡村大量存量土地基本闲置、空置，成为崇明区的一个特点。由于宅基地布局较为分散，大部分农居点规模较小，不利于相关设施配套提升。此外，崇明区乡村养老也存在问题。部分乡镇（如向化镇）鼓励互助养老，利用闲置宅基地开设村养老院，但由于农房属于自住房，无法办理营业执照，也不满足现行消防等要求，互助养老存在现实困难。

表 19-3　崇明区部分村庄人口及就业情况

村庄	现状及问题
新海镇新海二村	常住人口中 60 岁以上人口占比 70% 左右，65 岁以上人口占比 60%

---

① 民进上海市委. 关于以世界级生态岛为目标的崇明乡村振兴路径的建议. http://www.shszx.gov.cn/node2/node5368/node5376/node5388/u1ai103509.html[2020-08-19].

续表

村庄	现状及问题
堡镇人民村	周末大量在上海工作的年轻人回乡探望老人
中兴镇潋中村	常住人口中老年人口较多，中青年劳动力较少。其中，留在本村就业的中青年劳动力大多是村委会干部，因为工资收入相较于其他本地就业的工资（最低收入每月2480元）收入高，为每月6000元左右
竖新镇惠民村	年龄在55岁以下的常住居民只占4%，村里年轻人一般读完大学后就留在外地工作；对工厂污染物排放标准较高，规模较小的工厂难以承受纷纷倒闭，间接影响当地居民就业
港沿镇富国村	村里多50岁以上的留守老人，文化水平普遍较低，农业户口，多从事河道清理工作，收入较低，年轻子女基本外出工作
港沿镇富军村	年轻人大多在上海市区工作居住，孩子也在市区上学，周末或者放假回到崇明；留下的年轻人多为村委会成员，村中老年人多从事村落治理工作，由政府部门提供报酬，如保洁、除草等，月工资约2480元
庙镇庙南村	人口老龄化较为严重，主要是中老年人留守家中，他们的子女和孙辈大多在上海市区工作学习；一些中老年人在崇明生态养护中心进行河道护理工作，村里的就业机会较为有限
城桥镇西门北村	总户数1931户，总人口4380人，60岁以上居民1050人，300多户为外来人口租赁户，大部分住户是原政府公职人员、国企职工、教师和转业干部，社区中有约六分之一的外来租户在当地就职
城桥镇聚训村	村里大部分是老年人，年轻人去上海工作，同时村里18岁以下的未成年人也非常少
城桥镇侯南村	人口老龄化较为严重，80%家庭为留守家庭，就业率低，因为年龄和技能问题失业在家，多数村民主要务农，人均收入十分低。就业者以低技术职业为主，主要是政府部门提供的职业，负责环卫

资料来源：通过实地调研整理

19.4　乡村振兴的要求及内容

19.4.1　国家对乡村振兴的要求及内容

党的十九大报告指出，实施乡村振兴战略，要坚持农业农村优先发展，按照产业兴旺、生态宜居、乡风文明、治理有效、生活富裕的总要求（表19-4），建立健全城乡融合发展体制机制和政策体系，加快推进农业农村现代化。

表 19-4　国家对乡村振兴的总要求

要求	内容
产业兴旺	产业兴旺是实现乡村振兴的基石。通过产品、技术、制度、组织和管理创新，提高良种化、机械化、科技化、信息化、标准化、制度化和组织化水平，推动农业、林业、牧业、渔业和农产品加工业转型升级。一方面，大力发展以新型职业农民、适度经营规模、作业外包服务和绿色农业为主要内容的现代农业；另一方面，推进农村第一、第二、第三产业融合发展，促进农业产业链延伸，为农民创造更多就业和增收机会
生态宜居	生态宜居是提高乡村发展质量的保证。内容涵盖村容整洁，村内水、电、路等基础设施完善，提倡保留乡土气息、保存乡村风貌、保护乡村生态系统、治理乡村环境污染，实现人与自然和谐共生，让乡村人居环境绿起来、美起来
乡风文明	乡风文明是乡村建设的灵魂。既包括促进农村文化教育、医疗卫生等事业发展，改善农村基本公共服务；又包括大力弘扬社会主义核心价值观，传承遵规守约、尊老爱幼、邻里互助、诚实守信等乡村良好习俗，努力实现乡村传统文化与现代文明的融合；还包括充分借鉴国内外乡村文明的优秀成果，实现乡风文明与时俱进
治理有效	治理有效是乡村善治的核心。建立健全党委领导、政府负责、社会协同、公众参与、法治保障的现代乡村社会治理体制，健全自治、法治、德治相结合的乡村治理体系，加强农村基层基础工作，加强农村基层党组织建设，深化村民自治实践，建设平安乡村。进一步密切党群、干群关系，有效协调农户利益与集体利益、短期利益与长期利益，确保乡村社会充满活力、和谐有序
生活富裕	生活富裕是乡村振兴的目标。乡村振兴战略的实施效果要用农民生活富裕程度来评价。为此，要努力保持农民收入较快增长，持续降低农村居民的恩格尔系数，不断缩小城乡居民收入差距，让广大农民群众和全国人民一道进入全面小康社会，向着共同富裕目标稳步前进

19.4.2　上海对乡村振兴的要求及内容

2018 年 3 月，上海市委、市政府出台了《关于贯彻〈中共中央国务院关于实施乡村振兴战略的意见〉的实施意见》（沪委发〔2018〕7 号），确立起上海实施乡村振兴战略的"四梁八柱"。11 月 23 日，上海市委常委会审议通过了《上海市乡村振兴战略实施方案（2018—2022 年）》，提出上海乡村振兴重大抓手是"363"工程，即打造美丽家园、绿色田园、幸福乐园"三园"工程（表 19-5）、实施六大行动计划、落实三大保障机制。

表 19-5　上海对乡村振兴的要求

"三园"工程	具体内容
美丽家园	实施"十百千"行动计划。到 2020 年，全市建设 90 个以上乡村振兴示范村、200 个美丽乡村示范村，实现 1577 个行政村人居环境整治全覆盖，形成一批可推广、可示范的乡村建设和发展模式。重点要加快郊野单元（村庄）规划编制、加强风貌引导和项目建设

续表

"三园"工程	具体内容
美丽家园	实施农居相对集中行动计划。进一步完善支持政策，创新安置方式，继续加大推进农民向城镇集中居住的力度。加快编制各类农村规划，积极推进村落散户向经规划的农村集中居住点平移。到2020年，基本完成"三高"沿线、生态敏感区、环境整治区自然村落归并
绿色田园	实施都市现代绿色农业发展行动计划。建立以绿色生态为导向的制度体系，全面提升农业绿色生产技术和设备装备水平。到2022年，农田化肥、农药施用量分别下降21%和20%，地产农产品绿色食品认证率达到30%，农业组织化率达到90%
	实施构建现代农业经营体系行动计划。完善促进新型农业经营主体发展的制度体系，构建地产绿色农产品产销平台，创新经营模式，推进第一、第二、第三产业深度融合，提高农业社会化服务水平。到2022年，做强做大20个农产品知名品牌
幸福乐园	实施农民长效增收行动计划。有针对性地对农民开展培训，促进农民非农就业，加快培育职业农民。发展新型集体经济，增加农民财产性收入。深化农村综合帮扶工作，拓宽增收渠道，确保农民收入增幅高于城镇居民收入增幅和GDP增速
	实施农民美好生活提升行动计划。完善农村公共服务设施布局，提升养老、医疗、教育、文化等公共服务能力，加强和创新乡村治理，打造崇明活力、和谐有序的善治乡村，不断提高农民获得感、幸福感、安全感

19.4.3　崇明区对乡村振兴的要求及内容

《崇明区乡村振兴战略规划（2018—2022年）》提出乡村振兴的发展目标："到2022年，乡村振兴战略取得重大进展，率先基本实现农业农村现代化，努力成为上海市实施乡村振兴战略主战场。到2035年，乡村全面振兴，农业农村实现现代化。到2050年，实现更高水平的农业农村现代化，全面实现农业强、农村美、农民富，崇明乡村成为与世界级生态岛相匹配，令农民满意、市民向往的美丽家园、绿色田园、幸福乐园"。具体目标包括以下几个方面（表19-6）。

表19-6　崇明区对乡村振兴的要求

要求	具体内容
形成有机舒朗的乡村空间布局	进一步完善城乡布局结构，实现镇村规划全覆盖，明确乡村分类发展导向，强化生态空间底线约束，统筹人口、土地、空间等资源要素，促进生态空间水清地绿、生产空间集约高效、生活空间宜居适度
形成都市现代绿色农业为代表的乡村产业体系	农业现代化水平和都市现代绿色农业发展能级达到上海市领先水平。不断扩大农业招商吸引力，以"三场一社一龙头"为代表的新型农业经营主体成为崇明农业发展的"四梁八柱"。崇明成为上海市科创中心农业领域主承载区和上海最优质农产品供给基地

要求	具体内容
形成美丽宜居的生态人居环境	农村生活污水处理、生活垃圾分类减量、农林废弃物资源化利用实现更高水平的全覆盖，农村生态环境质量显著改善。美丽乡村建设扎实推进，打造一批具有崇明特色、代表上海水平、具备国际高度的乡村振兴示范村，中国元素、江南韵味、海岛特色的乡村风貌逐步成形
形成民风淳朴的乡村文明氛围	由"物的乡村"加快迈向"人的乡村"，社会主义核心价值观内化为农民群众行为方式和行为习惯，乡村新风尚全面弘扬，公共文化服务体系更加健全，崇明传统垦拓文化的优秀遗产和生态文明理念紧密结合
形成和谐有序的乡村治理体系	建立健全党委领导、政府负责、社会协同、公众参与、法治保障的现代乡村社会治理体系，基层社会治理能力进一步提高，自治、法治、德治有效结合，"五美社区"建设取得阶段性成效，探索走出一条体现特色、充满活力、和谐有序的乡村善治之路
形成农民共建共享的持续发展之路	城乡均等的基本公共服务再上新台阶，生态发展绿色红利受益范围和力度不断加大，城乡互联互通的基础设施进一步完善，农民生活质量明显提升，精准帮扶机制更加完善，村级集体经济加快发展，城乡居民生活水平差距持续缩小

19.5　乡村振兴策略

崇明区乡村振兴策略的目标愿景：打造"有机舒朗、生态宜居、独具魅力、全球卓越、可持续发展的都市品牌海岛乡村"。崇明区是上海最大的农村地区，拥有上海市 1/4 的林地、1/3 的基本农田、最多的农村及农业人口，是上海乡村振兴的重要阵地，也是上海重要的"菜篮子""米袋子"[5]。崇明区要建设具有全球引领示范作用的世界级生态岛，必须把生态要求、生态元素植入乡村振兴战略实施的各方面、全过程。实现上述的目标愿景，需要围绕"绿色乡村、创智乡村、文化乡村、宜居乡村"这四个子目标来进行。其中，"绿色乡村"，崇明区乡村地区的功能体现首要的还是以营造绿色开放的生态网络，严守生态优先的发展底线，加强生态空间的保育、修复和拓展为基础，在确保对生态红线控制的前提下，逐步实施生态游憩空间的建设，释放生态空间的服务功能。"文化乡村"，按照"中国元素、江南韵味、海岛特色"的要求，以文化为核，挖掘文化资源内涵，提供多元包容的文化空间，鼓励乡村发展旅游、创意、艺术、教育等多元化功能，成为上海体验乡愁的重要载体。"创智乡村"，"创新、智慧"要成为崇明区对其乡村地区的重要要求，包含农业创新、服务创新、文化创新、生活创新、制度创新等全方位的创新要求。与中心城区所能提供的吸引全球创新创业人才的服务设施和服务环境等基础功能互补，乡村地区提供创新创业人才同样需要的休闲、体验环境和创意功能等。"宜居乡村"，对于部分生态环境优越、区位及交通条件便利的村庄，在推进实施村庄村民相对集中居住，有一定集体建设用地指标流转使用等前提下，可探讨利用部分集体经营性建设用地入市的有利条件，探索在村庄层面为中心城区的老年人群，特别是低龄老年人群提供在郊野地区养老康体的居住模式，以满足老年人群的多元需求，同时也作为中心城区常规居住功能的一种补充。

锁定"有机舒朗、生态宜居、独具魅力、全球卓越、可持续发展的都市品牌海岛乡村"的目标愿景，本章制定了崇明区乡村振兴的六大发展策略：乡村提质策略、资金统筹策略、"一镇一业"策略、旅游带动策略、人才兴村策略和资源盘活策略（图19-4）。

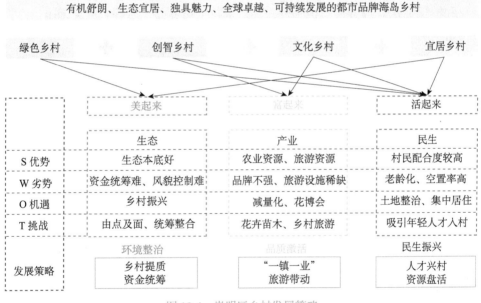

图 19-4　崇明区乡村发展策略

19.5.1　乡村提质策略

乡村衰落与振兴，是世界范围内的普遍命题。从发达国家和地区的乡村发展历程来看，在不同发展阶段，乡村具有不同的需求和发展特征。但其发展经历几个阶段：第一阶段是物质环境的改善，第二阶段是产业培育发展，第三阶段则是文化价值的提升。日本的"一村一品"、德国的村庄竞赛、法国的卓越乡村、我国台湾的社区更新都通过长期持续的发展，强化特色生态本底、强化特色产业、提升人文活力[6]。因此崇明区乡村的发展首先要改善物质环境，重点聚焦于以下几点。

（1）着力加强农村环境和公共服务建设。结合世界级生态岛第四轮三年行动计划实施，加强农村环境和基础设施建设，着力补好农村基本公共服务短板。加快更新优化区域农村路网，抓好农村公路建设。积极推进电网提升工程、乡镇天然气管网，以及海塘、水闸、电力、气象等基础设施建设。进一步推进农村中小河道整治。此外，要因地制宜抓好农村养老服务体系建设。

（2）优化乡村田、水、路、林空间肌理。落实《崇明世界级生态岛规划建设导则》，延续崇明既有的水网和乡村格局，见缝补绿，实现屋在林中；进行桥梁美化和标识强化，提升村落识别性；优化乡村街道界面，增补乡野休闲步道，提升街道空间活力；协调建筑尺度、形式和色彩。

（3）建设花田、花溪、花村、花宅、景观廊道。其中，景观廊道建设根据乡镇的主导特色树种，科学确定树种类型（表19-7），参考"一镇一树种，一镇一方案"的原则，形成崇明区多元化种植景观。具体地，围绕全区"一环三横十二纵"骨干道路、"一环八纵"骨干河道及"一横十六纵"次干河道两侧区域，成片、成带建设景观廊道。以建设园林理念和手法，在构景布局、艺术文化、个性创造等方面进行探索。例如，竖新镇围绕"魅力竖新，六乡建设"目标，积极打造"玉兰之乡"，先后在大东、大椿、仙桥等村建成玉兰公园、玉兰健身步道和廊道。每年的玉兰文化节，"观玉兰之美""绘玉兰之雅""秀玉兰之影""品玉兰之味""赏玉兰之彩"五大板块相得益彰，推进农旅、文旅、体旅产业的融合发展，营造宜居、宜业、宜游的良好环境，将"玉兰文化"打造成为魅力竖新的一张崭新名片。

表 19-7　崇明区各乡镇特色树种及种植密度的建议

乡镇	树种	树种类型	种植密度（株/亩）	密度测算标准（树种规格）	备注
新村乡	桂花	乔木	28～33	地径 7.1～8.0	独本
新海镇	北美红栎	乔木	25～30	胸径 7.1～8.0	
绿华镇	海棠、银杏、樱花等	乔木	28～33	胸径 7.1～8.0	多品种

续表

乡镇	树种	树种类型	种植密度（株/亩）	密度测算标准（树种规格）	备注
三星镇	海棠	灌木或小乔木	特色树种20株，其他乔木15株	地径5.1～6.0	
庙镇	枫树	乔木	28～33	胸径7.1～8.0	
港西镇	合欢	乔木	25～30	胸径7.1～8.0	
城桥镇	榉树	乔木	28～33	胸径7.1～8.0	
建设镇	红叶椿	乔木	33～38	胸径7.1～8.0	
新河镇	高杆红叶石楠	乔木	28～33	胸径7.1～8.0	
东平镇	梅花	灌木或小乔木	特色树种20株，其他乔木15株	地径5.1～6.0	
竖新镇	玉兰	乔木	33～38	胸径7.1～8.0	
港沿镇	无患子	乔木	28～33	胸径7.1～8.0	
堡镇	银杏	乔木	38～42	胸径7.1～8.0	
向化镇	乌桕	乔木	28～33	胸径7.1～8.0	
中兴镇	樱花	乔木	28～33	胸径7.1～8.0	
陈家镇	栾树	乔木	28～33	胸径7.1～8.0	
长兴镇	榉树、栾树等	乔木	28～33	胸径7.1～8.0	多品种
横沙乡	榉树、樱花等	乔木	28～33	胸径7.1～8.0	多品种

注：种植密度测算依据胸径7.1～8.0为主要树种规格
资料来源：上海市崇明区绿化和市容管理局

19.5.2　资金统筹策略

统筹整合涉农资金。清理整合部门内性质相同、用途相近、交叉重复的涉农资金，综合运用环境综合治理政策、宅基地置换政策、村庄改造政策、农业扶持政策等政策性涉农资金聚焦重点项目，聚焦农村第一、第二、第三产业融合发展及绿色生产生活方式、农村人居环境改善、基本公共服务提升等重点领域，积极探索"多个龙头进水，一个龙头出水"的机制方式，统筹整合各类资金，提高资金使用效益[7]。

19.5.3 "一镇一业"策略

"一镇一业"策略,是指根据崇明区的特色资源(表 19-8),以市场为导向,变资源优势为产业和品牌优势,使其逐步形成具有区域特色的产业链或产业集群。崇明区各乡镇要依据产业基础和比较优势,科学确定主导产业发展类型,合理选择主导产业门类,重点培育具有乡镇自身特色产业,形成"一镇(乡)一业""一村一品"格局和体系,激发乡镇产业发展内生动力[8]。资源优势明显的村要加快培育主导产业,拥有主导产业的村要继续扩大产业规模,拉长产业链条。实施"一镇一业"策略要注重以下几点。

表 19-8 崇明区特色资源

镇乡	资源
三星镇	海棠花溪(新安村)、草莓、糯玉米
庙镇	西红花之乡(永乐村)、翠冠梨、金瓜、桑葚(南星村)、冬瓜
港西镇	葡萄
新河镇	葡萄
港沿镇	中国瓜子黄杨之乡(园艺村)、茄子、翠冠梨
向化镇	灶花文化(南江村)、桃、花椰菜、崇明黄桃(米新村)
中兴镇	金瓜、山药、老白酒、芋艿、螃蟹、白山羊(中兴村)、青菜
陈家镇	清水蟹(奚家港水闸西侧)、花椰菜、青菜
绿华镇	柑橘(华西村)、清水蟹(绿港村)、金沙橘、铁皮石斛、贝母、西红花、翠冠梨
长兴镇	金沙橘
横沙乡	柑橘、创意水稻画(丰乐村)
竖新镇	玉兰之乡、牡丹(仙桥村)、崇明黄桃(仙桥村)、崇明黄桃(跃进村)、樱桃(惠民村)、猕猴桃、水蜜桃、翠冠梨、黄桃、火龙果、樱桃、草莓
城桥镇	甜芦粟(聚训村)
新村乡	创意水稻画(新中村)
建设镇	崇明黄桃(运南村)
新河镇	崇明黄桃(石路村)
	清水蟹(新建村)、崇明黄桃(新建村)
堡镇	崇明黄桃(堡北村、瀛南村、工农村)
	清水蟹(五滧垦区、花园村、桃源村)、翠冠梨、芋艿
北湖基地、东禾九谷基地	大米

资料来源:根据"崇明三农"微信公众号资料整理

（1）提升整体品牌优势。按照品牌整合与建立崇明区域公共品牌的思路，加快建立以"崇明"为地域标识的绿色农产品区域联盟和公共品牌。对相关产业带动力强的农产品进行整合，重点从以下三个方面开展：一是要统一包装（专栏19-1）、分级筛选、确保品质；二是要统一品牌、强化营销、提升价值；三是要把准市场、规模生产、开拓渠道。

专栏 19-1　大米包装

视觉包装犹如锦上添花，好的产品却没有好的包装是相当遗憾。不过，所有产品都是以市场主导的，一切设计都需要建立在消费者的喜好之上。那么，普通产品该如何通过包装从"大众"走向"与众不同"呢？

来自日本的精品大米品牌山羊先生的一组包装，设计提取"羊"的元素，在礼盒里制作了两个惟妙惟肖的纸袋，分别是黑白两只山羊，里面各自装着糙米和白米（图19-5）。打开纸袋，里面装有一封书信，上面是一首以大米产地三月村为原型的诗。此外，"仪式感"也是诸多产品在增加附加值中不容忽视的元素。比如，"一碗饭"大米品牌，在产品包装中除了一袋米还增加了一只碗（图19-6），取名"一碗饭"，让简简单单的大米变成有礼品性和仪式感的存在，很好地传递了品牌的精神。

图 19-5　大米包装 1

图 19-6　大米包装 2

此外，包装的创意也必不可少。大米常见的是袋装，包括塑料袋、布口袋，来自日本的某品牌把大米装进了易拉罐，还利用便当盒把米包装成一种特色。此外，还有设计者从"实用性"的角度出发，把难拿的大米做成背包袱，做成一个便于抱起的"婴儿"造型等，让消费者耳目一新（图19-7）。

图 19-7　大米包装 3

资料来源：根据"崇明三农"微信公众号资料整理

（2）打造文化 IP。文化是识别每个乡镇的独一无二的"二维码","一镇一业"的发展应该把具有鲜明地域特色的文化元素突出出来。打造文化 IP 有两条路径。一是自创 IP，二是聚合 IP。乡村本身可能不具备可开发的资源，但通过规划创新、创意，突出产业、文化或引进资源中的某一主题，可以创造出一个典型 IP。如果当地本身有较为成熟的标签，也可以聚合 IP，充分借鉴利用。

（3）发挥"政府为主导，村民为主体，艺术家为客体"的积极作用。乡村建设大多是政府进行"自上而下"的硬件设施改造，这种改造由于时间和资金有限，无法全面地考虑到村民和乡村的需求，因此没有充分考虑乡村区域性特征，让乡村地域性缺失，而艺术家的介入（专栏 19-2）需更多地考虑村民和乡村，不能是表面上的硬件改造，而是发挥乡村特色，深入挖掘乡村文化，通过文化的创新发展，由内向外地带动乡村各方面发展。但乡村建设是一个长期建设，不能完全只靠艺术家，需要村民一同积极参与，以及更多外来力量不断融入。艺术家与村民共同进行艺术乡建可以让村民在参与过程中对自己的乡村有一个充分的认识，让村民对自己的乡村更有信心，建立村民的认同感和归属感，同时村民在参与过程中也能逐渐了解艺术文化，在艺术家的引导下，与乡村文化结合产生新的劳动文化产物，这也是一种对村民技能的培训。将乡村特色通过艺术的表现和营造展示给外界，能够加强外来人士对乡村的体验感受和对乡村文化的了解，从而吸引外界的关注，加强乡村内外交流和联系，吸引更多的外界人士加入乡村的建设中，对乡村各个方面起到一个可持续带动作用[9]。

专栏 19-2　山东省诸城市蔡家沟

蔡家沟位于山东省诸城市南部，西邻常山，地处偏僻，交通不便，土地贫瘠，原本村里没有产业，村民收入低，中老年人居多，大量年轻劳动力流失，几乎成为空心村。2017年诸城市响应乡村振兴战略号召，积极推行"政府引导、艺术扶贫"的策略，以文旅产业引领乡村振兴。一方面，大力投入财政资金改善村内基础设施，改善村居环境；另一方面，邀请多位本土的艺术家返乡，鼓励将艺术植入乡村，打造蔡家沟艺术试验场。同时，全力吸引社会工商资本下乡，推进文化、旅游、农业融合，多业态发展。经过两年的艺术乡村建设，贫困落后的小山村变成了远近闻名的艺术村，村民接受艺术熏陶的同时，生活也富裕起来。蔡家沟振兴乡村的措施主要包括以下几个方面。

（1）对村容村貌进行艺术改造（图19-8）。艺术家将中国画、三维画、本地农民的摄影作品等绘制于民居的墙壁上，点缀彩色石块，在村里建设各种艺术装置，就地取材对村里的实体进行艺术改造，使整个村子的破败环境得以改善，到处充斥着艺术的气息，处处彰显与众不同。

（2）建设各类美术馆、展览馆。承接各种专业艺术团队创作的绘画、摄影作品的同时展示当地农民的创作艺术。不仅吸引了大量游客，带动整个村子的经济发展，还提升当地村民的文化修养，使村民获得感和地方认同感增强。

（3）弘扬民族文化，形成完整文化艺术产业链。较好地传承了民族文化习俗，文化底蕴比较深厚，艺术家成立传统工艺文化社团，逐步在村构建集美术、工艺教学、制作、销售及旅游于一体的文化市场。

（4）注重环境保护。绿水、青山、花海、小鸟，整个村庄呈现一片勃勃生机。

图19-8　村容村貌

资料来源：潍坊文化，《潍坊镜头：山东诸城蔡家沟的艺术范儿》，参见 https://www.sohu.com/a/300159062_120036887

19.5.4　旅游带动策略

（1）加快发展乡村旅游业。利用现状旅游资源（表19-9），以筹备花博会为契机，加快发展乡村旅游业；加快主题庄园、开心农场等多旅融合项目建设，挖掘利用森林、河道、田舍、海塘等资源，努力形成一批富有影响力、吸引力的乡村旅游产品，发挥崇明区在健康、养生、休闲方面的优势。

表 19-9　崇明区乡村文化旅游资源类型

主类	亚类	具体类型	单体列举
乡村物质文化旅游资源	生产类	生产方式	稻蟹生态种养、渔米文化、围垦文化、航海文化等
		生产工具	纺织工具、渔业工具、田间耕作工具等
	生活类	饮食文化	崇明糕、老毛蟹、老白酒、崇明白山羊、酱包瓜、水仙米、白扁豆、银鱼、凤尾鱼、柑橘、芦笋、草头盐齑等
		建筑文化	知谷 1984 仙桥村民宿、西岸氧吧等
		器具文化	土灶
		服饰文化	土布
	田园风光类	农园景观文化	玫瑰园、泰生农场、长征农场、百鸟园
		自然景观文化	东滩湿地、西沙湿地、横沙湿地
		综合人文类文化	东平国家森林公园、前卫休闲农家乐、西沙湿地公园、明珠湖景区、瑞华果园、东滩鸟类科普教育基地、奶牛科普馆、水文化展示馆、木化石馆、灶文化博物馆、晓瀛艺术馆、灶文化保护基地、根宝足球基地、烈士馆等
乡村非物质文化旅游资源	艺术类	文艺类文化	崇明扁担戏、崇明山歌、崇明吹打乐、调狮子、新河镇民乐、牡丹亭、瀛洲古调派琵琶等
		言语类文化	东滩鸟哨、气象谚语
		工艺类文化	土布纺织技艺、上海米糕制作技艺、甜包瓜制作技艺、崇明老白酒传统酿造技法、益智图、雕花、新河镇木贴画
	习俗类	节庆活动类文化	民俗灯会、老白酒节、玫瑰节、长寿文化节、荷花文化节、森林音乐烧烤节、农家崇明老毛蟹节、东滩观鸟节、森林公园野菜节等
		礼仪习俗类文化	崇明乡贤评选、佛学书院
		娱乐文化	环崇明岛女子国际自行车赛、全国蟋蟀争霸赛等
	主题类	名人类文化	施彦士、龚秋霞、黄淑英、唐一岑、陈干青、杨瑟严、王清穆、俞保元、黄天、沈廷扬、蒋君章
		历史文化	崇明学宫、草棚镇老街历史文化风貌区、金鳌山等
		宗教信仰类文化	寿安寺、寒山寺、天后宫、云林寺、观音庵、广良寺、安乐院、清静庵、慎修庵、无为寺、广福寺、大公所天主堂

资料来源：文献［10］

（2）培育乡村旅游品牌。做好崇明区乡村旅游品牌形象宣传，打造"生态崇明"旅游品牌，提升崇明区旅游的知名度、美誉度和影响力。创新节庆活动，分季节打造崇明区美食节、桃花节、樱花节、菜花节、薰衣草节、自行车嘉年华、森林旅游节、丰收节、冬季观鸟节、草莓节等品牌旅游节庆活动，发挥地方民俗特色节庆活动的品牌效应。

在乡村发展的空间指引方面，可以重点发展《上海市崇明区总体规划暨土地利用总体规划（2017—2035）》划定的 6 个主题型特色村区（表 19-10），结合崇明区河、田、路、宅、林等特色要素，每个村区统筹配置五项核心功能，构建乡村特色活动，包括一处主题市集、一处有机农场、一组民宿集群、一项主题活动、一个自然教育基地，提升乡村地区的活力与功能；在各村区中重点对五项要素进行特色化指引，每个村重点打造一个标志性的村口、一处公共中心、一处风貌展示区、一条乡村绿道环、一处特色种植区，提升乡村环境品质与村容村貌。

表 19-10　崇明区特色村区一览表

特色村区名称	主题特色	覆盖特色村	核心资源
西沙特色村区	运动休闲型	华西、绿港、白港	西沙、明珠湖
东平特色村区	文化创意型	虹桥、浜东、浜西、民生	森林公园、浜镇
竖新特色村区	创新改造型	仙桥、大椿、育才	烈士陵园、千年杏树
中兴 - 向化特色村区	乡愁体验型	鲁东、春光、胜利	广福寺、扁担戏
陈家镇特色村区	民俗体验型	晨光、花漂、晨南、协隆	节庆活动、宗祠寺庙
横沙特色村区	原生原味型	惠丰、民东、丰乐、新联、海鸥、东浜	自然环境、典型村居

资料来源：《上海市崇明区总体规划暨土地利用总体规划（2017—2035）》

19.5.5　人才兴村战略

（1）加强新型职业农民培训力度。全面建立职业农民制度，加快培育一批爱农业、懂技术、善经营的新型职业农民队伍，加强乡土式、工匠式农村人才培育。有针对性地选择农业新型经营主体带头人进行调研，为他们制定培训模式、培训计划，使培训更具有针对性；与农民田间学校及行业单位进行座谈，进一步提高培训方案的实用性、精准性。新型职业农民的培训内容要多元化，重点聚焦于农业旅游、农产品加工、农机具使用与维修，加大创业创新方面的培训。

（2）实施更加开放的人才引进计划。围绕花博会的规划布局和建设要求，通过柔性引才和直接引进相结合等方式，引进一批规划、旅游、会展、花卉等领域的世界级选手。实施崇明区籍人才开发计划，鼓励在籍优秀大学生回乡就业，对回乡工作满五年的全日制大学生给予培养补贴。

（3）深化农业农村人才发展体制机制改革。进一步完善人才政策，调整崇明世界级生态岛建设人才目录、优化崇明区关于申请人才资金的实施细则，为各类人才提供更加精准便利的政策扶持。健全符合乡村振兴战略需要和农业农村人才成长特点且与产业高度融合的培养机制。进一步加大农村人才素质提升工程实施力度，振兴发展农业教育和农村实用人才培训，加快培育新型职业农民，打造一支强大的乡村振兴人才队伍。

（4）优化人才成长的良好环境。落实住房、就医、随迁子女入学等方面各项保障，确保人才引得进、留得住、流得动、用得好。加大人才资金投入力度，重点扶持创新创业投入、科研成果研发、人才队伍建设等，充分发挥资金在人才发展工作中的效能。

19.5.6 资源盘活策略

（1）盘活资源。盘活农村闲置建设用地、农民闲置宅基地和闲置农房等"沉睡资源"，通过土地、民房、劳务、物业股份合作社等形式集中农村分散资源，统一经营、管理、运作，提高农村宅基地、空闲地综合利用效率。

（2）整合资源发展产业。各个村建立自己的"下乡系列"，建立项目清单，明确本村可以吸引的项目及产业，进一步整合本村可以对外招商合作的、村民愿意出租的宅基地农房，即将闲置的"裸资源"通过专业的服务转化成为可交易的项目或资产，实现城乡的要素流动融合发展。此外，可以鼓励社会力量利用自有住宅、闲置房屋、农村集体房屋及各类可利用的社会资源，开办微型养老院并承接居家养老服务照料中心的职能，从服务供给角度扩大惠及面。

（3）保障收益。引入优质企业在村注册、在村办公，引入文创、创客空间等。在收益方面，采取"底线年收（如租金）＋增益分成"模式，即村集体和村民从底线年收和增益分成中获得收入。

（执笔人：何丹、殷清眉）

参 考 文 献

[1] 朱定峰. 崇明县推进美丽乡村建设与加强农村社会管理的探索. 上海农村经济, 2014,（9）: 16-17.

[2] 朱定峰. 崇明美丽乡村生态环境优势向生态发展优势转化的路径研究. 上海农村经济, 2017,（5）: 22-25.

[3] 郑健. 发展新型农业经营主体 崇明努力打造特色品牌. 上海农村经济, 2018, 375（11）: 21-23.

[4] 张振广. 发展视角下的乡村规划策略探索——以崇明乡村地区为例. 2015 中国城市规划年会.

[5] 崇明区农业委员会. 打造都市现代绿色农业高地. 上海农村经济, 2018, 376（12）: 21-23.

[6] 王桂林. 基于可持续理念的发达国家乡村规划和建设. 世界农业, 2016, 452（12）: 179-181.

[7] 刘克勇. 公共财政支持三农政策研究. 北京: 中国林业出版社, 2010.

[8] 卢道典, 张媛媛, 陆嘉, 等. 上海市崇明区乡镇产业区位商分析与优化发展策略. 经济师, 2018, 352（6）: 168-170.

[9] 禹子良. 艺术家介入乡村建设的路径研究. 中国美术学院硕士学位论文, 2018.

[10] 刘新秀, 徐珊珊, 曹林奎. 崇明岛乡村文化旅游资源及其开发策略研究. 上海农业学报, 2018, 34（5）: 131-137.

附录 本书主要参与者

（按姓氏笔画排序）

丁平兴，华东师范大学地球科学学部主任，教授，崇明生态研究院院长，pxding@sklec.ecnu.edu.cn

丁振新，上海市崇明区发展和改革委员会副主任，0236@163.com

马志军，复旦大学生命科学学院教授，zhijunm@fudan.edu.cn

马　俊，复旦大学生命科学学院副研究员，ma_jun@fudan.edu.cn

王天厚，华东师范大学生命科学学院教授，thwang@bio.ecnu.edu.cn

王玉国，复旦大学生命科学学院副教授，wangyg@fudan.edu.cn

王列辉，华东师范大学城市与区域科学学院教授，lhwang@re.ecnu.edu.cn

王　放，复旦大学生命科学学院青年研究员，wfang@fudan.edu.cn

王晓静，上海交通大学城市科学研究院助理研究员，wxj1210@139.com

车　越，华东师范大学生态与环境科学学院教授，上海市城市化生态过程与生态恢复重点实验室副主任，yche@des.ecnu.edu.cn

尹　春，华东师范大学城市与区域科学学院博士后，cyin@geo.ecnu.edu.cn

邓　泓，华东师范大学生态与环境科学学院副教授，hdeng@des.ecnu.edu.cn

申　悦，华东师范大学城市与区域科学学院副教授，shenyue0519@163.com

宁越敏，华东师范大学城市与区域科学学院教授，ymning@re.ecnu.edu.cn

达良俊，华东师范大学生态与环境科学学院教授，上海市城市化生态过程与生态恢复重点实验室主任，崇明生态研究院生态保育修复研究中心主任，ljda@des.ecnu.edu.cn

毕晓航，上海发展战略研究所经济战略部副部长，助理研究员，bixiaohang@sina.com

朱建荣，华东师范大学河口海岸学国家重点实验室教授，jrzhu@sklec.ecnu.edu.cn

刘士林，上海交通大学城市科学研究院院长，教授，liushilin@sjtu.edu.cn

刘　敏，华东师范大学地球科学学部副主任，地理科学学院院长，教授，崇明生态研究院智慧监测与模拟研究中心主任，mliu@geo.ecnu.edu.cn

孙斌栋，华东师范大学城市与区域科学学院党委书记，教授，民政部理论与政策研究基地——中国行政区划研究中心主任，崇明生态研究院崇明生态文明高端智库主任，bdsun@re.ecnu.edu.cn

苏晓静，上海交通大学城市科学研究院讲师，s16@sina.com

李　琬，华东师范大学城市与区域科学学院博士后，lw1436@163.com

李　博，复旦大学生命科学学院教授，bool@fudan.edu.cn

李德志，华东师范大学生态与环境科学学院教授，dzli@des.ecnu.edu.cn

杨世伦，华东师范大学河口海岸学国家重点实验室、河口海岸科学研究院教授，slyang@sklec.ecnu.edu.cn

吴纪华，复旦大学生命科学学院教授，jihuawu@fudan.edu.cn

何　丹，华东师范大学城市与区域科学学院城市地理系主任，副教授，dhe@re.ecnu.edu.cn

何　青，华东师范大学地球科学学部副主任，河口海岸科学研究院院长，教授，崇明生态研究院灾害风险与防控研究中心主任，qinghe@sklec.ecnu.edu.cn

何国富，华东师范大学生态与环境科学学院副教授，崇明水务局挂职副局长，gfhe@des.ecnu.edu.cn

汪明峰，华东师范大学城市与区域科学学院教授，mfwang@re.ecnu.edu.cn

张　艳，复旦大学环境科学与工程系教授，yan_zhang@fudan.edu.cn

张维阳，华东师范大学城市与区域科学学院副教授，wyzhang@re.ecnu.edu.cn

张婷麟，华东师范大学城市与区域科学学院讲师，tlzhang@re.ecnu.edu.cn

张懿玮，上海杉达学院管理学院副院长，副教授，zyw_2019@163.com

陈小勇，华东师范大学地球科学学部副主任，生态与环境科学学院院长，教授，xychen@des.ecnu.edu.cn

陈建民，复旦大学环境科学与工程系教授，大气科学研究院常务副院长，上海市大气颗粒物污染防治重点实验室主任，崇明生态研究院大气环境与安全中心主任，jmchen@fudan.edu.cn

周天舒，华东师范大学生态与环境科学学院副院长，教授，tszhou@des.ecnu.edu.cn

周立旻，华东师范大学地理科学学院副院长，教授，lmzhou@geo.ecnu.edu.cn

赵常青，崇明生态研究院副院长，cqzhao@sklec.ecnu.edu.cn

赵　斌，复旦大学生命科学学院教授，zhaobin@fudan.edu.cn

姜允芳，华东师范大学城市与区域科学学院副教授，yfjiang@re.ecnu.edu.cn

贺　强，复旦大学生命科学学院研究员，He_Qiang@hotmail.com

袁　琳，华东师范大学河口海岸学国家重点实验室副研究员，lyuan@sklec.ecnu.edu.cn

聂　明，复旦大学生命科学学院教授，mnie@fudan.edu.cn

唐剑武，华东师范大学河口海岸科学研究院教授，崇明生态研究院海外院长，jwtang@sklec.ecnu.edu.cn

谈佳洁，上海师范大学旅游学院讲师，tanjiajie1001@shnu.edu.cn

盛　蓉，华东师范大学崇明生态研究院助理研究员，shengrong5@126.com

常如瑜，江苏理工学院人文社科学院教授，chang19821111@163.com

崔　璨，华东师范大学城市与区域科学学院青年研究员，ccui@geo.ecnu.edu.cn

葛建忠，华东师范大学河口海岸学国家重点实验室副研究员，jzge@sklec.ecnu.edu.cn

傅萃长，复旦大学生命科学学院教授，czfu@fudan.edu.cn

谢卫明，华东师范大学河口海岸学国家重点实验室博士后，wmxie@sklec.ecnu.edu.cn

戴志军，华东师范大学河口海岸学国家重点实验室教授，zjdai@sklec.ecnu.edu.cn

鞠瑞亭，复旦大学生命科学学院研究员，jurt@fudan.edu.cn